精通 Python 第二版
運用簡單的套件進行現代運算

SECOND EDITION

Introducing Python
Modern Computing in Simple Packages

Bill Lubanovic　著

賴屹民　譯

謹將這份愛獻給 *Mary*、*Tom & Roxie* 和 *Karin & Erik*

前言

從書名可以知道，本書將介紹世上最流行的程式語言之一：Python。本書的目標讀者是程式初學者，以及學過其他語言，但也想要學習 Python 的資深程式員。

程式語言通常比人類語言更容易學習，因為你不需要背那麼多模糊的規則，以及例外的情況，而 Python 是最一致且最簡潔的語言之一，它在易學性、易用性和表達性之間取得很好的平衡。

電腦語言是資料（就像口語的名詞）與指令或程式碼（就像動詞）組成的，兩者都不可或缺。你會在各個章節中學到 Python 的基本程式與資料結構，瞭解如何結合它們，並且建構更進階的程式與資料。在過程中，你看到的和寫出來的程式將愈來愈長且愈來愈複雜。用木工來比喻，我們會從錘子、釘子和木片開始學起，本書的後半部介紹較專門的元件，包括相當於車床和其他電動工具的元件。

屆時你不但可以學會這種語言，也知道如何使用它。我們將從 Python 語言和它的內建標準程式庫開始看起，但我也會介紹如何尋找、下載、安裝和使用一些優秀的第三方程式包。我不會談到冷門的主題或複雜的技巧，而是介紹我在 10 年以上的 Python 開發經驗中，認為真正有用的東西。

雖然這是入門書籍，但它也有一些進階的主題，因為我想要讓你認識它們。本書仍然會介紹資料庫與 web 之類的領域，但是技術變遷的速度很快，當今的 Python 程式員或許也想知道雲端計算、機器學習或事件串流之類的東西，本書也會介紹它們。

Python 有一些特殊的功能，它們的效果比其他語言的寫法更好，例如，使用 for 與迭代器（*iterator*）來製作迴圈比親自遞增某個計數變數更直截了當。

當你學習新東西時，你很難區分哪些詞彙是具體的而不是非正式的，以及哪些概念確實很重要，換句話說，「它會考嗎？」，我會特別強調有特殊意義的、重要的 Python 詞彙及概念，但不會一次介紹太多。本書會儘早展示真正的 Python 程式碼，也會經常展示。

 如果有些內容比較難以理解，或是有更符合 *Python* 風格的做法，我會特別說明。

Python 不是完美的語言。我會告訴你比較奇怪或不應該做的事情，並且告訴你可以改用哪種方案。

有時對於某些主題，我的看法會與一般人不同（例如物件繼承，或 web 的 MVC 和 REST 設計），請自行斟酌。

對象

本書適合每一位想要學習世上最流行的程式語言的人，無論你有沒有學過程式設計。

第二版的修改

本書改了第一版的哪些內容？

- 增加大約一百頁，包括貓的照片。
- 加入兩倍的章數，現在每一章都比較短。
- 用前面的章節介紹資料型態、變數與名稱。
- 新的 Python 標準功能，例如 *f-strings*。
- 新的或改善過的第三方程式包。
- 全部使用新的範例程式。
- 為程式新手加入一個附錄來介紹硬體與軟體的基本知識。
- 為有經驗的程式員加入一個附錄介紹 *asyncio*。
- 涵蓋「新堆棧」：容器、雲端、資料科學和機器學習。
- 提示如何獲得 Python 程式設計工作。

哪些沒有改？使用糟糕的詩歌和鴨子的那些簡例，它們都是永恆的。

大綱

第一部分（第 1–11 章）將介紹 Python 的基本知識，請按照順序閱讀。我會從最簡單的資料與程式結構說起，逐步將它們結合成比較詳細且實際的程式。第二部分（第 12–22章）介紹如何在特定的應用領域中使用 Python，例如 web、資料庫、網路等；你可以按照你喜歡的順序閱讀。

接下來是各章與附錄的簡介，包括你將會在裡面看到的術語：

第一章，初嘗 *py*

電腦程式和你在日常生活中看到的指令沒有太大的不同，本章會用一些小型的 Python 程式來讓你大概知道這種語言的長相、功能，以及在真實世界的用途。你會知道如何在 Python 互動式解譯器（或 *shell*）裡面，或是用存在電腦的文字檔執行 Python 程式。

第二章，資料：型態、值、變數與名稱

電腦語言混合了資料與指令。電腦用不同的方式來儲存與對待不同**型態**的資料。它們可能允許它們的值被改變（**可變**），也可能不允許（**不可變**）。在 Python 程式中，資料可能是**常值**（像 78 這種數字，或是像 "waffle" 這種文字字串），也可能是用有名字的**變數**來表示的。Python 對待變數與對待**名稱**一樣，這一點與許多其他語言不同，並且有很重要的結果。

第三章，數字

本章介紹最簡單的 Python 資料型態：**布林、整數與浮點數**，並教你基本的數學運算。本章的範例會將 Python 的互動式解譯器當成計算機來使用。

第四章，用 *if* 來選擇

接下來的幾章會在 Python 的名詞（資料型態）與動詞（程式結構）之間來回切換。Python 程式通常一次執行一行，從程式的最開始跑到最後面。if 結構可讓你根據某些資料比較結果來執行不同的程式行。

第五章，文字字串

回到名詞，以及文字字串的世界。瞭解如何建立、結合、改變、取回與印出字串。

第六章，用 *while* 與 *for* 來執行迴圈

再次回到動詞，用兩種方式來製作迴圈：for 與 while。本章也會介紹一種 Python 核心概念：迭代器（*iterator*）。

第七章，*tuple* 與串列

現在是時候介紹第一種 Python 的高階內建資料結構了：list 與 tuple。它們是一系列的值，很像用來建立複雜許多的資料結構的樂高積木。你可以用迭代器（*iterator*）來遍歷它們，以及用生成式（*comprehension*）來快速建立 list。

第八章，字典與集合

字典（亦稱 *dict*）與集合可以讓你用值來儲存資料，而不是用位置來儲存資料。這是非常方便的功能，也將是你最喜歡的 Python 功能之一。

第九章，函式

將前面幾章的資料與程式結構組織起來，進行比較、選擇與重複。將程式包在函式裡面，並且用例外來處理錯誤。

第十章，喔喔：物件與類別

物件這個術語有點模糊，但是在許多電腦語言中都很重要，包括 Python。如果你用其他語言寫過物件導向程式，Python 用起來比較簡單。本章介紹如何使用物件與類別，以及何時使用替代品比較好。

第十一章，模組、程式包與好東西

本章介紹如何擴展成更大規模的程式結構：模組、程式包與程式（*program*），告訴你應該將程式碼和資料放在哪裡、如何放入與取出資料、處理選項、瀏覽 Python Standard Library，以及看看外面還有什麼東西。

第十二章，玩轉資料

學會像專家一樣玩轉資料。本章全部都在討論文字與二進制資料，享受 Unicode 字元帶來的樂趣，以及搜尋 *regex* 文字。本章也介紹資料型態 *bytes* 與 *bytearray*，它們是與 string 不一樣的型態，裡面是原始的二進制值，而不是文字字元。

第十三章，日曆與時鐘

日期與時間有時很難處理，本章探討常見的問題與實用的解決方案。

第十四章,檔案與目錄

基本的資料儲存體都使用檔案與目錄。本章告訴你如何建立與使用它們。

第十五章,時間中的資料:程序與並行處理

本章初次討論核心系統,本章的主題是及時資料—如何使用程式、程序與執行緒在一段時間內做更多事情(並行)。本章也會提到 Python 最近新增的 *async*(非同步),附錄 C 會詳細介紹它。

第十六章,盒子資料:持久保存

我們可以用基本的平面檔案和檔案系統中的目錄來儲存與取回資料。當你使用 CSV、JSON 與 XML 等常見的文字格式時,它們可以得到一些結構。隨著資料愈來愈大且愈來愈複雜,你必須用資料庫提供的服務,包含傳統關聯資料庫,以及一些較新的 *NoSQL* 資料儲存體。

第十七章,空間中的資料:網路

用各種服務、協定與 *API* 在網路的空間中傳送你的程式碼和資料。本章範例包含低階的 TCP 通訊端、傳訊程式庫、排隊(queuing)系統,及雲端部署。

第十八章,網路,解開

web 有獨立的一章—用戶端、伺服器、API 與框架。你將爬抓網站,接著用請求參數與模板來建構實際的網站。

第十九章,成為 *Python* 鐵粉

本章包含 Python 開發訣竅—用 pip 與 virtualenv 來安裝、使用 IDE、測試、除錯、log、原始碼控制和文件註釋。本章也會協助你找到與安裝實用的第三方程式包、包裝你自己的程式碼以便重複使用,以及瞭解要去哪裡取得更多資訊。

第二十章,*Py* 藝術

很多人在藝術領域使用 Python 來做很酷的事情,包括製作繪圖、音樂、動畫與遊戲。

第二十一章,*Py* 上工

Python 在商業領域有特定的用途:資料視覺化(繪圖、圖表和地圖)、安全防護和管制(regulation)。

第二十二章，*Py* 科學

　近年來，Python 已經成為科學領域的頂尖語言了，包括數學與統計學、物理科學、生物科學與醫學。資料科學與機器學習都是它的顯著優勢。本章將簡介 NumPy、SciPy 與 Pandas。

附錄 *A*，硬體和軟體入門

　如果你是很菜的程式新人，本附錄為你說明硬體和軟體實際上如何運作，並且介紹一些常見的術語。

附錄 *B*，安裝 *Python 3*

　如果你還沒有在電腦安裝 Python 3，這個附錄告訴你如何安裝它，無論你使用的是 Windows、macOS、Linux 或某些 Unix 的變體。

附錄 *C*，全然不同的東西：非同步

　Python 已經在許多版本加入非同步功能了，它們都不容易瞭解。我會在各章提到它們，但是特別用這個附錄來詳細討論它們。

附錄 *D*，習題解答

　本附錄有章末習題的解答，請先完成習題之後再來看這一章，否則你不會變聰明。

附錄 *E*，備忘錄

　這個附錄是可供快速參考的備忘錄。

Python 版本

電腦語言會隨著開發者加入新功能和修正錯誤而不斷改變，本書的範例是用 Python 3.7 版來編寫與測試的。3.7 版在我寫這本書時是最新的版本，我也會討論它值得注意的新增功能。Python 計畫在 2019 年年底正式發表 3.8 版，我也會介紹它可能加入的一些東西。如果你想要知道 Python 加入哪些東西，以及何時加入，可以試著參考 What's New in Python 網頁（*https://docs.python.org/3/whatsnew*）。它是一份技術文件，對身為 Python 初學者的你來說或許有點難懂，但是將來如果你要讓程式在使用各種 Python 版本的電腦上運作時，它會有很大的幫助。

本書編排慣例

本書使用下列的編排規則：

斜體字（*Italic*）

    代表新術語、URL、email 地址、檔名，與副檔名。中文以楷體表示。

定寬字（`Constant width`）

    用來列舉程式，以及在文章中代表程式的元素，例如變數、函式，及資料型態。

定寬粗體字（**`Constant width bold`**）

    代表應由使用者親自輸入的命令或其他文字。

定寬斜體字（*`Constant width italic`*）

    代表應換成使用者提供的值，或由上下文決定的值。

 這個圖示代表提示、建議，或一般注意事項。

 這個圖示代表警告或小心。

使用範例程式

你可以從網路下載書中大量的範例程式與習題（*https://github.com/madscheme/introducing-python*）。本書旨在協助你完成工作。一般來說，你可以在你的程式和文件中使用本書的程式碼，不需要聯繫我們取得許可，除非你複製了程式的重要部分。例如，使用這本書的程式段落來編寫程式不需要取得許可。出售或發表 O'Reilly 書籍的範例需要取得許可。引用這本書的內容與範例程式碼來回答問題不需要我們的許可。但是在產品的文件中大量使用本書的範例程式需要我們的許可。

我們很感謝你可以在引用它們時標明出處（但不強制要求）。出處一般包含書名、作者、出版社和 ISBN。例如：「*Introducing Python* by Bill Lubanovic (O'Reilly). Copyright 2020 Bill Lubanovic, 978-1-492-05136-7.」。

如果你覺得你使用範例程式的程度超出上述的允許範圍，歡迎隨時與我們聯繫：
permissions@oreilly.com。

致謝

由衷感謝讓這本書更好的校閱和讀者：Corbin Collins、Charles Givre、Nathan Stocks、Dave George 與 Mike James。

目錄

第七章　　　**tuple 與串列**

第八章　　字典與集合

第九章　　函式

第十章　　喔喔：物件與類別

第十一章　　模組、程式包與好東西

第二部分　Python 實務

第十七章　空間中的資料：網路

第二十章　**Py 藝術**

第二十一章　**Py 上工**

第二十二章　Py 科學

第一部分

Python 基礎

第一章

初嘗 Py

> 只有醜陋的語言才會流行。Python 是特例。
>
> —Don Knuth

謎

我們從兩個小謎題和它們的解答談起,你認為這兩行文字的意思是什麼?

```
(Row 1): (RS) K18,ssk,k1,turn work.
(Row 2): (WS) Sl 1 pwise,p5,p2tog,p1,turn.
```

它看起來很技術性,就像某種電腦程式。事實上,它是針織圖案,具體來說,它描述了如何編織襪子的腳跟部分,就像圖 1-1 那樣。

圖 1-1 針織襪子

我理解這段文字的程度，差不多跟家裡的貓理解紐約時報的數獨的程度一樣，但是我的太太完全看得懂它。如果你會編織，你也看得懂。

我們再來看一段神秘的文字，這是在索引卡找到的。或許你不知道它最終的成果是什麼，但你應該馬上就可以知道它的目的：

```
1/2 c. butter or margarine
1/2 c. cream
2 1/2 c. flour
1 t. salt
1 T. sugar
4 c. riced potatoes (cold)

Be sure all ingredients are cold before adding flour.
Mix all ingredients.
Knead thoroughly.
Form into 20 balls.  Store cold until the next step.
For each ball:
  Spread flour on cloth.
  Roll ball into a circle with a grooved rolling pin.
  Fry on griddle until brown spots appear.
  Turn over and fry other side.
```

就算你不會煮飯，你也應該知道這是一份食譜[1]：它先列出食材，再說明烹調方式。它的成品是什麼？*Lefse*，一種類似墨西哥玉米餅的挪威美食（圖 1-2）。你可以塗上奶油與果醬，或你喜愛的任何東西，將它捲起來，好好享受。

圖 1-2　Lefse

1　通常只會在料理書籍和犯罪小說裡面看到。

編織圖案與食譜有一些相同的地方：

- 有常用的**單字**、**縮寫**，與**符號**。你可能看過其中的一些，但其他的則讓你一頭霧水。

- 規定哪些可以說，以及可以在哪裡說的規則，也就是**語法**。

- 一系列需要**依序執行的動作**。

- 有時要重複某些動作（**迴圈**），例如油炸每一片 lefse 的做法。

- 有時會引用一系列其他的動作（電腦術語稱為**函式**）。在食譜中，你可能要參考其他的食譜來瞭解如何壓碎馬鈴薯。

- 假設讀者知道**背景知識**。食譜假設你知道什麼是水，以及如何將它煮開。編識圖案假設你懂得編織，不會經常刺傷自己。

- 它會使用、建立或修改某種**資料**—馬鈴薯與紗線。

- 用來處理資料的**工具**—鍋子、攪拌機、烤箱、編織棒。

- 有一個預期的**結果**。在我們的例子中，它是讓你的腳穿的東西，以及裝進你的胃的東西。不要將它們混在一起。

無論你如何稱呼它們（使用俗語、行話、方言），你到處都可以看到它們。行話可以幫已經知道它們的人節省時間，但是對其他的人而言則神秘難懂。如果你不懂橋牌，你可以試著解讀關於橋牌的報紙專欄，或者，如果你不是科學家，試著解讀科學論文（如果你是科學家，那就試著解讀不同領域的論文）。

小程式

你可以在電腦程式中看到上述的所有概念，它們本身就像小型語言，專門用來告訴電腦該做什麼事情。我用了針織圖案和食譜來告訴你程式設計沒有那麼神秘，它大部分都是關於學習正確的單字和規則。

我們的大腦一次只能記得那麼多東西，如果單字和規則不多，而且不需要一次學會許多單字及規則，對我們來說有很大的幫助。

最後，我們來看一段真正的電腦程式（範例 1-1）。你認為這段程式在做什麼事情？

範例 *1-1　countdown.py*

```
for countdown in 5, 4, 3, 2, 1, "hey!":
    print(countdown)
```

如果你猜得到它是一段印出這個結果的 Python 程式：

```
5
4
3
2
1
hey!
```

你就知道，Python 比食譜或編織圖案更簡單。而且你可以舒適且安全地坐在桌前練習 Python 程式，遠離熱水與刺針的威脅。

Python 有一些特殊的單字與符號—for、in、print、逗號、冒號、括號等等，它們都是很重要的語法（規則）元素。好消息是，與大多數的電腦語言相比，Python 的語法更好，而且需要記憶的東西較少。它讀起來比較自然，幾乎就像一份食譜。

範例 1-2 是另一段 Python 小程式，它會從 Python 串列中選出一句哈利波特咒語並將它印出來。

範例 *1-2 spells.py*

```
spells = [
    "Riddikulus!",
    "Wingardium Leviosa!",
    "Avada Kedavra!",
    "Expecto Patronum!",
    "Nox!",
    "Lumos!",
    ]
print(spells[3])
```

每一句咒語都是 Python 字串（被放在引號裡面的一串文字字元）。它們都被逗號分開，並且被放在一個 Python 串列裡面，串列是用方括號來定義的（[與]）。spells 這個字是個變數，它是串列的名稱，讓我們可以用它來做一些事情。在這個例子中，程式會印出第四個咒語：

```
Expecto Patronum!
```

為什麼我們用 3 來取得第四個？ spells 這種 Python 串列是一系列的值，為了取得裡面的值，我們必須使用從串列開頭算起的 *offset*（偏位值），它的第一個值在 offset 0，第四個值在 offset 3。

人類習慣從 1 開始算起，所以從 0 算起有點奇怪，從 offset 而非位置的角度來思考會讓你更容易理解。沒錯，這是為了展示電腦程式與一般的語言有些不同的例子。

串列是常見的 Python 資料結構，第 7 章會介紹如何使用它們。

範例 1-3 的程式會印出 Three Stooges 喜劇中的一句話，不過這段程式用說那句話的人來引用，而不是用那句話在串列內的位置。

範例 1-3　quotes.py

```
quotes = {
    "Moe": "A wise guy, huh?",
    "Larry": "Ow!",
    "Curly": "Nyuk nyuk!",
    }
stooge = "Curly"
print(stooge, "says:", quotes[stooge])
```

執行這段小程式會印出：

```
Curly says: Nyuk nyuk!
```

quotes 是作為 Python 字典的名稱的變數，字典是由許多唯一的鍵（在這個例子裡面是 Stooge 的名字）及其相關的值（在這裡是那位 Stooge 的名言）組成的。使用字典時，你可以用名稱來進行儲存與查找，它通常是很實用的串列替代方案。

spells 範例使用中括號（[與]）來製作 Python 串列，quotes 範例使用大括號（{ 與 }）來製作 Python 字典，它也在字典裡面使用冒號（:）來建立每一個鍵和它的值的關係。第 8 章會更詳細地介紹字典。

希望我沒有一次教你太多語法，在接下來幾章，你還會遇到這些小規則，每次都不會太多。

大一些的程式

接下來要介紹完全不同的東西了：範例 1-4 是執行一系列比較複雜的任務的 Python 程式。先不用期望你現在就可以瞭解這段程式如何運作，那是這整本書的目的！這個範例的目的是讓你看一下、感受一下典型的而且有點難度的 Python 程式。如果你知道其他的電腦語言，可以拿它來比較一下 Python。雖然你還不認識 Python，你可不可以在閱讀程式後面的解釋之前，大概說出每一行程式在做什麼事情？你已經看過 Python 串列與字典的例子了，這段程式加入一些其他的功能。

在本書的第一版中，這段範例程式會連接 YouTube 網站，並取得評分最高的影片的資訊，例如「Charlie Bit My Finger」。但是就在第二版的墨跡乾掉時，它無法運作了，因為 Google 不支援這項服務了，所以 marquee 範例程式無法動作了。我們的新範例 1-4 會前往另一個網站，它的存活時間應該會比較長—在 Internet Archive（*http://archive.org*）的 *Wayback Machine*，這個免費的服務在過去的 20 年來，已經保存了數十億個網頁（與電影、電視節目、音樂、遊戲和其他數位產品）。你會在第 18 章看到其他關於這個 *web API* 的範例。

程式會要求你輸入一個 URL 與一個日期，接著詢問 Wayback Machine 有沒有該網站在那個日期左右的複本。如果有，它會回傳資訊給這個 Python 程式，程式會印出 URL，並在你的瀏覽器中顯示它。我的目的是展示 Python 如何處理各種工作—取得你輸入的東西、透過網際網路與網站溝通、取回內容、從中提取 URL，以及說服你的瀏覽器顯示該 URL。

如果我們取回一般的網頁，裡面全部都是 HTML 格式的文字，我們就要設法知道如何顯示它，這是一件繁重的工作，所以我們樂於信任瀏覽器，交給它處理。我們也可以試著取出我們想要的部分（詳情見第 18 章的爬網）。這兩種做法都要進行更多工作和編寫更大型的程式，但 Wayback Machine 回傳 *JSON* 格式的資料。JSON（JavaScript Object Notation）是一種人類看得懂的文字格式，它可以描述裡面的資料的類型、值與順序。它是另一種小型語言，很多人都用它在不同的電腦語言和系統之間交換資料。第 12 章會進一步介紹 JSON。

Python 程式可以將 JSON 文字轉換成 Python 資料結構（你會在接下來幾章看到它們），彷彿你寫了一個程式來自行建立它們一般。我們的小程式只選擇一小部分（從 Internet Archive 網站取得的舊網頁的 URL）。再次聲明，這是你可以自行執行的完整 Python 程式。為了保持程式的簡短，我們只加入少量的錯誤檢查。行數不是程式的一部分，它們是為了方便你在後面的內容中參考程式用的。

範例 *1-4 archive.py*

```
1 import webbrowser
2 import json
3 from urllib.request import urlopen
4
5 print("Let's find an old website.")
6 site = input("Type a website URL: ")
```

```
7 era = input("Type a year, month, and day, like 20150613: ")
8 url = "http://archive.org/wayback/available?url=%s&timestamp=%s" % (site, era)
9 response = urlopen(url)
10 contents = response.read()
11 text = contents.decode("utf-8")
12 data = json.loads(text)
13 try:
14     old_site = data["archived_snapshots"]["closest"]["url"]
15     print("Found this copy: ", old_site)
16     print("It should appear in your browser now.")
17     webbrowser.open(old_site)
18 except:
19     print("Sorry, no luck finding", site)
```

這一小段 Python 程式用一些易懂的程式做了很多事情。雖然你還不知道所有的詞彙，但接下來的幾章會讓你認識它們。以下是每一行做的事情：

1. 匯入（讓這段程式可用）Python 標準程式庫模組 webbrowser 的所有程式。

2. 匯入 Python 標準程式庫模組 json 的所有程式。

3. 只從標準程式庫模組 urllib.request 匯入 urlopen 函式。

4. 空的一行，因為不希望讓程式看起來很擁擠。

5. 在螢幕上印出一些初始文字。

6. 印出詢問 URL 的文字，讀取你輸入的文字，並將它存入一個稱為 site 的變數。

7. 印出另一個問題，這一次讀取年、月與日，並將它存入一個稱為 era 的變數。

8. 建立一個稱為 url 的字串變數，來讓 Wayback Machine 可用來尋找該網站在你輸入的日期的複本。

9. 連接該在 URL 的 web 伺服器，並請求特定的 *web 服務*。

10. 取得回應資料，並將它指派給 contents 變數。

11. 將 contents 解碼成 JSON 格式的字串，再指派給 text 變數。

12. 將 text 轉換成 data，即 Python 資料結構。

13. 檢查錯誤：try（試著）執行接下來的四行，如果有任何失敗，就執行最後一行程式（在 except 後面的）。

14. 如果我們得到符合日期的網站，從三層的 Python 字典取得它的值。注意這一行與下三行是縮進來的，Python 用縮排來代表它們屬於上面的 try。

15. 印出我們找到的 URL。

16. 印出下一行執行之後會發生什麼事。

17. 在你的瀏覽器顯示我們找到的 URL。

18. 如果在前四行裡面有任何失敗，Python 就會跳到這裡。

19. 如果它失敗了，印出一個訊息與我們尋找的網站。這一行內縮，因為它只能在上面的 except 執行時執行。

當我在終端機視窗執行它時，我輸入一個網站 URL 與一個日期，得到這段輸出文字：

```
$ python archive.py
Let's find an old website.
Type a website URL: lolcats.com
Type a year, month, and day, like 20150613: 20151022
Found this copy: http://web.archive.org/web/20151102055938/http://www.lolcats.com/
It should appear in your browser now.
```

圖 1-3 是我的瀏覽器的畫面。

圖 1-3　來自 Wayback Machine

在上面的例子中，我們用了一些 Python 標準程式庫模組（一種程式，當它被安裝之後，就會被納入 Python），但它們沒有什麼神秘之處。Python 有大量優秀的第三方軟體。範例 1-5 是使用一種稱為 requests 的外部 Python 軟體包來訪問 Internet Archive 網站的另一種寫法。

範例 1-5　archive2.py

```
1 import webbrowser
2 import requests
3
4 print("Let's find an old website.")
5 site = input("Type a website URL: ")
6 era = input("Type a year, month, and day, like 20150613: ")
7 url = "http://archive.org/wayback/available?url=%s&timestamp=%s" % (site, era)
8 response = requests.get(url)
9 data = response.json()
10 try:
11     old_site = data["archived_snapshots"]["closest"]["url"]
12     print("Found this copy: ", old_site)
13     print("It should appear in your browser now.")
14     webbrowser.open(old_site)
15 except:
16     print("Sorry, no luck finding", site)
```

新版本比較短，我認為它對大部分的人來說比較易懂。第 18 章會更詳細介紹 requests，第 11 章則廣泛地介紹外部創作的 Python 軟體。

真實世界的 Python

那麼，Python 值得你付出時間和精力來學習嗎？Python 在 1991 年就出現了（比 Java 老，比 C 年輕），一直以來都在最流行的電腦語言排行榜的前五名。很多人受僱撰寫 Python 程式，那些程式都是你每天都會用到的正式作品，例如 Google、YouTube、Instagram、Netflix 與 Hulu。我也在許多領域中，用它來製作產品 app。Python 以極高的生產力而聞名，吸引了發展快速的組織。

你可以在許多電腦環境中找到 Python，包括：

- 監視器或終端機視窗裡面的命令列
- 圖形化使用者介面（GUI），包括 web
- web，包括用戶端與伺服器端

- 支援大型熱門網站的後端伺服器
- **雲端**（由第三方管理的伺服器）
- 行動裝置
- 嵌入式裝置

Python 程式包括一次性的腳本（例如在本章出現過的那些），和上百萬行的系統。

在 2018 年的 Python Developers' Survey（*https://oreil.ly/8vK7y*）裡面，你可以看到代表 Python 目前在電腦世界的地位的數據和圖表。

我們將會看到它在網站、系統管理和資料操作之中的應用。在最後幾章，我們將會看到 Python 在藝術、科學和商業領域中的具體用途。

Python vs. 行星 X 語言

Python 和其他語言相較之下的表現如何？在何時／何處該選擇其中一項而非另一項？本節將展示其他語言的程式，讓你瞭解這場競賽的實況。如果你沒有用過這些語言，我不期待你瞭解它們。（當你看到最終的 Python 範例時，或許還會慶幸自己沒有用過其中的一些語言。）

接下來的每一段程式都會印出一個數字，並且介紹一下那種語言。

如果你使用終端機，或終端機視窗，讀取你輸入的訊息、執行它，並顯示結果的程式稱為 *shell* 程式。Windows shell 稱為 cmd（*https://en.wikipedia.org/wiki/Cmd.exe*），它執行副檔名為 .bat 的批次（*batch*）檔。Linux 與其他的類 Unix 系統（包括 Mac OS X）都有許多 shell 程式，最流行的稱為 bash（*https://www.gnu.org/software/bash*）或 sh。shell 有簡單的功能，例如簡單的邏輯，以及將萬用符號（例如 *）擴展為檔名。你可以先將指令存入稱為 *shell script* 的檔案中，稍後再執行它們。它們可能是身為程式設計師的你第一次遇到的程式。問題在於，shell script 不能超過上百行程式，否則就會比其他語言慢很多。下面是一小段 shell 程式：

```
#!/bin/sh
language=0
echo "Language $language: I am the shell. So there."
```

將這些程式存為 test.sh 檔，並且用 sh test.sh 來執行它之後，你會在螢幕看到：

```
Language 0: I am the shell. So there.
```

經久耐用的 C（*https://oreil.ly/7QKsf*）與 C++（*https://oreil.ly/iOJPN*）都是非常低階的語言，適合在速度非常重要的情況下使用。你的作業系統與它的許多程式（包括在你的電腦上的 python 程式）可能都是用 C 或 C++ 寫成的。

這兩種語言的學習和維護難度較高。你必須注意許多難以診斷的細節（例如記憶體管理），它們可能造成程式當機和其他問題。這是一小段 C 程式：

```
#include <stdio.h>
int main(int argc, char *argv[]) {
    int language = 1;
    printf("Language %d: I am C! See? Si!\n", language);
    return 0;
}
```

C++ 具有 C 家族的特徵，但也演化出一些獨特的功能：

```
#include <iostream>
using namespace std;
int main() {
    int language = 2;
    cout << "Language " << language << \
        ": I am C++!  Pay no attention to my little brother!" << \
        endl;
    return(0);
}
```

Java（*https://www.java.com*）與 C#（*https://oreil.ly/1wo5A*）是 C 和 C ++ 的後繼者，它們避免了其前輩的一些問題（尤其是記憶體管理），但也有些繁雜。這是一段 Java：

```
public class Anecdote {
    public static void main (String[] args) {
        int language = 3;
        System.out.format("Language %d: I am Java! So there!\n", language);
    }
}
```

如果你沒有用這些語言寫過程式，可能會想：它們到底在幹嘛？其實我們只想要印出一行文字。有些語言背負著沉重的語法包袱。第 2 章會更深入說明這個部分。

C、C++ 與 Java 都是**靜態語言**，你必須幫電腦設定一些低階的細節，例如資料型態。你可以在附錄 A 看到，整數這類的資料型態在電腦裡面有特定數量的位元，並且只能做可用整數來做的事情。相較之下，**動態語言**（也稱為**腳本語言**）不會要求你必須宣告變數型態才能使用它們。

多年來，Perl（*http://www.perl.org*）一直是萬用的動態語言，它有強大的功能，以及廣泛的程式庫。但是它的語法有點彆扭，近年來，它的動能似乎已經被 Python 和 Ruby 超愈了。這是一段美妙的 Perl：

```
my $language = 4;
print "Language $language: I am Perl, the camel of languages.\n";
```

Ruby（*http://www.ruby-lang.org*）是比較現代的語言，它借鑑一些 Perl 的概念，近來之所以流行，在很大程度上是因為 *Ruby on Rails*（一種 web 開發框架）。它有許多應用領域和 Python 重疊，人們往往是根據個人喜好或特定應用領域的程式庫多寡，在兩者之間做出選擇。這是一段 Ruby：

```
language = 5
puts "Language #{language}: I am Ruby, ready and aglow."
```

PHP（*http://www.php.net*）在 web 開發領域非常流行，因為它可以輕鬆地結合 HTML 和程式碼。但是 PHP 語言本身有許多缺陷，在 web 領域之外尚未成為通用語言。這是它的長相：

```
<?PHP
$language = 6;
echo "Language $language: I am PHP, a language and palindrome.\n";
?>
```

Go（*https://golang.org*）（或 *Golang*，如果你試著用 Google 搜尋它的話）是最近出現的語言，試圖同時具備效率和方便性：

```
package main

import "fmt"

func main() {
  language := 7
  fmt.Printf("Language %d: Hey, ho, let's Go!\n", language)
}
```

C 和 C++ 的另一種現代替代方案是 Rust（*https://doc.rust-lang.org*）：

```
fn main() {
    println!("Language {}: Rust here!", 8)
}
```

還有誰沒介紹？噢，別忘了 Python（*https://python.org*）：

```
language = 9
print(f"Language {language}: I am Python. What's for supper?")
```

為何選擇 Python？

其中一個原因，但不一定是最重要的，是它的普遍性。從各種層面的評量，Python 是：

- 成長速度最快（*https://oreil.ly/YHqqD*）的主要程式語言，見圖 1-4。

- 2019 年 6 月 TIOBE 指數（*https://www.tiobe.com/tiobe-index*）的編輯說：「Python 本月的 TIOBE 指數再次創下歷史新高的 8.5%。如果 Python 繼續保持這種發展速度，在 3 至 4 年內，它很可能會取代 C 和 Java，成為世界最流行的程式語言。」

- 2018 年 的 年 度 程 式 語 言（TIOBE）， 在 IEEE Spectrum（*https://oreil.ly/saRgb*） 和 PyPL（*http://pypl.github.io/PYPL.html*）也得到第一名。

- 美國頂尖大學的電腦科學入門課程最喜歡的語言（*http://bit.ly/popular-py*）。

- 法國高中的官方教學語言。

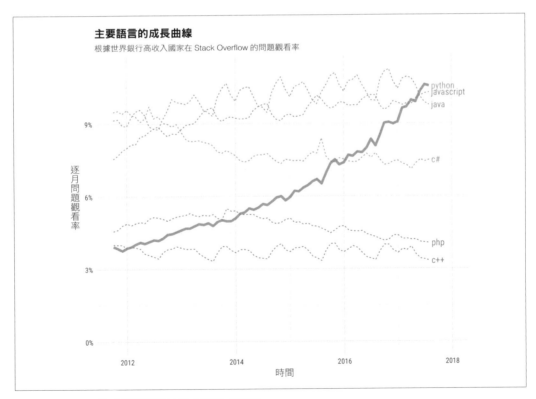

圖 1-4　Python 是成長速度最快的主要程式語言

最近，它在資料科學和機器學習領域中非常流行。如果你想要在你喜歡的領域找到一份高薪的程式工作，Python 是個不錯的選擇。如果你正在招聘人員，有經驗的 Python 開發者的數量也在持續增加。

不過，**為什麼**它這麼流行？程式語言本身是沒有什麼魅力的，根本的理由是什麼？

Python 是很棒的通用、高階語言。它的設計讓它非常易讀，這件事比你想像的重要。每一個電腦程式都只被撰寫一次，但是會被閱讀和修改多次，通常有很多人參與其中。易讀也讓它易學和易記，因此易寫。相較於其他流行的語言，Python 的學習曲線很溫和，可讓你快速具備生產力，但它也具備深度，可讓你在獲得經驗之後進一步探索。

比較簡潔的 Python 也可以讓你寫出比其他靜態語言更精簡的程式。有一些研究指出，無論程式員使用哪一種語言，他們每天寫出來的行數都差不多，所以只要用一半的行數就可以完成一項功能時，你的生產力就會翻倍。很多公司都認為這件事很重要，而 Python 正是它們的一項「不太機密」的利器。

當然，Python 是 free 的，無論是在價格上，或是自由度上。你可以用 Python 寫出任何東西，在任何地方使用它，全部都免費。不會有人在看了你的 Python 程式說「你寫了一段很棒的程式，但是它會不會因為授權問題而造成遺憾？」

Python 可以在幾乎任何地方運行，而且「內建電池」──它的標準程式庫有一大堆實用的軟體。本書將展示許多標準程式庫和實用的第三方 Python 程式碼。

但是，使用 Python 的最佳理由或許是你想像不到的：大家通常都很喜歡用它來寫程式，而不是把它當成完成工作的必要之惡。它不會妨礙你。套句你熟悉的格言，它「和你心靈相通」。當開發人員必須使用其他的語言時，他們經常想念 Python 的某些設計。這就是 Python 與多數其他語言的區別。

為什麼不使用 Python？

Python 不是適合各種狀況的最佳語言，並不是任何一個地方在預設的情況下都安裝它。如果你還沒有在電腦安裝 Python，附錄 B 會告訴你做法。

對大部分的應用來說，它的速度已經夠快了，但是對更要求速度的應用而言，它可能還不夠快。如果你的程式要花大部分的時間來進行計算（術語稱為 *CPU-bound*，CPU 受限），用 C、C++、C#、Java、Rust 或 Go 寫出來的程式通常跑得比 Python 等效程式更快，不過不是絕對如此！

你可以採取這些解決方案：

- 有時在 Python 中使用較佳的*演算法*（階段性解決方案）勝過在 C 中使用沒效率的演算法。因為 Python 可以提升開發速度，所以你有更多時間來試驗別的做法。

- 在許多應用領域中（尤其是在 web），當程式需要等待網路伺服器的回應時，通常會進入閒置狀態。CPU（中央處理單元，執行所有計算的電腦晶片）幾乎不參與其中，因此，靜態與動態程式的端對端（end-to-end）時間很接近。

- Python 標準解譯器是用 C 寫成的，可用 C 程式來擴充。我會在第 19 章稍微討論這個主題。

- Python 解譯器更快了，Java 在它的起步階段非常緩慢，許多機構為了提升它的速度而投入大量的研究與資金。 Python 不屬於任何一家企業，所以它的改善是漸進式的。在第 468 頁的「PyPy」中，我會探討 *PyPy* 專案與它的影響。

- 你的應用程式可能有很高的要求，不論你怎麼寫，Python 都無法滿足你的需求。通常大家會用 C、C++ 與 Java 來取代 Python。或許你也可以研究一下 Go（*http://golang.org*）（感覺起來很像 Python，但跑起來像 C）或 Rust。

Python 2 vs. Python 3

Python 有兩種版本，這件事有點複雜。Python 2 已經出現很久了，並且被預先裝在 Linux 和 Apple 電腦之中。它一向是個傑出的語言，但世上沒有完美的東西，如同許多其他領域，在電腦語言中，有些錯誤是表面的，很容易修正，有些則很難處理，處理它們的修正版本與之前是**不相容**的：用它們寫出來的新程式沒辦法在舊的 Python 系統上運作，在修正之前寫出來的舊程式也沒辦法在新的系統上運作。

所以 Python 的創造者（Guido van Rossum（*https://www.python.org/~guido*））和其他人決定將難處理的修正綁在一起，在 2008 年發表它們，稱之為 Python 3。Python 2 已經過去了，未來是 Python 3 的時代。Python 2 的最後一版是 2.7，它還會存在一段時間，但它已經到達生命的終點，將來不會出現 Python 2.8 了。Python 在 2020 年 1 月停止支援 Python 2 語言，再也不提供安全防護和其他修正，許多著名的 Python 程式包也不支援 Python 2 了（*https://python3statement.org*）。作業系統會移除 Python 2，或預先安裝 Python 3。許多流行的 Python 軟體已經被逐漸轉換成 Python 3 了，不過我們會跨過這個分界，用 Python 3 來進行所有新的開發。

本書探討 Python 3，它看起來幾乎與 Python 2 一模一樣。最明顯的改變在於 print 在 Python 3 是函式，所以當你呼叫它時，必須幫引數加上括號。最重要的改變是 *Unicode* 字元的處理，第 12 章會說明。我會在其他明顯的差異出現時指出它們。

安裝 Python

為了避免造成這一章的混亂，我用附錄 B 來說明 Python 3 的安裝細節。如果你沒有 Python 3，或不確定有沒有，可翻到那一個附錄，看看你需要在電腦做些什麼。是的，這項工作不輕鬆，但是你只要做一次就好。

執行 Python

當你安裝可執行的 Python 3 之後，你就可以用它來執行本書以及你自己的 Python 程式了。該如何執行 Python 程式？主要的方法有兩種：

- Python 內建的**互動式解譯器**（也稱為它的 *shell*）很適合用來試驗小程式。你可以在裡面逐行輸入指令，並且立刻看到結果。你可以透過緊湊的打字和查看節奏來快速進行試驗。我會用互動式解譯器來展示語言的功能，你也可以在自己的 Python 環境中輸入相同的指令。

- 將 Python 程式存入文字檔，通常使用 *.py* 副檔名，並且輸入 python 加上檔名來執行它們。

我們來試一下這兩種做法。

使用互動式解譯器

本書大部分的範例程式都使用內建的互動式解譯器。如果你輸入與範例一樣的指令，並且取得一樣的結果，那就代表你正走在正確的道路上。

你只要在電腦輸入主 Python 程式的名稱就可以啟動解譯器了：它是 python、python3 或類似的東西。在接下來的內容，我們假設它叫做 python，如果你使用不同的名稱，當你在範例程式中看到 python 時，請輸入該名稱。

互動式解譯器的運作方式幾乎與 Python 處理檔案的方式一模一樣，但有一個例外：當你輸入有個值的東西時，互動式解譯器會自動印出它的值。這個功能不屬於 Python 語言，它只是為了讓你不需要每次都輸入 print() 而提供的功能。例如，當你啟動 Python，並且在解譯器中輸入數字 27 時，它會被 echo 到你的終端機（如果你在檔案裡面加入一行 27，Python 不會生氣，但是當你執行程式時，它不會印出任何東西）：

```
$ python
Python 3.7.2 (v3.7.2:9a3ffc0492, Dec 24 2018, 02:44:43)
[Clang 6.0 (clang-600.0.57)] on darwin
Type "help", "copyright", "credits" or "license" for more information.
>>> 27
27
```

 在上面的例子中，`$` 是系統提示符號，提示你在終端機視窗裡面輸入 python 之類的指令。這一本書的範例程式都會使用它，不過你的提示符號可能不一樣。

對了，當你想要印出某個東西時，`print()` 也可以在解譯器裡面執行：

```
>>> print(27)
27
```

如果你用互動式解譯器來嘗試這些例子，並且看到同樣的結果，那就代表你已經執行真正的 Python 程式了（雖然很小）。在接下來的幾章，你會從一行程式開始，慢慢寫出更長的 Python 程式。

使用 Python 檔案

如果你只在一個檔案裡面放入 27 並且用 Python 執行它，它可以執行，但不會印出任何東西。在一般的非互動式 Python 程式中，你必須呼叫 print 函式才能印出東西：

```
print(27)
```

我們來做一個 Python 程式檔，並執行它：

1. 開啟文字編輯器。

2. 輸入 print(27) 這一行，跟上面一樣。

3. 將它存成一個稱為 *test.py* 的檔案。務必將它存為一般的文字檔，而不是 RTF 或 Word 等「豐富」格式。你不一定要讓 Python 程式檔使用 *.py* 副檔名，但它可以協助你認出它們是什麼。

4. 如果你使用 GUI（幾乎每個人都是），打開終端機視窗[2]。

2　如果你不知道這是什麼意思，可參考附錄 B 來瞭解各種作業系統的詳情。

5. 輸入下列指令來執行程式：

```
$ python test.py
```

你應該會看到這一行輸出：

```
27
```

可以正常動作嗎？如果可以，恭喜你已經執行第一個獨立的 Python 程式了。

接下來要做什麼？

你會在實際的 Python 系統內輸入指令，它們必須遵守正確的 Python 語法。我們不會將所有語法規則一次塞入你的腦中，而是會用接下來的幾章慢慢地介紹它們。

要開發 Python 程式，最基本的做法是使用純文字編輯器與終端機視窗。這本書會使用純文字，有時會展示互動式終端機對話，有時會用一段的 Python 檔。你要知道的是，坊間也有許多優秀的 Python 整合式開發環境（IDE）。它們可能有 GUI 與進階的文字編輯功能和協助畫面。第 19 章會介紹其中一些 IDE 的細節。

你的禪修時刻

每一種程式語言都有其風格。在前言中，我提過你通常可以用 Python 風格來表達自我。Python 內建一篇散文，它簡潔地闡述 Python 的哲學（就我所知，Python 是唯一有這種彩蛋的語言）。你只要在互動式解譯器中輸入 import this，再按下 Enter 鍵，就可以體驗片刻的禪意：

```
>>> import this
The Zen of Python, by Tim Peters

Beautiful is better than ugly.
Explicit is better than implicit.
Simple is better than complex.
Complex is better than complicated.
Flat is better than nested.
Sparse is better than dense.
Readability counts.
Special cases aren't special enough to break the rules.
Although practicality beats purity.
Errors should never pass silently.
Unless explicitly silenced.
In the face of ambiguity, refuse the temptation to guess.
```

```
There should be one--and preferably only one--obvious way to do it.
Although that way may not be obvious at first unless you're Dutch.
Now is better than never.
Although never is often better than *right* now.
If the implementation is hard to explain, it's a bad idea.
If the implementation is easy to explain, it may be a good idea.
Namespaces are one honking great idea--let's do more of those!
```

我會在這本書舉例說明這些意境。

次章預告

下一章將討論 Python 資料型態與變數,幫你為後續的章節做好準備,那些章節將更深入探討 Python 的資料型態與程式結構。

待辦事項

本章介紹了 Python 語言,包括它可以做什麼,長怎樣,可在電腦世界中扮演什麼角色。我會在每一章的結尾提供一些迷你的專案來幫助你記得看過的內容,並且協助你為接下來的內容做好準備。

1.1　如果你還沒有在電腦中安裝 Python 3,現在就去安裝。你可以閱讀附錄 B 來瞭解關於電腦系統的細節。

1.2　啟動 Python 3 互動式解譯器。附錄 B 有詳細的說明。它應該會印出幾行介紹自己的文字,接著有一行以 >>> 開頭的訊息,它就是讓你輸入 Python 指令的提示符號。

1.3　稍微操作一下解譯器。將它當成計算機,輸入:8 * 9。按下 Enter 鍵來查看結果。Python 應該會印出 72。

1.4　輸入 47 這個數字,並按下 Enter 鍵。它會在下一行印出 47 嗎?

1.5　現在輸入 print(47) 並按下 Enter 鍵。它也會在下一行印出 47 嗎?

第二章

資料：型態、值、
變數與名稱

> 美名勝過大財。
>
> —箴言 22:1

電腦的所有東西在底層都是一系列的**位元**（見附錄 A）。關於電腦計算（computing），有一種觀點是，我們可以用任何方式來解讀那些位元，例如將它們當成各種大小和型態（數字、文字字元）的資料，甚至電腦程式碼本身。我們就是用 Python 定義這些位元來執行各種工作，並且將它們放入 CPU，以及從 CPU 取出它們。

我們會從 Python 的資料**型態**，以及它們容納的**值**談起，接著說明如何用**常值**和**變數**來代表資料。

Python 的資料都是物件

你可以將電腦的記憶體當成一排很長的架子。這些記憶體架子的每一格都有一個 byte 寬（8 位元），而且格子的編號從 0 開始（第一個），直到最後一個。現代電腦的記憶體有數十億 bytes（gigabytes），所以這些架子可以填滿你想像得到的巨型倉庫。

作業系統允許 Python 程式存取電腦的一些記憶體，讓它用那些記憶體來儲存程式碼本身，以及它使用的資料。作業系統會確保程式在沒有獲得授權的情況下，不能讀寫其他的記憶體位置。

程式會追蹤它們的位元在**哪裡**（記憶體位置），以及它們是**什麼**（資料型態）。對電腦而言，它們都只是位元。同一組位元可能代表不同的東西，取決於我們指定它們是什麼型態，它可能代表整數 65，也可能代表文字字元 A。

不同的型態可能使用不同的位元數量。當你看到「64 位元電腦」時，代表它的一個整數使用 64 bits（8 bytes）。

有些語言在記憶體內使用這些原始值，並追蹤它們的大小與型態。Python 不是直接處理這種原始資料值，而是在記憶體裡面將各個資料值（布林、整數、浮點數、字串，甚至大型的資料結構）包成**物件**。我會用完整的一章（第 10 章）來說明如何在 Python 中定義你自己的物件。目前我們只討論處理基本內建資料型態的物件。

按照記憶體架子比喻，你可以將物件想成大小不一定的盒子，它們會占據架子的空間，見圖 2-1。Python 會製作這些物件盒子，把它們放在架上的空位置，如果再也用不到它們，Python 會將它們移除。

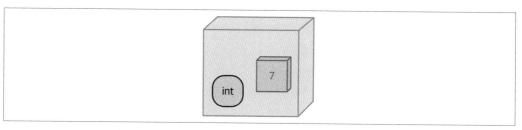

圖 2-1　物件就像盒子，這一個是值為 7 的整數

在 Python 中，物件是一段資料，它至少包含下列的元素：

* 一個定義它可以做什麼的**型態**（見下一節）
* 一個唯一的 *id*，用來區別它與其他物件
* 一個與型態一致的**值**
* 一個**參考計數**，追蹤這個物件被使用的頻率

id 就像它在架上的位置，它是個唯一的識別碼。它的**型態**就像蓋在盒子上面的工廠印章，說明它可以做什麼。如果 Python 物件是個整數，它的型態就是 `int`，可被加到另一個 `int`（還可以做其他事情，見第 3 章）。如果我們想像這些盒子是用透明的塑膠做成的，我們可以看到裡面的**值**。幾節之後，當我們談到變數與名稱時，你就會知道**參考計數**的用法。

型態

表 2-1 是 Python 的基本資料型態。第二欄（型態）是該型態在 Python 中的名稱。第三欄（可變？）代表它的值在它被建立之後可否改變，我會在下一節更詳細地說明。範例欄是該型態的一或多個字面範例。最後一欄（章）則是本書最詳細說明那一種型態的章數。

表 2-1　Python 的基本資料型態

名稱	型態	可變？	範例	章
布林	bool	否	True, False	第 3 章
整數	int	否	47, 25000, 25_000	第 3 章
浮點數	float	否	3.14, 2.7e5	第 3 章
複數	complex	否	3j, 5 + 9j	第 22 章
字串	str	否	'alas', "alack", '''a verse attack'''	第 5 章
串列	list	是	['Winken', 'Blinken', 'Nod']	第 7 章
tuple	tuple	否	(2, 4, 8)	第 7 章
bytes	bytes	否	b'ab\xff'	第 12 章
ByteArray	bytearray	是	bytearray(...)	第 12 章
集合	set	是	set([3, 5, 7])	第 8 章
不可變集合	frozenset	否	frozenset(['Elsa', 'Otto'])	第 8 章
字典	dict	是	{'game': 'bingo', 'dog': 'dingo', 'drummer': 'Ringo'}	第 8 章

在介紹這些基本資料型態的各章之後，你會在第 10 章看到如何製作新型態。

可變性

> 唯有無常永恆不變。
>
> —Percy Shelley

型態也決定盒子內的資料**值**是可以改變的（**可變**）或是固定的（**不可變**）。你可以把不可變的物件想成密封的盒子，但它是透明的，就像圖 2-1，你可以看到裡面的值，但無法改變它。使用同樣的比喻，可變的物件就像有蓋子的盒子，你不但可以看到裡面的值，也可以改變它，但是你不能改變它的型態。

Python 是**強定型**（*strongly typed*）的，意思是物件的型態不能改變，即使它的值是可變的（圖 2-2）。

圖 2-2　強定型（strong typing）的意思不是叫你用力地按下按鍵

常值

在 Python 指定資料值的方式有兩種：

- 常值

- 變數

在接下來的章節，你會知道如何指定各種資料型態的常值—整數是一串數字，浮點數有小數點，字串要用引號包起來等。但是，在本章其餘的部分，為了不讓你的手指長繭，我們的例子只使用短十進制整數，和一兩個 Python 串列。十進制整數就像數學中的整數，也就是以 0 至 9 組成的一系列數字。第 3 章會介紹其他的整數細節（例如符號與非十進制底數）。

變數

接下來，我們要探討一種電腦語言的重要概念。

Python 和絕大多數的電腦語言一樣，可讓你定義變數，也就是幫電腦記憶體裡面的值取個名字，以便在程式中使用。

Python 變數有幾條命名規則：

- 它們只能包含這些字元：
    - 小寫字母（a 到 z）
    - 大寫字母（A 到 Z）
    - 數字（0 到 9）
    - 底線（_）
- 它們是**區分大小寫**的（*case-sensitive*）：thing、Thing 與 THING 是不一樣的名稱。
- 它們的開頭必須是字母或底線，不可使用數字。
- 以底線開頭的名稱會被特殊對待（第 9 章會介紹）。
- 它們不能是 Python 的保留字（也稱為關鍵字）。

保留字[1] 包括：

```
False      await      else       import     pass
None       break      except     in         raise
True       class      finally    is         return
and        continue   for        lambda     try
as         def        from       nonlocal   while
assert     del        global     not        with
async      elif       if         or         yield
```

在 Python 程式裡面，你可以用這個指令顯示保留字：

```
>>> help("keywords")
```

或是：

```
>>> import keyword
>>> keyword.kwlist
```

這些是有效的名稱：

- a
- a1
- a_b_c___95
- _abc
- _1a

---

1 async 與 await 是 Python 3.7 新增的。

但是這些名稱是無效的：

- 1
- 1a
- 1_
- name!
- another-name

賦值

在 Python，你可以用 = 來將一個值指派給一個變數。

 小學數學教我們 = 代表*等於*，為什麼許多電腦語言，包括 Python，都用 = 來賦值？原因之一是標準鍵盤沒有類似左箭頭這種符合邏輯的按鍵，而且 = 應該不至於太難理解。此外，在電腦程式中，使用賦值的頻率遠比測試兩個值是否相等的頻率高。

程式與代數**不一樣**。在學校的數學中，當你看到這種方程式時：

    y = x + 12

你會「代入」x 值來解這個方程式。如果你將 x 的值設為 5，5 + 12 是 17，所以 y 的值是 17。將 x 的值設為 6 會得到 18 這個 y 值，以此類推。

電腦程式有時看起來很像方程式，但它們的意思不一樣。在 Python 與其他電腦語言中，x 與 y 都是**變數**。Python 知道 12 與 5 這種純數字是字面整數。這一小段 Python 程式模仿這個方程式，印出 y 值的結果：

    >>> x = 5
    >>> y = x + 12
    >>> y
    17

數學與程式有一個很大的不同：在數學中，= 代表左右兩邊是**相等的**，但是在程式中，它代表賦值：將右邊的值指派給左邊的變數。

在程式中，右邊的任何東西都必須有個值（這稱為*初始化*）。右邊可以是常值，或已經被設為某個值的變數，或是兩者的結合。Python 知道 5 與 12 都是字面整數。第一行將整數值 5 指派給變數 x。現在我們可以在下一行使用變數 x 了。當 Python 看到 y = x + 12 時，它會做這件事：

- 看到中間的 =

- 知道它是賦值

- 計算右邊（取得 x 引用的物件的值，並將它加上 12）

- 將結果指派給左邊的變數 y

接下來輸入變數 y 的名稱（在互動式解譯器中）即可印出它的新值。

如果你在程式的第一行使用 y = x + 12，Python 會產生一個例外（*exception*）（錯誤），因為變數 x 還沒有值：

```
>>> y = x + 12
Traceback (most recent call last):
  File "<stdin>", line 1, in <module>
NameError: name 'x' is not defined
```

第 9 章會完整地介紹例外。用電腦術語的來說，這個 x *沒有初始化*。

在代數中，你可以反向操作，將一個值代入 y 來算出 x。若要在 Python 裡面做這件事，右邊必須有常值和初始化的變數，才能對左邊的 x 賦值：

```
>>> y = 5
>>> x = 12 - y
>>> x
7
```

變數是名稱，不是位置

接下來是關於 Python 變數的重點：**變數只是名稱**，這件事與許多其他電腦語言不同，它是認識 Python 的關鍵，尤其是當我們遇到串列這種**不可變**物件時。賦值**不複製值**，它只是為含有該資料的物件**取一個名稱**而已。名稱只是指向某個東西的**參考**，不是那個東西本身。你可以將名稱視為一個標籤，它有一條細繩，細繩被接到在記憶體的另一個位置的物件盒子（圖 2-3）。

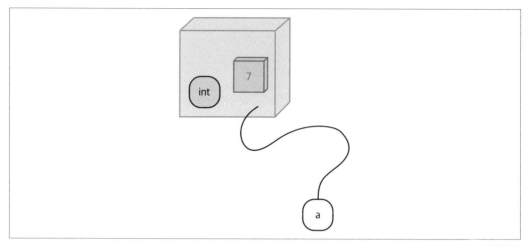

圖 2-3　名稱指向物件（變數 a 指向一個值為 7 的整數物件）

在其他語言中，變數本身具備型態，並且綁定一個記憶體位置。你可以改變那個位置的值，但那個值必須是同一種型態。這就是**靜態**語言要求你宣告變數型態的原因，Python 不需要這樣，因為一個名稱可以代表任何東西，我們藉著「沿著細繩」前往資料物件本身來取得值和型態。雖然這種機制可以節省時間，但它也有一些缺點：

- 你可能會寫錯變數名稱，並且因為它沒有引用任何東西而得到例外，Python 不會像靜態語言那樣自動檢查這件事。第 19 章會教你事先檢查變數來避免此事的做法。

- Python 的原始速度比 C 這類的語言慢，因為它讓電腦做更多的工作來幫你節省精力。

請試著用互動式解譯器來執行下列程式（圖 2-4 將它視覺化）：

1. 與之前一樣，將 7 值指派給 a 名稱，這樣子可以建立一個物件盒子，裡面有整數值 7。

2. 印出 a 的值。

3. 將 a 指派給 b，讓 b 也指向存有 7 的物件盒子。

4. 印出 b 的值：

```
>>> a = 7
>>> print(a)
7
>>> b = a
>>> print(b)
7
```

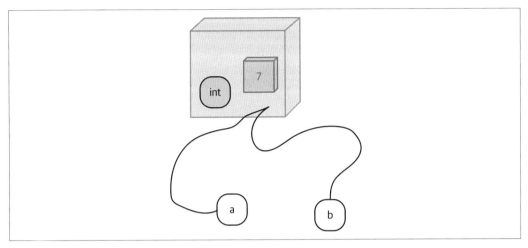

圖 2-4　複製名稱（新變數 b 也會指向同一個整數物件）

在 Python 中，如果你想要知道任何東西（變數或常值）的型態，你可以使用 type(*thing*)。type() 是一種 Python 內建函式。如果你想要檢查一個變數是否指向特定型態的物件，可使用 isinstance(*type*)：

```
>>> type(7)
<class 'int'>
>>> type(7) == int
True
>>> isinstance(7, int)
True
```

 當我提到函式時，我會在它後面加上括號（()）來強調它是函式，而不是變數名稱或其他的東西。

我們用更多常值（58、99.9、'abc'）與變數（a、b）來試驗它：

```
>>> a = 7
>>> b = a
>>> type(a)
<class 'int'>
>>> type(b)
<class 'int'>
>>> type(58)
<class 'int'>
>>> type(99.9)
<class 'float'>
```

```
>>> type('abc')
<class 'str'>
```

類別是物件的定義;第 10 章會詳細介紹類別。在 Python 中,「類別」與「型態」幾乎代表同一件事。

如你所見,當你在 Python 中使用變數時,它也會查看它引用的物件。Python 在幕後很忙,通常會建立暫時性物件,並且在一兩行之後丟棄它。

我們再次執行之前的範例:

```
>>> y = 5
>>> x = 12 - y
>>> x
7
```

在這段程式中,Python 做了這些事:

- 建立一個值為 5 的整數物件
- 讓變數 y 指向那個 5 物件
- 遞增 5 物件的參考數
- 建立另一個值為 12 的整數物件
- 將值為 12 的(匿名)物件的值減去 y 所指的物件的值(5)
- 將這個值(7)指派給新的(到目前為止無名)整數物件
- 讓變數 x 指向這個新物件
- 遞增 x 所指的新物件的參考數量
- 查看 x 所指的物件的值(7)並印出它

當物件的參考數量變成零時,代表沒有名稱指向它,所以它就不需要繼續存在了。Python 有一種名稱很可愛的**垃圾回收器**(*garbage collector*),可以重複利用再也用不到的東西的記憶體。你可以想像有人在這些記憶體架子後面,賣力地拿走廢棄的盒子進行回收。

在這個例子中,我們再也不需要值為 5、12 和 7 的物件,也不需要變數 x 與 y 了。Python 垃圾回收器可能會將它們送到物件天堂 [2],或出於性能的因素保留其中的一些,因為小的整數比較常用。

2　或 Island of Misfit Objects。

指派給多個名稱

你可以一次將一個值指派給多個變數名稱：

```
>>> two = deux = zwei = 2
>>> two
2
>>> deux
2
>>> zwei
2
```

重新指派名稱

因為名稱指向物件，當你改變已被指派給名稱的值時，只是讓名稱指向新的物件。此時舊物件的參考數量會遞減，新物件的會遞增。

複製

如圖 2-4 所示，將既有變數 a 指派給新變數 b 只是讓 b 也指向 a 所指的物件。如果你拿起 a 或 b 標籤，並沿著它們的細繩走，你會得到同一個物件。

如果那個物件是不可變的（例如整數），它的值就不能改變，所以這兩個名稱實際上是唯讀的。試一下：

```
>>> x = 5
>>> x
5
>>> y = x
>>> y
5
>>> x = 29
>>> x
29
>>> y
5
```

當我們將 x 指派給 y 時，我們會讓名稱 y 指向值為 5 的整數物件，它也是 x 所指的物件。改變 x 會讓它指向值為 29 的新整數物件。它不會改變存有 5 的物件，也就是 y 仍然指的那一個。

但如果這兩個名稱指向一個可變物件，你就可以用其中一個名稱來改變那個物件的值，並且用任何一個名稱看到改變後的值。如果你事先不知道這件事可能會嚇一跳。

串列是以一系列的值組成的可變陣列，第 7 章會仔細介紹它們。在這個例子中，a 與 b 都指向一個串列，那個串列有三個整數值：

```
>>> a = [2, 4, 6]
>>> b = a
>>> a
[2, 4, 6]
>>> b
[2, 4, 6]
```

這些串列成員（a[0]、a[1] 與 a[2]）本身就像名稱，它們也指向值為 2、4 與 6 的整數物件。串列物件依序保存它的成員。

用名稱 a 來改變第一個串列元素之後，你可以看到 b 也改變了：

```
>>> a[0] = 99
>>> a
[99, 4, 6]
>>> b
[99, 4, 6]
```

第一個串列元素被改變之後，它就不指向值為 2 的物件了，而是值為 99 的新物件。這個串列的型態仍然是 list，但它的值（串列元素與它們的順序）是可變的。

選擇好的變數名稱

> 他說的是真話，但使用不對的名稱。
>
> —Elizabeth Barrett Browning

為變數取好名字的重要性出乎大家的意料。在截至目前為止的範例程式裡面，我都使用隨便取的名稱，像是 a 與 x。在真正的程式中，你必須一次注意多很多的變數，並且要在簡潔和清楚之間取得平衡。例如，輸入 num_loons 的速度比 number_of_loons 或 gaviidae_inventory 快很多，而且它的說明性比 n 好。

次章預告

數字！它們跟你想像的一樣刺激。好吧，也許沒那麼糟[3]。你將會瞭解如何將 Python 當成計算機來使用，以及貓是怎麼建立數字系統的。

待辦事項

2.1　　將整數值 99 指派給變數 prince，並印出它。

2.2　　值 5 的型態是什麼？

2.3　　值 2.0 的型態是什麼？

2.4　　運算式 5 + 2.0 的型態是什麼？

第三章

數字

> 最高尚的行為就是為最多人帶來最大的幸福。
>
> —Francis Hutcheson

在這一章,我們要開始討論 Python 最簡單的內建資料型態:

- 布林(*boolean*)(它的值是 True 或 False)

- 整數(*integer*)(諸如 42 與 100000000 的整數)

- 浮點數(*float*)(有小數點的數字,例如 3.14159,有時有指數,例如 1.0e8,它代表 *1* 乘以 *10* 的 *8* 次方,或 100000000.0)

在某種程度上,它們就像原子。我們會在這一章分別使用它們,在之後的章節,你會看到如何用它們來組成更大型的「分子」,例如串列與字典。

每一種型態都有特殊的使用規則,電腦也會用不同的方式處理它們。我們也會展示如何使用 97 和 3.1416 等**常值**,以及我在第 2 章談過的**變數**。

本章的範例程式都是有效的 Python,但它們都只是片段,我們會使用 Python 互動式解譯器,在裡面輸入這些片段,並且立刻看到結果。請試著用你的電腦的 Python 版本來執行它們,這些範例都使用 >>> 提示符號。

布林

在 Python 中，只有布林資料型態的值是 True 與 False。有時你會直接使用它們，有時你會用其他型態的值來計算它們「是否為 true」。Python 的特殊函式 bool() 可以將任何 Python 資料型態轉換成布林。

第 9 章會專門介紹函式，現在你只要知道，函式都有一個名稱，零個以上以逗號分隔並且位於一對括號裡面的輸入**引數**，以及零個以上的**回傳值**。bool() 函式可以用引數接收任何值，並回傳其對應的布林值。

它將非零數字視為 True：

```
>>> bool(True)
True
>>> bool(1)
True
>>> bool(45)
True
>>> bool(-45)
True
```

將零值數字視為 False：

```
>>> bool(False)
False
>>> bool(0)
False
>>> bool(0.0)
False
```

你將在第 4 章看到布林的實用性。在後續的章節，你會看到 Python 如何將串列、字典與其他型態視為 True 或 False。

整數

integer 就是整數—沒有分數、小數點、其他奇奇怪怪的東西。好啦，除了可能出現的初始符號之外，有時會有底數，如果你想要用十進制（base 10）之外的方式來表示數字的話。

字面整數

在 Python 中，任何數字串都代表字面整數：

```
>>> 5
5
```

一般的零（0）也可以：

```
>>> 0
0
```

但你不能在開頭的 0 後面放上 1 至 9 的數字：

```
>>> 05
  File "<stdin>", line 1
    05
     ^
SyntaxError: invalid token
```

 這個 Python 例外警告你輸入了某種破壞 Python 規則的東西，我會在第 45 頁的「底數」解釋它的意思。你會在本書看到許多其他的例外，因為它們是 Python 的主要錯誤處理機制。

你可以在整數的開頭使用 0b、0o 或 0x。見第 45 頁的「底數」。

一串數字代表正整數。如果你在數字前面放上 + 符號，那個數字代表同一個意思：

```
>>> 123
123
>>> +123
123
```

你可以在數字前面放上 – 來指定負整數：

```
>>> -123
-123
```

整數裡面不能有任何逗號：

```
>>> 1,000,000
(1, 0, 0)
```

Python 給你一個包含三個值的 *tuple*（第 7 章會詳細介紹 tuple），而不是一百萬。但你可以將底線（_）字元當成數字分隔符號[1]：

```
>>> million = 1_000_000
>>> million
1000000
```

1　在 Python 3.6 之後的版本中。

事實上，你可以在第一個數字後面的任何地方加入底線，它們都會被忽略：

```
>>> 1_2_3
123
```

整數運算

在接下來幾頁，我會展示一些將 Python 當成簡單的計算機的例子。你可以使用這張表裡面的數學運算子，來讓 Python 進行一般的算術運算：

運算子	說明	範例	結果
+	加法	5 + 8	13
-	減法	90 - 10	80
*	乘法	4 * 7	28
/	浮點除法	7 / 2	3.5
//	整數（捨去）除法	7 // 2	3
%	模數（餘數）	7 % 3	1
**	次方	3 ** 4	81

加法與減法的運作方式與你想像的一樣：

```
>>> 5 + 9
14
>>> 100 - 7
93
>>> 4 - 10
-6
```

你可以隨意使用任何數量的數字和運算子：

```
>>> 5 + 9 + 3
17
>>> 4 + 3 - 2 - 1 + 6
10
```

你不需要在每一個數字與運算子之間加上空格：

```
>>> 5+9    +      3
17
```

這只是為了讓它更美觀且更易讀。

乘法也很簡單：

```
>>> 6 * 7
42
>>> 7 * 6
42
>>> 6 * 7 * 2 * 3
252
```

除法比較有趣，因為它有兩種做法：

- 以 / 計算*浮點數*（十進制）除法

- 以 // 計算*整數*（捨去）除法

使用 / 會產生浮點數結果，即使你將整數除以整數（本章稍後會介紹浮點數）：

```
>>> 9 / 5
1.8
```

整數捨去除法會產生整數結果，它會去掉任何餘數：

```
>>> 9 // 5
1
```

使用這兩種除法來除以零都會讓 Python 丟出例外，而不會在時空連續體（space-time continuum）撕開一個洞：

```
>>> 5 / 0
Traceback (most recent call last):
  File "<stdin>", line 1, in <module>
ZeroDivisionError: division by zero
>>> 7 // 0
Traceback (most recent call last):
  File "<stdin>", line 1, in <module>
ZeroDivisionError: integer division or modulo by z
```

整數與變數

上面的例子都使用字面整數。你可以混合使用字面整數和已指派整數值的變數：

```
>>> a = 95
>>> a
95
>>> a - 3
92
```

你應該記得第 2 章說過，a 是個指向一個整數物件的名稱。當我使用 a － 3 時，我沒有將結果指派回去給 a，所以 a 的值沒有改變：

```
>>> a
95
```

如果你想要改變 a，你可以這樣做：

```
>>> a = a - 3
>>> a
92
```

在此重申，它不是合法的數學方程式，而是在 Python 將一個值重新指派給一個變數的做法。在 Python 中，= 右邊的運算式會先被計算，再指派給左邊的變數。

或許你可以這樣看待它：

- 將 a 減 3
- 將減法的結果指派給一個臨時變數
- 將那個臨時變數值指派給 a：

```
>>> a = 95
>>> temp = a - 3
>>> a = temp
```

因此，當你說：

```
>>> a = a - 3
```

時，Python 會計算右邊的減法，記得它的結果，再將結果指派給 = 號左邊的 a。這種做法比使用一個暫時變數更快速且簡潔。

你可以結合算術運算子與賦值，將運算子放在 = 前面。在此，a -= 3 相當於 a = a - 3：

```
>>> a = 95
>>> a -= 3
>>> a
92
```

這就像 a = a + 8：

```
>>> a = 92
>>> a += 8
>>> a
100
```

而這像 a = a * 2：

```
>>> a = 100
>>> a *= 2
>>> a
200
```

下面是個浮點除法，它等同於 a = a / 3：

```
>>> a = 200
>>> a /= 3
>>> a
66.66666666666667
```

接著我們來試一下 a = a // 4 的簡寫（整數捨去除法）：

```
>>> a = 13
>>> a //= 4
>>> a
3
```

在 Python，% 字元有許多種用途。當它被放在兩個數字之間時，它會產生第一個數字除以第二個數字的餘數：

```
>>> 9 % 5
4
```

下面的寫法可以同時產生商數（捨去的）和餘數：

```
>>> divmod(9,5)
(1, 4)
```

你也可以分別計算它們：

```
>>> 9 // 5
1
>>> 9 % 5
4
```

你剛才看到一些新東西：有一個名為 divmod 的*函式*，它收到整數 9 與 5，並回傳一個雙項目 *tuple*。之前說過，第 7 章會討論 tuple，第 9 章介紹函式。

最後一種數學功能是代表次方的 **，你可以混合使用整數與浮點數：

```
>>> 2**3
8
>>> 2.0 ** 3
8.0
```

```
>>> 2 ** 3.0
8.0
>>> 0 ** 3
0
```

優先順序

輸入下列程式會產生什麼結果？

```
>>> 2 + 3 * 4
```

如果你先做加法，2 + 3 是 5，5 * 4 是 20。但是如果你先做乘法，3 * 4 是 12，2 + 12 是 14。Python 和大部分的語言一樣，乘法的**優先順序**高於加法，所以你會看到第二個版本：

```
>>> 2 + 3 * 4
14
```

如何知道優先順序？附錄 E 有一個大型的表格將它們全部列出來，但我在實務上從未查看這些規則，比較簡單的做法是在計算時，使用括號來幫程式碼分組：

```
>>> 2 + (3 * 4)
14
```

這個使用指數的例子

```
>>> -5 ** 2
-25
```

等同於

```
>>> - (5 ** 2)
-25
```

它可能不是你要的結果。你可以用括號來讓它更明確：

```
>>> (-5) ** 2
25
```

如此一來，每一個看到這段程式的人都不需要猜測它的意圖，或查看優先順序規則。

底數

Python 假設整數都是十進制（base 10），除非你加上前置符號來指定其他的底數（*base*）。或許你永遠都不會用到其他的底數，但你也可能在某個時候、某個地方看到它在 Python 程式中出現。

我們都有 10 個手指與腳趾，所以習慣以 0、1、2、3、4、5、6、7、8、9 計數，接著，因為數字用完了，所以我們在「十的位置」放一，在「一的位置」放 0：10 代表「1 個十與 0 個一」。阿拉伯數字與羅馬數字不同，它不是用一個字元來代表「10」，接下來是 11、12 直到 19，進一位變成 20（2 個十與 0 個一），以此類推。

底數就是在你必須「進一位」之前可以使用的數字。在 base 2（binary）中，數字只有 0 與 1，它就是著名的位元（*bit*），它的 0 和一般的十進制 0 一樣，1 也與十進制 1 一樣。但是在 base 2 中，如果你將 1 加上 1，你會得到 10（1 個十進制的二加上 0 個十進制的一）。

在 Python 中，你可以用這些整數前置符號以三種底數來表示非十進制的字面整數：

- 代表二進制（base 2）的 0b 或 0B。
- 代表八進制（base 8）的 0o 或 0O。
- 代表十六進制（base 16）的 0x 或 0X。

這些底數都是 2 的次方，有時它們很方便，儘管你可能永遠都用不到一般的十進制整數之外的東西。

解譯器會幫你將它們印成十進制整數。我們來試一下每一個底數。首先是一般的十進制的 10，它代表 *1* 個十與 *0* 個一：

```
>>> 10
10
```

接下來是二進制（base 2）的 0b10，它代表 *1* 個（十進制的）二與 *0* 個一：

```
>>> 0b10
2
```

八進制（base 8）的 0o10 代表 *1* 個（十進制的）八與 *0* 個一：

```
>>> 0o10
8
```

十六進制（base 16）的 0x10 代表 *1* 個（十進制的）十六與 *0* 個一：

```
>>> 0x10
16
```

你也可以反著做，用任何一種底數將整數轉換成字串：

```
>>> value = 65
>>> bin(value)
'0b1000001'
>>> oct(value)
'0o101'
>>> hex(value)
'0x41'
```

chr() 函式可將整數轉換成對應的單字元字串：

```
>>> chr(65)
'A'
```

使用 ord() 可反向操作：

```
>>> ord('A')
65
```

如果你不知道 base 16 使用的「數字」有哪些，它們是：0、1、2、3、4、5、6、7、8、9、a、b、c、d、e 與 f。0xa 是十進制的 10，0xf 是十進制的 15。將 0xf 加 1 會得到 0x10（十進制 16）。

為什麼要使用非 10 的底數？它們在進行**位元級**操作時很有用，第 12 章會介紹這個部分，該章也會談到如何將某個底數的數字轉換成另一個底數。

貓的每個前腳通常有五個數字，每個後腳有四個數字，總共 18 個數字。當你在實驗室遇到穿著實驗室外套的貓科學家時，你會發現牠們通常是用 base-18 算術來討論事情的。我的貓咪 Chester（圖 3-1）有**多指症**，總共有大約 22 隻腳趾（很難分辨）。如果牠想要用全部的腳趾來計算碗旁邊的食物碎片，牠很可能會使用 base-22 系統（以下簡稱 *chesterdigital* 系統），使用 0 至 9 以及 a 至 l。

圖 3-1　Chester——一隻毛茸茸的傢伙，chesterdigital 系統的發明者

型態轉換

你可以使用 int() 函式來將其他的 Python 資料型態轉換成整數。

int() 函式接收一個輸入引數，回傳一個值，那個值是將輸入引數整數化之後的等效物，它會保留整數，捨棄小數的部分。

本章的開頭說過，Python 最簡單的資料型態是**布林**，它只有 True 與 False 值。當它們被轉換成整數時，會得到 1 與 0 值：

```
>>> int(True)
1
>>> int(False)
0
```

bool() 函式可以反向操作，回傳整數對應的布林值：

```
>>> bool(1)
True
>>> bool(0)
False
```

將浮點數轉換成整數時，小數點後面的數字都會被捨去：

```
>>> int(98.6)
98
>>> int(1.0e4)
10000
```

將浮點數轉換成布林的結果很容易猜到：

```
>>> bool(1.0)
True
>>> bool(0.0)
False
```

最後，這個例子從一個只有數字的文字字串（第 5 章）取得整數值，該文字字串可能有數字分隔符號 _ 或開頭的 + 或 - 符號：

```
>>> int('99')
99
>>> int('-23')
-23
>>> int('+12')
12
>>> int('1_000_000')
1000000
```

如果字串代表非十進制整數，你可以加入底數：

```
>>> int('10', 2) # 二進制
2
>>> int('10', 8) # 八進制
8
>>> int('10', 16) # 十六進制
16
>>> int('10', 22) # chesterdigital
22
```

將整數轉換成整數不會改變任何東西，也不會造成傷害：

```
>>> int(12345)
12345
```

如果你試著轉換看起來不像數字的東西，你會看到例外：

```
>>> int('99 bottles of beer on the wall')
Traceback (most recent call last):
  File "<stdin>", line 1, in <module>
ValueError: invalid literal for int() with base 10: '99 bottles of beer on the wall'
```

```
>>> int('')
Traceback (most recent call last):
  File "<stdin>", line 1, in <module>
ValueError: invalid literal for int() with base 10: ''
```

上面的文字字串的開頭是有效的數字字元（99），但是 int() 函式無法處理接下來的字元。

int() 可將浮點數或數字字串轉成整數，但無法處理含有小數點或指數的字串：

```
>>> int('98.6')
Traceback (most recent call last):
  File "<stdin>", line 1, in <module>
ValueError: invalid literal for int() with base 10: '98.6'
>>> int('1.0e4')
Traceback (most recent call last):
  File "<stdin>", line 1, in <module>
ValueError: invalid literal for int() with base 10: '1.0e4'
```

如果你混合使用不同的數字型態，Python 有時會自動試著幫你轉換它們：

```
>>> 4 + 7.0
11.0
```

如果你將布林值 False 與整數或浮點數混合使用，它會被當成 0 或 0.0，True 會被視為 1 或 1.0：

```
>>> True + 2
3
>>> False + 5.0
5.0
```

int 有多大？

在 Python 2，int 的大小可能是 32 或 64 bits 上限，取決於你的 CPU；32 bits 可以儲存 –2,147,483,648 至 2,147,483,647 的任何整數。

long 有 64 bits，可儲存 –9,223,372,036,854,775,808 至 9,223,372,036,854,775,807 的值。Python 3 沒有 long 型態了，int 可為任何大小，甚至大於 64 bits。你可以使用 *googol* 這種巨大的數字（在 1 後面有 100 個零，這個名稱是 1920 年的一位九歲男童取的（*https://oreil.ly/6ibo_*））：

```
>>>
>>> googol = 10**100
>>> googol
```

```
1000000000000000000000000000000000000000000000000000000000000000000000
000000000000000000000000
>>> googol * googol
10000000000000000000000000000000000000000000000000000000000000000000000
00000000000000000000000000000000000000000000000000000000000000000000000
000000000000000000000000000000000000000000000000
```

googolplex 是 **10**googol**（有一千個零，如果你自行嘗試的話）。有人建議 Google 使用 googolplex 這個名稱，後來他們決定採用 *googol*（*https://oreil.ly/IQfer*），但是沒有仔細檢查拼字，註冊了 **google.com** 這個網域名稱。

在許多語言中，試著處理這麼大的數字會產生一種稱為**整數溢位**的現象，也就是電腦沒有足夠的空間處理這種數字，造成各種不好的影響。Python 可以輕鬆地處理 googol 整數。

浮點數

整數是完整的數字，但**浮點數**（在 Python 中稱為 *float*）有小數點。

```
>>> 5.
5.0
>>> 5.0
5.0
>>> 05.0
5.0
```

浮點數可以在字母 e 後面加上十進制整數指數：

```
>>> 5e0
5.0
>>> 5e1
50.0
>>> 5.0e1
50.0
>>> 5.0 * (10 ** 1)
50.0
```

與整數一樣，你可以用底線（_）來分開數字，以方便閱讀：

```
>>> million = 1_000_000.0
>>> million
1000000.0
>>> 1.0_0_1
1.001
```

處理浮點數的方式與整數很像：你可以使用運算子（+、–、*、/、//、**、%）與 divmod() 函式。

你可以用 float() 函式將其他的型態轉換成浮點數。與之前一樣，布林就像小整數：

```
>>> float(True)
1.0
>>> float(False)
0.0
```

將整數轉換成浮點數只不過會讓它自豪地擁有一個小數點：

```
>>> float(98)
98.0
>>> float('99')
99.0
```

你也可以將包含有效浮點數字元（數字、符號、小數點，或 e 加上指數）的字串轉換成真正的浮點數：

```
>>> float('98.6')
98.6
>>> float('-1.5')
-1.5
>>> float('1.0e4')
10000.0
```

當你混合使用整數與浮點數時，Python 會自動將整數值提升為浮點數：

```
>>> 43 + 2.
45.0
```

Python 也會將布林值提升為整數或浮點數：

```
>>> False + 0
0
>>> False + 0.
0.0
>>> True + 0
1
>>> True + 0.
1.0
```

數學函式

Python 支援複數，也有常見的數學函數，例如平方根、餘弦等。我們留到第 22 章再討論它們，也會在那一章討論如何在科學領域中使用 Python。

次章預告

在下一章，你終於從一行的 Python 範例畢業了。你將藉由 if 陳述式學習如何用程式進行決策。

待辦事項

本章介紹了 Python 的原子：數字、布林與變數。接下來，請在互動式解譯器中做一些小練習。

3.1　　一小時有幾秒？將互動式解譯器當成計算機，將每分鐘的秒數（60）乘以每小時的分鐘數（也是 60）。

3.2　　將上一個習題的結果（一小時的秒數）指派給一個稱為 seconds_per_hour 的變數。

3.3　　一天有幾秒？使用你的 seconds_per_hour 變數計算。

3.4　　再次計算一天的秒數，但這次將結果存入一個稱為 seconds_per_day 的變數。

3.5　　將 seconds_per_day 除以 seconds_per_hour，使用浮點（/）除法。

3.6　　將 seconds_per_day 除以 seconds_per_hour，使用整數（//）除法。除了最後的 .0 之外，這個數字與上一次算出來的浮點值一樣嗎？

第四章

用 if 來選擇

假如舉世倉皇失措，人人怪你，

而你能保持冷靜，…

—Rudyard Kipling, If—

在之前各章，你已經看過許多資料案例，但還沒有用它們做太多事情。大部分的範例程式都是在互動式解譯器裡面執行的，它們都很簡短。本章會教你如何建構 Python 程式碼，而不是只有資料。

許多電腦語言使用大括號（{ 與 }）等字元，或關鍵字（例如 begin 與 end）來標記一段程式，在這些語言中，使用整齊的縮排是很好的做法，因為這樣可讓你和別人更容易閱讀程式。坊間甚至有一些工具可以整齊地排列你的程式。

當 Guido van Rossum 設計 Python 的原型語言時，他認為縮排本身就足以定義程式的結構了，所以決定不讓程式員輸入這類的括號。與眾不同的 Python 用空白字元來定義程式結構。初次認識 Python 的人很容易看到這一點，而用過其他語言的人可能會覺得它看起來有點奇怪。但是當你稍微編寫 Python 之後，你會覺得這種寫法很自然，不會覺得奇怪了，你甚至開始習慣以較少的打字量來做更多事情。

前面的例子都只有一行，接著我們要來瞭解如何加入註釋與多行指令。

用 # 來註釋

註釋是被寫在程式碼裡面，可是會被 Python 解譯器忽略的一段文字。你可能會用註釋來解釋它附近的 Python 程式、提醒自己在某個時刻修正某個東西，或任何其他目的。

你可以用 # 字元來加入註釋,從這個字元之後,直到那一行結束之前的所有東西都是註釋的一部分。你會經常看到整行都是註釋:

```
>>> # 60 sec/min * 60 min/hr * 24 hr/day
>>> seconds_per_day = 86400
```

或是在同一行裡面有註釋與程式碼:

```
>>> seconds_per_day = 86400 # 60 sec/min * 60 min/hr * 24 hr/day
```

字元有許多名稱:*hash*、*sharp*、*pound* 或聽起來很邪惡的 *octothorpe*[1]。無論你怎麼稱呼它[2],它的效果僅止於它出現的那一行的結尾。

Python 沒有多行註釋。你必須明確地使用 # 來撰寫每一行註釋或段落。

```
>>> # 我可以在這裡說 Python 的任何壞話,
... # 即使 Python 不喜歡它,
... # 因為有厲害的 # 保護我。
...
>>>
```

但是,如果你將強大的 # 放在文字字串裡面,它會變回一般的 # 字元:

```
>>> print("No comment: quotes make the # harmless.")
No comment: quotes make the # harmless.
```

用 \ 來延續一行文字

讓每一行程式都有合理的長度可讓程式更容易閱讀。一般建議每行程式都不要超過 80 個字元(非必要)。如果你無法在那個長度之內完成你想說的一切,你可以使用**延續字元**:\(反斜線)。只要你在行尾使用 \,Python 的表現就彷彿你仍然在同一行打字一般。

例如,如果我想要讓前五個數字相加,我可以一次用一行來處理:

```
>>> sum = 0
>>> sum += 1
>>> sum += 2
>>> sum += 3
>>> sum += 4
>>> sum
10
```

1　就像在你身後的那一隻八腿綠色怪物。

2　不要叫牠,否則牠會回來。

或是使用延續字元一次完成工作：

```
>>> sum = 1 + \
...      2 + \
...      3 + \
...      4
>>> sum
10
```

如果我們省略運算式中間的反斜線，我們就會看到例外：

```
>>> sum = 1 +
  File "<stdin>", line 1
    sum = 1 +
            ^
SyntaxError: invalid syntax
```

告訴你一個小技巧，當程式被一對小括號包起來（或中括號或大括號）時，Python 就不會苛責行尾少了什麼東西：

```
>>> sum = (
...      1 +
...      2 +
...      3 +
...      4)
>>>
>>> sum
10
```

第 5 章還會介紹，成對的三引號可讓你寫出多行的字串。

用 if、elif 與 else 來進行比較

我們終於要踏入**程式結構**的領域了，準備用它來將資料嵌入程式中。我們的第一個範例是這個小型的 Python 程式，它會檢查布林變數 disaster 的值，並印出相應的評語：

```
>>> disaster = True
>>> if disaster:
...      print("Woe!")
... else:
...      print("Whee!")
...
Woe!
>>>
```

if 與 else 都是 Python 陳述式，它們的功能是檢查一個條件（在此是 disaster 的值）究竟是不是布林值 True，或是否可被評估為 True。之前說過，print() 是 Python 的內建函式，它可以印出一些東西，通常是印到你的螢幕上。

 如果你曾經寫過其他語言，特別注意，使用 if 測試時，不需要加上括號。例如，不要寫出 if (disaster == True) 這種東西（等一下就會介紹相等運算子 ==）。你必須在結尾加上冒號（:）。如果你跟我一樣，有時會忘了輸入冒號，Python 會顯示錯誤訊息。

每一行 print() 都必須比它的測試式內縮，我會將每一個次級區塊內縮四個空格。雖然你可以使用任何縮排方式，但 Python 期望同一段的程式都使用一致的格式─每一行都必須內縮相同的格數，讓左邊對齊。我建議你使用 PEP-8（http://bit.ly/pep-8）風格，它使用四個空格。不要使用 tab，或混合 tab 與空格，這樣子會攪亂縮排格數。

這段程式做了很多事情，我會在接下來的內容更仔細地解釋它們：

- 將布林值 True 指派給變數 disaster
- 使用 if 與 else 來執行條件比較，根據 disaster 的值來執行不同的程式
- 呼叫 print() 函式來印出一些文字

你可以在測試式裡面使用測試式，層數依你的需求而定：

```
>>> furry = True
>>> large = True
>>> if furry:
...     if large:
...         print("It's a yeti.")
...     else:
...         print("It's a cat!")
... else:
...     if large:
...         print("It's a whale!")
...     else:
...         print("It's a human. Or a hairless cat.")
...
It's a yeti.
```

在 Python 中，縮排決定了 if 與 else 段落如何配對。我們的第一個項測試是檢查
furry，因為 furry 是 True，Python 會前往內縮的 if large 測試。因為我們已經將 large
設為 True 了，if large 是 True，接下來的 else 會被忽略。所以 Python 會執行在 if
large: 下面縮排的那行，印出 It's a yeti。

如果要測試的可能性超過兩個，你可以在第一次測試使用 if，在中間使用 elif（代表
else if），最後使用 else：

```
>>> color = "mauve"
>>> if color == "red":
...     print("It's a tomato")
... elif color == "green":
...     print("It's a green pepper")
... elif color == "bee purple":
...     print("I don't know what it is, but only bees can see it")
... else:
...     print("I've never heard of the color", color)
...
I've never heard of the color mauve
```

上面的例子用 == 運算子來測試相等性。下面是 Python 的比較運算子：

相等	==
不相等	!=
小於	<
小於或等於	<=
大於	>
大於或等於	>=

它們都會回傳布林值 True 或 False。我們來看一下它們的動作，我們先將一個值指派給
x：

```
>>> x = 7
```

接著測試一些東西：

```
>>> x == 5
False
>>> x == 7
True
>>> 5 < x
True
>>> x < 10
True
```

注意，兩個等號（==）的功能是**測試相等性**，一個等號（=）則是將值指派給變數。

如果你需要同時進行多項比較，可使用**邏輯**（或**布林**）**運算子** and、or 與 not 來求出最終的布林結果。

邏輯運算子的**優先順序**比它們比較的程式段落低。也就是說，Python 會先計算程式段落，再比較它們。在這個範例中，因為我們將 x 設為 7，所以 5 < x 會得到 True，且 x < 10 也是 True，所以我們最後得到 True 與 True：

```
>>> 5 < x and x < 10
True
```

第 44 頁的「優先順序」說過，避免搞不懂優先順序的最佳手段就是使用括號：

```
>>> (5 < x) and (x < 10)
True
```

這是一些其他的測試：

```
>>> 5 < x or x < 10
True
>>> 5 < x and x > 10
False
>>> 5 < x and not x > 10
True
```

如果你要 and 兩個只有一個變數的比較式，Python 也可以讓你這樣做：

```
>>> 5 < x < 10
True
```

它的效果與 5 < x and x < 10 一樣。你也可以編寫較長的比較式：

```
>>> 5 < x < 10 < 999
True
```

什麼是 True？

如果我們檢查的元素不是布林會怎樣？ Python 是如何認定 True 與 False 的？

false 值不一定是明確的布林 False。例如，這些都會被視為 False：

布林	False
null	None
整數零	0
浮點數零	0.0
空字串	''
空串列	[]
空 tuple	()
空字典	{}
空集合	set()

其他的東西都會被視為 True。Python 使用這些「True 性」與「False 性」的定義來檢查空資料結構以及 False 情況：

```
>>> some_list = []
>>> if some_list:
...     print("There's something in here")
... else:
...     print("Hey, it's empty!")
...
Hey, it's empty!
```

如果你要測試運算式而不是簡單的變數，Python 會計算那個運算式並回傳一個布林結果。所以，如果你輸入：

```
if color == "red":
```

Python 會計算 color == "red"，在之前的例子中，我們將字串 "mauve" 指派給 color，因此 color == "red" 是 False，所以 Python 移到下一個測試：

```
elif color == "green":
```

用 in 來做多項比較

假如你想要知道一個字母是不是母音，有一種做法是寫一段很長的 if 陳述式：

```
>>> letter = 'o'
>>> if letter == 'a' or letter == 'e' or letter == 'i' \
...     or letter == 'o' or letter == 'u':
...     print(letter, 'is a vowel')
... else:
...     print(letter, 'is not a vowel')
```

```
...
o is a vowel
>>>
```

當你需要像這樣子進行許多以 or 區隔的比較時，可以改用**成員運算子** in。下面是比較符合 Python 風格地檢查是否為母音的做法，它使用 in 以及一個以母音字元組成的字串：

```
>>> vowels = 'aeiou'
>>> letter = 'o'
>>> letter in vowels
True
>>> if letter in vowels:
...     print(letter, 'is a vowel')
...
o is a vowel
```

下面先讓你看一下如何使用 in 來處理接下來幾章才會詳細介紹的資料型態：

```
>>> letter = 'o'
>>> vowel_set = {'a', 'e', 'i', 'o', 'u'}
>>> letter in vowel_set
True
>>> vowel_list = ['a', 'e', 'i', 'o', 'u']
>>> letter in vowel_list
True
>>> vowel_tuple = ('a', 'e', 'i', 'o', 'u')
>>> letter in vowel_tuple
True
>>> vowel_dict = {'a': 'apple', 'e': 'elephant',
...               'i': 'impala', 'o': 'ocelot', 'u': 'unicorn'}
>>> letter in vowel_dict
True
>>> vowel_string = "aeiou"
>>> letter in vowel_string
True
```

在處理字典時，in 會查看它的鍵（：的左邊）而不是值。

新功能：我是海象

Python 3.8 加入**海象**（*walrus*）運算子，它長這樣：

```
name := expression
```

有看到海象嗎？（像笑臉，但有獠牙。）

通常賦值與測試要用兩個步驟來完成：

```
>>> tweet_limit = 280
>>> tweet_string = "Blah" * 50
>>> diff = tweet_limit - len(tweet_string)
>>> if diff >= 0:
...     print("A fitting tweet")
... else:
...     print("Went over by", abs(diff))
...
A fitting tweet
```

藉助獠牙的威力（亦名賦值運算式（*https://oreil.ly/fHPtL*）），我們可以將它們結合成一個步驟：

```
>>> tweet_limit = 280
>>> tweet_string = "Blah" * 50
>>> if diff := tweet_limit - len(tweet_string) >= 0:
...     print("A fitting tweet")
... else:
...     print("Went over by", abs(diff))
...
A fitting tweet
```

海象也可以在 for 和 while 裡面遨遊，第 6 章會介紹。

次章預告

玩轉字串，並且認識有趣的字元。

待辦事項

4.1　選擇一個介於 1 和 10 之間的數字，並將它指派給變數 secret。接著選擇另一個介於 1 和 10 之間的數字，將它指派給變數 guess。接下來，編寫條件測試式（if、else 與 elif），當 guess 小於 secret 時印出字串 'too low'，當它大於 secret 時印出 'too high'，當它等於 secret 時印出 'just right'。

4.2　將 True 或 False 指派給變數 small 與 green。寫出 if/else 陳述式來印出下列哪種東西符合這些選擇：cherry、pea、watermelon、pumpkin。

文字字串

> 我一向喜歡奇怪的角色（characters）。
>
> —Tim Burton

電腦書經常給人一種「程式設計與數學有密切關係」的印象。事實上，大多數的程式員處理文字字串的次數遠比數字多。通常邏輯（與創造性）思維遠比數學技能重要。

字串是我們看到的第一種 Python 序列（sequence），它們是字元序列。不過什麼是字元？它是在文書系統裡面最小的單位，包括字母、數字、符號、標點，甚至空格，或換行之類的指令。字元是用它的意義（它的用途）來定義的，不是它的外觀。它可能有多種外觀（使用不同的字型），而且多種字元可能有相同的外觀（例如 H 在拉丁字母發 H 音，但是在西裡爾字母中發拉丁的 N 音）。

本章將專門討論如何製作與格式化簡單的文字字串，以 ASCII（基本字元集）為例。我把兩項重要的文字主題放在第 12 章：Unicode 字元（例如我剛才提到的 H 與 N 問題），以及正規表達式（模式比對）。

與其他語言不同的是，Python 的字串是不可變的。你無法就地改變字串，但可以將字串的一部分複製到另一個字串來取得同樣的效果。我很快就會介紹做法。

用引號來建立

將多個字元放在一對單或雙引號裡面即可製作 Python 字串：

```
>>> 'Snap'
'Snap'
```

```
>>> "Crackle"
'Crackle'
```

互動式解譯器回應的字串使用單引號，但 Python 把它們當成一樣的東西。

 Python 有一些特殊的字串型態，它們的表示方式是在第一個引號前面使用一個字母。在 f 或 F 之後的是 *f 字串*，用來進行格式化，本章結束前會介紹它。在 r 或 R 之後的是 *原始字串*，用來防止字串中的序列被轉義（見第 66 頁的「用 \ 來轉義」，第 12 章會在字串模式匹配中使用它）。還有在 fr 組合（或 FR、Fr 或 fR）之後的是原始的 f 字串。在 u 之後的是 Unicode 字串，它與一般的字串一樣。在 b 後面的是型態 bytes 的值（第 12 章）。除非我談到這些特殊型態，否則我說的都是一般的 Python Unicode 文字字串。

為什麼有兩種引號字元？它們主要的用途是建立包含引號字元的字串。你可以在使用雙引號的字串裡面放入單引號，或是在使用單引號的字串裡面放入雙引號：

```
>>> "'Nay!' said the naysayer. 'Neigh?' said the horse."
"'Nay!' said the naysayer. 'Neigh?' said the horse."
>>> 'The rare double quote in captivity: ".'
'The rare double quote in captivity: ".'
>>> 'A "two by four" is actually 1 1/2" × 3 1/2".'
'A "two by four" is actually 1 1/2" × 3 1/2".'
>>> "'There's the man that shot my paw!' cried the limping hound."
"'There's the man that shot my paw!' cried the limping hound."
```

你也可以使用三個單引號（'''）或三個雙引號（"""）：

```
>>> '''Boom!'''
'Boom'
>>> """Eek!"""
'Eek!'
```

三引號不太適合用在這種短字串上，它們經常被用來建立**多行字串**，例如這段 Edward Lear 的經典詩篇：

```
>>> poem =  '''There was a Young Lady of Norway,
... Who casually sat in a doorway;
... When the door squeezed her flat,
... She exclaimed, "What of that?"
... This courageous Young Lady of Norway.'''
>>>
```

（它們都是在互動式解譯器中輸入的，解譯器會在第一行使用 >>> 來提示，之後則是 ...，直到輸入三引號並且進入下一行為止。）

當你不是用三引號來寫那首詩時，Python 會在你進入第二行的時候大呼小叫：

```
>>> poem = 'There was a young lady of Norway,
  File "<stdin>", line 1
    poem = 'There was a young lady of Norway,
                                            ^
SyntaxError: EOL while scanning string literal
>>>
```

當你把多行文字放在三引號裡面時，在字串內每一行結束的字元都會被保留。如果你在一行的開頭或結尾使用空格，它們也都會被保留：

```
>>> poem2 = '''I do not like thee, Doctor Fell.
...     The reason why, I cannot tell.
...     But this I know, and know full well:
...     I do not like thee, Doctor Fell.
... '''
>>> print(poem2)
I do not like thee, Doctor Fell.
    The reason why, I cannot tell.
    But this I know, and know full well:
    I do not like thee, Doctor Fell.

>>>
```

順道一提，print() 的輸出與互動式解譯器的自動回應不一樣：

```
>>> poem2
'I do not like thee, Doctor Fell.\n    The reason why, I cannot tell.\n    But
this I know, and know full well:\n    I do not like thee, Doctor Fell.\n'
```

print() 會將引號去除，並印出它們的內容。它是為了輸出給人類看的。它會很貼心地在它印出來的每一個東西之間加上空格，並且在結尾加上換行符號：

```
>>> print('Give', "us", '''some''', """space""")
Give us some space
```

如果你不想要空格或換行，第 14 章會介紹如何避免它們。

互動式解譯器會印出內含單引號和 \n 之類的**轉義字元**的字串，第 66 頁的「用 \ 來轉義」會說明轉義字元。

```
>>> """'Guten Morgen, mein Herr!'
... said mad king Ludwig to his wig."""
"'Guten Morgen, mein Herr!'\nsaid mad king Ludwig to his wig."
```

最後還有**空字串**，它沒有字元，但絕對是合法的。你可以用上述的任何一種引號來建立空字串：

```
>>> ''
''
>>> ""
''
>>> ''''''
''
>>> """"""
''
>>>
```

用 str() 來建立

你可以使用 str() 和另一種資料型態來製作字串：

```
>>> str(98.6)
'98.6'
>>> str(1.0e4)
'10000.0'
>>> str(True)
'True'
```

當你呼叫 print() 並且傳入非字串的物件時，以及當你進行**字串格式化**時（本章稍後介紹），Python 會在內部使用 str() 函式。

用 \ 來轉義

Python 可讓你**轉換**字串內的一些字元的**含義**，來產生以其他方式難以表達的效果。你可以在字元前面加上反斜線（\）來賦予它特殊的含義。最常見的轉義序列是 \n，它代表開始新的一行。你可以用它和一行字串來建立多行字串：

```
>>> palindrome = 'A man,\nA plan,\nA canal:\nPanama.'
>>> print(palindrome)
A man,
A plan,
A canal:
Panama.
```

經常有人用轉義序列 \t（tab）來對齊文字：

```
>>> print('\tabc')
    abc
>>> print('a\tbc')
a    bc
>>> print('ab\tc')
ab      c
>>> print('abc\t')
abc
```

（最後一個字串的結尾是個 tab，當然，你無法看到它。）

你可能也需要在一個用 ' 或 " 字元框起來的字串中，使用 \' 或 \" 來代表字面的單或雙引號：

```
>>> testimony = "\"I did nothing!\" he said. \"Or that other thing.\""
>>> testimony
'"I did nothing!" he said. "Or that other thing."'
>>> print(testimony)
"I did nothing!" he said. "Or that other thing."

>>> fact = "The world's largest rubber duck was 54'2\" by 65'7\" by 105'"
>>> print(fact)
The world's largest rubber duck was 54'2" by 65'7" by 105'
```

如果你需要字面上的反斜線，可以輸入兩個（用第一個來轉義第二個）：

```
>>> speech = 'The backslash (\\) bends over backwards to please you.'
>>> print(speech)
The backslash (\) bends over backwards to please you.
>>>
```

我在本章稍早說過，原始字串會取消這些轉義：

```
>>> info = r'Type a \n to get a new line in a normal string'
>>> info
'Type a \\n to get a new line in a normal string'
>>> print(info)
Type a \n to get a new line in a normal string
```

（在第一個 info 輸出裡面有個額外的反斜線，它是互動式解譯器加上的。）

原始字串不會取消任何真正的（不是 '\n'）換行：

```
>>> poem = r'''Boys and girls, come out to play.
... The moon doth shine as bright as day.'''
>>> poem
```

```
'Boys and girls, come out to play.\nThe moon doth shine as bright as day.'
>>> print(poem)
Boys and girls, come out to play.
The moon doth shine as bright as day.
```

用 + 來結合

你可以用 + 運算子來結合 Python 的常值字串或字串變數：

```
>>> 'Release the kraken! ' + 'No, wait!'
'Release the kraken! No, wait!'
```

你也可以直接在一個常值字串（不是字串變數）的後面放置另一個來結合它們：

```
>>> "My word! " "A gentleman caller!"
'My word! A gentleman caller!'
>>> "Alas! ""The kraken!"
'Alas! The kraken!'
```

如果你有很多常值字串，你可以把它們放在括號裡面，來防止轉義行尾：

```
>>> vowels = ( 'a'
... "e" '''i'''
... 'o' """u"""
... )
>>> vowels
'aeiou'
```

當你串接字串時，Python 不會幫你加上空格，所以在一些稍早的範例中，我們必須明確地加入空格，但是它會幫 print() 陳述式的每一個引數之間加上空格，並在結尾加上換行符號：

```
>>> a = 'Duck.'
>>> b = a
>>> c = 'Grey Duck!'
>>> a + b + c
'Duck.Duck.Grey Duck!'
>>> print(a, b, c)
Duck. Duck. Grey Duck!
```

用 * 來重複

你可以使用 * 來重複字串。試著在你的互動式解譯器中輸入下面的程式，看看它會印出什麼：

```
>>> start = 'Na ' * 4 + '\n'
>>> middle = 'Hey ' * 3 + '\n'
>>> end = 'Goodbye.'
>>> print(start + start + middle + end)
```

請注意，* 的優先順序比 + 高，所以 Python 會先重複字串，再加上換行符號。

用 [] 取得字元

要取出字串的某個字元，你可以在字串名稱後面的方括號中指定它的 *offset*（**偏位值**）。第一個（最左邊的）offset 是 0，接下來是 1，以此類推。你可以用 −1 來指定最後一個（最右邊的）offset，這樣你就不必從頭開始計數了；最後一個 offset 的左邊那一個是 −2、−3，以此類推：

```
>>> letters = 'abcdefghijklmnopqrstuvwxyz'
>>> letters[0]
'a'
>>> letters[1]
'b'
>>> letters[-1]
'z'
>>> letters[-2]
'y'
>>> letters[25]
'z'
>>> letters[5]
'f'
```

如果你指定的 offset 剛好是字串的長度或是更長（提醒你，offset 是從 0 到長度 −1），你會看到例外：

```
>>> letters[100]
Traceback (most recent call last):
  File "<stdin>", line 1, in <module>
IndexError: string index out of range
```

其他序列型態（串列與 tuple）的索引也是用同一種方式來運作的，我會在第 7 章說明。

因為字串是不可變的，你不能將字元直接插入字串，或改變特定索引的字元。我們試著將 'Henny' 改成 'Penny'，看看會怎樣：

```
>>> name = 'Henny'
>>> name[0] = 'P'
Traceback (most recent call last):
  File "<stdin>", line 1, in <module>
TypeError: 'str' object does not support item assignment
```

你必須改用某些字串函式的組合，例如 replace() 或 *slice*（切片）（很快就會介紹）：

```
>>> name = 'Henny'
>>> name.replace('H', 'P')
'Penny'
>>> 'P' + name[1:]
'Penny'
```

我們沒有改變 name 的值，互動式解譯器只是印出替代物的結果。

用 slice 來取得子字串

你可以用 *slice* 從字串取出子字串（字串的一部分）。定義 slice 的做法是使用方括號、一個 *start*（開始） offset，一個 *end*（結束） offset，及一個介於它們之間的、選用的 *step*（間隔）數。你可以省略其中一些。slice 將包含從 offset *start* 至 *end* 前一個的字元：

- [:] 可提取整個序列，從開始到結束。

- [*start* :] 代表從 *start* offset 到結束。

- [: *end*] 代表從開始到 *end* offset 減 1。

- [*start* : *end*] 代表從 *start* 到 *end* offset 減 1。

- [*start* : *end* : *step*] 提取從 *start* offset 到 *end* offset 減 1，並跳過 *step* 個字元。

與之前一樣，offsets 是從 0、1 等，從開始處往右，以及 –1、–2 等，從結束處往左。如果你沒有指定 *start*，slice 會使用 0（開始處）。如果你沒有指定 *end*，它會使用字串的結尾。

我們來製造一個小寫的英文字母字串：

```
>>> letters = 'abcdefghijklmnopqrstuvwxyz'
```

只使用 : 相當於 0:（整個字串）：

```
>>> letters[:]
'abcdefghijklmnopqrstuvwxyz'
```

這是從 offset 20 到結束：

```
>>> letters[20:]
'uvwxyz'
```

接下來是從 offset 10 到結束：

```
>>> letters[10:]
'klmnopqrstuvwxyz'
```

再來是從 offset 12 到 14。Python 在這個 slice 裡面不會放入 end offset。它會放入 start offset，但排除 end offset：

```
>>> letters[12:15]
'mno'
```

最後三個字元：

```
>>> letters[-3:]
'xyz'
```

接下來的範例從 offset 18 至倒數第 4 個，注意它與上一個範例的差異，從 –3 開始可以得到 x，但是在 –3 結束其實是在 –4 的 w 停止：

```
>>> letters[18:-3]
'stuvw'
```

接下來是從倒數第 6 個取至倒數第 3 個：

```
>>> letters[-6:-2]
'uvwx'
```

如果你想要使用 1 之外的間隔大小，可以在第二個冒號後面指定它，見接下來的範例。

從開始到結束，間隔 7 個字元：

```
>>> letters[::7]
'ahov'
```

從 offset 4 到 19，間隔 3：

```
>>> letters[4:20:3]
'ehknqt'
```

從 offset 19 到結束，間隔 4：

```
>>> letters[19::4]
'tx'
```

從開始到 offset 20，間隔 5：

```
>>> letters[:21:5]
'afkpu'
```

（再次提醒，**結束**是實際的 offset 加一。）

但事情還沒結束！如果你提供負的間隔大小，Python 也可以往回跳。下面的程式從結尾開始，在開頭結束，不跳過任何元素：

```
>>> letters[-1::-1]
'zyxwvutsrqponmlkjihgfedcba'
```

你也可以這樣子得到一樣的結果：

```
>>> letters[::-1]
'zyxwvutsrqponmlkjihgfedcba'
```

與使用 [] 和單引數來查找相比，slice 對不良的 offset 比較寬鬆。從之前的範例可以看到，比字串開頭更前面的 slice offset 會被當成 0，在結尾之後的會被當成 -1。

從結尾之前的第 50 個元素到結尾：

```
>>> letters[-50:]
'abcdefghijklmnopqrstuvwxyz'
```

從結尾之前的第 51 個元素到結尾之前的第 50 個：

```
>>> letters[-51:-50]
''
```

從開頭到開頭之後的第 69 個元素：

```
>>> letters[:70]
'abcdefghijklmnopqrstuvwxyz'
```

從開頭後的第 70 個元素到開頭後的第 70 個：

```
>>> letters[70:71]
''
```

用 len() 取得長度

到目前為止，我們都用特殊字元來處理字串，例如 +，不過特殊的字元只有這些。接下來要使用 Python 的內建**函式**，函式就是有名稱的、可執行一些操作的一段程式。

len() 函式可以計算字串的字元數量：

```
>>> len(letters)
26
>>> empty = ""
>>> len(empty)
0
```

你也可以對著其他的序列型態使用 len()，見第 7 章。

用 split() 來拆分

有些函式是字串專用的，與通用的 len() 不同。若要使用字串函式，你要先輸入字串的名稱，加上一個句點，再加上函式的名稱，以及函式需要的任何**引數**（*argument*）：*string.function(arguments)*。第 9 章會更詳細探討函式。

你可以使用內建的字串 split() 函式以及一些**分隔符號**來將字串分解成短字串**串列**。第 7 章會介紹串列。串列就是許多值組成的序列，它用逗號來隔開這些值，並且將它們包在方括號裡面。

```
>>> tasks = 'get gloves,get mask,give cat vitamins,call ambulance'
>>> tasks.split(',')
['get gloves', 'get mask', 'give cat vitamins', 'call ambulance']
```

在上面的例子中，字串稱為 tasks，字串函式稱為 split()，它有一個分隔符號引數 ','。如果你沒有指定分隔符號，split() 會使用任何空白字元（換行符號、空格及 tab）來拆分。

```
>>> tasks.split()
['get', 'gloves,get', 'mask,give', 'cat', 'vitamins,call', 'ambulance']
```

即使你呼叫 split 時不使用引數，你也要加上括號，因為如此一來，Python 才可以知道你正在呼叫一個函式。

用 join() 來結合

你應該猜得到，join() 函式是 split() 的相反，它可以將一個字串串列結合起來，變成一個字串。它看起來沒那麼先進，因為你要先指定將所有東西黏起來的字串，再指定想要接起來的字串串列：*string* .*join(* *list* *)*。因此，要用換行符號將 lines 串列接起來，你要這樣寫 '\n'.join(lines)。下面的例子使用逗號與空格將串列內的名稱接起來：

```
>>> crypto_list = ['Yeti', 'Bigfoot', 'Loch Ness Monster']
>>> crypto_string = ', '.join(crypto_list)
>>> print('Found and signing book deals:', crypto_string)
Found and signing book deals: Yeti, Bigfoot, Loch Ness Monster
```

用 replace() 來替換

你可以用 replace() 來進行簡單的子字串替換。你要將這些東西傳給它：舊的子字串、新的子字串，以及你想要替換多少個舊的子字串。它會回傳修改後的字串，但不會修改原始的字串。如果你省略最後一個數量引數，它會替換所有的案例。在這個例子中，符合的字串（'duck'）只有一個，它在回傳的字串中被換掉了：

```
>>> setup = "a duck goes into a bar..."
>>> setup.replace('duck', 'marmoset')
'a marmoset goes into a bar...'
>>> setup
'a duck goes into a bar...'
```

改成 100 個：

```
>>> setup.replace('a ', 'a famous ', 100)
'a famous duck goes into a famous bar...'
```

當你知道你想要改變的子字串有哪些時，replace() 是很好的選項，不過請小心，在第二個範例中，如果我替換單字元字串 'a'，而不是雙字元字串 'a '（a 的後面有一個空格），我也會改變其他單字裡面的 a：

```
>>> setup.replace('a', 'a famous', 100)
'a famous duck goes into a famous ba famousr...'
```

有時你想要替換整個單字，而不是單字的開頭，此時，你要使用**正規表達式**，第 12 章會詳細說明。

用 strip() 來剝除

我們經常希望將字串的開頭或結尾的「填補字元」剝除，尤其是空格。這個 strip() 函式假設你想要移除空白字元（' '、'\t'、'\n'），如果你沒有傳入引數，strip() 會剝除兩端，lstrip() 只剝除左端，rstrip() 只剝除右端。假設字串變數 world 裡面有一個飄浮在太空中的字串 "earth"：

```
>>> world = "    earth    "
>>> world.strip()
'earth'
>>> world.strip(' ')
'earth'
>>> world.lstrip()
'earth    '
>>> world.rstrip()
'    earth'
```

如果裡面沒有你指定的字元，就不會有任何改變：

```
>>> world.strip('!')
'    earth    '
```

除了不傳入引數（代表空白字元）或傳入一個字元之外，你也可以要求 strip() 移除多字元字串內的任何字元：

```
>>> blurt = "What the...!!?"
>>> blurt.strip('.?!')
'What the'
```

附錄 E 會介紹一些字元群組的定義，它們很適合和 strip() 一起使用：

```
>>> import string
>>> string.whitespace
' \t\n\r\x0b\x0c'
>>> string.punctuation
'!"#$%&\'()*+,-./:;<=>?@[\\]^_`{|}~'
>>> blurt = "What the...!!?"
>>> blurt.strip(string.punctuation)
'What the'
>>> prospector = "What in tarnation ...??!!"
>>> prospector.strip(string.whitespace + string.punctuation)
'What in tarnation'
```

搜尋與選擇

Python 有大量的字串函式。我們來探討最常見的函式如何動作。我們的測試物件是下面的字串，它是紐卡斯爾公爵夫人 Margaret Cavendish 的不朽詩篇「What Is Liquid?」：

```
>>> poem = '''All that doth flow we cannot liquid name
... Or else would fire and water be the same;
... But that is liquid which is moist and wet
... Fire that property can never get.
... Then 'tis not cold that doth the fire put out
... But 'tis the wet that makes it die, no doubt.'''
```

真鼓舞人心！

一開始，我們先取得前 13 個字元（offsets 0 到 12）：

```
>>> poem[:13]
'All that doth'
```

這首詩有多少個字元？（包括空格與換行符號。）

```
>>> len(poem)
250
```

它的開頭是不是 All ？

```
>>> poem.startswith('All')
True
```

它的結尾是不是 That's all, folks! ？

```
>>> poem.endswith('That\'s all, folks!')
False
```

Python 有兩個方法（find() 與 index()）可用來找出子字串的 offset，它們也分別有兩個版本（從開頭算起，還是從結尾算起）。如果子字串可被找到，它們的動作相同，如果不能找到，find() 回傳 -1，index() 發出例外。

我們來找出 the 這個字在詩中第一次出現時的 offset：

```
>>> word = 'the'
>>> poem.find(word)
73
>>> poem.index(word)
73
```

以及 the 最後一次出現時的 offset：

```
>>> word = 'the'
>>> poem.rfind(word)
214
>>> poem.rindex(word)
214
```

如果子字串不存在：

```
>>> word = "duck"
>>> poem.find(word)
-1
>>> poem.rfind(word)
-1
>>> poem.index(word)
Traceback (most recent call last):
  File "<stdin>", line 1, in <module>
ValueError: substring not found
>>> poem.rfind(word)
-1
>>> poem.rindex(word)
Traceback (most recent call last):
  File "<stdin>", line 1, in <module>
ValueError: substring not found
```

the 這個三字母序列出現幾次？

```
>>> word = 'the'
>>> poem.count(word)
3
```

詩的字元是否只有字母與數字？

```
>>> poem.isalnum()
False
```

不是，因為有一些標點字元。

大小寫

在這一節，我們要來看內建字串函式的其他用法。我們的測試字串同樣是：

```
>>> setup = 'a duck goes into a bar...'
```

移除兩端的 . 序列：

```
>>> setup.strip('.')
'a duck goes into a bar'
```

 因為字串是不可變更的，這些範例都不會真的改變 setup 字串。每一個範例都只是取出 setup 的值，對它做一些事情，再用新字串來回傳結果。

將第一個單字的第一個字母改為大寫：

```
>>> setup.capitalize()
'A duck goes into a bar...'
```

將所有單字的第一個字母改為大寫：

```
>>> setup.title()
'A Duck Goes Into A Bar...'
```

將所有字元改為大寫：

```
>>> setup.upper()
'A DUCK GOES INTO A BAR...'
```

將所有字元改為小寫：

```
>>> setup.lower()
'a duck goes into a bar...'
```

將大小寫對調：

```
>>> setup.swapcase()
'A DUCK GOES INTO A BAR...'
```

對齊方式

接著要來使用一些排版對齊函式。這個字串會在指定的總空格數中對齊（這裡是 30）。

在 30 個空格內置中字串：

```
>>> setup.center(30)
'   a duck goes into a bar...   '
```

靠左對齊：

```
>>> setup.ljust(30)
'a duck goes into a bar...    '
```

靠右對齊：

```
>>> setup.rjust(30)
'    a duck goes into a bar...'
```

接著我們來看一些其他對齊字串的方式。

格式化

你已經知道 + 可以用來**串接**字串了。接著我們來看如何用各種格式將資料值插入字串，你可以用它來產生報告、表單或其他講求外觀的輸出。

除了上一節的函式之外，Python 有三種格式化字串的方式：

- 舊式（Python 2 與 3 提供）

- 新式（Python 2.6 以上）

- *f-strings*（Python 3.6 以上）

舊式：%

舊式字串格式化的形式是 *format_string % data*。格式化字串裡面的東西是插值序列。從表 5-1 可以看到，最簡單的序列是一個 **%** 加上一個字母，該字母代表想要格式化的資料型態。

表 5-1　轉換型態

%s	字串
%d	十進制整數
%x	十六進制整數
%o	八進制整數
%f	十進制浮點數
%e	指數浮點數
%g	十進制或指數浮點數
%%	常值 %

你可以用 %s 來處理任何資料型態，Python 會將它格式化，將它變成一個沒有多餘空格的字串。

下面是幾個簡單的例子。首先是整數：

```
>>> '%s' % 42
'42'
>>> '%d' % 42
'42'
>>> '%x' % 42
'2a'
>>> '%o' % 42
'52'
```

浮點數：

```
>>> '%s' % 7.03
'7.03'
>>> '%f' % 7.03
'7.030000'
>>> '%e' % 7.03
'7.030000e+00'
>>> '%g' % 7.03
'7.03'
```

整數與常值 %：

```
>>> '%d%%' % 100
'100%'
```

一些字串與整數插值：

```
>>> actor = 'Richard Gere'
>>> cat = 'Chester'
>>> weight = 28

>>> "My wife's favorite actor is %s" % actor
"My wife's favorite actor is Richard Gere"

>>> "Our cat %s weighs %s pounds" % (cat, weight)
'Our cat Chester weighs 28 pounds'
```

字串內的 %s 代表插入一個字串，字串內的 % 數量必須符合字串後面的 % 之後的資料項目數量。像 actor 這種單一資料項目可直接放在最後面的 % 右邊。如果資料有多個，你必須將它們組成 *tuple*（第 7 章介紹，它以括號為界，以逗號分隔），例如 (cat, weight)。

即使 weight 是整數，字串內的 %s 也會將它轉換成字串。

你可以在格式化字串的 % 與型態代號之間加入其他的值，來指定最小寬度、最大寬度、對齊方式和字元填補。它本身就是一種小型的語言，但是比接下來兩節介紹的方式更有局限性。我們來快速地看一下這些值：

- 初始的 '%' 字元。

- 選用的對齊字元：不加入任何東西，或 '+' 代表靠右對齊，'-' 代表靠左對齊。

- 選用的最小寬度（*minwidth*）欄位。

- 選用的 '.' 字元，用來隔開最小寬度（*minwidth*）與最大字元（*maxchars*）。

- 選用的最大字元（如果轉換型態是 s），代表從資料值印出多少字元。如果轉換型態是 f，它代表精確度（印出小數點後多少位）。

- 上一個表格的轉換型態字元。

這些用法很難懂，舉一些字串的例子：

```
>>> thing = 'woodchuck'
>>> '%s' % thing
'woodchuck'
>>> '%12s' % thing
'   woodchuck'
>>> '%+12s' % thing
'   woodchuck'
>>> '%-12s' % thing
'woodchuck   '
>>> '%.3s' % thing
'woo'
>>> '%12.3s' % thing
'         woo'
>>> '%-12.3s' % thing
'woo         '
```

同樣難懂，這是使用 %f 的浮點數例子：

```
>>> thing = 98.6
>>> '%f' % thing
'98.600000'
>>> '%12f' % thing
'   98.600000'
>>> '%+12f' % thing
'  +98.600000'
>>> '%-12f' % thing
```

```
'98.600000   '
>>> '%.3f' % thing
'98.600'
>>> '%12.3f' % thing
'      98.600'
>>> '%-12.3f' % thing
'98.600      '
```

使用 **%d** 的整數：

```
>>> thing = 9876
>>> '%d' % thing
'9876'
>>> '%12d' % thing
'        9876'
>>> '%+12d' % thing
'       +9876'
>>> '%-12d' % thing
'9876        '
>>> '%.3d' % thing
'9876'
>>> '%12.3d' % thing
'        9876'
>>> '%-12.3d' % thing
'9876        '
```

對於整數，**%+12d** 只會強制印出符號，而包含 **.3** 的格式字串沒有任何影響，與它們處理浮點數時不一樣。

新式：{} 與 format()

Python 仍然支援舊式的格式化，Python 2（最終版本是 2.7）永遠支援它，Python 3 則使用本節介紹的「新式」格式化。如果你使用 Python 3.6 以上，*f-strings*（第 84 頁的「最新式：f-strings」）更好。

「新式」格式化的形式是 *format_string*.format(*data*)。

其中的格式字串（format string）與上一節介紹的不同，它最簡單的用法是：

```
>>> thing = 'woodchuck'
>>> '{}'.format(thing)
'woodchuck'
```

傳給 format() 函式的引數的順序必須與格式字串中的 {} 佔位符號一致：

```
>>> thing = 'woodchuck'
>>> place = 'lake'
>>> 'The {} is in the {}.'.format(thing, place)
'The woodchuck is in the lake.'
```

使用新式格式化時，你也可以用位置來指定引數，例如：

```
>>> 'The {1} is in the {0}.'.format(place, thing)
'The woodchuck is in the lake.'
```

0 指的是第一個引數 place，1 指的是 thing。

format() 也可以使用具名引數

```
>>> 'The {thing} is in the {place}'.format(thing='duck', place='bathtub')
'The duck is in the bathtub'
```

或字典：

```
>>> d = {'thing': 'duck', 'place': 'bathtub'}
```

在下面的範例中，{0} 是 format() 的第一個引數（字典 d）：

```
>>> 'The {0[thing]} is in the {0[place]}.'.format(d)
'The duck is in the bathtub.'
```

這些範例都會用預設的格式印出它們的引數。新式格式化的格式字串定義和舊式的略有不同（見下面的例子）：

- 有個開始的冒號（':'）。

- 有個選用的**填補**（_fill_）字元（預設為 ' '），在字串比**最小寬度**（_minwidth_）短時填補它的值。

- 有個選用的**對齊**字元。這次預設的選項是左對齊。'<' 也代表左，'>' 代表右，'^' 代表中間。

- 有個選用的**符號**（_sign_）供數字使用。在前面加上負號（'-'）代表負數，' ' 代表在負數前面加上負號，空格（' '）代表正數。

- 選用的最小寬度（*minwidth*）。用選用的句點（'.'）來隔開最小寬度（*minwidth*）與最大字元（*maxchars*）。

- 選用的最大字元（*maxchars*）。

- 轉換型態。

```
>>> thing = 'wraith'
>>> place = 'window'
>>> 'The {} is at the {}'.format(thing, place)
'The wraith is at the window'
>>> 'The {:10s} is at the {:10s}'.format(thing, place)
'The wraith     is at the window    '
>>> 'The {:<10s} is at the {:<10s}'.format(thing, place)
'The wraith     is at the window    '
>>> 'The {:^10s} is at the {:^10s}'.format(thing, place)
'The   wraith   is at the   window   '
>>> 'The {:>10s} is at the {:>10s}'.format(thing, place)
'The     wraith is at the     window'
>>> 'The {:!^10s} is at the {:!^10s}'.format(thing, place)
'The !!wraith!! is at the !!window!!'
```

最新式：f-strings

f-strings 是在 Python 3.6 加入的，現在是將字串格式化的推薦手段。

若要製作 f-string：

- 直接在開頭的引號前面輸入字母 f 或 F。

- 在大括號裡面（{}）加入變數名稱或運算式，來將它們的值放入字串。

它就像上一節介紹的「新式」格式化，但沒有 `format()` 函式，在格式字串裡面也沒有空的大括號（{}）或指定位置的（{1}）。

```
>>> thing = 'wereduck'
>>> place = 'werepond'
>>> f'The {thing} is in the {place}'
'The wereduck is in the werepond'
```

之前說過，你也可以在大括號裡面放入運算式：

```
>>> f'The {thing.capitalize()} is in the {place.rjust(20)}'
'The Wereduck is in the             werepond'
```

這代表你可以在上一節的 `format()` 裡面做的事情，現在也都可以在主字串的 `{}` 裡面做。這看起來比較易讀。

f-strings 在 `':'` 後面使用與新式格式化一樣的格式化語法（寬、填補、對齊）。

```
>>> f'The {thing:>20} is in the {place:.^20}'
'The            wereduck is in the ......werepond......'
```

從 Python 3.8 開始，f-strings 加入一種新的捷徑，方便你印出變數名稱以及它們的值，這在除錯時很好用。做法是在 f-string 的 `{}` 裡面的名稱後面加上一個 `=`：

```
>>> f'{thing =}, {place =}'
thing = 'wereduck', place = 'werepond'
```

這個名稱可以使用運算式，Python 會印出它的字面外觀：

```
>>> f'{thing[-4:] =}, {place.title() =}'
thing[-4:] = 'duck', place.title() = 'Werepond'
```

最後，你可以在 `=` 後面加上一個 `:` 以及寬度和對齊方式等格式化引數：

```
>>> f'{thing = :>4.4}'
thing = 'were'
```

關於字串的其他事項

除了本章介紹的之外，Phthon 還有許多其他的字串函式。有些會在後續的章節中介紹（尤其是第 12 章），你可以在標準文件連結找到所有的細節（*http://bit.ly/py-docs-strings*）。

次章預告

你可在大賣場買到脆果圈（Froot Loops），但 Python 迴圈是下一章的主題。

待辦事項

5.1　　將 m 開頭的單字改為首字大寫：

```
>>> song = """When an eel grabs your arm,
... And it causes great harm,
... That's - a moray!"""
```

5.2　用下列的格式印出每一個問題以及它的答案：

Q: 問題

A: 答案

```
>>> questions = [
...     "We don't serve strings around here. Are you a string?",
...     "What is said on Father's Day in the forest?",
...     "What makes the sound 'Sis! Boom! Bah!'?"
...     ]
>>> answers = [
...     "An exploding sheep.",
...     "No, I'm a frayed knot.",
...     "'Pop!' goes the weasel."
...     ]
```

5.3　用舊式格式化來寫出下面的詩。將字串 'roast beef'、'ham'、'head' 與 'clam' 代入這個字串：

```
My kitty cat likes %s,
My kitty cat likes %s,
My kitty cat fell on his %s
And now thinks he's a %s.
```

5.4　使用新式格式化來寫一封公式化信件。將下列的字串存為 letter（下一個習題會用到）：

```
Dear {salutation} {name},

Thank you for your letter. We are sorry that our {product}
{verbed} in your {room}. Please note that it should never
be used in a {room}, especially near any {animals}.

Send us your receipt and {amount} for shipping and handling.
We will send you another {product} that, in our tests,
is {percent}% less likely to have {verbed}.

Thank you for your support.

Sincerely,
{spokesman}
{job_title}
```

5.5　將值指派給名為 'salutation'、'name'、'product'、'verbed'（過去式動詞）、'room'、'animals'、'percent'、'spokesman' 與 'job_title' 的變數字串。用 letter.format() 印出使用這些值的信件。

5.6 根據調查，大家喜歡用這種格式來命名：英國潛水艇 Boaty McBoatface、澳洲賽馬 Horsey McHorseface、瑞典火車 Trainy McTrainface。使用 % 格式化來為國家博覽會的獲勝者 duck、gourd 和 spitz 印出名字。

5.7 用 format() 格式化做同一件事。

5.8 用 *f-strings* 憑感覺再做一次。

第六章

用 while 與 for 來執行迴圈

For a' that, an' a' that, Our toils obscure, an' a' that …

——Robert Burns, *For a' That and a' That* 歌詞

用 if、elif 和 else 來測試時，程式會從最上面執行到最下面。有時我們需要做多次同樣的事情，此時我們需要迴圈，Python 提供兩種選項：while 與 for。

用 while 來重複執行

在 Python 中最簡單的迴圈機制是 while。你可以使用互動式解譯器試著執行這個例子，它是一個簡單的迴圈，可以印出從 1 到 5 的數字：

```
>>> count = 1
>>> while count <= 5:
...     print(count)
...     count += 1
...
1
2
3
4
5
>>>
```

我們先將 1 這個值指派給 count。while 迴圈會拿 count 的值與 5 比較，若 count 小於或等於 5 則繼續執行。在迴圈中，我們印出 count 的值，接著使用陳述式 count += 1 將它的值遞增。Python 會回到迴圈的最上面，再次拿 count 的值與 5 比較。現在的 count 值是 2，所以 while 迴圈的內容仍然會執行，因此 count 被遞增為 3。

迴圈繼續執行，直到它在最下面將 count 由 5 遞增到 6。下次回到最上面時，count <= 5 是 False，所以 while 迴圈結束。接著 Python 會前往下一行。

用 break 來取消

如果你希望迴圈持續執行，直到發生某件事為止，但不確定那件事在什麼時候發生，你可以用 break 陳述式來執行**無窮**迴圈。這次我們用 Python 的 input() 函式來讀出一行鍵盤輸入的文字，將它的首字母改成大寫，並印出它。我們會在某行只有 q 這個字母時跳出迴圈：

```
>>> while True:
...     stuff = input("String to capitalize [type q to quit]: ")
...     if stuff == "q":
...         break
...     print(stuff.capitalize())
...
String to capitalize [type q to quit]: test
Test
String to capitalize [type q to quit]: hey, it works
Hey, it works
String to capitalize [type q to quit]: q
>>>
```

用 continue 來跳過

有時因為某些原因，你不想要跳出迴圈，只想要跳過這次的迭代，到達下一次的迭代，舉個刻意設計的例子：我們讀取一個整數，當它是奇數時，就印出它的平方，當它是偶數時，就跳過它。我們也加入一些註釋。我們同樣使用 q 來停止迴圈：

```
>>> while True:
...     value = input("Integer, please [q to quit]: ")
...     if value == 'q':      # 退出
...         break
...     number = int(value)
...     if number % 2 == 0:   # 偶數
...         continue
...     print(number, "squared is", number*number)
...
Integer, please [q to quit]: 1
1 squared is 1
Integer, please [q to quit]: 2
Integer, please [q to quit]: 3
3 squared is 9
Integer, please [q to quit]: 4
```

```
Integer, please [q to quit]: 5
5 squared is 25
Integer, please [q to quit]: q
>>>
```

用 else 來檢查 break

如果 while 迴圈正常結束（沒有呼叫 break），控制權就會交給選用的 else。如果你寫了
一個 while 迴圈來尋找某個東西，打算在它出現時立刻跳出來，當 while 迴圈執行完畢
卻沒有找到那個東西時，else 就會執行：

```
>>> numbers = [1, 3, 5]
>>> position = 0
>>> while position < len(numbers):
...     number = numbers[position]
...     if number % 2 == 0:
...         print('Found even number', number)
...         break
...     position += 1
... else:  # break 沒有被呼叫
...     print('No even number found')
...
No even number found
```

 這樣子使用 else 或許很難理解，你可以將它視為 *break* 檢查器。

用 for 與 in 來迭代

Python 經常使用迭代器（*iterator*），因為你不必知道某個資料結構有多大以及它們究竟
如何實作，就可以用迭代器來遍歷它們。你甚至可以迭代動態建立的資料，處理無法一
次全部放入電腦記憶體的資料串流。

為了展示迭代，我們需要可迭代的東西。你已經在第 5 章看過字串了，但是還不知道其
他可迭代物（*iterable*）的細節，例如串列與 tuple（第 7 章）和字典（第 8 章）。我先在
這裡展示兩種遍歷字串的做法，其他型態的迭代方式則在它們自己的章節中展示。

在 Python 中，你可以用這種方式來遍歷字串：

```
>>> word = 'thud'
>>> offset = 0
>>> while offset < len(word):
...     print(word[offset])
...     offset += 1
...
t
h
u
d
```

但是有一種更好的、更符合 Python 風格的做法：

```
>>> for letter in word:
...     print(letter)
...
t
h
u
d
```

字串迭代會一次產生一個字元。

用 break 來取消

for 迴圈裡面的 break 會跳出迴圈，while 迴圈裡面的也是如此：

```
>>> word = 'thud'
>>> for letter in word:
...     if letter == 'u':
...         break
...     print(letter)
...
t
h
```

用 continue 來跳過

在 for 迴圈裡面插入 continue 會跳到迴圈的下一次迭代，如同它在 while 迴圈裡面的效果。

用 else 來檢查 break

類似 while，for 有一個選用的 else 可檢查 for 是否正常結束。如果 break 沒有被呼叫，else 陳述式就會執行。

它在你想要確認之前的 for 迴圈已經完成執行,而不是被 break 提前停止時很好用:

```
>>> word = 'thud'
>>> for letter in word:
...     if letter == 'x':
...         print("Eek! An 'x'!")
...         break
...     print(letter)
... else:
...     print("No 'x' in there.")
...
t
h
u
d
No 'x' in there.
```

與 while 一樣,連同 for 一起使用 else 不太直觀。將 for 當成尋找某個東西,並且在沒有找到它的時候呼叫 else 比較容易理解。如果你不想使用 else,但是想要有同樣的效果,你可以在 for 迴圈裡面使用一些變數來代表你是否找到你要的東西。

用 range() 來產生數字序列

range() 函式會回傳指定範圍內的一串數字,讓你不需要先建立並儲存一個諸如串列或 tuple 等大型資料結構。它可以讓你建立廣大的範圍,不需要使用電腦的所有記憶體,也不會讓你的程式當機。

range() 的用法很像 slice:range(*start, stop, step*)。如果你忽略 *start*,範圍是從 0 開始。*stop* 是唯一必要的值,如同 slice,最後一個建立的值是 *stop* 的前一個。*step* 的預設值是 1,但你可以使用 -1 來往回走。

如同 zip(),range() 會回傳一個可迭代物件,所以你要用 for ... in 來遍歷值,或將物件轉換成串列之類的序列。我們來製作範圍 0, 1, 2:

```
>>> for x in range(0,3):
...     print(x)
...
0
1
2
>>> list( range(0, 3) )
[0, 1, 2]
```

這是製作範圍 2 到 0 的做法：

```
>>> for x in range(2, -1, -1):
...     print(x)
...
2
1
0
>>> list( range(2, -1, -1) )
[2, 1, 0]
```

下面的程式使用間隔 2 來取得 0 和 10 之間的偶數：

```
>>> list( range(0, 11, 2) )
[0, 2, 4, 6, 8, 10]
```

其他的迭代器

第 14 章會介紹迭代檔案。你會在第 10 章學到如何迭代你自己定義的物件。此外，第 11 章會討論 itertools，它是一種標準 Python 模組，提供許多好用的捷徑。

次章預告

將個別的資料串成 串列 與 *tuple*。

待辦事項

6.1   使用 for 迴圈來印出串列 [3, 2, 1, 0] 的值。

6.2   將值 7 指派給變數 guess_me，並將值 1 指派給變數 number。寫一個 while 迴圈來比較 number 與 guess_me。如果 number 小於 guess_me，印出 'too low'。如果 number 等於 guess_me，印出 'found it!' 並離開迴圈。如果 number 大於 guess_me，印出 'oops' 並離開迴圈。在迴圈結束時遞增數字。

6.3   將值 5 指派給變數 guess_me。使用 for 迴圈在 range(10) 之內迭代一個名為 number 的變數。如果 number 小於 guess_me，印出 'too low'。如果它等於 guess_me，印出 'found it!'，接著跳出 for 迴圈。如果 number 大於 guess_me，印出 'oops' 並離開迴圈。

tuple 與串列

人類與猿猴不同之處在於他們對清單（lists）的熱愛。

—H. Allen Smith

在之前的章節中，我們先討論一些 Python 的基本資料型態，包括布林、整數、浮點數與字串。如果你將它們視為原子，本章討論的資料結構就像分子。也就是說，我們會用比較複雜的方式來組合基本型態，以後你會天天使用它們。大部分的程式設計都需要將資料切割與組合成特定的形式，它們是你的鋼鋸與膠槍。

大部分的電腦語言都可以表示一系列可用整數位置來檢索的項目，從第一個、第二個，直到最後一個。你已經看過 Python 字串了，它是字元序列。

Python 還有兩種序列結構：*tuple* 與**串列**（*list*）。它們都有零或多個元素。與字串不同的是，它們的元素可以使用不同的型態。事實上，**任何一種** Python 物件都可以當成它們的各個元素。因此你可以隨心所欲地創造任何深度和任何複雜度的結構。

為什麼 Python 同時提供串列與 tuple？ tuple 是**不可變的**；當你將元素指派給（只有一次）tuple 時，它們就木已成舟，不能改變了。串列是**可變的**，也就是說，你可以盡情地插入與刪除元素。我會展示許多這兩種型態的範例，並且把重點放在串列上。

tuple

我們先來解決第一件事。你可能聽過兩種 *tuple* 的發音，哪一種才對？你以為唸錯的話，別人就會認為你假裝很懂 Python 嗎？別擔心。Python 的創造者 Guido van Rossum 在 Twitter 上說（*http://bit.ly/tupletweet*）：

我在星期一、三、五唸 too-pull，在星期二、四、六唸 tub-pull，星期六則不提到它們。:)

用逗號與 () 來建立

製作 tuple 的語法不太一樣，見下面的例子。我們先用 () 來製作空 tuple：

```
>>> empty_tuple = ()
>>> empty_tuple
()
```

如果你要用一或多個元素來建立 tuple，請在每個元素後面加上一個逗號。這可以製作單元素 tuple：

```
>>> one_marx = 'Groucho',
>>> one_marx
('Groucho',)
```

你可以把它們放在括號裡面，得到同一個 tuple：

```
>>> one_marx = ('Groucho',)
>>> one_marx
('Groucho',)
```

告訴你一個小陷阱：如果你在括號裡面放一個東西，並省略逗號，你不會得到 tuple，只會得到那個東西（在這個例子中，就是字串 'Groucho'）：

```
>>> one_marx = ('Groucho')
>>> one_marx
'Groucho'
>>> type(one_marx)
<class 'str'>
```

如果你有多個元素，請在最後一個元素之外的每個元素後面加上逗號：

```
>>> marx_tuple = 'Groucho', 'Chico', 'Harpo'
>>> marx_tuple
('Groucho', 'Chico', 'Harpo')
```

Python 在印出 tuple 時會加上括號，定義 tuple 時通常不需要它們，但使用括號比較安全，而且它可以讓 tuple 更容易被認出來：

```
>>> marx_tuple = ('Groucho', 'Chico', 'Harpo')
>>> marx_tuple
('Groucho', 'Chico', 'Harpo')
```

如果逗號可能有其他用途，你就要使用括號。在這個例子中，你只要使用結束的逗號就可以建立和指派一個元素的 tuple，但你不能將它當成引數傳給函式：

```
>>> one_marx = 'Groucho',
>>> type(one_marx)
<class 'tuple'>
>>> type('Groucho',)
<class 'str'>
>>> type(('Groucho',))
<class 'tuple'>
```

tuple 可讓你一次對多個變數賦值：

```
>>> marx_tuple = ('Groucho', 'Chico', 'Harpo')
>>> a, b, c = marx_tuple
>>> a
'Groucho'
>>> b
'Chico'
>>> c
'Harpo'
```

這種做法有時稱為 *tuple 拆包*（*unpacking*）。

你可以在一個陳述式裡面使用 tuple 來對調值，不需要用到暫時性的變數：

```
>>> password = 'swordfish'
>>> icecream = 'tuttifrutti'
>>> password, icecream = icecream, password
>>> password
'tuttifrutti'
>>> icecream
'swordfish'
>>>
```

用 tuple() 來建立

tuple() 轉換函式可以用其他的東西製作 tuple：

```
>>> marx_list = ['Groucho', 'Chico', 'Harpo']
>>> tuple(marx_list)
('Groucho', 'Chico', 'Harpo')
```

用 + 來結合 tuple

這種做法很像結合字串：

```
>>> ('Groucho',) + ('Chico', 'Harpo')
('Groucho', 'Chico', 'Harpo')
```

用 * 來重複項目

這就像重複使用 +：

```
>>> ('yada',) * 3
('yada', 'yada', 'yada')
```

比較 tuple

這種做法很像串列比較：

```
>>> a = (7, 2)
>>> b = (7, 2, 9)
>>> a == b
False
>>> a <= b
True
>>> a < b
True
```

用 for 與 in 來迭代

tuple 迭代很像其他型態的迭代：

```
>>> words = ('fresh','out', 'of', 'ideas')
>>> for word in words:
...     print(word)
...
fresh
out
of
ideas
```

修改 tuple

不行！跟字串一樣，tuple 是不可變的，所以你不能改變既有的 tuple。你可以像之前一樣串接（結合）tuple 來製作一個新的，就像處理字串那樣：

```
>>> t1 = ('Fee', 'Fie', 'Foe')
>>> t2 = ('Flop,')
>>> t1 + t2
('Fee', 'Fie', 'Foe', 'Flop')
```

這意味著你可以像這樣在表面上修改 tuple：

```
>>> t1 = ('Fee', 'Fie', 'Foe')
>>> t2 = ('Flop,')
>>> t1 += t2
>>> t1
('Fee', 'Fie', 'Foe', 'Flop')
```

但是它不是同一個 t1。Python 用 t1 與 t2 所指的原始 tuple 製作一個新 tuple，再將名稱 t1 指派給這個新 tuple。你可以用 id() 來觀察變數名稱指向新值的情況：

```
>>> t1 = ('Fee', 'Fie', 'Foe')
>>> t2 = ('Flop',)
>>> id(t1)
4365405712
>>> t1 += t2
>>> id(t1)
4364770744
```

串列

串列很適合用來以東西的順序來追蹤它們，尤其是當順序和內容可能改變時。與字串不同的是，串列是可變的。你可以就地更改串列、加入新元素，以及刪除或替換既有的元素。在串列裡面，同一個值可能會出現多次。

用 [] 來建立

製作串列的方式是在中括號裡面放入零或多個元素，並且以逗號分開它們：

```
>>> empty_list = [ ]
>>> weekdays = ['Monday', 'Tuesday', 'Wednesday', 'Thursday', 'Friday']
>>> big_birds = ['emu', 'ostrich', 'cassowary']
>>> first_names = ['Graham', 'John', 'Terry', 'Terry', 'Michael']
>>> leap_years = [2000, 2004, 2008]
>>> randomness = ['Punxsatawney', {"groundhog":"Phil"}, "Feb. 2"}
```

從 first_names 串列可以看到，值不必是唯一的。

如果你只想要追蹤唯一的值，並且不在乎順序，Python *set*（集 合）或許
是比串列更適合的選項。在上面的例子中，`big_birds` 也可以做成集合。
第 8 章會介紹集合。

用 list() 來建立或轉換

你也可以用 `list()` 函式來製作空串列：

```
>>> another_empty_list = list()
>>> another_empty_list
[]
```

Python 的 `list()` 函式也可以將其他的**可迭代資料型態**（例如 tuple、字串、集合及字
典）轉換成串列。下面的範例將一個字串轉換成單字元字串組成的串列。

```
>>> list('cat')
['c', 'a', 't']
```

這個範例將 tuple 轉換成串列：

```
>>> a_tuple = ('ready', 'fire', 'aim')
>>> list(a_tuple)
['ready', 'fire', 'aim']
```

用 split() 和字串來建立

你可以像第 73 頁的「用 split() 來拆分」介紹的那樣，使用 `split()` 和一些分隔符號將字
串拆成串列：

```
>>> talk_like_a_pirate_day = '9/19/2019'
>>> talk_like_a_pirate_day.split('/')
['9', '19', '2019']
```

如果原始字串裡面有連續的多個分隔字串呢？你的一些串列項目將是空字串：

```
>>> splitme = 'a/b//c/d///e'
>>> splitme.split('/')
['a', 'b', '', 'c', 'd', '', '', 'e']
```

改用雙字元分隔字串 `//` 會得到這個結果：

```
>>> splitme = 'a/b//c/d///e'
>>> splitme.split('//')
>>>
['a/b', 'c/d', '/e']
```

用 [*offset*] 來取得項目

如同字串，你可以用 offset 從串列中取出一個值：

```
>>> marxes = ['Groucho', 'Chico', 'Harpo']
>>> marxes[0]
'Groucho'
>>> marxes[1]
'Chico'
>>> marxes[2]
'Harpo'
```

同樣如同字串，負索引是從結尾往回計數的：

```
>>> marxes[-1]
'Harpo'
>>> marxes[-2]
'Chico'
>>> marxes[-3]
'Groucho'
>>>
```

 在這個串列中，offset 必須是有效的，它必須是你之前已經賦值的位置。
如果你指定開頭之前或結尾之後的 offset，你就會看到例外（錯誤）。這
是當我們試著取得第六個 Marx 兄弟（從 0 算起的 offset 5）時，或是結尾
的前五個時發生的情況：

```
>>> marxes = ['Groucho', 'Chico', 'Harpo']
>>> marxes[5]
Traceback (most recent call last):
  File "<stdin>", line 1, in <module>
IndexError: list index out of range

>>> marxes[-5]
Traceback (most recent call last):
  File "<stdin>", line 1, in <module>
IndexError: list index out of range
```

用 slice 取得項目

你可以用 slice 提取串列的子序列：

```
>>> marxes = ['Groucho', 'Chico', 'Harpo']
>>> marxes[0:2]
['Groucho', 'Chico']
```

串列的 slice 也是個串列。

與字串一樣，slice 可以使用非一的間隔值。接下來的範例從前面開始，以二的間隔值往右取出元素：

```
>>> marxes[::2]
['Groucho', 'Harpo']
```

接下來，我們從結尾開始，以 2 的間隔值往左取出元素：

```
>>> marxes[::-2]
['Harpo', 'Groucho']
```

最後是將串列翻轉的技巧：

```
>>> marxes[::-1]
['Harpo', 'Chico', 'Groucho']
```

這些 slice 都不會改變 marxes 串列本身，因為我們沒有將它們指派給 marxes。如果你要就地翻轉串列，可使用 *list*.reverse()：

```
>>> marxes = ['Groucho', 'Chico', 'Harpo']
>>> marxes.reverse()
>>> marxes
['Harpo', 'Chico', 'Groucho']
```

 reverse() 函式可改變串列，但不會回傳它的值。

如同字串的情況，slice 可以指定無效的索引，但不會造成例外。它會取得最接近的有效索引，或回傳空的結果：

```
>>> marxes = ['Groucho', 'Chico', 'Harpo']
>>> marxes[4:]
[]
>>> marxes[-6:]
['Groucho', 'Chico', 'Harpo']
>>> marxes[-6:-2]
['Groucho']
>>> marxes[-6:-4]
[]
```

用 append() 將項目加到尾端

將項目加入串列的傳統做法是將它們一個個 append() 到尾端。之前的範例忘了 Zeppo，但沒關係，串列是可變的，所以我們可以將它加入：

```
>>> marxes = ['Groucho', 'Chico', 'Harpo']
>>> marxes.append('Zeppo')
>>> marxes
['Groucho', 'Chico', 'Harpo', 'Zeppo']
```

用 insert() 和 offset 加入項目

append() 函式只會將項目加到串列的結尾。如果你想要將項目加到串列中的任何 offset 的前面，你可以使用 insert()。offset 0 會插入開頭的地方。超出串列結尾的 offset 會插到結尾，就像 append()，所以你不需要擔心 Python 丟出例外：

```
>>> marxes = ['Groucho', 'Chico', 'Harpo']
>>> marxes.insert(2, 'Gummo')
>>> marxes
['Groucho', 'Chico', 'Gummo', 'Harpo']
>>> marxes.insert(10, 'Zeppo')
>>> marxes
['Groucho', 'Chico', 'Gummo', 'Harpo', 'Zeppo']
```

用 * 來重複所有項目

第 5 章說過，你可以用 * 來重複字串的字元，串列也可以這樣做：

```
>>> ["blah"] * 3
['blah', 'blah', 'blah']
```

用 extend() 或 + 來結合串列

你可以使用 extend() 將一個串列合併到另一個，假設有一位善心人士給我們一份新的 Marxes 串列，稱為 others，我們想要將它們合併到主要的 marxes 串列裡面：

```
>>> marxes = ['Groucho', 'Chico', 'Harpo', 'Zeppo']
>>> others = ['Gummo', 'Karl']
>>> marxes.extend(others)
>>> marxes
['Groucho', 'Chico', 'Harpo', 'Zeppo', 'Gummo', 'Karl']
```

你也可以使用 + 或 +=：

```
>>> marxes = ['Groucho', 'Chico', 'Harpo', 'Zeppo']
>>> others = ['Gummo', 'Karl']
>>> marxes += others
>>> marxes
['Groucho', 'Chico', 'Harpo', 'Zeppo', 'Gummo', 'Karl']
```

如果我們使用 append()，Python 就會將 others 當成一個串列項目加入，而不是併入它的項目：

```
>>> marxes = ['Groucho', 'Chico', 'Harpo', 'Zeppo']
>>> others = ['Gummo', 'Karl']
>>> marxes.append(others)
>>> marxes
['Groucho', 'Chico', 'Harpo', 'Zeppo', ['Gummo', 'Karl']]
```

這再次說明串列可包含不同型態的元素。這個例子有四個字串，以及一個包含兩個字串的串列。

用 [*offset*] 來更改一個項目

如同你可以用 offset 來取出串列項目的值，你也可以修改它：

```
>>> marxes = ['Groucho', 'Chico', 'Harpo']
>>> marxes[2] = 'Wanda'
>>> marxes
['Groucho', 'Chico', 'Wanda']
```

同樣地，串列的 offset 對該串列而言必須是有效的。

你不能用這種方式來變更字串內的字元，因為字串是不可變的。串列是可變的。你可以變更串列內的項目數量，及項目本身。

用 slice 改變項目

上一節展示如何用 slice 取得子串列，你也可以用 slice 將值指派給子串列：

```
>>> numbers = [1, 2, 3, 4]
>>> numbers[1:3] = [8, 9]
>>> numbers
[1, 8, 9, 4]
```

你要指派給串列的那些右邊的元素甚至不需要與左邊的 slice 的元素一樣多：

```
>>> numbers = [1, 2, 3, 4]
>>> numbers[1:3] = [7, 8, 9]
>>> numbers
[1, 7, 8, 9, 4]

>>> numbers = [1, 2, 3, 4]
>>> numbers[1:3] = []
>>> numbers
[1, 4]
```

事實上，右邊的東西甚至不需要是個串列，任何一種可迭代物都可以，Python 會將它的項目分開，並指派給串列元素：

```
>>> numbers = [1, 2, 3, 4]
>>> numbers[1:3] = (98, 99, 100)
>>> numbers
[1, 98, 99, 100, 4]

>>> numbers = [1, 2, 3, 4]
>>> numbers[1:3] = 'wat?'
>>> numbers
[1, 'w', 'a', 't', '?', 4]
```

用 del 和 offset 來刪除一個項目

檢查員告訴我們一件事：Gummo 是 Marx Brothers 的一員，但 Karl 不是，將他插入的人太草率了。我們來修正它：

```
>>> marxes = ['Groucho', 'Chico', 'Harpo', 'Gummo', 'Karl']
>>> marxes[-1]
'Karl'
>>> del marxes[-1]
>>> marxes
['Groucho', 'Chico', 'Harpo', 'Gummo']
```

當你用項目在串列中的位置來刪除它時，它後面的項目都會往前遞補，佔住被刪除的項目的位置，且項目的長度會減一。刪除最後一個 marxes 串列中的 'Chico' 會得到這個結果：

```
>>> marxes = ['Groucho', 'Chico', 'Harpo', 'Gummo']
>>> del marxes[1]
>>> marxes
['Groucho', 'Harpo', 'Gummo']
```

del 是 Python 陳述式，不是串列方法，你不能說 marxes[-1].del()。它是賦值（=）的一種反向操作：它會將 Python 物件和它的名稱分開，而且如果那個名稱是最後一個指向物件的名稱，該物件的記憶體也會被釋出。

用 remove() 與值來刪除項目

如果你不確定或不在乎項目在串列的哪裡，可使用 remove() 和值來刪除它。再見了，Groucho：

```
>>> marxes = ['Groucho', 'Chico', 'Harpo']
>>> marxes.remove('Groucho')
>>> marxes
['Chico', 'Harpo']
```

如果多個串列項目的值相同，remove() 只會刪除它找到的第一個。

用 pop() 和 offset 取出項目並刪除它

你可以用 pop() 從串列取出一個項目，同時將它從串列中刪除。如果你呼叫 pop() 時傳入 offset，它會回傳在那個 offset 的項目，如果不傳入引數，它會使用 -1。所以 pop(0) 會回傳串列的開頭，pop() 或 pop(-1) 會回傳結尾：

```
>>> marxes = ['Groucho', 'Chico', 'Harpo', 'Zeppo']
>>> marxes.pop()
'Zeppo'
>>> marxes
['Groucho', 'Chico', 'Harpo']
>>> marxes.pop(1)
'Chico'
>>> marxes
['Groucho', 'Harpo']
```

歡迎來到電腦術語時間！別擔心，期末考不會考它們。如果你用 append() 將新項目加到結尾，並且用 pop() 從同樣的結尾移除它們，你做的就是一種稱為 *LIFO*（last in, first out，後進先出）佇列的資料結構，**堆疊**是更常見的結構，pop(0) 會建立一個 *FIFO*（first in, first out，先進先出）佇列。當你想要在資料到達時收集它們，並且想要先使用最舊的（FIFO），或最新的（LIFO）時，可善用它們。

用 clear() 刪除所有項目

Python 3.3 加入一個新方法可清除串列的所有元素:

```
>>> work_quotes = ['Working hard?', 'Quick question!', 'Number one priorities!']
>>> work_quotes
['Working hard?', 'Quick question!', 'Number one priorities!']
>>> work_quotes.clear()
>>> work_quotes
[]
```

用 index() 和值來找到項目的 offset

如果你想要用值來找出它在串列內的 offset,可以使用 index():

```
>>> marxes = ['Groucho', 'Chico', 'Harpo', 'Zeppo']
>>> marxes.index('Chico')
1
```

如果那個值在串列裡面超過一個,它只會回傳第一個的 offset:

```
>>> simpsons = ['Lisa', 'Bart', 'Marge', 'Homer', 'Bart']
>>> simpsons.index('Bart')
1
```

用 in 來檢測值是否存在

要檢查串列裡面有沒有某個值,比較符合 Python 風格的做法是使用 in:

```
>>> marxes = ['Groucho', 'Chico', 'Harpo', 'Zeppo']
>>> 'Groucho' in marxes
True
>>> 'Bob' in marxes
False
```

同一個值可能出現在串列的多個位置,只要它至少出現一次,in 就會回傳 True:

```
>>> words = ['a', 'deer', 'a' 'female', 'deer']
>>> 'deer' in words
True
```

如果你經常檢查串列裡面有沒有某個值,而且不在乎項目的順序,Python 集合比較適合用來儲存及查看唯一值。第 8 章會討論集合。

用 count() 來計算一個值的出現次數

你可以使用 count() 來計算特定的值在串列裡面出現幾次：

```
>>> marxes = ['Groucho', 'Chico', 'Harpo']
>>> marxes.count('Harpo')
1
>>> marxes.count('Bob')
0

>>> snl_skit = ['cheeseburger', 'cheeseburger', 'cheeseburger']
>>> snl_skit.count('cheeseburger')
3
```

用 join() 將串列轉換成字串

第 74 頁的「用 join() 來結合」已經詳細地介紹 join() 了，下面是它的另一個使用範例：

```
>>> marxes = ['Groucho', 'Chico', 'Harpo']
>>> ', '.join(marxes)
'Groucho, Chico, Harpo'
```

你可能會認為它看起來有點落伍。join() 是字串方法，不是串列方法。你不能使用 marxes.join(', ')，即使它看起來比較直觀。傳給 join() 的引數是字串或任何可迭代字串序列（包括串列），它會輸出一個字串。如果 join() 只是串列方法，你就無法將它用在其他的可迭代物件了，例如 tuple 或字串。如果你希望它可以處理任何可迭代型態，你就要為各個型態設計特殊的程式來處理實際的連結。或許這樣可以幫助記憶—join() 是 split() 的相反，如下所示：

```
>>> friends = ['Harry', 'Hermione', 'Ron']
>>> separator = ' * '
>>> joined = separator.join(friends)
>>> joined
'Harry * Hermione * Ron'
>>> separated = joined.split(separator)
>>> separated
['Harry', 'Hermione', 'Ron']
>>> separated == friends
True
```

用 sort() 或 sorted() 來排序項目

我們經常需要按照串列項目的值來排序它們，而不是它們的 offset。Python 提供兩個函式：

- 串列方法 sort() 可就地排序串列本身。

- 通用函式 sorted() 可回傳排序後的串列複本。

如果串列內的項目是數字，在預設情況下，它們會被升序排序。如果它們是字串，它們會被按照字母順序排序：

```
>>> marxes = ['Groucho', 'Chico', 'Harpo']
>>> sorted_marxes = sorted(marxes)
>>> sorted_marxes
['Chico', 'Groucho', 'Harpo']
```

sorted_marxes 是新串列，Python 建立它時，不會改變原始的串列：

```
>>> marxes
['Groucho', 'Chico', 'Harpo']
```

但是對著 marxes 串列呼叫串列函式 sort() 會改變 marxes：

```
>>> marxes.sort()
>>> marxes
['Chico', 'Groucho', 'Harpo']
```

如果串列元素的型態都相同（例如 marxes 裡面的字串），sort() 就可以正確地動作。有時你甚至可以混合多種型態（例如整數與浮點數），因為 Python 會在運算式裡面自動將它們轉換成另一種：

```
>>> numbers = [2, 1, 4.0, 3]
>>> numbers.sort()
>>> numbers
[1, 2, 3, 4.0]
```

預設的排序是升序的，但你可以加入引數 reverse=True 來將它設為降序：

```
>>> numbers = [2, 1, 4.0, 3]
>>> numbers.sort(reverse=True)
>>> numbers
[4.0, 3, 2, 1]
```

用 len() 取得長度

len() 會回傳串列的項目數量：

```
>>> marxes = ['Groucho', 'Chico', 'Harpo']
>>> len(marxes)
3
```

用 = 來賦值

將一個串列指派給多個變數之後，當你在其中一個地方更改串列時，其他地方也會改變：

```
>>> a = [1, 2, 3]
>>> a
[1, 2, 3]
>>> b = a
>>> b
[1, 2, 3]
>>> a[0] = 'surprise'
>>> a
['surprise', 2, 3]
```

現在 b 裡面有什麼？它仍然是 [1, 2, 3]，還是 ['surprise', 2, 3] ？揭曉答案：

```
>>> b
['surprise', 2, 3]
```

還記得第 2 章說過的盒子（物件）和有標籤（變數名稱）的細繩的比喻嗎？ b 引用的串列物件與 a 是相同的（兩條名稱細繩都接到同一個物件盒子）。無論我們用 a 還是 b 名稱來改變串列的內容，它都會反應在兩者上：

```
>>> b
['surprise', 2, 3]
>>> b[0] = 'I hate surprises'
>>> b
['I hate surprises', 2, 3]
>>> a
['I hate surprises', 2, 3]
```

用 copy()、list() 或 slice 來複製

你可以使用下面幾種方法將串列的值複製到一個獨立、全新的串列：

- 串列的 copy() 方法

- list() 轉換函式

- 串列 slice [:]

我們的原始串列同樣是 a。我們用串列 copy() 函式來製作 b，用 list() 轉換函式來製作 c，用串列 slice 來製作 d：

```
>>> a = [1, 2, 3]
>>> b = a.copy()
>>> c = list(a)
>>> d = a[:]
```

b、c 與 d 同樣都是 a 的複本：它們都是新的物件，有它們自己的值，而且沒有接到 a 所引用的原始串列物件 [1, 2, 3]。改變 a 不會影響 b、c 與 d 複本：

```
>>> a[0] = 'integer lists are boring'
>>> a
['integer lists are boring', 2, 3]
>>> b
[1, 2, 3]
>>> c
[1, 2, 3]
>>> d
[1, 2, 3]
```

用 deepcopy() 來複製所有東西

當串列值都不可變時，copy() 函式可以正常運作。如前所述，可變值（例如串列、tuple 或字典）都是參考，對原始的值或是複本進行改變都會反應在兩者上。

我們使用之前的範例，但是將串列 a 的最後一個元素從整數 3 改成串列 [8, 9]：

```
>>> a = [1, 2, [8, 9]]
>>> b = a.copy()
>>> c = list(a)
>>> d = a[:]
>>> a
[1, 2, [8, 9]]
>>> b
[1, 2, [8, 9]]
>>> c
[1, 2, [8, 9]]
>>> d
[1, 2, [8, 9]]
```

到目前為止一切都很順利。接著改變 a 的子串列的一個元素：

```
>>> a[2][1] = 10
>>> a
[1, 2, [8, 10]]
>>> b
[1, 2, [8, 10]]
>>> c
[1, 2, [8, 10]]
>>> d
[1, 2, [8, 10]]
```

現在 a[2] 的值是個串列，而且它的元素可以改變。我們之前使用的串列複製方法都是淺的（不是指價值判斷，而是深度）。

我們必須使用 deepcopy() 函式來修正它：

```
>>> import copy
>>> a = [1, 2, [8, 9]]
>>> b = copy.deepcopy(a)
>>> a
[1, 2, [8, 9]]
>>> b
[1, 2, [8, 9]]
>>> a[2][1] = 10
>>> a
[1, 2, [8, 10]]
>>> b
[1, 2, [8, 9]]
```

deepcopy() 可以處理深度嵌套的串列、字典與其他物件。

第 9 章會進一步介紹 import。

比較串列

你可以直接用比較運算子來比較串列，例如 ==、< 等。運算子會遍歷兩個串列，比較同一個 offset 的元素。如果串列 a 比 b 短，而且它的所有元素都是相等的，a 就小於 b：

```
>>> a = [7, 2]
>>> b = [7, 2, 9]
>>> a == b
False
>>> a <= b
```

```
True
>>> a < b
True
```

用 for 與 in 來迭代

第 6 章已經說明如何用 for 來迭代字串了，但迭代串列更常見：

```
>>> cheeses = ['brie', 'gjetost', 'havarti']
>>> for cheese in cheeses:
...     print(cheese)
...
brie
gjetost
havarti
```

與之前一樣，break 會結束 for 迴圈，而 continue 會前往下一次迭代：

```
>>> cheeses = ['brie', 'gjetost', 'havarti']
>>> for cheese in cheeses:
...     if cheese.startswith('g'):
...         print("I won't eat anything that starts with 'g'")
...         break
...     else:
...         print(cheese)
...
brie
I won't eat anything that starts with 'g'
```

你也可以使用選用的 else，在 for 沒有被 break 中斷並且完成時執行：

```
>>> cheeses = ['brie', 'gjetost', 'havarti']
>>> for cheese in cheeses:
...     if cheese.startswith('x'):
...         print("I won't eat anything that starts with 'x'")
...         break
...     else:
...         print(cheese)
... else:
...     print("Didn't find anything that started with 'x'")
...
brie
gjetost
havarti
Didn't find anything that started with 'x'
```

如果最初的 for 從未執行，控制流程也會跑到 else：

```
>>> cheeses = []
>>> for cheese in cheeses:
...     print('This shop has some lovely', cheese)
...     break
... else:  # 沒有 break 代表沒有 cheese
...     print('This is not much of a cheese shop, is it?')
...
This is not much of a cheese shop, is it?
```

因為這個例子的 cheeses 串列是空的，所以 for cheese in cheeses 永遠不會完成一次迴圈，而且它的 break 陳述式永遠不會執行。

用 zip() 迭代多個序列

接下來還有一種很棒的迭代技巧：使用 zip() 函式來以平行的方式迭代多個序列：

```
>>> days = ['Monday', 'Tuesday', 'Wednesday']
>>> fruits = ['banana', 'orange', 'peach']
>>> drinks = ['coffee', 'tea', 'beer']
>>> desserts = ['tiramisu', 'ice cream', 'pie', 'pudding']
>>> for day, fruit, drink, dessert in zip(days, fruits, drinks, desserts):
...     print(day, ": drink", drink, "- eat", fruit, "- enjoy", dessert)
...
Monday : drink coffee - eat banana - enjoy tiramisu
Tuesday : drink tea - eat orange - enjoy ice cream
Wednesday : drink beer - eat peach - enjoy pie
```

zip() 會在最短的序列完成時停止。因為有一個串列比其他的長（desserts），所以除非我們延伸其他的串列，否則沒有人吃得到任何布丁（pudding）。

第 8 章會介紹如何使用 dict() 和雙項目序列（例如 tuple、串列或字串）來建立字典。你可以使用 zip() 來遍歷多個序列，並且使用同一個 offset 的項目來製作 tuple。我們來用相應的英文與法文單字建立兩個 tuple：

```
>>> english = 'Monday', 'Tuesday', 'Wednesday'
>>> french = 'Lundi', 'Mardi', 'Mercredi'
```

接著，使用 zip() 來配對這些 tuple。zip() 回傳的值本身不是 tuple 或串列，而是一個可迭代的值，可轉換成它們：

```
>>> list( zip(english, french) )
[('Monday', 'Lundi'), ('Tuesday', 'Mardi'), ('Wednesday', 'Mercredi')]
```

直接將 zip() 的結果傳入 dict()，看吧：一個小型的英法字典！

```
>>> dict( zip(english, french) )
{'Monday':'Lundi', 'Tuesday':'Mardi', 'Wednesday':'Mercredi'}
```

用生成式來建立串列

你已經知道如何使用方括號或 list() 函式來建立串列了，接下來，我們要來看一下如何用**串列生成式**（*list comprehension*）來建立串列，它包含了剛才的 for/in 迭代。

你可以像這樣建立一個從 1 到 5 的整數串列，一次一個項目：

```
>>> number_list = []
>>> number_list.append(1)
>>> number_list.append(2)
>>> number_list.append(3)
>>> number_list.append(4)
>>> number_list.append(5)
>>> number_list
[1, 2, 3, 4, 5]
```

或是使用迭代器與 range() 函式：

```
>>> number_list = []
>>> for number in range(1, 6):
...     number_list.append(number)
...
>>> number_list
[1, 2, 3, 4, 5]
```

你也可以將 range() 的輸出直接轉換成串列：

```
>>> number_list = list(range(1, 6))
>>> number_list
[1, 2, 3, 4, 5]
```

這些做法都是有效的 Python 程式，也都可以產生同樣的結果。但是在建立串列時，比較符合 Python 風格（而且通常比較快）的做法是使用**串列生成式**。串列生成式最簡單的形式長這樣：

```
[expression（運算式） for item（項目） in iterable（可迭代物）]
```

這是用串列生成式建立整數串列的做法：

```
>>> number_list = [number for number in range(1,6)]
>>> number_list
[1, 2, 3, 4, 5]
```

在第一行，你要用第一個 number 變數來為串列產生值，也就是將迴圈的結果放入 number_list。第二個 number 是 for 迴圈的一部分。我用這個變體來展示第一個 number 是個運算式：

```
>>> number_list = [number-1 for number in range(1,6)]
>>> number_list
[0, 1, 2, 3, 4]
```

串列生成式將迴圈移入方括號內。這個生成式範例其實沒有比之前的範例簡單，但它還可以做其他的事情。你可以在串列生成式裡面放入條件運算式，看起來就像：

```
[expression（運算式） for item（項目）
in iterable（可迭代物） if condition（條件式）]
```

我們來做一個新的生成式，用它來製作一個只包含 1 和 5 之間的奇數的串列（提醒你，number % 2 對偶數而言為 True，對奇數而言則為 False）：

```
>>> a_list = [number for number in range(1,6) if number % 2 == 1]
>>> a_list
[1, 3, 5]
```

這個生成式比它的傳統形式紮實一些了：

```
>>> a_list = []
>>> for number in range(1,6):
...     if number % 2 == 1:
...         a_list.append(number)
...
>>> a_list
[1, 3, 5]
```

最後，就像使用嵌套的迴圈，我們也可以在相應的生成式裡面使用二組以上的 for ... 子句，為了說明這種做法，我們先用舊型的嵌套迴圈來印出結果：

```
>>> rows = range(1,4)
>>> cols = range(1,3)
>>> for row in rows:
...     for col in cols:
...         print(row, col)
...
1 1
1 2
2 1
2 2
3 1
3 2
```

接著我們使用生成式並將它指派給變數 cells，讓它成為一個以 (row, col) tuple 組成的串列：

```
>>> rows = range(1,4)
>>> cols = range(1,3)
>>> cells = [(row, col) for row in rows for col in cols]
>>> for cell in cells:
...     print(cell)
...
(1, 1)
(1, 2)
(2, 1)
(2, 2)
(3, 1)
(3, 2)
```

對了，你也可以在迭代 cells 串列時使用 *tuple 拆包*，從各個 tuple 裡面取出 row 與 col 值：

```
>>> for row, col in cells:
...     print(row, col)
...
1 1
1 2
2 1
2 2
3 1
3 2
```

串列生成式裡面的 for row ... 與 for col ... 也可以使用它們自己的 if 測試。

串列的串列

串列可以容納不同型態的元素，包括其他串列，如下所示：

```
>>> small_birds = ['hummingbird', 'finch']
>>> extinct_birds = ['dodo', 'passenger pigeon', 'Norwegian Blue']
>>> carol_birds = [3, 'French hens', 2, 'turtledoves']
>>> all_birds = [small_birds, extinct_birds, 'macaw', carol_birds]
```

那麼，串列的串列，all_birds 長怎樣？

```
>>> all_birds
[['hummingbird', 'finch'], ['dodo', 'passenger pigeon', 'Norwegian Blue'], 'macaw',
[3, 'French hens', 2, 'turtledoves']]
```

看一下它裡面的第一個項目：

```
>>> all_birds[0]
['hummingbird', 'finch']
```

第一個項目是個串列，事實上，它是 small_birds，也就是我們在建立 all_birds 時指定的第一個項目。你應該可以猜到第二個項目是什麼：

```
>>> all_birds[1]
['dodo', 'passenger pigeon', 'Norwegian Blue']
```

它是我們指定的第二個項目：extinct_birds。如果我們想要取出 extinct_birds 的第一個項目，可以指定兩個索引來將它從 all_birds 取出：

```
>>> all_birds[1][0]
'dodo'
```

[1] 代表作為 all_birds 的第二個項目的串列，[0] 則代表那個內部串列的第一個項目。

tuple vs. 串列

tuple 通常可以取代串列，但它們的功能少很多（沒有 append()、insert() 等），因為它們被做出來之後就不能修改了。為什麼不將全部的 tuple 換成串列就好？

- tuple 佔用的空間較少。
- 你不可能在無意間破壞 tuple 的項目。
- 你可將 tuple 當成字典鍵來使用（見第 8 章）。
- 具名 *tuple*（見第 202 頁的「具名 tuple」）可以當成簡單的物件替代品。

我們不打算更詳細介紹 tuple 了，因為在日常的編程中，串列與字典比較常用。

Python 沒有 tuple 生成式

可變型態（串列、字典與集合）都有生成式。字串與 tuple 這種不可變型態必須用介紹它們的小節裡面介紹的其他方法來建立。

你可能以為將串列生成式的中括號改成小括號就可以做出 tuple 生成式,它看起來也沒有問題,當你輸入這段程式時,Python 不會丟出例外:

```
>>> number_thing = (number for number in range(1, 6))
```

但是在小括號之間的東西完全是另一種東西:產生器生成式(*generator comprehension*),而且它會回傳一個產生器(*generator*)物件:

```
>>> type(number_thing)
<class 'generator'>
```

產生器是將資料送給迭代器的一種手段,我會在第 162 頁的「產生器」更詳細地介紹產生器。

次章預告

因為它們太棒了,所以有屬於自己的一章:字典與集合。

待辦事項

使用串列和 tuple,以數字(第 3 章)與字串(第 5 章)的各式各樣的方式來表示真實世界的元素。

7.1　建立一個稱為 years_list 的串列,從你的出生年開始,一直列到你的第五個生日的那一年。例如,如果你是 1980 年出生的,這個串列將是 years_list = [1980, 1981, 1982, 1983, 1984, 1985]。如果你不足五歲,卻在看這本書,我只能無言以對。

7.2　在 years_list 中,哪一年有你的第三個生日?提醒你,你人生的第一年是 0 歲。

7.3　years_list 的哪一年是你最老的一年?

7.4　使用這些字串作為元素來建立一個稱為 things 的串列:"mozzarella"、"cinderella"、"salmonella"[譯註]。

7.5　將 things 裡面代表人名的元素改為首字母大寫,再印出這個串列。它會改變串列內的元素嗎?

7.6　將 things 裡面代表乳酪的元素改成全部大寫,再印出串列。

[譯註] mozzarella 是莫札瑞拉乳酪,cinderella 是灰姑娘的名字,salmonella 是沙門氏菌。

7.7 將 things 的致病元素刪除，接受你的諾貝爾獎，並印出串列。

7.8 建立一個稱為 surprise 的串列，並在裡面加入元素 "Groucho"、"Chico" 與 "Harpo"。

7.9 將 surprise 串列的最後一個元素改為小寫，將它反過來，再將它的第一個字母改為大寫。

7.10 使用串列生成式來製作一個稱為 even 的串列，讓它擁有 range(10) 之內的偶數。

7.11 我們來做一個跳繩謠產生器。你要印出一系列雙行歌謠。程式的開頭是：

```
start1 = ["fee", "fie", "foe"]
rhymes = [
    ("flop", "get a mop"),
    ("fope", "turn the rope"),
    ("fa", "get your ma"),
    ("fudge", "call the judge"),
    ("fat", "pet the cat"),
    ("fog", "walk the dog"),
    ("fun", "say we're done"),
    ]
start2 = "Someone better"
```

對於 rhymes 裡面的各個 tuple (first, second)：

在第一行：

- 印出 start1 裡面的每一個字串，將它改成首字大寫，並在後面加上一個驚嘆號與一個空格。

- 印出 first，也將它改成首字大寫，並且在後面加上一個驚嘆號。

在第二行：

- 印出 start2 與一個空格。

- 印出 second 與一個句點。

字典與集合

如果在字典裡面有一個字拼錯了，我們該怎麼知道？

—Steven Wright

字典

字典與串列很像，但是項目的順序不重要，而且它不會用 0 或 1 等 offset 來選擇項目。
你必須為每一個值指定一個獨一無二的鍵。這個鍵通常是個字串，但它其實可以是任何
一種不可變的 Python 型態，包括布林、整數、浮點數、tuple、字串，及其他後續章節
將介紹的。字典通常是可變的，所以你可以添加、刪除與改變它們的「鍵 / 值」元素。
如果你用過只有陣列或串列的語言，你將會愛上字典。

 其他語言可能將字典稱為關聯陣列（*associative array*）、雜湊（*hash*），
或 *hashmap*。在 Python 中，字典也稱為 *dict* 來節省音節，並且讓青少年
私下竊笑。

用 {} 來建立

建立字典的做法是用大括號包住以逗號隔開的鍵 : 值。最簡單的字典是空白的，裡面沒
有任何鍵或值：

```
>>> empty_dict = {}
>>> empty_dict
{}
```

我們用 Ambrose Bierce 的 *The Devil's Dictionary* 裡面的名言來製作一個小型字典：

```
>>> bierce = {
...     "day": "A period of twenty-four hours, mostly misspent",
...     "positive": "Mistaken at the top of one's voice",
...     "misfortune": "The kind of fortune that never misses",
...     }
>>>
```

在互動式解譯器裡面輸入字典的名稱會印出它的鍵與值：

```
>>> bierce
{'day': 'A period of twenty-four hours, mostly misspent',
'positive': "Mistaken at the top of one's voice",
'misfortune': 'The kind of fortune that never misses'}
```

 Python 串列、tuple 或字典的最後一個項目後面的逗號是可以省略的。此外，當你在大括號內輸入鍵與值時，不需要像上面的範例一樣縮排，它只是為了幫助閱讀。

用 dict() 來建立

有些人不喜歡輸入太多大括號和引號，你也可以將具名引數和值傳給 **dict()** 函式來建立字典。

傳統的做法是：

```
>>> acme_customer = {'first': 'Wile', 'middle': 'E', 'last': 'Coyote'}
>>> acme_customer
{'first': 'Wile', 'middle': 'E', 'last': 'Coyote'}
```

使用 **dict()** 的做法是：

```
>>> acme_customer = dict(first="Wile", middle="E", last="Coyote")
>>> acme_customer
{'first': 'Wile', 'middle': 'E', 'last': 'Coyote'}
```

第二種做法有一個限制是引數名稱必須是有效的變數名稱（沒有空格、沒有保留字）：

```
>>> x = dict(name="Elmer", def="hunter")
  File "<stdin>", line 1
    x = dict(name="Elmer", def="hunter")
                             ^
SyntaxError: invalid syntax
```

用 dict() 來轉換

你也可以使用 dict() 函式來將雙值序列轉換到字典裡面。有時你可能會遇到這種鍵值序列，例如「Strontium, 90, Carbon, 14」[1]。在各個序列裡面的第一個項目會被當成鍵，第二個當成值。

首先，這個小例子使用 lol（包含雙項目串列的串列）：

```
>>> lol = [ ['a', 'b'], ['c', 'd'], ['e', 'f'] ]
>>> dict(lol)
{'a': 'b', 'c': 'd', 'e': 'f'}
```

我們也可以使用任何包含雙項目序列的序列，下面是其他的例子。

包含雙項目 tuple 的串列：

```
>>> lot = [ ('a', 'b'), ('c', 'd'), ('e', 'f') ]
>>> dict(lot)
{'a': 'b', 'c': 'd', 'e': 'f'}
```

包含雙項目串列的 tuple：

```
>>> tol = ( ['a', 'b'], ['c', 'd'], ['e', 'f'] )
>>> dict(tol)
{'a': 'b', 'c': 'd', 'e': 'f'}
```

包含雙字元字串的串列：

```
>>> los = [ 'ab', 'cd', 'ef' ]
>>> dict(los)
{'a': 'b', 'c': 'd', 'e': 'f'}
```

包含雙字元字串的 tuple：

```
>>> tos = ( 'ab', 'cd', 'ef' )
>>> dict(tos)
{'a': 'b', 'c': 'd', 'e': 'f'}
```

第 114 頁的「用 zip() 迭代多個序列」介紹過 zip() 函式，它可以用來輕鬆地建立這些雙項目序列。

---

[1] 也是 Strontium-Carbon 遊戲的最終分數。

用 [鍵] 來加入或改變一個項目

將一個項目加入字典很簡單。你只要用項目的鍵來引用它,並指派一個值就可以了。如果那個鍵已經在字典裡面了,它既有的值會被換成新的。如果鍵是新的,它會連同值一起被加入字典。與串列不同的是,你不需要擔心 Python 在你賦值時,因為指定超出範圍的索引而丟出例外。

我們來做一個保存 Monty Python 多數成員的字典,以他們的姓為鍵,以他們的名為值:

```
>>> pythons = {
...     'Chapman': 'Graham',
...     'Cleese': 'John',
...     'Idle': 'Eric',
...     'Jones': 'Terry',
...     'Palin': 'Michael',
...     }
>>> pythons
{'Chapman': 'Graham', 'Cleese': 'John', 'Idle': 'Eric',
'Jones': 'Terry', 'Palin': 'Michael'}
```

我們還沒有加入一個成員:在美國出生的 Terry Gilliam。有一位程式員試著用下面的程式加入他,但是他打錯名字了:

```
>>> pythons['Gilliam'] = 'Gerry'
>>> pythons
{'Chapman': 'Graham', 'Cleese': 'John', 'Idle': 'Eric',
'Jones': 'Terry', 'Palin': 'Michael', 'Gilliam': 'Gerry'}
```

另一位比較認識 Python 的程式員寫了下面的修正程式:

```
>>> pythons['Gilliam'] = 'Terry'
>>> pythons
{'Chapman': 'Graham', 'Cleese': 'John', 'Idle': 'Eric',
'Jones': 'Terry', 'Palin': 'Michael', 'Gilliam': 'Terry'}
```

我們使用同一個鍵(`'Gilliam'`)將原本的 `'Gerry'` 值換成 `'Terry'` 值。

請記得,字典的鍵都必須是唯一的。這就是我們在這裡以姓為鍵,而不是名的原因—— Monty Python 有兩個成員叫做 `'Terry'` !如果你使用同一個鍵兩次以上,那麼最後一個值將會勝出:

```
>>> some_pythons = {
...     'Graham': 'Chapman',
...     'John': 'Cleese',
...     'Eric': 'Idle',
```

```
...     'Terry': 'Gilliam',
...     'Michael': 'Palin',
...     'Terry': 'Jones',
...     }
>>> some_pythons
{'Graham': 'Chapman', 'John': 'Cleese', 'Eric': 'Idle',
'Terry': 'Jones', 'Michael': 'Palin'}
```

我們先將值 'Gilliam' 指派給鍵 'Terry'，再將它換成值 'Jones'。

用 [key] 或 get() 取得一個項目

這是最常見的字典用法—指定字典以及鍵來取得相應的值：使用上一節的 some_pythons：

```
>>> some_pythons['John']
'Cleese'
```

如果字典裡面沒有那一個鍵，你會看到例外：

```
>>> some_pythons['Groucho']
Traceback (most recent call last):
  File "<stdin>", line 1, in <module>
KeyError: 'Groucho'
```

避免這件事的方法有兩種。第一種是在開始的時候使用 in 來檢測鍵，就像上一節的做法：

```
>>> 'Groucho' in some_pythons
False
```

第二種方法是使用特殊的字典函式 get()。你要提供字典、鍵，及一個選用的值。如果鍵存在，你就可以取得它的值：

```
>>> some_pythons.get('John')
'Cleese'
```

如果不存在，你就會得到選用的值—如果你有指定的話：

```
>>> some_pythons.get('Groucho', 'Not a Python')
'Not a Python'
```

否則，你會得到 None（互動式解譯器不會顯示任何東西）：

```
>>> some_pythons.get('Groucho')
>>>
```

用 keys() 取得所有鍵

你可以使用 keys() 來取得字典內的所有鍵。接下來的範例將使用幾個不同的字典範例：

```
>>> signals = {'green': 'go', 'yellow': 'go faster', 'red': 'smile for the camera'}
>>> signals.keys()
dict_keys(['green', 'yellow', 'red'])
```

 在 Python 2，keys() 只會回傳一個串列。Python 3 會回傳 dict_keys()，它是鍵的可迭代版本。它很適合大型的字典，因為它不會浪費時間與記憶體來建立和儲存可能用不到的串列。但是通常你 想 要的是串列。在 Python 3，你必須呼叫 list() 來將 dict_keys 物件轉換成串列。

```
>>> list( signals.keys() )
['green', 'yellow', 'red']
```

在 Python 3，你也要使用 list() 函式來將 values() 與 items() 的結果轉成一般的 Python 串列。我在這些例子中使用它。

用 values() 取得所有值

你可以用 values() 取得字典的所有值：

```
>>> list( signals.values() )
['go', 'go faster', 'smile for the camera']
```

用 items() 取得每一對鍵 / 值

你可以使用 items() 函式來取得字典內的所有鍵 / 值：

```
>>> list( signals.items() )
[('green', 'go'), ('yellow', 'go faster'), ('red', 'smile for the camera')]
```

它會用 tuple 來回傳各個鍵值，例如 ('green', 'go')。

用 len() 取得長度

取得鍵值的對數：

```
>>> len(signals)
3
```

用 {**a, **b} 來結合字典

從 Python 3.5 之後，你可以用一種新的做法來合併字典，使用 ** 獨角獸亮片，它在第 9
章有一種全然相異的用法：

```
>>> first = {'a': 'agony', 'b': 'bliss'}
>>> second = {'b': 'bagels', 'c': 'candy'}
>>> {**first, **second}
{'a': 'agony', 'b': 'bagels', 'c': 'candy'}
```

事實上，你可以傳入兩個以上的字典：

```
>>> third = {'d': 'donuts'}
>>> {**first, **third, **second}
{'a': 'agony', 'b': 'bagels', 'd': 'donuts', 'c': 'candy'}
```

它們是淺複本。如果你想要鍵與值的全複本，與它們的原始字典沒有聯結，可以參考
deepcopy() 的說明（第 130 頁的「用 deepcopy() 來複製所有東西」）。

用 update() 結合字典

你可以使用 update() 函式來將一個字典的鍵與值複製到另一個。

我們用所有的成員來定義 pythons 字典：

```
>>> pythons = {
...     'Chapman': 'Graham',
...     'Cleese': 'John',
...     'Gilliam': 'Terry',
...     'Idle': 'Eric',
...     'Jones': 'Terry',
...     'Palin': 'Michael',
...     }
>>> pythons
{'Chapman': 'Graham', 'Cleese': 'John', 'Gilliam': 'Terry',
'Idle': 'Eric', 'Jones': 'Terry', 'Palin': 'Michael'}
```

我們還有一個包含其他幽默演員的字典，稱為 others：

```
>>> others = { 'Marx': 'Groucho', 'Howard': 'Moe' }
```

現在有別的程式員認定 others 的成員也是 Monty Python 的成員：

```
>>> pythons.update(others)
>>> pythons
{'Chapman': 'Graham', 'Cleese': 'John', 'Gilliam': 'Terry',
```

```
'Idle': 'Eric', 'Jones': 'Terry', 'Palin': 'Michael',
'Marx': 'Groucho', 'Howard': 'Moe'}
```

當第二個字典有鍵與將要合併的字典的鍵一樣時，會發生什麼事情？第二個字典的值會勝出：

```
>>> first = {'a': 1, 'b': 2}
>>> second = {'b': 'platypus'}
>>> first.update(second)
>>> first
{'a': 1, 'b': 'platypus'}
```

用 del 和鍵來刪除項目

雖然之前那段程式員寫的 `pythons.update(others)` 在技術上是對的，但是在事實上是錯的。雖然 others 的成員很有趣也很有名，但它們不屬於 Monty Python。我們來撤銷最後兩次添加動作：

```
>>> del pythons['Marx']
>>> pythons
{'Chapman': 'Graham', 'Cleese': 'John', 'Gilliam': 'Terry',
'Idle': 'Eric', 'Jones': 'Terry', 'Palin': 'Michael',
'Howard': 'Moe'}
>>> del pythons['Howard']
>>> pythons
{'Chapman': 'Graham', 'Cleese': 'John', 'Gilliam': 'Terry',
'Idle': 'Eric', 'Jones': 'Terry', 'Palin': 'Michael'}
```

用 pop() 和鍵取得項目並刪除它

pop() 是 get() 和 del 的結合。當你將一個鍵傳給 pop()，而且那個鍵在字典裡，它會回傳相應的值，並且刪除那一對鍵值。如果鍵不存在，它會發出例外：

```
>>> len(pythons)
6
>>> pythons.pop('Palin')
'Michael'
>>> len(pythons)
5
>>> pythons.pop('Palin')
Traceback (most recent call last):
  File "<stdin>", line 1, in <module>
KeyError: 'Palin'
```

但是如果你將第二個預設引數傳給 pop()（和 get() 一樣），例外就不會出現，而且字典不會改變：

```
>>> pythons.pop('First', 'Hugo')
'Hugo'
>>> len(pythons)
5
```

用 clear() 刪除所有項目

你可以使用 clear() 或將一個空的字典（{}）重新指派給名稱來刪除字典的所有鍵值：

```
>>> pythons.clear()
>>> pythons
{}
>>> pythons = {}
>>> pythons
{}
```

用 in 來檢測鍵

你可以使用 in 來確認字典裡面有沒有某個鍵，我們來重新定義 pythons 字典，這次省略一兩個名字：

```
>>> pythons = {'Chapman': 'Graham', 'Cleese': 'John',
... 'Jones': 'Terry', 'Palin': 'Michael', 'Idle': 'Eric'}
```

現在我們來看一下裡面有誰：

```
>>> 'Chapman' in pythons
True
>>> 'Palin' in pythons
True
```

這一次我們有沒有記得加入 Terry Gilliam ？

```
>>> 'Gilliam' in pythons
False
```

見鬼了。

用 = 來賦值

與串列一樣，當你改變字典時，改變的地方會反應在所有參考它的名稱上。

```
>>> signals = {'green': 'go',
... 'yellow': 'go faster',
... 'red': 'smile for the camera'}
>>> save_signals = signals
>>> signals['blue'] = 'confuse everyone'
>>> save_signals
{'green': 'go',
'yellow': 'go faster',
'red': 'smile for the camera',
'blue': 'confuse everyone'}
```

用 copy() 來複製

如果你要將一個字典的鍵與值確實地複製到另一個字典來避免這種情形，你要使用 copy()：

```
>>> signals = {'green': 'go',
... 'yellow': 'go faster',
... 'red': 'smile for the camera'}
>>> original_signals = signals.copy()
>>> signals['blue'] = 'confuse everyone'
>>> signals
{'green': 'go',
'yellow': 'go faster',
'red': 'smile for the camera',
'blue': 'confuse everyone'}
>>> original_signals
{'green': 'go',
'yellow': 'go faster',
'red': 'smile for the camera'}
>>>
```

這是淺複製，可以在字典值不可變時（就像這個例子）使用。如果它們不是不可變的，你就要用 deepcopy()。

用 deepcopy() 來複製所有東西

假如上一個例子中的 red 的值是個串列而不是個字串：

```
>>> signals = {'green': 'go',
... 'yellow': 'go faster',
... 'red': ['stop', 'smile']}
>>> signals_copy = signals.copy()
>>> signals
{'green': 'go',
```

```
'yellow': 'go faster',
'red': ['stop', 'smile']}
>>> signals_copy
{'green': 'go',
'yellow': 'go faster',
'red': ['stop', 'smile']}
>>>
```

我們來改變 red 串列的一個值：

```
>>> signals['red'][1] = 'sweat'
>>> signals
{'green': 'go',
'yellow': 'go faster',
'red': ['stop', 'sweat']}
>>> signals_copy
{'green': 'go',
'yellow': 'go faster',
'red': ['stop', 'sweat']}
```

你會看到常見的「任何一個名稱都可以改變」行為。copy() 方法會按原樣複製值，也就是說，signal_copy 會得到 signals 的 'red' 的同一個串列值。

解決方案是 deepcopy()：

```
>>> import copy
>>> signals = {'green': 'go',
... 'yellow': 'go faster',
... 'red': ['stop', 'smile']}
>>> signals_copy = copy.deepcopy(signals)
>>> signals
{'green': 'go',
'yellow': 'go faster',
'red': ['stop', 'smile']}
>>> signals_copy
{'green': 'go',
'yellow':'go faster',
'red': ['stop', 'smile']}
>>> signals['red'][1] = 'sweat'
>>> signals
{'green': 'go',
'yellow': 'go faster',
red': ['stop', 'sweat']}
>>> signals_copy
{'green': 'go',
'yellow': 'go faster',
red': ['stop', 'smile']}
```

比較字典

很像上一章的串列與 tuple，你可以用簡單的比較運算子 == 與 != 來比較字典：

```
>>> a = {1:1, 2:2, 3:3}
>>> b = {3:3, 1:1, 2:2}
>>> a == b
True
```

其他的運算子沒有效果：

```
>>> a = {1:1, 2:2, 3:3}
>>> b = {3:3, 1:1, 2:2}
>>> a <= b
Traceback (most recent call last):
  File "<stdin>", line 1, in <module>
TypeError: '<=' not supported between instances of 'dict' and 'dict'
```

Python 會一個接著一個比較鍵與值。它們最初的建立順序無關緊要。在這個例子中，a 與 b 相等，不過 a 的鍵 1 有串列值 [1, 2]，b 的則是串列值 [1, 1]：

```
>>> a = {1: [1, 2], 2: [1], 3:[1]}
>>> b = {1: [1, 1], 2: [1], 3:[1]}
>>> a == b
False
```

用 for 與 in 來迭代

迭代字典（或它的 keys() 函式）會回傳鍵。在這個例子中，鍵是桌遊 Clue（Cluedo outside of North America，妙探尋兇）的卡片類型：

```
>>> accusation = {'room': 'ballroom', 'weapon': 'lead pipe',
...               'person': 'Col. Mustard'}
>>> for card in accusation:  # 或 for card in accusation.keys():
...     print(card)
...
room
weapon
person
```

若要迭代值而不是鍵，你要使用字典的 values() 函式：

```
>>> for value in accusation.values():
...     print(value)
...
ballroom
```

```
lead pipe
Col. Mustard
```

要用 tuple 來回傳鍵與值，你可以使用 items() 函式：

```
>>> for item in accusation.items():
...     print(item)
...
('room', 'ballroom')
('weapon', 'lead pipe')
('person', 'Col. Mustard')
```

你可以用一個步驟來對 tuple 賦值。你可以將 items() 回傳的 tuple 的第一個值（鍵）指派給 card，第二個值（值）指派給 contents：

```
>>> for card, contents in accusation.items():
...     print('Card', card, 'has the contents', contents)
...
Card weapon has the contents lead pipe
Card person has the contents Col. Mustard
Card room has the contents ballroom
```

字典生成式

不落於串列之後，字典也有生成式，它最簡單的形式看起來很熟悉：

```
{key_expression : value_expression for expression in iterable}

>>> word = 'letters'
>>> letter_counts = {letter: word.count(letter) for letter in word}
>>> letter_counts
{'l': 1, 'e': 2, 't': 2, 'r': 1, 's': 1}
```

我們對著字串 'letters' 的七個字母執行迴圈，並計算字母出現的次數。因為我們必須計數所有 e 兩次與所有 t 兩次，所以使用兩次 word.count(letter) 很浪費時間，但是第二次計數 e 時沒有任何損失，因為我們只是更換字典的既有項目，t 也一樣。所以，下列程式應該比較符合 Python 風格：

```
>>> word = 'letters'
>>> letter_counts = {letter: word.count(letter) for letter in set(word)}
>>> letter_counts
{'t': 2, 'l': 1, 'e': 2, 'r': 1, 's': 1}
```

這個字典的鍵的順序與上一個範例不一樣，因為迭代 set(word) 回傳的字母順序與迭代 word 字串不同。

與串列生成式很像的是，字典生成式也可以使用 if 測試式與多個 for 子句：

```
{key_expression : value_expression for expression in iterable if condition}
```

```
>>> vowels = 'aeiou'
>>> word = 'onomatopoeia'
>>> vowel_counts = {letter: word.count(letter) for letter in set(word)
        if letter in vowels}
>>> vowel_counts
{'e': 1, 'i': 1, 'o': 4, 'a': 2}
```

若要觀看其他字典生成式範例，可參考 PEP-274（*https://oreil.ly/6udkb*）。

集合

集合（*set*）就像沒有值，只留下鍵的字典。它的鍵與字典一樣，必須是獨一無二的。當你只想要知道某個東西是否存在，其他事情都無所謂時，就可以使用集合。它就是一包鍵。如果你想要將某些資訊設為鍵的值，那就要使用字典。

有一些地方的小學曾經同時教導基本數學和集合理論。如果你的學校沒有教它（或是你沒有專心上課），圖 8-1 是集合聯集和交集的概念。

假如你取得兩個集合的聯集，其中有些共同的鍵，因為一個集合只能容納各個項目的一個實例，所以兩個集合的聯集也只能容納各個鍵的一個實例。有零個元素的集合稱為 *null* 或空集合。在圖 8-1 中，X 開頭的女生名字就是個 null 集合。

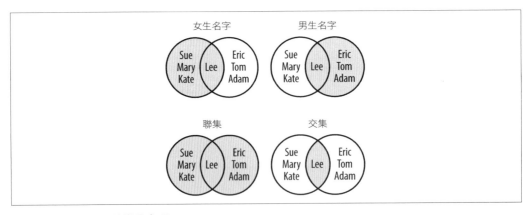

圖 8-1　與集合有關的常見事項

用 set() 來建立

建立集合的做法是使用 set() 函式，或是在大括號裡面放入一或多個以逗號隔開的值：

```
>>> empty_set = set()
>>> empty_set
set()
>>> even_numbers = {0, 2, 4, 6, 8}
>>> even_numbers
{0, 2, 4, 6, 8}
>>> odd_numbers = {1, 3, 5, 7, 9}
>>> odd_numbers
{1, 3, 5, 7, 9}
```

集合是無序的。

由於 [] 會建立一個空串列，你可能認為 {} 也會建立一個空集合。其實，{} 會建立一個空字典。這就是解譯器將空集合印成 set()，而不是 {} 的原因。為何如此？因為字典先在 Python 中出現，並且占有大括號，而擁有權涵蓋了 90% 的法律[2]。

用 set() 來轉換

你可以用串列、字串、tuple 或字典來建立集合，丟掉任何重複的值。

首先，我們來看一個字串，它裡面有一些重複的字母：

```
>>> set( 'letters' )
{'l', 'r', 's', 't', 'e'}
```

請注意，這個集合裡面只有一個 'e' 與 't'，雖然它們在 'letters' 裡面各有兩個。

接著，我們用串列來製作集合：

```
>>> set( ['Dasher', 'Dancer', 'Prancer', 'Mason-Dixon'] )
{'Dancer', 'Dasher', 'Mason-Dixon', 'Prancer'}
```

再來是用 tuple 製作集合：

```
>>> set( ('Ummagumma', 'Echoes', 'Atom Heart Mother') )
{'Ummagumma', 'Atom Heart Mother', 'Echoes'}
```

2　根據律師和驅魔法師（exorcist）的說法。

當你將字典丟給 set() 時，它只會使用鍵：

```
>>> set( {'apple': 'red', 'orange': 'orange', 'cherry': 'red'} )
{'cherry', 'orange', 'apple'}
```

用 len() 取得長度

我們來算一下 reindeer 的數量：

```
>>> reindeer = set( ['Dasher', 'Dancer', 'Prancer', 'Mason-Dixon'] )
>>> len(reindeer)
4
```

用 add() 加入項目

你可以用集合的 add() 方法來將其他項目丟入集合：

```
>>> s = set((1,2,3))
>>> s
{1, 2, 3}
>>> s.add(4)
>>> s
{1, 2, 3, 4}
```

用 remove() 刪除項目

你可以用值來刪除集合內的項目：

```
>>> s = set((1,2,3))
>>> s.remove(3)
>>> s
{1, 2}
```

用 for 與 in 來迭代

跟字典一樣，你可以迭代集合內的所有項目：

```
>>> furniture = set(('sofa', 'ottoman', 'table'))
>>> for piece in furniture:
...     print(piece)
...
ottoman
table
sofa
```

用 in 來檢測值是否存在

這是最常見的集合用法。我們先建立一個稱為 drinks 的字典。裡面的每一個鍵都是一種混合飲料的名稱，它們對應的值是那一種飲料原料集合：

```
>>> drinks = {
...     'martini': {'vodka', 'vermouth'},
...     'black russian': {'vodka', 'kahlua'},
...     'white russian': {'cream', 'kahlua', 'vodka'},
...     'manhattan': {'rye', 'vermouth', 'bitters'},
...     'screwdriver': {'orange juice', 'vodka'}
...     }
```

雖然集合和字典都被放在大括號裡面（{ 與 }），但集合只是一堆值，而字典包含一對鍵：值。

哪些飲料裡面有 vodka ？

```
>>> for name, contents in drinks.items():
...     if 'vodka' in contents:
...         print(name)
...
screwdriver
martini
black russian
white russian
```

我們想要喝有 vodka 的飲料，但是我們有乳糖不耐症，並且覺得 vermouth 很像煤油：

```
>>> for name, contents in drinks.items():
...     if 'vodka' in contents and not ('vermouth' in contents or
...         'cream' in contents):
...         print(name)
...
screwdriver
black russian
```

下一節會用更簡潔的方式來改寫它。

組合與運算子

如何查看集合值的組合？你該如何找出含有 orange juice 或 vermouth 的任何飲料？我們可以使用**集合交集運算子**，也就是 & 符號：

```
>>> for name, contents in drinks.items():
...     if contents & {'vermouth', 'orange juice'}:
```

```
...            print(name)
...
screwdriver
martini
manhattan
```

& 運算子會產生一個集合，那個集合裡面有你之前比較的兩個串列都有的所有項目。如果 contents 裡面沒有那些材料的任何一個，& 會回傳一個空集合，它會被視為 False。

接著，我們來改寫上一節的範例，我們希望有 vodka，但不想要 cream 與 vermouth：

```
>>> for name, contents in drinks.items():
...     if 'vodka' in contents and not contents & {'vermouth', 'cream'}:
...         print(name)
...
screwdriver
black russian
```

我們將這兩種飲料的原料集合存入變數，這單純是為了節省我們纖細的手指在接下來的範例中打字的次數：

```
>>> bruss = drinks['black russian']
>>> wruss = drinks['white russian']
```

以下是所有集合運算子的範例。有一些使用特殊的標點符號，有一些使用特殊的函式，有些同時使用兩者。我們將使用測試集合 a（包含 1 與 2），以及 b（包含 2 與 3）：

```
>>> a = {1, 2}
>>> b = {2, 3}
```

如前所述，你可以用特殊符號 & 來取得交集（兩個集合都有的成員）。集合的 intersection() 函式可以做同一件事：

```
>>> a & b
{2}
>>> a.intersection(b)
{2}
```

這段程式使用之前存起來的飲料變數：

```
>>> bruss & wruss
{'kahlua', 'vodka'}
```

這個例子使用 | 和集合的 union() 函式來取得聯集（在兩個集合中的成員）：

```
>>> a | b
{1, 2, 3}
```

```
>>> a.union(b)
{1, 2, 3}
```

這是含酒精版本：

```
>>> bruss | wruss
{'cream', 'kahlua', 'vodka'}
```

差集（屬於第一個集合，但不屬於第二個集合的成員）可以用 - 字元或 difference() 函式取得：

```
>>> a - b
{1}
>>> a.difference(b)
{1}

>>> bruss - wruss
set()
>>> wruss - bruss
{'cream'}
```

到目前為止，最常見的集合操作是聯集、交集與差集。為了完整起見，我在接下來的範例中介紹其他的集合運算，不過你可能永遠不會使用它們。

互斥或（只屬於其中一個集合的項目）使用 ^ 或 symmetric_difference() 來取得：

```
>>> a ^ b
{1, 3}
>>> a.symmetric_difference(b)
{1, 3}
```

這可以找出兩種俄羅斯飲料中，只屬於其中一種的材料：

```
>>> bruss ^ wruss
{'cream'}
```

你可以用 <= 或 issubset() 來查看一個集合是不是另一個集合的**子集合**（第一個集合的所有成員都屬於第二個集合）：

```
>>> a <= b
False
>>> a.issubset(b)
False
```

在 black russian 裡面加入 cream 會變成 white russian，所以 wruss 是 bruss 的超集合：

```
>>> bruss <= wruss
True
```

所有的集合都是它自己的子集合嗎？是的[3]。

```
>>> a <= a
True
>>> a.issubset(a)
True
```

如果第二個集合除了擁有第一個集合的所有成員之外，也有其他的成員，第一個集合就稱為**真子集**（*proper subset*）。你可以用 < 來計算它，就像這個例子：

```
>>> a < b
False
>>> a < a
False

>>> bruss < wruss
True
```

超集合（*superset*）是子集合的相反（第二個集合的所有成員都是第一個集合的成員），此時使用 >= 或 issuperset()：

```
>>> a >= b
False
>>> a.issuperset(b)
False

>>> wruss >= bruss
True
```

任何集合都是它自己的超集合：

```
>>> a >= a
True
>>> a.issuperset(a)
True
```

最後，你可以用 > 來找出**真超集合**（*proper superset*）（第一個集合除了擁有第二個的所有成員之外，還有其他成員）：

```
>>> a > b
False

>>> wruss > bruss
True
```

3　儘管如此，套句 Groucho Marx 說過的話，「我不想加入一個有像我這種成員的俱樂部。」

你不可能是自己的真超集合：

```
>>> a > a
False
```

集合生成式

沒有人甘落人後，就連集合也有生成式。它最簡單的版本看起來很像前面的串列與字典生成式。

```
{ expression for expression in iterable }
```

它也可以使用選用的條件測試式：

```
{ expression for expression in iterable if condition }
```

```
>>> a_set = {number for number in range(1,6) if number % 3 == 1}
>>> a_set
{1, 4}
```

用 frozenset() 建立不可變集合

如果你要建立一個不能改變的集合，可以呼叫 frozenset() 函式並傳入任何一種可迭代物：

```
>>> frozenset([3, 2, 1])
frozenset({1, 2, 3})
>>> frozenset(set([2, 1, 3]))
frozenset({1, 2, 3})
>>> frozenset({3, 1, 2})
frozenset({1, 2, 3})
>>> frozenset( (2, 3, 1) )
frozenset({1, 2, 3})
```

它真的被凍結了嗎？

```
>>> fs = frozenset([3, 2, 1])
>>> fs
frozenset({1, 2, 3})
>>> fs.add(4)
Traceback (most recent call last):
  File "<stdin>", line 1, in <module>
AttributeError: 'frozenset' object has no attribute 'add'
```

真的，簡直凍僵了。

截至目前為止的資料結構

回顧一下，你做了這些東西：

- 用中括號（[]）製作串列
- 用逗號與選用的括號來建立 tuple
- 用大括號（{}）建立字典或集合

除了集合之外，你用中括號來**存取**單一元素。對串列與 tuple 而言，中括號之間的值是整數 offset。對字典而言，它是鍵。對以上三者而言，結果是值。對集合而言，它只會存在或不存在，沒有索引或鍵：

```
>>> marx_list = ['Groucho', 'Chico', 'Harpo']
>>> marx_tuple = ('Groucho', 'Chico', 'Harpo')
>>> marx_dict = {'Groucho': 'banjo', 'Chico': 'piano', 'Harpo': 'harp'}
>>> marx_set = {'Groucho', 'Chico', 'Harpo'}
>>> marx_list[2]
'Harpo'
>>> marx_tuple[2]
'Harpo'
>>> marx_dict['Harpo']
'harp'
>>> 'Harpo' in marx_list
True
>>> 'Harpo' in marx_tuple
True
>>> 'Harpo' in marx_dict
True
>>> 'Harpo' in marx_set
True
```

製作更大型的資料結構

我們已經從簡單的布林、數字與字串開始，一路處理到串列、tuple、集合以及字典了。你可以用這些內建的資料結構來組成更大型、更複雜的個人專屬結構。我們從三個不同的串列開始談起：

```
>>> marxes = ['Groucho', 'Chico', 'Harpo']
>>> pythons = ['Chapman', 'Cleese', 'Gilliam', 'Jones', 'Palin']
>>> stooges = ['Moe', 'Curly', 'Larry']
```

我們可以製作一個把各個串列當成元素的 tuple：

```
>>> tuple_of_lists = marxes, pythons, stooges
>>> tuple_of_lists
(['Groucho', 'Chico', 'Harpo'],
['Chapman', 'Cleese', 'Gilliam', 'Jones', 'Palin'],
['Moe', 'Curly', 'Larry'])
```

我們也可以製作一個包含這三個串列的串列：

```
>>> list_of_lists = [marxes, pythons, stooges]
>>> list_of_lists
[['Groucho', 'Chico', 'Harpo'],
['Chapman', 'Cleese', 'Gilliam', 'Jones', 'Palin'],
['Moe', 'Curly', 'Larry']]
```

最後，我們來建立一個串列字典。在這個例子中，我們將喜劇團體名稱當成鍵，成員串列當成值：

```
>>> dict_of_lists = {'Marxes': marxes, 'Pythons': pythons, 'Stooges': stooges}
>> dict_of_lists
{'Marxes': ['Groucho', 'Chico', 'Harpo'],
'Pythons': ['Chapman', 'Cleese', 'Gilliam', 'Jones', 'Palin'],
'Stooges': ['Moe', 'Curly', 'Larry']}
```

你唯一的限制就是這些資料型態本身的限制。例如，字典鍵必須不可變，所以串列、字典、集合都不能當成其他字典的鍵。但是 tuple 可以。例如，你可以用 GPS 座標來指出興趣地點（經度、緯度與高度，第 21 章有許多地圖範例）：

```
>>> houses = {
        (44.79, -93.14, 285): 'My House',
        (38.89, -77.03, 13): 'The White House'
        }
```

次章預告

我們將回到程式碼結構。你將學到如何將程式碼包在函式內，以及如何在出錯時處理例外。

待辦事項

8.1　製作一個名為 e2f 的英法字典，並將它印出。以下是你的初學單字：dog 是 chien，cat 是 chat，walrus 是 morse。

8.2 使用你那只有三個單字的字典 e2f 來印出 walrus 的法文單字。

8.3 用 e2f 來製作法英字典，稱之為 f2e。使用 items 方法。

8.4 印出法文單字 chien 的英文。

8.5 印出 e2f 的英文單字集合。

8.6 製作一個多層的字典，稱之為 life。將這些字串當成最頂層的鍵：'animals'、'plants' 與 'other'。讓 'animals' 鍵引用另一個擁有 'cats'、'octopi' 與 'emus' 鍵的字典。讓 'cats' 鍵引用一個字串串列，其值為 'Henri'、'Grumpy' 與 'Lucy'。讓所有其他鍵引用空字典。

8.7 印出 life 最頂層的鍵。

8.8 印出 life['animals'] 的鍵。

8.9 印出 life['animals']['cats'] 的值。

8.10 使用一個字典生成式來製作字典 squares。使用 range(10) 來回傳鍵，並且將各個鍵的平方當成它的值。

8.11 使用集合生成式和 range(10) 之內的奇數來製作 odd 集合。

8.12 使用產生器生成式來回傳字串 'Got ' 與 range(10) 內的一個數字。使用 for 迴圈來迭代它。

8.13 使用 zip() 和鍵 tuple ('optimist', 'pessimist', 'troll') 與值 tuple ('The glass is half full', 'The glass is half empty', 'How did you get a glass?') 來製作一個字典。

8.14 使用 zip() 來製作一個稱為 movies 的字典，來配對這些串列：titles = ['Creature of Habit', 'Crewel Fate', 'Sharks On a Plane'] 與 plots = ['A nun turns into a monster', 'A haunted yarn shop', 'Check your exits']。

第九章

函式

> 機能（function）愈小，管理能力就愈大。
>
> —C. Northcote Parkinson

到目前為止，我們的 Python 範例程式都只是小程式。它們很適合執行小工作，但沒有人喜歡不斷重複輸入同一段小程式。我們要設法將較大型的程式分解成容易管理的小片段。

重複使用程式的第一步是使用**函式**，函式是一種有名稱的、獨立的程式片段。函式可以接收任何數量與型態的輸入**參數**，並回傳任何數量與型態的輸出**結果**。

你可以對函式做兩件事：

- **定義**它，用零個以上的參數
- **呼叫**它，並且取回零個以上的結果

用 def 定義函式

定義 Python 函式的做法是輸入 def、函式名稱、將輸入**參數**放入小括號，最後加上一個冒號（:）。函式名稱的命名規則與變數名稱一樣（必須以字母或 _ 開頭，裡面只能使用字母、數字，或 _）。

我們來一步步進行，先定義並呼叫一個無參數函式。這是一個簡單的 Python 函式：

```
>>> def do_nothing():
...     pass
```

即使函式沒有參數,你仍然要在定義它時使用括號與冒號。它的下一行必須縮排,如同你在 if 陳述式底下將程式碼縮排一般。Python 要求你用 pass 陳述式來指出函式不做任何事情。它相當於**本頁故意留白**(雖然它再也不是了)。

用小括號呼叫函式

你只要輸入函式的名稱與括號即可呼叫它。它就像名稱講的那樣,doing nothing,但是它把工作做得很好:

```
>>> do_nothing()
>>>
```

接著,我們來定義並呼叫另一個沒有參數,但是會印出一個單字的函式:

```
>>> def make_a_sound():
...     print('quack')
...
>>> make_a_sound()
quack
```

當你呼叫 make_a_sound() 函式時,Python 會執行它的定義式裡面的程式碼。在這個例子中,它會印出一個單字,並返回主程式。

我們來試一個沒有參數,但**回傳**一個值的函式:

```
>>> def agree():
...     return True
...
```

你可以用 if 來呼叫這個函式,並測試它的回傳值:

```
>>> if agree():
...     print('Splendid!')
... else:
...     print('That was unexpected.')
...
Splendid!
```

你剛才已經邁開一大步了。結合使用函式和 if 之類的測試式或 while 之類的迴圈,可讓你做許多過往無法做到的事情。

引數與參數

接下來要將一些東西放在小括號裡面，我們來定義函式 echo()，讓它有一個稱為 anything 的參數。它使用 return 陳述式來將兩個 anything 之間加上空格，一起回傳給呼叫方：

```
>>> def echo(anything):
...     return anything + ' ' + anything
...
>>>
```

現在我們來呼叫 echo()，並傳入字串 'Rumplestiltskin'：

```
>>> echo('Rumplestiltskin')
'Rumplestiltskin Rumplestiltskin'
```

你呼叫函式時傳給它的值稱為**引數**（*argument*）。如果你在呼叫函式時傳入引數，那些引數的值都會被複製到函式內的對應**參數**（*parameter*）。

 換句話說：它們在函式外面稱為**引數**，但是在裡面稱為**參數**。

前面的範例在呼叫 echo() 時傳入引數字串 'Rumplestiltskin'，在 echo() 裡面，這個值會被複製到參數 anything，接著回傳給呼叫方（在此複製兩個並加上空格）。

這些函式範例都很基本。我們來寫一個接收一個輸入引數，並且實際用它來做一些事情的函式。我們將使用之前一段說明顏色的程式碼，我們稱它為 commentary，並讓它接收一個輸入字串參數，稱為 color。我們讓它將說明字串回傳給呼叫方，由呼叫方決定如何使用字串：

```
>>> def commentary(color):
...     if color == 'red':
...         return "It's a tomato."
...     elif color == "green":
...         return "It's a green pepper."
...     elif color == 'bee purple':
...         return "I don't know what it is, but only bees can see it."
...     else:
...         return "I've never heard of the color "  + color +  "."
...
>>>
```

呼叫函式 commentary() 並傳入字串引數 'blue'。

```
>>> comment = commentary('blue')
```

這個函式做了下列事項：

- 將值 'blue' 指派給函式的內部參數 color
- 執行 if-elif-else 邏輯鏈
- 回傳一個字串

接著呼叫方將字串指派給變數 comment。

我們拿到什麼？

```
>>> print(comment)
I've never heard of the color blue.
```

函式可以接收任何數量（包括零個）、任何型態的輸入引數。它可以回傳任何數量（也包括零個）、任何型態的輸出結果。如果函式沒有明確地呼叫 return，呼叫方就得到 None。

```
>>> print(do_nothing())
None
```

None 是有用的

None 是一種特殊的 Python 值，在無話可說時使用。它與布林值 False 不一樣，雖然當它被當成布林來估值時，會被視為 false。舉個例子：

```
>>> thing = None
>>> if thing:
...     print("It's some thing")
... else:
...     print("It's no thing")
...
It's no thing
```

你可以使用 Python 的 is 運算子來區分 None 與布林值 False：

```
>>> thing = None
>>> if thing is None:
...     print("It's nothing")
... else:
...     print("It's something")
```

```
...
It's nothing
```

這個差異看起來微不足道，但是它在 Python 非常重要。你可以用 None 來區分「缺漏值（missing value）」與「空值（empty value）」。前面說過，零值的整數、浮點數、空字串（''）、串列（[]）、tuple（(,)）、字典（{}）與集合（set()）都是 False，但它們不等於 None。

我們來寫一個簡單的函式，讓它印出引數究竟是 None、True 還是 False：

```
>>> def whatis(thing):
...     if thing is None:
...         print(thing, "is None")
...     elif thing:
...         print(thing, "is True")
...     else:
...         print(thing, "is False")
...
```

我們來執行一些心智檢驗：

```
>>> whatis(None)
None is None
>>> whatis(True)
True is True
>>> whatis(False)
False is False
```

實值呢？

```
>>> whatis(0)
0 is False
>>> whatis(0.0)
0.0 is False
>>> whatis('')
 is False
>>> whatis("")
 is False
>>> whatis('''''')
 is False
>>> whatis(())
() is False
>>> whatis([])
[] is False
>>> whatis({})
{} is False
```

```
>>> whatis(set())
set() is False

>>> whatis(0.00001)
1e-05 is True
>>> whatis([0])
[0] is True
>>> whatis([''])
[''] is True
>>> whatis(' ')
  is True
```

位置性引數

與許多語言相比，Python 處理函式引數的方式極其靈活。最常見的引數類型是位置引數（*positional argument*），它們的值會被依序複製到對應的參數。

這個函式使用它的位置引數建立一個字典，並回傳它：

```
>>> def menu(wine, entree, dessert):
...     return {'wine': wine, 'entree': entree, 'dessert': dessert}
...
>>> menu('chardonnay', 'chicken', 'cake')
{'wine': 'chardonnay', 'entree': 'chicken', 'dessert': 'cake'}
```

雖然位置引數很常見，但它的缺點是你必須記得每一個位置的意思，如果你忘記了，並且在呼叫 menu() 時，將 wine 放在最後一個引數傳入而不是第一個，你會吃到截然不同的一餐：

```
>>> menu('beef', 'bagel', 'bordeaux')
{'wine': 'beef', 'entree': 'bagel', 'dessert': 'bordeaux'}
```

關鍵字引數

為了避免位置引數造成的混亂，你可以用引數對應的參數的名稱來指定引數，即使指定順序與函式定義式不一樣也沒問題：

```
>>> menu(entree='beef', dessert='bagel', wine='bordeaux')
{'wine': 'bordeaux', 'entree': 'beef', 'dessert': 'bagel'}
```

你可以混合使用位置與關鍵字引數。我們先指定 wine，但是用關鍵字引數來指定 entree 與 dessert：

```
>>> menu('frontenac', dessert='flan', entree='fish')
{'wine': 'frontenac', 'entree': 'fish', 'dessert': 'flan'}
```

如果你同時使用位置與關鍵字引數來呼叫函式，你必須將位置引數放在前面。

指定預設參數值

你可以為參數指定預設值，這些預設值會在呼叫方沒有提供相應的引數時使用。這種平淡無奇的功能有時會立下大功。使用上面的例子：

```
>>> def menu(wine, entree, dessert='pudding'):
...     return {'wine': wine, 'entree': entree, 'dessert': dessert}
```

這次試著在呼叫 menu() 時不使用 dessert 引數：

```
>>> menu('chardonnay', 'chicken')
{'wine': 'chardonnay', 'entree': 'chicken', 'dessert': 'pudding'}
```

當你提供引數時，函式就會使用它，而不是預設值：

```
>>> menu('dunkelfelder', 'duck', 'doughnut')
{'wine': 'dunkelfelder', 'entree': 'duck', 'dessert': 'doughnut'}
```

預設的參數值是在函式被定義的時候計算的，不是在執行的時候。Python 新手經常做錯一件事（稍具經驗的人有時也會）：將可變的資料型態（例如串列或字典）當成預設參數來使用。

在下面的測試中，buggy() 函式預期每一次執行時，都會收到一個全新的空串列 result，以及要加入那個串列的 arg 引數，接著印出一個單項目串列。但是它有一個 bug：串列只有在函式第一次被呼叫時是空的。第二次呼叫時，result 仍然有一個上次呼叫時留下來的項目：

```
>>> def buggy(arg, result=[]):
...     result.append(arg)
...     print(result)
...
>>> buggy('a')
['a']
>>> buggy('b')     # 預期是 ['b']
['a', 'b']
```

這樣寫可以正常運作：

```
>>> def works(arg):
...     result = []
...     result.append(arg)
...     return result
```

```
...
>>> works('a')
['a']
>>> works('b')
['b']
```

修正的做法是傳入別的東西來代表第一次呼叫：

```
>>> def nonbuggy(arg, result=None):
...     if result is None:
...         result = []
...     result.append(arg)
...     print(result)
...
>>> nonbuggy('a')
['a']
>>> nonbuggy('b')
['b']
```

Python 工作面試可能會問這一題，我已經提示你了！

用 * 來炸開 / 收集位置引數

如果你用過 C 或 C++，可能以為 Python 的星號（*）與指標有關，不！Python 沒有指標。

在函式參數裡面的星號可以將數量不一定的位置引數組成一個參數值 tuple。在下列的例子中，args 是個參數 tuple，它是以傳給 print_args() 函式的零個以上引數產生的。

```
>>> def print_args(*args):
...     print('Positional tuple:', args)
...
```

當你呼叫這個函式且不傳入引數時，*args 不會提供任何東西：

```
>>> print_args()
Positional tuple: ()
```

你傳給它的任何東西都會以 args tuple 印出：

```
>>> print_args(3, 2, 1, 'wait!', 'uh...')
Positional tuple: (3, 2, 1, 'wait!', 'uh...')
```

它很適合用來編寫 print() 等引數的數量不一定的函式。如果你的函式也需要位置引數，你要它們放在前面，將 *args 放在最後面，讓它可以抓取所有其餘的引數：

```
>>> def print_more(required1, required2, *args):
...     print('Need this one:', required1)
...     print('Need this one too:', required2)
...     print('All the rest:', args)
...
>>> print_more('cap', 'gloves', 'scarf', 'monocle', 'mustache wax')
Need this one: cap
Need this one too: gloves
All the rest: ('scarf', 'monocle', 'mustache wax')
```

 使用 * 時，你不一定要將 tuple 引數稱為 *args，不過它在 Python 裡面是一種習慣用法。大家也經常在函式內使用 *args，就像上面的例子那樣，雖然在技術上它是參數，應該稱為 *params。

總結一下：

- 你可以傳遞位置引數給函式，函式會在內部將它們配對成位置參數。這就是你在這本書中，截至目前為止看到的做法。

- 你可以將 tuple 引數傳給函式，在內部，它將是個 tuple 參數。這是之前的簡單案例展示的做法。

- 你可以傳遞位置引數給函式，並且在內部用參數 *args 收集它們，*args 會解析為 tuple args。這是本節介紹的做法。

- 你也可以在函式內，將名為 args 的 tuple 引數「炸」成位置參數 *args，在內部重新整理成 tuple 參數 args：

```
>>> print_args(2, 5, 7, 'x')
Positional tuple: (2, 5, 7, 'x')
>>> args = (2,5,7,'x')
>>> print_args(args)
Positional tuple: ((2, 5, 7, 'x'),)
>>> print_args(*args)
Positional tuple: (2, 5, 7, 'x')
```

你只能在函式呼叫式或定義式裡面使用 * 語法：

```
>>> *args
  File "<stdin>", line 1
SyntaxError: can't use starred expression here
```

所以：

- 在函式外面，*args 會將 tuple args 炸成以逗號分開的位置參數。

- 在函式裡面，*args 會將所有位置參數收集成單一 args tuple。你也可以使用 *params 和 params 這種名稱，但是大家習慣在引數外面與參數裡面都使用 *args。

有聯覺（synesthesia）的讀者可能將外面的 *args 隱約聽成 *puff-args*（噴引數），將裡面的聽成 *inhale-args*（吸引數），因為它的值不是被炸開，就是被收集。

用 ** 來炸開 / 收集關鍵字引數

你可以使用兩個星星（**）來將關鍵字引數組成字典，其中引數名稱是鍵，它們的值是相應的字典值。下面的範例定義了 print_kwargs() 函式來印出它的關鍵字引數：

```
>>> def print_kwargs(**kwargs):
...     print('Keyword arguments:', kwargs)
...
```

我們試著用一些關鍵字引數來呼叫它：

```
>>> print_kwargs()
Keyword arguments: {}
>>> print_kwargs(wine='merlot', entree='mutton', dessert='macaroon')
Keyword arguments: {'dessert': 'macaroon', 'wine': 'merlot',
'entree': 'mutton'}
```

在函式裡面，kwargs 是個字典參數。

引數的順序是：

- 必須的位置引數

- 選用的位置引數（*args）

- 選用的關鍵字引數（**kwargs）

與 args 一樣，你不一定要將關鍵字引數稱為 kwargs，但它是常見的稱呼 [1]。

** 語法只在函式呼叫式或定義式裡面有效 [2]：

1　雖然 *Args* 和 *Kwargs* 聽起來很像海盜養的鸚鵡的名字。

2　或者，從 Python 3.5 開始，{**a, **b} 形式的字典合併，你將在第 8 章看到。

```
>>> **kwparams
  File "<stdin>", line 1
    **kwparams
    ^
SyntaxError: invalid syntax
```

總結一下：

- 你可以將關鍵字引數傳給函式，它會在內部將它們配對成關鍵字參數。這就是你到目前為止看到的東西。

- 你可以傳遞字典引數給函式，在內部它將是字典參數。這是之前的簡單案例。

- 你可以將一或多個關鍵字引數（*name=value*）傳入函式，並且在裡面用 **kwargs 收集它們，它們會被解析成字典參數 kwargs。這就是本節介紹的做法。

- 在函式外面，**kwargs 可將字典 kwargs 炸成 *name=value* 引數。

- 在函式裡面，**kwargs 可將 *name=value* 引數收集成單一字典參數 kwargs。

如果幻聽有幫助的話，你可以將在函式外面每一個星號炸開都想成呼氣，在裡面的每一次收集都想成吸氣。

純關鍵字引數

你可以傳入名稱與位置參數一樣的關鍵字引數，只是結果可能不是你要的。Python 3 可讓你指定*純關鍵字引數*，顧名思義，你必須用 *name=value* 來提供它們，不是位置性的值。在函式定義式裡面的單 * 代表接下來的 start 與 end 必須用具名引數來提供，如果不想要用它們的預設值的話：

```
>>> def print_data(data, *, start=0, end=100):
...     for value in (data[start:end]):
...         print(value)
...
>>> data = ['a', 'b', 'c', 'd', 'e', 'f']
>>> print_data(data)
a
b
c
d
e
f
>>> print_data(data, start=4)
e
f
```

```
>>> print_data(data, end=2)
a
b
```

可變與不可變引數

還記得當你將同一個串列指派給兩個變數之後，你可以用任何一個變數來改變它嗎？而且當兩個變數都引用整數或字串之類的東西時，你就無法這樣做？那是因為串列是可變的，但整數和字串是不可變的。

將引數傳給函式時也必須注意同樣的行為。如果引數是可變的，它的值可以用相應的參數在函式內改變[3]：

```
>>> outside = ['one', 'fine', 'day']
>>> def mangle(arg):
...     arg[1] = 'terrible!'
...
>>> outside
['one', 'fine', 'day']
>>> mangle(outside)
>>> outside
['one', 'terrible!', 'day']
```

這是好，呃，不好的做法[4]。要嘛，你要說明引數可能會被更改，要嘛，你要 return 新值。

Docstrings

Zen of Python 說 *Readability counts*（可讀性很重要）。你可以在函式內文的開頭加入一個字串來為函式定義加上說明。這就是函式的 *docstring*：

```
>>> def echo(anything):
...     'echo returns its input argument'
...     return anything
```

你可以寫很長的 docstring，甚至可以加入豐富的格式：

```
def print_if_true(thing, check):
    '''
```

3　就像青少年犯罪電影裡面，他們發現「電話是從房子裡面打來的！」

4　就像一個關於醫生的老笑話：「我這樣的時候很痛」，「那就不要這樣」。

```
        Prints the first argument if a second argument is true.
        The operation is:
            1. Check whether the *second* argument is true.
            2. If it is, print the *first* argument.
        '''
        if check:
            print(thing)
```

呼叫 Python help() 函式可印出函式的 docstring。你可以將函式的名稱傳給它,來取得引數列,以及具備良好格式的 docstring:

```
>>> help(echo)
Help on function echo in module __main__:

echo(anything)
    echo returns its input argument
```

如果你只想要查看原始的 docstring,不想要有格式:

```
>>> print(echo.__doc__)
echo returns its input argument
```

長得很奇怪的 __doc__ 是 docstring 的內部名稱,它是函式內的變數。許多地方都使用雙底線(也就是在 Python 領域中,所謂的 *dunder*)來命名 Python 內部變數,因為程式員不太可能在他們自己的變數名稱裡面使用它。

函式是一級公民

我曾經提過 Python 的魔咒:**一切都是物件**,包括數字、字串、tuple、串列、字典一函式也是。函式是 Python 的一級公民。你可以將它們指派給變數,將它們當成引數傳給其他函式,以及讓函式回傳它們。你可以善用 Python 的這個特性來執行許多其他語言很難或不可能做到的事情。

為了測試這件事,我們來定義一個簡單的函式,稱為 answer(),它沒有任何引數,只會印出數字 42:

```
>>> def answer():
...     print(42)
```

你知道執行這個函式會得到什麼:

```
>>> answer()
42
```

接著我們來定義另一個函式，稱為 run_something。它有一個稱為 func 的引數，是一個要執行的函式。它會在裡面直接呼叫函式：

```
>>> def run_something(func):
...     func()
```

如果我們將 answer 傳入 run_something()，代表我們把函式當成資料使用，如同使用任何其他東西一般：

```
>>> run_something(answer)
42
```

注意，你傳入 answer，不是 answer()。在 Python 中，這些小括號代表呼叫該函式，Python 會將沒有括號的函式當成任何其他物件一般看待，原因是，如同 Python 的任何其他東西，它是個物件：

```
>>> type(run_something)
<class 'function'>
```

我們試著在執行函式時傳入引數。我們定義一個函式 add_args()，讓它印出兩個數字引數（arg1 與 arg2）的總和：

```
>>> def add_args(arg1, arg2):
...     print(arg1 + arg2)
```

那 add_args() 是什麼？

```
>>> type(add_args)
<class 'function'>
```

接下來，我們要定義一個稱為 run_something_with_args() 的函式，它接收三個引數：

func

　　要執行的函式

arg1

　　傳給 func 的第一個引數

arg2

　　傳給 func 的第二個引數

```
>>> def run_something_with_args(func, arg1, arg2):
...     func(arg1, arg2)
```

當你呼叫 run_something_with_args() 時，呼叫方傳入的函式會被指派給 func 參數，而 arg1 與 arg2 會得到引數列中其餘的值。接下來，執行 func(arg1, arg2) 會用那些引數來執行那個函式，因為括號要求 Python 這麼做。

我們將函式名稱 add_args 與引數 5 和 9 傳入 run_something_with_args() 來試試看：

```
>>> run_something_with_args(add_args, 5, 9)
14
```

在函式 run_something_with_args() 內，函式名稱引數 add_args 會被指派給參數 func，5 被指派給 arg1，9 被指派給 arg2。最後它會執行：

```
add_args(5, 9)
```

你可以將這種做法與 *args 與 **kwargs 技術結合。

我們來定義一個測試函式，讓它接收任意數量的位置引數，並使用 sum() 函式來計算它們的總和並回傳：

```
>>> def sum_args(*args):
...     return sum(args)
```

我還沒有介紹過 sum()。它是 Python 內建函式，可計算它的可迭代數值（int 或 float）引數裡面的值的總和。

我們定義新函式 run_with_positional_args()，讓它接收一個函式，以及將要傳給該函式的任意數量的引數：

```
>>> def run_with_positional_args(func, *args):
...     return func(*args)
```

我們來呼叫它：

```
>>> run_with_positional_args(sum_args, 1, 2, 3, 4)
10
```

你可以將函式當成串列、tuple、集合及字典的元素來使用。函式是不可變的，所以你也可以將它們當成字典鍵來使用。

內部函式

你可以在另一個函式裡面定義一個函式：

```
>>> def outer(a, b):
...     def inner(c, d):
...         return c + d
...     return inner(a, b)
...
>>>
>>> outer(4, 7)
11
```

如果你要在一個函式裡面多次執行複雜的動作，可以使用內部函式來避免編寫重複的迴圈或程式碼。舉個字串範例，這個內部函式可以幫它的引數加上一些文字：

```
>>> def knights(saying):
...     def inner(quote):
...         return "We are the knights who say: '%s'" % quote
...     return inner(saying)
...
>>> knights('Ni!')
"We are the knights who say: 'Ni!'"
```

closure

內部函式可以當成 *closure* 來使用，它是用其他的函式動態產生的函式，可以更改和記得在函式外面建立的變數的值。

下面的範例是用之前的 knights() 範例改寫的。因為我們不太會取名字，所以將新函式稱為 knights2()，並將 inner() 函式轉換成一個稱為 inner2() 的 closure。這是它們的差異：

- inner2() 可以直接使用外面的 saying 參數，不需要用引數來取得。

- knights2() 會回傳 inner2 函式名稱，而不是呼叫它。

```
>>> def knights2(saying):
...     def inner2():
...         return "We are the knights who say: '%s'" % saying
...     return inner2
...
```

inner2() 函式知道被傳入的 saying 的值，並且記得它。return inner2 這一行會回傳這個客製化的 inner2 函式的複本（但不會呼叫它）。它是一個 closure：一種動態建立的，並且記得它來自哪裡的函式。

我們來呼叫 knights2() 兩次，使用不同的引數：

```
>>> a = knights2('Duck')
>>> b = knights2('Hasenpfeffer')
```

OK，那麼，a 和 b 是什麼？

```
>>> type(a)
<class 'function'>
>>> type(b)
<class 'function'>
```

它們是函式，但它們也是 closure：

```
>>> a
<function knights2.<locals>.inner2 at 0x10193e158>
>>> b
<function knights2.<locals>.inner2 at 0x10193e1e0>
```

當我們呼叫它們時，它們會記得自己被 knights2 建立時使用的 saying：

```
>>> a()
"We are the knights who say: 'Duck'"
>>> b()
"We are the knights who say: 'Hasenpfeffer'"
```

匿名函式：lambda

Python 的 *lambda* 函式是一種以一行陳述式來表示的匿名函式。你可以用它來取代一般的小函式。

為了說明，我們先製作一個使用一般函式的範例。我們先定義函式 edit_story()。它的引數是：

- words—單字串列

- func—處理 words 裡面的各個單字的函式

```
>>> def edit_story(words, func):
...     for word in words:
...         print(func(word))
```

接下來，我們需要一個單字串列與一個處理每一個單字的函式。我們將使用的單字是我的貓咪踩空階梯時（假設）的叫聲（假想）：

```
>>> stairs = ['thud', 'meow', 'thud', 'hiss']
```

至於函式，它會將每個字改為首字母大寫，並在後面加上一個驚嘆號，很適合用於貓咪小報頭條：

```
>>> def enliven(word):    # 讓那篇文章更震撼
...     return word.capitalize() + '!'
```

混合我們的素材：

```
>>> edit_story(stairs, enliven)
Thud!
Meow!
Thud!
Hiss!
```

最後，我們來寫 lambda。因為 enliven() 函式很短，所以我們可以將它換成 lambda：

```
>>> edit_story(stairs, lambda word: word.capitalize() + '!')
Thud!
Meow!
Thud!
Hiss!
```

lambda 有零或多個以逗號隔開的引數，接下來有一個冒號（:），接下來是函式的定義。我們給這個 lambda 一個引數，word。你不需要像呼叫以 def 建立的函式那樣，在 lambda 後面使用小括號。

通常使用 enliven() 這種真正的函式比使用 lambda 易懂許多。lambda 最適合在你必須定義許多小型函式，並且記住它們的名稱時用來取代它們。更明確地說，你可以在圖形化使用者介面裡面使用 lambda 來定義回呼函式，見第 20 章的範例。

產生器

產生器（*generator*）是 Python 序列製作物件。你可以用它來迭代可能很大的序列，且不需要在記憶體中一次建立或儲存整個序列。產生器通常是迭代器的資料來源。仔細回憶一下，我們已經用過其中一種了，也就是在之前的範例中，產生一系列整數的 range()。Python 2 的 range() 回傳一個串列，所以有記憶體容量的限制。Python 2 也有產生器 xrange()，它在 Python 3 變成一般的 range() 了。這個範例會將 1 到 100 的所有整數加在一起：

```
>>> sum(range(1, 101))
5050
```

每次你迭代產生器時，它都會記住上次被呼叫時的位置，並回傳下一個值，所以它與一般的函式不同，一般的函式不會記住之前的呼叫，而且永遠都會用同一個狀態從它的第一行開始執行。

產生器函式

如果你想要建立可能很龐大的序列，你可以編寫產生器函式。它是**一般的函式**，但是它用 yield 陳述式來回傳值，而不是 return。我們來寫個自己的 range() 版本：

```
>>> def my_range(first=0, last=10, step=1):
...     number = first
...     while number < last:
...         yield number
...         number += step
...
```

它是個一般的函式：

```
>>> my_range
<function my_range at 0x10193e268>
```

而且它會回傳一個產生器物件：

```
>>> ranger = my_range(1, 5)
>>> ranger
<generator object my_range at 0x101a0a168>
```

我們可以迭代這個產生器物件：

```
>>> for x in ranger:
...     print(x)
...
1
2
3
4
```

 產生器只能執行一次。串列、集合、字串與字典都會被放在記憶體裡面，但是產生器可以動態產生它的值，並且透過迭代器一次送出一個值。它不會記得它們，所以你無法重新啟動或備份產生器。

如果你試著再次迭代這個產生器，你會發現它筋疲力竭了：

```
>>> for try_again in ranger:
...     print(try_again)
...
>>>
```

產生器生成式

你已經看過串列、字典與集合的生成式了。**產生器生成式**看起來很像它們，但是它被放在小括號裡面，而不是中或大括號。它就像短版的產生器函式，暗中執行 yield，也會回傳產生器物件：

```
>>> genobj = (pair for pair in zip(['a', 'b'], ['1', '2']))
>>> genobj
<generator object <genexpr> at 0x10308fde0>
>>> for thing in genobj:
...     print(thing)
...
('a', '1')
('b', '2')
```

裝飾器

有時你想要修改既有的函式，但不想更改它的原始碼，有一種常見的情況是加入一個除錯陳述式來查看有哪些引數被傳入。

裝飾器（*decorator*）是一種函式，它會接收一個函式，並回傳另一個函式。我們來看看 Python 技巧包，並使用以下的元素：

- *args 與 **kwargs
- 內部函式
- 當成引數的函式

document_it() 函式定義一個裝飾器，它會做以下的工作：

- 印出函式的名稱，與引數的值
- 用引數來執行函式
- 印出結果
- 回傳修改後的函式以供使用

程式如下：

```
>>> def document_it(func):
...     def new_function(*args, **kwargs):
...         print('Running function:', func.__name__)
...         print('Positional arguments:', args)
...         print('Keyword arguments:', kwargs)
...         result = func(*args, **kwargs)
...         print('Result:', result)
...         return result
...     return new_function
```

無論你將什麼 func 傳給 document_it()，你都可以得到一個新的函式，包含 document_it() 加入的額外陳述式。裝飾器不一定要執行 func 的任何程式碼，但 document_it() 會呼叫 func，讓你可以取得 func 的結果以及所有額外的東西。

那麼，你該如何使用它？你可以手動套用裝飾器：

```
>>> def add_ints(a, b):
...     return a + b
...
>>> add_ints(3, 5)
8
>>> cooler_add_ints = document_it(add_ints)   # 手動指派裝飾器
>>> cooler_add_ints(3, 5)
Running function: add_ints
Positional arguments: (3, 5)
Keyword arguments: {}
Result: 8
8
```

你也可以在想要裝飾的函式前面加上 *@decorator_name* 來取代上述的手動指派裝飾器：

```
>>> @document_it
... def add_ints(a, b):
...     return a + b
...
>>> add_ints(3, 5)
Start function add_ints
Positional arguments: (3, 5)
Keyword arguments: {}
Result: 8
8
```

同一個函式可以使用多個裝飾器。我們來寫另一個裝飾器，稱為 square_it()，讓它計算結果的平方：

```
>>> def square_it(func):
...     def new_function(*args, **kwargs):
...         result = func(*args, **kwargs)
...         return result * result
...     return new_function
...
```

最靠近函式的裝飾器（在 def 上面的那一個）會先執行，接著是它上面的那個。雖然無論順序如何，最終的結果都一樣，但你可以看到中間步驟的不同：

```
>>> @document_it
... @square_it
... def add_ints(a, b):
...     return a + b
...
>>> add_ints(3, 5)
Running function: new_function
Positional arguments: (3, 5)
Keyword arguments: {}
Result: 64
64
```

我們試著改變裝飾器的順序：

```
>>> @square_it
... @document_it
... def add_ints(a, b):
...     return a + b
...
>>> add_ints(3, 5)
Running function: add_ints
Positional arguments: (3, 5)
Keyword arguments: {}
Result: 8
64
```

名稱空間與作用域

> 覷覰此人的技藝，羨妒那人的能力（scope）
>
> —William Shakespeare

一個名稱可以代表不同的東西，取決它在哪裡被使用。Python 程式有各種**名稱空間**（*namespace*），它指的是特定的名稱在一段程式之內是唯一的，而且與其他名稱空間內的同一個名稱無關。

每一個函式都定義了它自己的名稱空間。如果你在主程式定義一個稱為 x 的變數,並且在函式裡面定義另一個 x 變數,它們指向不同的東西。但是這道牆是可以打破的,需要的話,你可以在其他的名稱空間用各種方式來存取名稱。

整個程式的主要部分定義的是**全域**的名稱空間,因此,在那個名稱空間裡面的變數都是**全域變數**。

你可以在函式裡面取得全域變數的值:

```
>>> animal = 'fruitbat'
>>> def print_global():
...     print('inside print_global:', animal)
...
>>> print('at the top level:', animal)
at the top level: fruitbat
>>> print_global()
inside print_global: fruitbat
```

但是,如果你在函式內取得全域變數的值**並且**更改它,你就會看到錯誤:

```
>>> def change_and_print_global():
...     print('inside change_and_print_global:', animal)
...     animal = 'wombat'
...     print('after the change:', animal)
...
>>> change_and_print_global()
Traceback (most recent call last):
  File "<stdin>", line 1, in <module>
  File "<stdin>", line 2, in change_and_print_global
UnboundLocalError: local variable 'animal' referenced before assignment
```

如果你直接修改它,它會修改另一個也叫做 animal 的變數,但是該變數是在函式裡面的:

```
>>> def change_local():
...     animal = 'wombat'
...     print('inside change_local:', animal, id(animal))
...
>>> change_local()
inside change_local: wombat 4330406160
>>> animal
'fruitbat'
>>> id(animal)
4330390832
```

為何如此？第一行程式將字串 'fruitbat' 指派給全域變數 animal。change_local() 函式
也有一個叫做 animal 的變數，但它在它自己的局部名稱空間裡面。

我使用 Python 函式 id() 來印出各個物件的獨有值，並證明 change_local() 裡面的變數
animal 與主程式的 animal 不一樣。

若要存取全域變數而不是函式內的區域變數，你必須明確地使用 global 關鍵字（你知道
我又要吟詩了：明確勝於晦澀）：

```
>>> animal = 'fruitbat'
>>> def change_and_print_global():
...     global animal
...     animal = 'wombat'
...     print('inside change_and_print_global:', animal)
...
>>> animal
'fruitbat'
>>> change_and_print_global()
inside change_and_print_global: wombat
>>> animal
'wombat'
```

如果你沒有在函式內使用 global，Python 會使用區域名稱空間，所以該變數是區域性
的，它會在函式結束時消失。

Python 有兩個函式可讓你讀取名稱空間的內容：

- locals() 會回傳一個字典，裡面有區域名稱空間的內容。
- globals() 會回傳一個字典，裡面有全域名稱空間的內容。

以下是它們的用法：

```
>>> animal = 'fruitbat'
>>> def change_local():
...     animal = 'wombat'  # 區域變數
...     print('locals:', locals())
...
>>> animal
'fruitbat'
>>> change_local()
locals: {'animal': 'wombat'}
>>> print('globals:', globals()) # 稍微重新排列，以便顯示
globals: {'animal': 'fruitbat',
'__doc__': None,
'change_local': <function change_local at 0x1006c0170>,
```

```
    '__package__': None,
    '__name__': '__main__',
    '__loader__': <class '_frozen_importlib.BuiltinImporter'>,
    '__builtins__': <module 'builtins'>}
>>> animal
'fruitbat'
```

在 change_local() 裡面的區域名稱空間只有區域變數 animal。全域名稱空間有獨立的全域變數 animal 與一些其他的東西。

在名稱內使用 _ 與 __

Python 保留在名稱的開頭與結尾使用兩個底線（__）的寫法，所以你不能在自己的變數中使用它們，Python 選擇這種命名模式的原因是在正常情況下，應用程式的開發人員不會在自己的變數內使用它們。

例如，函式的名稱被存放在系統變數 *function.__name__*，它的文件字串是 *function.__doc__*：

```
>>> def amazing():
...     '''This is the amazing function.
...     Want to see it again?'''
...     print('This function is named:', amazing.__name__)
...     print('And its docstring is:', amazing.__doc__)
...
>>> amazing()
This function is named: amazing
And its docstring is: This is the amazing function.
    Want to see it again?
```

就像之前的 globals 輸出訊息，主程式被設為特殊名稱 __main__。

遞迴

到目前為止，我們呼叫的函式都是直接做某些事情，有時會呼叫其他函式。但如果函式呼叫它自己呢 [5]？這種做法稱為**遞迴**（*recursion*）。就像用 while 或 for 寫出來的無窮迴圈，你不希望有無窮遞迴，我們還需要擔心時空連續體的裂縫嗎？

5　它就像是說「我希望每當我希望我有一塊錢時就會得到一塊錢。」

Python 再度拯救宇宙了，它會在你鑽太深時發出例外：

```
>>> def dive():
...     return dive()
...
>>> dive()
Traceback (most recent call last):
  File "<stdin>", line 1, in <module>
  File "<stdin>", line 2, in dive
  File "<stdin>", line 2, in dive
  File "<stdin>", line 2, in dive
  [Previous line repeated 996 more times]
RecursionError: maximum recursion depth exceeded
```

遞迴在你處理「不平整（uneven）」的資料時很方便，例如串列的串列的串列。假如你想要「壓平」串列的所有子串列 [6]，無論嵌套得多深，使用產生器函式是：

```
>>> def flatten(lol):
...     for item in lol:
...         if isinstance(item, list):
...             for subitem in flatten(item):
...                 yield subitem
...         else:
...             yield item
...
>>> lol = [1, 2, [3,4,5], [6,[7,8,9], []]]
>>> flatten(lol)
<generator object flatten at 0x10509a750>
>>> list(flatten(lol))
[1, 2, 3, 4, 5, 6, 7, 8, 9]
```

Python 3.3 加入 yield from 運算式，它可讓產生器將一些工作交給另一個產生器。我們可以用它來簡化 flatten()：

```
>>> def flatten(lol):
...     for item in lol:
...         if isinstance(item, list):
...             yield from flatten(item)
...         else:
...             yield item
...
>>> lol = [1, 2, [3,4,5], [6,[7,8,9], []]]
>>> list(flatten(lol))
[1, 2, 3, 4, 5, 6, 7, 8, 9]
```

---

6 這是另一個 Python 面試問題。收集整個集合！

非同步函式

Python 3.5 加入關鍵字 async 與 await 來定義和執行非同步函式。它們：

- 相對較新

- 差異大到難以理解

- 將會隨著時間的過去而變得更重要且更廣為人知

因此，我將它們的說明和其他的非同步主題移到附錄 C。

就目前而言，你必須知道，當你在函式的 def 那一行前面看到 async 時，它就是個非同步函式。同樣地，當你在函式呼叫式前面看到 await 時，那個函式也是非同步的。

非同步與一般函式的主要差異在於非同步可以「放棄控制權」，而不是執行到結束。

例外

有一些語言是以函式回傳值來指示錯誤的。Python 在事情失敗（go south）[7]的時候使用例外（它是當相關的錯誤發生時執行的程式碼）。

你已經看過一些例外了，例如使用超出範圍的位置來存取串列或 tuple，或是使用不存在的鍵來存取字典。當你執行一段可能在某些情況下失敗的程式時，也需要使用適當的**例外處理程式**來攔截任何可能出現的錯誤。

你應該在每一個可能發生例外的地方加入例外處理器，來讓使用者知道發生什麼事情。當你無法修復問題時，至少你可以告知目前的狀況，並且優雅地關閉你的程式。如果例外在某個函式裡面出現，而且沒有被捉到，它就會不斷上浮，直到被某個呼叫方函式內的處理程式抓到為止。如果你沒有提供自己的例外處理程式，Python 會印出一個錯誤訊息與一些資訊，告知錯誤發生在什麼地方，接著終止程式，如下所示：

```
>>> short_list = [1, 2, 3]
>>> position = 5
>>> short_list[position]
Traceback (most recent call last):
  File "<stdin>", line 1, in <module>
IndexError: list index out of range
```

7　這似乎是大北半球主義？澳洲人和紐西蘭人會不會在搞砸事情時說 go「north」？

用 try 和 except 來處理錯誤

> 要嘛做，要嘛不做，沒有試試看這回事。
>
> ─尤達大師

你可以用 try 來包住程式碼，並且用 except 來處理錯誤，而不是任它交由命運安排：

```
>>> short_list = [1, 2, 3]
>>> position = 5
>>> try:
...     short_list[position]
... except:
...     print('Need a position between 0 and', len(short_list)-1, ' but got',
...             position)
...
Need a position between 0 and 2 but got 5
```

在 try 段落內的程式會被執行。如果有錯誤，Python 就會發出例外，並執行 except 段落內的程式。如果沒有錯誤，except 段落就會被跳過。

這個例子指定一般的 except 且不帶任何引數，它可以抓到任何例外類型。如果有兩種以上的例外可能會出現，你最好為各種例外編寫獨立的例外處理程式。但沒有人強迫你這麼做，你可以使用單純的 except 來捕捉所有的例外，但這種處理方式可能很籠統（類似印出 *Some error occurred* 這類文字）。你也可以使用任何數量的專用例外處理程式。

有時你想要知道除了例外類型之外的細節，你可以用這種格式，從變數 *name* 中取得完整的例外物件：

```
except exceptiontype as name
```

接下來的範例會先查看 IndexError，它是當你提供無效的位置給序列時會出現的例外類型。它會將 IndexError 例外存入變數 err，將其他的例外都存入 other 變數。這個範例會印出 other 裡面的所有東西，來讓你知道可以從這個物件得到什麼。

```
>>> short_list = [1, 2, 3]
>>> while True:
...     value = input('Position [q to quit]? ')
...     if value == 'q':
...         break
...     try:
...         position = int(value)
...         print(short_list[position])
...     except IndexError as err:
```

```
...         print('Bad index:', position)
...     except Exception as other:
...         print('Something else broke:', other)
...
Position [q to quit]? 1
2
Position [q to quit]? 0
1
Position [q to quit]? 2
3
Position [q to quit]? 3
Bad index: 3
Position [q to quit]? 2
3
Position [q to quit]? two
Something else broke: invalid literal for int() with base 10: 'two'
Position [q to quit]? q
```

一如預期，輸入位置 3 會發出例外 IndexError。輸入 two 會惹惱 int() 函式，我們用捕捉所有例外的第二個 except 程式來處理它。

製作你自己的例外

上一節介紹了例外的處理，但是那些例外（例如 IndexError）都是 Python 預先定義的，或是屬於它的標準程式庫的。你可以視需求使用任何一種，也可以定義自己的例外類型來處理自己的程式可能出現的特殊情況。

 為此，你要用類別（class）（在第 6 章前還不會討論）來定義一個新的物件型態。所以，如果你還不瞭解類別，可以以後再回來看這一節。

例外是一種類別。它是類別 Exception 的子類別。我們來製作一個稱為 UppercaseException 的例外，當我們在字串中遇到大寫的單字時將它丟出：

```
>>> class UppercaseException(Exception):
...     pass
...
>>> words = ['eenie', 'meenie', 'miny', 'MO']
>>> for word in words:
...     if word.isupper():
...         raise UppercaseException(word)
...
Traceback (most recent call last):
```

```
    File "<stdin>", line 3, in <module>
  __main__.UppercaseException: MO
```

我們甚至沒有幫 UppercaseException 定義任何行為（注意我們直接使用 pass），讓它的父類別 Exception 決定當例外出現時應該印出什麼東西。

你可以讀取例外物件本身，並印出它：

```
>>> try:
...     raise OopsException('panic')
... except OopsException as exc:
...     print(exc)
...
panic
```

次章預告

物件！在一本介紹物件導向語言的書裡面，我們終究要認識它的。

待辦事項

9.1　定義一個稱為 good() 的函式，用它回傳串列 ['Harry', 'Ron', 'Hermione']。

9.2　定義一個稱為 get_odds() 的產生器函式，用它回傳 range(10) 的奇數。使用 for 迴圈來找到並印出第三個回傳值。

9.3　定義一個稱為 test 的裝飾器，用它在一個函式被呼叫時印出 'start'，在那個函式結束時印出 'end'。

9.4　定義一個稱為 OopsException 的例外。發出這個例外，看看會發生什麼事情。接著，寫一段程式來捕捉這個例外，並印出 'Caught an oops'。

第十章

喔喔：物件與類別

> 沒有什麼東西（object）是神秘的，造成神秘的是你的眼睛。
>
> —Elizabeth Bowen

> 拿起一個物件，對它做一些事情，再對它做其他的事情。
>
> —Jasper Johns

我曾經說過，Python 的任何東西，從數字到函式，全部都是物件。但是 Python 用特殊的語法將大部分的物件機制隱藏起來。你可以輸入 num = 7 來建立一個值為 7 的整數型態物件，也可以指派一個物件參考給名稱 num。除非你想要製作自己的物件，或修改既有物件的行為，否則你不需要查看物件的內部。你會在本章中看到如何做這兩件事。

什麼是物件？

物件是一種自訂的資料結構，裡面有資料（變數，稱為屬性）以及程式碼（函式，稱為方法）。它代表某種具體東西的唯一實例。你可以將物件想成名詞，它們的方法想成動詞。一個物件代表一個單獨的事物，它的方法定義它和其他的事物如何互動。

例如，值為 7 的整數物件是個有加法與乘法的物件，就像第 3 章介紹的那樣，8 是不同的物件，這代表 Python 在某個地方內建了一個整數類別，7 與 8 都屬於那個類別。字串 'cat' 與 'duck' 也是 Python 的物件，並且擁有第 5 章介紹過的字串方法，例如 capitalize() 與 replace()。

與模組不同的是,你可以同時擁有多個物件(通常稱為**實例**),每一個可能有不同的屬性。它們就像內含程式碼的超級資料結構。

簡單的物件

我們從簡單的物件類別開始,幾頁之後再介紹繼承。

用 class 定義類別

要建立一個沒有人做過的新物件,你要先定義一個**類別**來指出它裡面有什麼。

我在第 2 章將物件比喻成塑膠盒。**類別**就像是製造那個盒子的模具。例如,Python 有一些內建類別可以製作 'cat' 和 'duck' 等字串物件,以及其他標準資料型態(串列、字典等)。要在 Python 中建立自訂的物件,你必須先使用 class 關鍵字來定義一個類別。我們舉幾個簡單的例子。

假如你想要定義代表貓咪資訊的物件[1],用每一個物件代表一隻貓。你要先定義一個稱為 Cat 的類別,將它當成模具。接下來的範例將編寫這個類別的多個版本,從最簡單的,到可以實際做一些有用的事情的。

 我們將遵守 Python PEP-8(*https://oreil.ly/gAJOF*)命名規範。

首先,我們試試最簡單的類別,空的:

```
>>> class Cat():
...     pass
```

你也可以這樣寫:

```
>>> class Cat:
...     pass
```

如同函式,我們必須用 pass 來指出這個類別是空的。這個定義式是為最精簡的物件建立程式碼。

1　或者即使你不想要。

用類別來建立物件時，你要呼叫類別的名稱，彷彿它是個函式一般：

```
>>> a_cat = Cat()
>>> another_cat = Cat()
```

這個例子呼叫 Cat() 來用 Cat 類別建立兩個不同的物件，並將它們指派給名稱 a_cat 與 another_cat。但是 Cat 類別沒有其他的程式碼，所以用它來建立的物件只能坐在那裡，什麼事都不會做。

呃，其實還是可以稍微做一些事啦。

屬性

屬性是一種在類別或物件裡面的變數。你可以在建立物件或類別期間或之後指派屬性給它。屬性可為任何其他物件。我們再次製作兩個 cat 物件：

```
>>> class Cat:
...     pass
...
>>> a_cat = Cat()
>>> a_cat
<__main__.Cat object at 0x100cd1da0>
>>> another_cat = Cat()
>>> another_cat
<__main__.Cat object at 0x100cd1e48>
```

我們在定義 Cat 類別時並沒有指定如何印出該類別的物件，Python 卻印出 <__main__.Cat object at 0x100cd1da0> 之類的東西。第 197 頁的「魔術方法」會介紹如何改變這個預設的行為。

現在將一些屬性指派給第一個物件：

```
>>> a_cat.age = 3
>>> a_cat.name = "Mr. Fuzzybuttons"
>>> a_cat.nemesis = another_cat
```

我們可以讀取它們嗎？我們當然希望可以：

```
>>> a_cat.age
3
>>> a_cat.name
'Mr. Fuzzybuttons'
>>> a_cat.nemesis
<__main__.Cat object at 0x100cd1e48>
```

因為 nemesis 是引用另一個 Cat 物件的屬性,我們可以用 a_cat.nemesis 來讀取它,但是那個另一個物件還沒有 name 屬性:

```
>>> a_cat.nemesis.name
Traceback (most recent call last):
  File "<stdin>", line 1, in <module>
AttributeError: 'Cat' object has no attribute 'name'
```

我們來為大貓命名:

```
>>> a_cat.nemesis.name = "Mr. Bigglesworth"
>>> a_cat.nemesis.name
'Mr. Bigglesworth'
```

就連這種極簡單的物件也可以儲存多個屬性,所以,你可以使用多個物件來儲存不同的值,用它來取代串列或字典之類的東西。

你聽到的屬性(*attribute*)通常代表物件屬性。此外還有類別屬性,你會在第 193 頁的「類別與物件屬性」看到它們的差異。

方法

方法是在類別或物件裡面的函式。方法看起來很像任何其他函式,但是有特殊的用法,你將在第 189 頁的「用來存取屬性的 property」與第 193 頁的「方法型態」看到。

初始化

如果你想要在建立期指派物件屬性,你要使用特殊的 Python 物件初始化方法 __init__ ():

```
>>> class Cat:
...     def __init__(self):
...         pass
```

這就是你在 Python 類別定義式中看到的東西。我承認 __init__() 與 self 長得很奇怪。__init__() 是特殊的 Python 方法名稱,它的功能是在類別定義式初始化個別的物件[2]。self 引數則代表它引用個別物件本身。

當你在類別定義式中定義 __init__() 時,它的第一個參數必須稱為 self。雖然 self 不是 Python 的保留字,但這是一種習慣用法。使用 self 可避免以後別人(包括你自己!)閱讀你的程式碼的時候必須猜測它的意思。

2　你以後會看到許多包含雙底線的名稱,為了節省音節,有些人將它們稱為 *dunder*。

但這個第二版的 Cat 類別定義也無法產生真正能做任何事情的物件。第三版將真正展示如何在 Python 中建立一個簡單的物件並指派它的一個屬性。這一次，我們在初始化方法中加入一個參數 name。

```
>>> class Cat():
...     def __init__(self, name):
...         self.name = name
...
>>>
```

現在我們可以傳遞一個字串給 name 參數，用 Cat 類別來建立一個物件：

```
>>> furball = Cat('Grumpy')
```

這一行程式做了這些事：

- 查看 Cat 類別的定義
- 在記憶體中**實例化**（建立）一個新物件
- 呼叫該物件的 __init__() 方法，將這個新建立的物件傳給 self，將另一個引數（'Grumpy'）傳給 name
- 在物件中儲存 name 的值
- 回傳新物件
- 將物件指派給變數 furball

這個新物件就像 Python 的任何其他物件。你可以將它當成串列、tuple、字典或集合內的元素來使用，也可以將它當成引數傳給函式，或將它當成結果回傳。

我們傳入的 name 值呢？它會被當成屬性，與物件一起被儲存。你可以直接讀取或寫入它：

```
>>> print('Our latest addition: ', furball.name)
Our latest addition: Grumpy
```

請記得，在 Cat 類別定義式*裡面*，你可以用 self.name 來存取 name 屬性，當你建立實際的物件，並將它指派給一個變數，例如 furball 時，你可以用 furball.name 來引用 name 屬性。

類別定義式**不一定**要有 __init__() 方法，它的目的是為了做一些可以協助區分這個物件與同一個類別的其他物件的事情。它不是其他語言所謂的「建構式（constructor）」。Python 已經為你建構物件了。你可以將 __init__() 想成*初始式*（*initializer*）。

> 你可以用一個類別建立許多個別的物件，不過，之前說過，Python 將資料做成物件，所以類別本身就是個物件。但是，當你像這裡的做法一樣定義 class Cat 時，你的程式裡面只有一個類別物件，它就像高地人（Highlander）一只能有一個。

繼承

當你試著解決程式設計問題時，通常可以發現，已經有既有的類別可以建立滿足需求的物件了，此時可以怎麼做？

雖然你可以修改舊類別，但修改它會將它複雜化，甚至破壞本來正常的功能。

你也可以寫一個新類別，剪下舊的程式，貼到新的類別裡面，並且加入你的新程式。但是這種做法代表你要維護更多程式碼，而且原本動作一致的舊與新類別之間的分歧可能愈來愈大，因為現在它們分處兩地。

有一種解決之道是使用*繼承*：用既有的類別建立一個新的類別，但加入一些新的東西，或修改它。這是重複使用程式碼的好方法。當你使用繼承時，新類別可以自動使用舊類別的所有程式碼，你不需要複製任何舊程式。

從父類別繼承

只要你在新類別定義想要添加或改變的東西，它就會覆寫舊類別的行為。原始類別稱為*父類別*（*parent*）、*超類別*（*superclass*）或*基礎類別*（*base class*），新類別稱為*子類別*（*child*、*subclass*）或*衍生類別*（*derived class*）。在物件導向程式設計中，這些術語可以交換使用。

我們來繼承一些東西。在接下來的例子中，我們定義一個稱為 Car 的空類別，接下來，我們定義 Car 的子類別，稱為 Yugo[3]，定義子類別的做法是使用同一個 class 關鍵字，並且在括號裡面放入父類別的名稱（在此是 class Yugo(Car)）：

```
>>> class Car():
```

3　這是一種不太貴，但是沒那麼好的 80 年代汽車。

```
...     pass
...
>>> class Yugo(Car):
...     pass
...
```

你可以用 `issubclass()` 來查看一個類別是否衍生自另一個類別：

```
>>> issubclass(Yugo, Car)
True
```

接著，用各個類別建立一個物件：

```
>>> give_me_a_car = Car()
>>> give_me_a_yugo = Yugo()
```

子類別是父類別的特例，在物件導向術語中，Yugo *is-a* Car。名為 `give_me_a_yugo` 的物件是 Yugo 類別的一個特例，但它也繼承 Car 可以做的所有事情。在這個例子中，Car 和 Yugo 不太實用，所以我們來定義一個可以真正做一些事情的新類別：

```
>>> class Car():
...     def exclaim(self):
...         print("I'm a Car!")
...
>>> class Yugo(Car):
...     pass
...
```

最後，我們用每個類別製作一個物件，並呼叫它們的 `exclaim` 方法：

```
>>> give_me_a_car = Car()
>>> give_me_a_yugo = Yugo()
>>> give_me_a_car.exclaim()
I'm a Car!
>>> give_me_a_yugo.exclaim()
I'm a Car!
```

我們不需要做任何特別的事情就可以讓 Yugo 從 Car 繼承 `exclaim()` 方法。事實上，Yugo 說它是一輛 Car，這可能導致身分認同危機。我們來看看可以怎麼做。

雖然繼承很有魅力，但是它也可能會被濫用。多年來的物件導向程式設計經驗告訴我們，使用過多繼承可能會讓程式難以管理。事實上，很多人建議多使用其他的技術，例如聚合（aggregation）與組合（composition）。本章也會討論這些替代方案。

覆寫方法

如你所見，新類別最初會從它的父類別繼承任何東西。接下來要告訴你如何替換或覆寫父類別的方法。Yugo 應該要有一些地方與 Car 不一樣，否則幹嘛定義新類別？我們來更改 Yugo 的 exclaim() 方法的行為：

```
>>> class Car():
...     def exclaim(self):
...         print("I'm a Car!")
...
>>> class Yugo(Car):
...     def exclaim(self):
...         print("I'm a Yugo! Much like a Car, but more Yugo-ish.")
...
```

我們用這些類別來製作兩個物件：

```
>>> give_me_a_car = Car()
>>> give_me_a_yugo = Yugo()
```

它們會說什麼？

```
>>> give_me_a_car.exclaim()
I'm a Car!
>>> give_me_a_yugo.exclaim()
I'm a Yugo! Much like a Car, but more Yugo-ish.
```

在這些範例中，我們覆寫了 exclaim() 方法。我們可以覆寫任何方法，包括 __init__()。接下來的例子要使用 Person 類別，我們來製作代表醫生（MDPerson）與律師（JDPerson）的子類別：

```
>>> class Person():
...     def __init__(self, name):
...         self.name = name
...
>>> class MDPerson(Person):
...     def __init__(self, name):
...         self.name = "Doctor " + name
...
>>> class JDPerson(Person):
...     def __init__(self, name):
...         self.name = name + ", Esquire"
...
```

在這些例子中，雖然初始化方法 __init__() 接收的引數與父類別 Person 一樣，但它們將
不同的 name 值存入物件實例：

```
>>> person = Person('Fudd')
>>> doctor = MDPerson('Fudd')
>>> lawyer = JDPerson('Fudd')
>>> print(person.name)
Fudd
>>> print(doctor.name)
Doctor Fudd
>>> print(lawyer.name)
Fudd, Esquire
```

添加方法

子類別也可以添加父類別沒有的方法。回到類別 Car 與 Yugo，我們接下來只幫 Yugo 類別
定義新方法 need_a_push()：

```
>>> class Car():
...     def exclaim(self):
...         print("I'm a Car!")
...
>>> class Yugo(Car):
...     def exclaim(self):
...         print("I'm a Yugo! Much like a Car, but more Yugo-ish.")
...     def need_a_push(self):
...         print("A little help here?")
...
```

再製作一個 Car 與一個 Yugo：

```
>>> give_me_a_car = Car()
>>> give_me_a_yugo = Yugo()
```

Yugo 物件可以反應你對 need_a_push() 方法的呼叫：

```
>>> give_me_a_yugo.need_a_push()
A little help here?
```

但通用的 Car 物件不行：

```
>>> give_me_a_car.need_a_push()
Traceback (most recent call last):
  File "<stdin>", line 1, in <module>
AttributeError: 'Car' object has no attribute 'need_a_push'
```

此時，Yugo 可以做一些 Car 無法做到的事情，突顯了 Yugo 的特質。

用 super() 來取得父類別的幫助

我們已經看過子類別如何加入方法，或覆寫父類別的方法了。如果我們想要呼叫父類別的方法呢？「很開心你提出要求了」，super() 說。我們接下來要定義一個名為 EmailPerson 的新類別，用它來代表有 email 地址的 Person。首先是熟悉的 Person 定義：

```
>>> class Person():
...     def __init__(self, name):
...         self.name = name
...
```

注意下面的子類別內的 __init__() 呼叫式有額外的 email 參數：

```
>>> class EmailPerson(Person):
...     def __init__(self, name, email):
...         super().__init__(name)
...         self.email = email
```

當你為類別定義 __init__() 方法時，就是用它來取代父類別的 __init__() 方法，所以後者再也不會被自動呼叫了，因此，我們必須明確地呼叫它。這些是實際發生的事情：

- 用 super() 取得父類別 Person 的定義。

- __init__() 方法呼叫 Person.__init__() 方法，它會將 self 引數傳給超類別，所以你只要將選用的引數傳給它就可以了。在這個例子，Person() 接收的其他引數只有 name。

- self.email = email 這一行是讓這個 EmailPerson 與 Person 有所不同的新程式。

接著，我們來製作其中一個生物：

```
>>> bob = EmailPerson('Bob Frapples', 'bob@frapples.com')
```

我們可以讀取 name 與 email 屬性了：

```
>>> bob.name
'Bob Frapples'
>>> bob.email
'bob@frapples.com'
```

為什麼之前不這樣定義新類別就好了？

```
>>> class EmailPerson(Person):
...     def __init__(self, name, email):
...         self.name = name
...         self.email = email
```

雖然我們也可以這樣做，但是這會讓我們難以使用繼承。我們使用 super() 來讓 Person 做它的工作，就像一般的 Person 物件做的事情。這種做法有另一個好處：如果將來 Person 的定義改變了，使用 super() 可確保 EmailPerson 從 Person 繼承來的屬性與方法可以反應屆時的改變。

如果你的子類別會用它自己的方式做事，但仍然會用到父類別的東西（人生也是如此），請使用 super()。

多重繼承

之前的範例有一些類別沒有父類別，有些有一個。事實上，物件可以繼承多個父類別。

當類別使用不屬於它的方法或屬性時，Python 會查看它的所有父類別，但如果很多父類別都有那個名稱的呢？該用誰的？

人類的繼承是主宰基因勝出，無論它來自哪一方，但是 Python 的繼承取決於**方法解析順序**（*method resolution order*）。每一個 Python 類別都有一個稱為 mro() 的特殊方法，這個方法會回傳一串類別，Python 會在那些類別中尋找該類別的物件的方法或屬性，此外還有一個類似的屬性，__mro__，它是這些類別的 tuple。第一個被找到的勝出，就像驟死延長賽一樣。

我們定義一個最頂端的 Animal 類別、它的兩個子類別（Horse 和 Donkey），以及從這兩個類別衍生的兩個類別[4]：

```
>>> class Animal:
...     def says(self):
...         return 'I speak!'
...
>>> class Horse(Animal):
...     def says(self):
...         return 'Neigh!'
...
>>> class Donkey(Animal):
...     def says(self):
...         return 'Hee-haw!'
...
>>> class Mule(Donkey, Horse):
...     pass
...
```

---

[4] mule（騾）的父親是驢（donkey），母親是馬（horse）；hinny（駃騠）的父親是馬，母親是驢。

```
>>> class Hinny(Horse, Donkey):
...     pass
...
```

當我們尋求 Mule 的方法或屬性時，Python 會按照順序查看下列的東西：

1. 物件本身（型態為 Mule）

2. 物件的類別（Mule）

3. 該類別的第一個父類別（Donkey）

4. 該類別的第二個父類別（Horse）

5. 祖父類別（Animal）

處理 Hinny 的做法幾乎一樣，只是 Horse 在 Donkey 之前：

```
>>> Mule.mro()
[<class '__main__.Mule'>, <class '__main__.Donkey'>,
<class '__main__.Horse'>, <class '__main__.Animal'>,
<class 'object'>]
>>> Hinny.mro()
[<class '__main__.Hinny'>, <class '__main__.Horse'>,
<class '__main__.Donkey'>, <class '__main__.Animal'>,
class 'object'>]
```

這些動物的叫聲是什麼？

```
>>> mule = Mule()
>>> hinny = Hinny()
>>> mule.says()
'hee-haw'
>>> hinny.says()
'neigh'
```

因為我們按照（父，母）的順序列出上一代類別，所以它們的叫聲像它們的父親。

如果 Horse 與 Donkey 沒有 says() 方法，mule 或 hinny 就會使用祖輩 Animal 類別的 says() 方法，回傳 'I speak!'。

Mixin

你也可以在類別定義式中加入一個額外的父類別，但是它只是輔助類別（helper），也就是說，它沒有任何方法與其他的父類別一樣，所以可以避免上一節介紹的方法解析產生模糊性。

這種父類別有時稱為 *mixin* 類別。其用途包含 logging（記錄）等「邊緣」工作。下面的 mixin 可以漂亮地印出物件的屬性：

```
>>> class PrettyMixin():
...     def dump(self):
...         import pprint
...         pprint.pprint(vars(self))
...
>>> class Thing(PrettyMixin):
...     pass
...
>>> t = Thing()
>>> t.name = "Nyarlathotep"
>>> t.feature = "ichor"
>>> t.age = "eldritch"
>>> t.dump()
{'age': 'eldritch', 'feature': 'ichor', 'name': 'Nyarlathotep'}
```

自（self）衛

很多人抱怨 Python 的實例方法（上一個例子裡面的方法）的第一個引數必須是 self（另一種抱怨是關於空格的用法）。Python 使用 self 引數來尋找正確的物件的屬性與方法。例如，接下來你會看到如何呼叫一個物件的方法，以及 Python 在幕後做哪些事情。

還記得前面範例的 Car 類別嗎？我們再次呼叫它的 exclaim() 方法：

```
>>> a_car = Car()
>>> a_car.exclaim()
I'm a Car!
```

這些是 Python 在私底下做的事情：

- 查看物件 a_car 的類別（Car）。

- 用 self 參數將物件 a_car 傳給 Car 類別的 exclaim() 方法。

為了好玩，你也可以用這種方式來執行它，它的動作會與一般的語法（a_car.exclaim()）一樣：

```
>>> Car.exclaim(a_car)
I'm a Car!
```

但是我們沒有理由使用較長的格式。

屬性存取

在 Python 中，物件屬性與方法通常是公用的，你要對自己的行為負責（有時稱為「成人同意（consenting adults）」政策）。我們來比較直接的做法，以及一些其他的做法。

直接存取

你已經看過了，你可以直接取得與設定屬性值：

```
>>> class Duck:
...     def __init__(self, input_name):
...         self.name = input_name
...
>>> fowl = Duck('Daffy')
>>> fowl.name
'Daffy'
```

但是如果有人行為不端呢？

```
>>> fowl.name = 'Daphne'
>>> fowl.name
'Daphne'
```

接下來的兩節將介紹如何賦予屬性一些隱私，避免它們被任何人意外踐踏。

getter 與 setter

有些物件導向語言有私用的物件屬性，它們無法從外面直接存取，所以程式員必須編寫 *getter* 與 *setter* 方法來對這種私用屬性進行讀值和寫值。

Python 沒有私用屬性，但是你可以用混淆的屬性名稱來編寫 getter 與 setter 來取得一些隱私。（最好的做法是使用 *property*，下一節會介紹。）

接下來的例子定義一個 Duck 類別，它有一個稱為 hidden_name 的實例屬性。我們不希望有人直接存取它，所以定義兩個方法，一個 getter（get_name()）與一個 setter（set_name()）。它們之後都會被一個稱為 name 的 property（特性）存取。我在這兩個方法裡面加入一個 print() 陳述式來顯示它們什麼時候被呼叫：

```
>>> class Duck():
...     def __init__(self, input_name):
...         self.hidden_name = input_name
...     def get_name(self):
...         print('inside the getter')
```

```
...          return self.hidden_name
...      def set_name(self, input_name):
...          print('inside the setter')
...          self.hidden_name = input_name

>>> don = Duck('Donald')
>>> don.get_name()
inside the getter
'Donald'
>>> don.set_name('Donna')
inside the setter
>>> don.get_name()
inside the getter
'Donna'
```

用來存取屬性的 property

符合 Python 風格的做法是使用 *property* 來處理屬性隱私問題，

做法有兩種，第一種做法是在上面的 Duck 類別定義式的最後一行加入 name = property(get_name, set_name)：

```
>>> class Duck():
>>>      def __init__(self, input_name):
>>>          self.hidden_name = input_name
>>>      def get_name(self):
>>>          print('inside the getter')
>>>          return self.hidden_name
>>>      def set_name(self, input_name):
>>>          print('inside the setter')
>>>          self.hidden_name = input_name
>>>      name = property(get_name, set_name)
```

你仍然可以使用舊的 getter 與 setter：

```
>>> don = Duck('Donald')
>>> don.get_name()
inside the getter
'Donald'
>>> don.set_name('Donna')
inside the setter
>>> don.get_name()
inside the getter
'Donna'
```

但是現在你也可以使用 name property 來取得與設定隱藏名稱（hidden_name）：

```
>>> don = Duck('Donald')
>>> don.name
inside the getter
'Donald'
>>> don.name = 'Donna'
inside the setter
>>> don.name
inside the getter
'Donna'
```

第二種做法是加入一些裝飾器，並將方法名稱 get_name 和 set_name 換成 name：

• 在 getter 方法前面加上 *@property*

• 在 setter 方法前面加上 *@name*.setter

這是它們在程式中的樣子：

```
>>> class Duck():
...     def __init__(self, input_name):
...         self.hidden_name = input_name
...     @property
...     def name(self):
...         print('inside the getter')
...         return self.hidden_name
...     @name.setter
...     def name(self, input_name):
...         print('inside the setter')
...         self.hidden_name = input_name
```

你可以將 name 當成屬性來存取：

```
>>> fowl = Duck('Howard')
>>> fowl.name
inside the getter
'Howard'
>>> fowl.name = 'Donald'
inside the setter
>>> fowl.name
inside the getter
'Donald'
```

當有人猜到屬性的名字是 hidden_name 時，他們仍然可以用 fowl.hidden_name 直接存取它。在第 192 頁的*修飾名稱來保護隱私*中，你會知道 Python 提供哪種特殊的方式來隱藏屬性名稱。

用 property 回傳算出來的值

在之前的例子中，我們用 name property 來引用物件裡面的單一屬性（hidden_name）。

property 也可以回傳算出來的值。我們來定義一個 Circle 類別，讓它有一個 radius 屬性與一個算出來的 diameter property：

```
>>> class Circle():
...     def __init__(self, radius):
...         self.radius = radius
...     @property
...     def diameter(self):
...         return 2 * self.radius
...
```

建立一個 Circle 物件並設定 radius 的初始值：

```
>>> c = Circle(5)
>>> c.radius
5
```

我們可以像引用 radius 這種屬性一樣引用 diameter：

```
>>> c.diameter
10
```

有趣的來了：我們可以隨時更改 radius 屬性，且 diameter property 會用當時的 radius 來算出：

```
>>> c.radius = 7
>>> c.diameter
14
```

如果你沒有為屬性指定 setter property，你就不能在外面設定它。這種做法很適合用來製作唯讀屬性：

```
>>> c.diameter = 20
Traceback (most recent call last):
  File "<stdin>", line 1, in <module>
AttributeError: can't set attribute
```

使用 property 還有一個比直接存取屬性更好的地方：當你更改屬性的定義時，你只要修改類別定義式裡面的程式就可以了，不需要修改所有的呼叫方。

修飾名稱來保護隱私

在稍早的 Duck 類別裡面，我們將（不完全是）隱藏的屬性稱為 hidden_name。在 Python 中，不允許在類別定義式的外面看到的屬性有一種命名規範：在開頭使用雙底線（__）。

我們將 hidden_name 改為 __name：

```
>>> class Duck():
...     def __init__(self, input_name):
...         self.__name = input_name
...     @property
...     def name(self):
...         print('inside the getter')
...         return self.__name
...     @name.setter
...     def name(self, input_name):
...         print('inside the setter')
...         self.__name = input_name
...
```

看看一切是否正常：

```
>>> fowl = Duck('Howard')
>>> fowl.name
inside the getter
'Howard'
>>> fowl.name = 'Donald'
inside the setter
>>> fowl.name
inside the getter
'Donald'
```

看起來沒問題。你無法存取 __name 屬性：

```
>>> fowl.__name
Traceback (most recent call last):
  File "<stdin>", line 1, in <module>
AttributeError: 'Duck' object has no attribute '__name'
```

這種命名規範無法將它變成完全私用，但 Python 會修飾（mangle）屬性名稱，讓外面的程式碼不太可能偶然發現它。如果你很好奇，而且保證不會告訴別人[5]，它變成這樣：

```
>>> fowl._Duck__name
'Donald'
```

5　你可以保守秘密嗎？顯然我不行。

注意，它並未印出 inside the getter。雖然名稱修飾不是完美的保護機制，但它可以防止意外或故意直接存取屬性。

類別與物件屬性

你可以將屬性指派給類別，它們會被該類別的子物件繼承：

```
>>> class Fruit:
...     color = 'red'
...
>>> blueberry = Fruit()
>>> Fruit.color
'red'
>>> blueberry.color
'red'
```

但是如果你改變子物件的屬性的值，它不會影響類別屬性：

```
>>> blueberry.color = 'blue'
>>> blueberry.color
'blue'
>>> Fruit.color
'red'
```

如果你稍後改變類別屬性，它不會影響既有的子物件：

```
>>> Fruit.color = 'orange'
>>> Fruit.color
'orange'
>>> blueberry.color
'blue'
```

但是它會影響新的：

```
>>> new_fruit = Fruit()
>>> new_fruit.color
'orange'
```

方法型態

有些方法是類別本身的一部分，有些是用那個類別建立的物件的一部分，有些不屬於兩者：

- 如果它的前面沒有裝飾器，它是**實例方法**，它的第一個引數應該是 self，用來引用個別的物件本身。

- 如果它的前面有 @classmethod 裝飾器，它是**類別方法**，它的第一個引數應該是 cls（或任何東西，只要不是保留字 class 就可以），引用類別本身。

- 如果它的前面有 @staticmethod 裝飾器，它是靜態方法，它的第一個引數不是物件或類別。

接下來幾節將介紹細節。

實例方法

當類別定義式裡面的方法的第一個引數是 self 時，它就是**實例方法**。當你建立自己的類別時，通常會編寫這種方法。實例方法的第一個參數是 self，當你呼叫方法時，Python 會將該物件傳給這個方法。截至目前為止的方法都是這一種。

類別方法

相較之下，**類別方法**會影響整個類別。你對類別做的任何改變都會影響它的所有物件。在類別定義式裡面，@classmethod 裝飾器代表它後面的函式是個類別方法。此外，該方法的第一個參數是類別本身。Python 傳統上將這個參數稱為 cls，因為 class 是保留字，不能在這裡使用。我們來為 A 定義一個類別方法，用它來計算這個類別已經建立多少個物件實例了：

```
>>> class A():
...     count = 0
...     def __init__(self):
...         A.count += 1
...     def exclaim(self):
...         print("I'm an A!")
...     @classmethod
...     def kids(cls):
...         print("A has", cls.count, "little objects.")
...
>>>
>>> easy_a = A()
>>> breezy_a = A()
>>> wheezy_a = A()
>>> A.kids()
A has 3 little objects.
```

注意，我們在 __init__() 內引用 A.count（類別屬性）而不是 self.count（物件實例屬性）。我們在 kids() 方法內使用 cls.count，但也可以使用 A.count。

靜態方法

在類別定義式中的第三種方法既不影響類別，也不影響它的物件，它只是為了不四處漂流而待在那裡。它是**靜態方法**，前面有個 @staticmethod 裝飾器，沒有開頭的 self 或 cls 參數。這個例子為類別 CoyoteWeapon 提供商業廣告：

```
>>> class CoyoteWeapon():
...     @staticmethod
...     def commercial():
...         print('This CoyoteWeapon has been brought to you by Acme')
...
>>>
>>> CoyoteWeapon.commercial()
This CoyoteWeapon has been brought to you by Acme
```

注意，我們不需要建立 CoyoteWeapon 類別的物件就可以使用這個方法了。非常優雅（class-y）。

鴨子定型

Python 實作了寬鬆的**多型**，它可以對不同的物件進行相同的操作，根據方法的名稱與引數，無論它們的類別是什麼。

我們讓全部的三個 Quote 類別使用同一個 __init__() 初始化方法，但加入兩個新函式：

- 用 who() 回傳被存起來的 person 字串的值
- 用 says() 回傳被儲存的字串加上特定的標點符號

這是它們的行為：

```
>>> class Quote():
...     def __init__(self, person, words):
...         self.person = person
...         self.words = words
...     def who(self):
...         return self.person
...     def says(self):
...         return self.words + '.'
...
```

```
>>> class QuestionQuote(Quote):
...     def says(self):
...         return self.words + '?'
...
>>> class ExclamationQuote(Quote):
...     def says(self):
...         return self.words + '!'
...
>>>
```

我們沒有更改 QuestionQuote ExclamationQuote 初始化的方式，所以沒有覆寫它們的 __init__() 方法。Python 會自動呼叫父類別 Quote 的 __init__() 方法，來儲存實例變數 person 與 words。這就是我們可以在 QuestionQuote 與 ExclamationQuote 子類別建立的物件中存取 self.words 的原因。

接下來我們製作一些物件：

```
>>> hunter = Quote('Elmer Fudd', "I'm hunting wabbits")
>>> print(hunter.who(), 'says:', hunter.says())
Elmer Fudd says: I'm hunting wabbits.

>>> hunted1 = QuestionQuote('Bugs Bunny', "What's up, doc")
>>> print(hunted1.who(), 'says:', hunted1.says())
Bugs Bunny says: What's up, doc?

>>> hunted2 = ExclamationQuote('Daffy Duck', "It's rabbit season")
>>> print(hunted2.who(), 'says:', hunted2.says())
Daffy Duck says: It's rabbit season!
```

三個不同版本的 says() 方法提供三個類別的不同行為。這是傳統的物件導向語言多型。Python 更進一步，可讓你執行任何擁有 who() 與 says() 方法的物件的這兩個方法。我們定義一個名為 BabblingBrook 的類別，它與之前森林獵人和獵物（Quote 類別的後代）無關：

```
>>> class BabblingBrook():
...     def who(self):
...         return 'Brook'
...     def says(self):
...         return 'Babble'
...
>>> brook = BabblingBrook()
```

我們執行各個物件的 who() 與 says() 方法，其中有一個物件（brook）的方法與其他物件完全無關：

```
>>> def who_says(obj):
...     print(obj.who(), 'says', obj.says())
...
>>> who_says(hunter)
Elmer Fudd says I'm hunting wabbits.
>>> who_says(hunted1)
Bugs Bunny says What's up, doc?
>>> who_says(hunted2)
Daffy Duck says It's rabbit season!
>>> who_says(brook)
Brook says Babble
```

這個行為有時稱為鴨子定型（*duck typing*），名稱來自這句古語：

> 如果牠走路的樣子像鴨子，叫聲也像鴨子，牠就是鴨子。

—智者

我們有什麼資格質疑這句關於鴨子的至理名言呢？

圖 10-1　鴨子定型不是看著鍵盤慢慢打字

魔術方法

現在你可以建立與使用基本物件了。你要在這一節學習的東西可能會讓你大吃一驚—不過是好事。

當你輸入 a = 3 + 8 這種東西時，值為 3 與 8 的整數物件如何知道該怎麼做 +？或者，當你輸入 name = "Daffy" + " " + "Duck" 時，Python 如何知道現在 + 代表串接兩個字串？a 與 name 又是如何知道如何使用 = 來取得結果的？你可以用 Python 的**特殊方法**（或比較戲劇性的名稱，**魔術方法**）來製作這些運算子。

這些方法的名稱開頭與結尾都有雙底線（__），為何如此？因為程式員不太可能在變數名稱中使用它們。你已經看過一種魔術方法了：__init__ 會用類別的定義與收到的引數來初始化並建立一個物件。你也看過（第 192 頁的「修飾名稱來保護隱私」）使用「dunder」來命名可以協助修飾類別屬性名稱以及方法了。

假設你有一個簡單的 Word 類別，你想要用一個 equals() 方法來比較兩個單字，但忽略大小寫，也就是說，它認為包含 'ha' 的 Word 與包含 'HA' 的 Word 是相等的。

以下是第一次試做的範例，裡面有一個一般的方法，稱為 equals()。self.text 是 Word 物件裡面的文字字串，equals() 方法會拿它與 word2（另一個 Word 物件）的文字字串比較：

```
>>> class Word():
...     def __init__(self, text):
...         self.text = text
...
...     def equals(self, word2):
...         return self.text.lower() == word2.text.lower()
...
```

接下來用三個不同的文字字串來製作三個 Word 物件：

```
>>> first = Word('ha')
>>> second = Word('HA')
>>> third = Word('eh')
```

比較字串 'ha' 與 'HA' 的小寫時，它們是相等的：

```
>>> first.equals(second)
True
```

但是字串 'eh' 與 'ha' 不相等：

```
>>> first.equals(third)
False
```

我們剛才定義 equals() 方法來進行小寫轉換與比較。如果我們可以像 Python 的內建型態一樣直接使用 if first == second 這種寫法就好了，我們來完成它。我們將 equals() 方法改為特殊名稱 __eq__()（很快你就會知道原因）：

```
>>> class Word():
...     def __init__(self, text):
...         self.text = text
...     def __eq__(self, word2):
...         return self.text.lower() == word2.text.lower()
...
```

看看它能不能動作：

```
>>> first = Word('ha')
>>> second = Word('HA')
>>> third = Word('eh')
>>> first == second
True
>>> first == third
False
```

好神奇！我們只要使用 Python 測試相等與否的特殊方法名稱 __eq__() 就可以做到了。
表 10-1 與 10-2 是最實用的魔術方法名稱。

表 10-1　進行比較的魔術方法

方法	說明
__eq__(*self, other*)	*self == other*
__ne__(*self, other*)	*self != other*
__lt__(*self, other*)	*self < other*
__gt__(*self, other*)	*self > other*
__le__(*self, other*)	*self <= other*
__ge__(*self, other*)	*self >= other*

表 10-2　進行算術的魔術方法

方法	說明
__add__(*self, other*)	*self + other*
__sub__(*self, other*)	*self – other*
__mul__(*self, other*)	*self * other*
__floordiv__(*self, other*)	*self // other*
__truediv__(*self, other*)	*self / other*
__mod__(*self, other*)	*self % other*
__pow__(*self, other*)	*self ** other*

+（魔術方法 __add__()）與 -（魔術方法 __sub__()）等數學運算子不是只能用來處理數字，舉例來說，Python 字串物件可使用 + 來做串接，用 * 來做重複。此外還有許多魔術方法可用，請參考線上的特殊方法名稱文件（*http://bit.ly/pydocs-smn*）。表 10-3 是其中最常見的幾個。

表 10-3　其他雜項的魔術方法

方法	說明
__str__(*self*)	str(*self*)
__repr__(*self*)	repr(*self*)
__len__(*self*)	len(*self*)

除了 __init__() 之外，你也會經常在自己的方法裡面使用 __str__()，它是讓你印出自己的物件的方式。print()、str() 與字串格式化程式都經常使用它，第 5 章會介紹。互動式解譯器使用 __repr__() 函式將變數 echo 至輸出。如果你沒有定義 __str__() 或 __repr__()，你會得到你的物件的 Python 預設字串版本：

```
>>> first = Word('ha')
>>> first
<__main__.Word object at 0x1006ba3d0>
>>> print(first)
<__main__.Word object at 0x1006ba3d0>
```

我們將 __str__() 與 __repr__() 方法加入 Word 類別，讓它更完美：

```
>>> class Word():
...     def __init__(self, text):
...         self.text = text
...     def __eq__(self, word2):
...         return self.text.lower() == word2.text.lower()
...     def __str__(self):
...         return self.text
...     def __repr__(self):
...         return 'Word("' + self.text + '")'
...
>>> first = Word('ha')
>>> first          # 使用 __repr__
Word("ha")
>>> print(first)   # 使用 __str__
ha
```

你可以參考 Python 文件來探索更多特殊方法（*http://bit.ly/pydocs-smn*）。

聚合與組合

當你希望子類別的多數動作都與它的父類別相同時（當子 *is-a* 父時），繼承是一種很好的技術。雖然建構精細的繼承階層很誘人，但是有時使用**組合**（*composition*）或**聚合**（*aggregation*）比較合理。它們有什麼不同？在組合中，一樣東西是另一樣的一部分。鴨子 *is-a* 鳥（繼承），但 *has-a* 尾巴（組合）。尾巴不是一種鴨子，但是它是鴨子的一部分。在接下來的例子中，我們要製作 bill 與 tail 物件，並且將它們傳給新的 duck 物件：

```
>>> class Bill():
...     def __init__(self, description):
...         self.description = description
...
>>> class Tail():
...     def __init__(self, length):
...         self.length = length
...
>>> class Duck():
...     def __init__(self, bill, tail):
...         self.bill = bill
...         self.tail = tail
...     def about(self):
...         print('This duck has a', self.bill.description,
...             'bill and a', self.tail.length, 'tail')
...
>>> a_tail = Tail('long')
>>> a_bill = Bill('wide orange')
>>> duck = Duck(a_bill, a_tail)
>>> duck.about()
This duck has a wide orange bill and a long tail
```

聚合代表關係，但比較寬鬆，其中一樣東西**使用**另一樣東西，但兩者是獨立的。鴨子**使用**湖泊，但它們不是彼此的一部分。

何時該使用物件或其他東西？

下面的指導方針可幫助你決定究竟要將程式碼與資料放入類別、模組（第 11 章介紹）或某種完全不同的東西：

- 當你需要使用許多個別的實例，它們有相似的行為（方法），但內部的狀態（屬性）不同時，物件是最實用的選擇。

- 類別可以繼承，模組不行。

- 如果你只需要使用一個某種東西，模組可能是最好的選擇。無論你在程式中參考某個 Python 模組幾次，它都只會載入一個複本。（致 Java 與 C++ 程式員：你可以將 Python 模組當成單例（*singleton*）來使用。）

- 如果你有許多變數，它們裡面有許多值，這些變數可以當成引數傳給多個函式，將它們定義成類別可能比較好。例如，或許你有一個字典，它裡面有代表彩色圖像的 size 與 color 等鍵。你可能在程式中為每一張圖像建立不同的字典，並將它們當成引數傳給 scale() 或 transform() 之類的函式。當你使用鍵與函式時，程式可能會變得很混亂。比較一致的做法是定義一個 Image 類別，並在裡面加入 size 或 color 屬性，以及 scale() 和 transform() 方法。如此一來，我們就將一張彩色圖像的資料與方法定義在同一個地方了。

- 使用最簡單的問題解決方式。字典、串列與 tuple 都比模組更簡單、更小，且更快，而模組通常比類別簡單。

  Guido 的建議：

  > 避免過度設計資料結構。tuple 比物件好（試試具名 tuple）。
  > 簡單的欄位比 getter/setter 函式好⋯內建的資料型態是你的好朋友。
  > 請盡量使用數字、字串、tuple、串列、集合、字典，
  > 別忘了集合程式庫，尤其是裡面的 deque。
  >
  > —Guido van Rossum

- 資料類別（*dataclass*）是較新的替代品，見第 204 頁的「資料類別」。

具名 tuple

因為 Guido 剛才提到它了，但我還沒介紹它，所以這裡很適合討論**具名 *tuple*（named tuple）。具名 tuple 是 tuple 的子類別，讓你可以用名稱（使用 .*name*），以及位置（使用 [*offset*]）來存取值。

我們將上一節範例中的 Duck 類別轉換成具名 tuple，把 bill 與 tail 當成簡單的字串屬性。我們會在呼叫具名 tuple 函式時傳入兩個引數：

- 名稱

- 欄位名稱字串，以空格分開

Python 不自動提供具名 tuple，所以你必須先匯入模組才能使用它們，範例的第一行就是在做這件事：

```
>>> from collections import namedtuple
>>> Duck = namedtuple('Duck', 'bill tail')
>>> duck = Duck('wide orange', 'long')
>>> duck
Duck(bill='wide orange', tail='long')
>>> duck.bill
'wide orange'
>>> duck.tail
'long'
```

你也可以用字典來製作具名 tuple：

```
>>> parts = {'bill': 'wide orange', 'tail': 'long'}
>>> duck2 = Duck(**parts)
>>> duck2
Duck(bill='wide orange', tail='long')
```

看一下程式中的 **parts，它是關鍵字引數（*keyword argument*），它會取出 parts 字典的鍵與值並將它們當成引數傳給 Duck()，它的效果相當於：

```
>>> duck2 = Duck(bill = 'wide orange', tail = 'long')
```

具名 tuple 是不可變的，但你可以替換一或多個欄位，並回傳另一個命名 tuple：

```
>>> duck3 = duck2._replace(tail='magnificent', bill='crushing')
>>> duck3
Duck(bill='crushing', tail='magnificent')
```

我們也可以將 duck 定義為字典：

```
>>> duck_dict = {'bill': 'wide orange', 'tail': 'long'}
>>> duck_dict
{'tail': 'long', 'bill': 'wide orange'}
```

你可以將欄位加入字典：

```
>>> duck_dict['color'] = 'green'
>>> duck_dict
{'color': 'green', 'tail': 'long', 'bill': 'wide orange'}
```

但不能加入具名 tuple：

```
>>> duck.color = 'green'
Traceback (most recent call last):
  File "<stdin>", line 1, in <module>
AttributeError: 'Duck' object has no attribute 'color'
```

做個總結，以下是具名 tuple 的優點：

- 它的外觀與行為像個不可變物件。

- 它比物件更節省空間與時間。

- 你可以用句點標記法取代字典風格的中括號來存取屬性。

- 你可以將它當成字典鍵來使用。

資料類別

很多人建立物件的主因是為了儲存資料（存成物件屬性），這種物件的行為（方法）不多。前面已經介紹如何將具名 tuple 當成儲存資料的替代方案了。Python 3.7 加入資料類別（*dataclass*）。

這是有個 name 屬性的老式物件：

```
>> class TeenyClass():
...     def __init__(self, name):
...         self.name = name
...
>>> teeny = TeenyClass('itsy')
>>> teeny.name
'itsy'
```

用資料類別來做同一件事看起來有點不同：

```
>>> from dataclasses import dataclass
>>> @dataclass
... class TeenyDataClass:
...     name: str
...
>>> teeny = TeenyDataClass('bitsy')
>>> teeny.name
'bitsy'
```

除了要用 @dataclass 裝飾器之外，你也要用變數註記（*variable annotation*）（*https://oreil.ly/NyGfE*）來定義類別的屬性，它的格式是 *name: type* 或 *name: type = val*，例如 color: str 或 color: str = "red"。*type* 可以是任何一種 Python 物件型態，包括你建立的類別，而不是只能使用 str 或 int 等內建的類別。

建立資料類別物件後，你要按照引數在類別內的定義順序提供它們，或是使用具名引數，以任何順序提供：

```
>>> from dataclasses import dataclass
>>> @dataclass
... class AnimalClass:
...     name: str
...     habitat: str
...     teeth: int = 0
...
>>> snowman = AnimalClass('yeti', 'Himalayas', 46)
>>> duck = AnimalClass(habitat='lake', name='duck')
>>> snowman
AnimalClass(name='yeti', habitat='Himalayas', teeth=46)
>>> duck
AnimalClass(name='duck', habitat='lake', teeth=0)
```

因為 AnimalClass 為它的 teeth 屬性定義預設值，所以我們在製作 duck 時不需要提供它。

你可以像使用任何其他物件一樣引用物件屬性：

```
>>> duck.habitat
'lake'
>>> snowman.teeth
46
```

此外還有許多關於資料類別的知識，請參考這篇指南（*https://oreil.ly/czTf-*）或官方（重量級）文件（*https://oreil.ly/J19Yl*）。

Attrs

你已經知道如何建立類別與加入屬性了，也知道為何它們涉及大量的打字，包括定義 __init__()、將它的引數指派給 self、以及建立諸如 __str__() 等 dunder 方法。具名 tuple 與資料類別是標準程式庫提供的替代品，如果你主要是為了建立資料集合，它們都很方便。

The One Python Library Everyone Needs（*https://oreil.ly/QbbI1*）這篇文章為你比較一般的類別、具名 tuple 與資料類別。基於許多理由，它推薦第三方程式庫 attrs（*https://oreil.ly/Rdwlx*），原因很多，包括打字量較少、可以驗證資料，及其他。你可以參考這篇文章，看看是否比起內建的解決方案，你比較喜歡它。

次章預告

在下一章，你將在程式碼結構裡面更上一層樓，探索 Python 模組與程式包。

待辦事項

10.1 製作一個稱為 Thing，而且沒有內容的類別，並將它印出。接著，用這個類別建立一個稱為 example 的物件，也將它印出。印出來的值一樣嗎？

10.2 製作一個稱為 Thing2 的新類別，並將 'abc' 值指派給一個稱為 letters 的類別屬性。印出 letters。

10.3 再製作一個類別，想當然爾，將它命名為 Thing3。這次將 'xyz' 值指派給一個稱為 letters 的實例（物件）屬性。印出 letters。做這件事需要用這個類別製作一個物件嗎？

10.4 製作一個稱為 Element 的類別，加入實例屬性 name、symbol 與 number。用值 'Hydrogen'、'H' 與 1 建立一個這種類別的物件。

10.5 用這些鍵與值製作一個字典：'name': 'Hydrogen', 'symbol': 'H', 'number': 1。再用 Element 類別與這個字典建立一個名為 hydrogen 的物件。

10.6 為 Element 類別定義一個名為 dump() 的方法，讓它印出物件屬性的值（name、symbol、number）。用這個新定義建立 hydrogen 物件，並使用 dump() 來印出它的屬性。

10.7 呼叫 print(hydrogen)。在 Element 的定義中，將方法 dump 的名稱改為 __str__，建立一個新的 hydrogen 物件，並再次呼叫 print(hydrogen)。

10.8 修改 Element，讓 name、symbol 與 number 變成私用的。為每一個屬性定義 getter property，並回傳它的值。

10.9 定義三個類別：Bear、Rabbit、Octothorpe。在每個類別中定義一個方法：eats()。讓它回傳 'berries'（Bear）、'clover'（Rabbit）與 'campers'（Octothorpe）。用各個類別建立一個物件並印出它吃什麼東西。

10.10 定義這些類別：Laser、Claw 與 SmartPhone，讓它們只有一個 does() 方法，讓這個方法回傳 'disintegrate'（Laser）、'crush'（Claw）與 'ring'（Smart Phone）。再定義 Robot 類別，讓它擁有上述類別的一個實例（物件）。為 Robot 定義 does() 方法來印出它的元件做什麼事情。

第十一章

模組、程式包與好東西

在攻頂的過程中，你已經學過內建的資料型態、如何建構愈來愈大型的資料，以及程式的結構了。這一章，終於要教你如何編寫完整 Python 程式了。你將會編寫自己的**模組**，並學習如何使用 Python **標準程式庫**和其他來源的模組。

這本書的文字內容是用一種階層結構來編排的，從最基本的單字、句子、段落，到完整的一章，如果不這麼編排，文章就很難閱讀[1]。程式碼也有類似的由下至上的組織架構：資料型態就像單字，運算式與陳述式就像句子，函式就像段落，模組就像章。延續這個比喻，這本書有時會說「某某東西將會在第 8 章解釋」，在程式中，這就像引用其他模組裡面的程式碼。

模組與 import 陳述式

我們接下來要在多個檔案裡面建立和使用 Python 程式碼。**模組**只是一個存有任意的 Python 程式碼的檔案。你不需要做任何特別的事情，任何 Python 程式碼都可以當成模組被其他的程式碼使用。

我們藉著使用 Python 的 import 陳述式來引用其他模組的程式碼，它可以讓你的程式使用被匯入的模組裡面的程式碼與變數。

匯入模組

import 陳述式最簡單的用法是 import *module*，其中的 *module* 是其他的 Python 檔檔名，不包括 *.py* 副檔名。

---

1   至少會比原本的還要難讀一些。

如果你和一群朋友急著吃一頓午餐，但是不想要花太多時間討論，你最後一定會選擇聲音最大的人想要吃的東西，不如讓電腦幫你決定吧！我們來寫一個包含單一函式的模組，那一個函式會回傳一個隨機選擇的快餐選項，並且用一個主程式呼叫它，印出選擇。

範例 11-1 就是這個模組（*fast.py*）。

範例 *11-1　fast.py*

```python
from random import choice

places = ['McDonalds', "KFC", "Burger King", "Taco Bell",
    "Wendys", "Arbys", "Pizza Hut"]

def pick():  # 看到下面的 docstring 了嗎？
    """Return random fast food place"""
    return choice(places)
```

範例 11-2 是匯入它的主程式（稱之為 *lunch.py*）。

範例 *11-2　lunch.py*

```python
import fast

place = fast.pick()
print("Let's go to", place)
```

如果你把這兩個檔案放在同一個目錄裡面，並且指示 Python 將 *lunch.py* 當成主程式來執行，它會訪問 fast 模組，並執行它的 pick() 函式。我們寫的這一版 pick() 會從一個字串串列隨機選擇一個結果並回傳，所以主程式會取回並印出它：

```
$ python lunch.py
Let's go to Burger King
$ python lunch.py
Let's go to Pizza Hut
$ python lunch.py
Let's go to Arbys
```

我們在兩個不同的地方使用 import：

- 主程式 *lunch.py* 匯入我們的新模組 fast。

- 模組檔案 *fast.py* 從名為 random 的 Python 標準程式庫模組匯入 choice 函式。

主程式和模組以兩種不同的方式使用 import：

- 第一種情況，雖然我們匯入整個 fast 模組，但必須在 pick() 前面使用 fast。在 import 陳述式之後，主程式可以使用 *fast.py* 裡面的所有東西，只要在它們的名稱前面加上 fast. 即可。因為我們用模組的名稱來**取得資格**使用模組的內容，所以可以避免煩人的名稱衝突。雖然其他的模組可能也有 pick() 函式，但我們不會錯誤地呼叫它。

- 第二種情況，我們在一個模組裡面，而且知道裡面沒有其他叫做 choice 的東西，所以直接從 random 模組匯入 choice() 函式。

我們也可以像範例 11-3 一樣改寫 *fast.py*，在 pick() 函式內匯入 random，而不是在檔案的最上面。

範例 *11-3　fast2.py*

```
places = ['McDonalds", "KFC", "Burger King", "Taco Bell",
    "Wendys", "Arbys", "Pizza Hut"]

def pick():
    import random
    return random.choice(places)
```

請如同程式設計的許多層面，使用對你而言最簡潔的風格。指定模組的名稱（random. choice）比較安全，但需要打更多字。

如果被匯入的程式碼會在許多地方使用，考慮在函式的外面匯入它，除非你知道只有有限的地方會使用它，才在函式裡面匯入它。有些人喜歡將所有的 import 放在檔案的最上面，藉以清楚地展示他們的程式碼的所有依賴項目。這兩種做法都可行。

用其他名稱匯入模組

我們在主程式 *lunch.py* 裡面呼叫了 import fast，但是如果你：

- 在某個地方有另一個稱為 fast 的模組呢？
- 想要使用比較容易記住的名稱呢？
- 不小心夾到手了，想要節省打字數量？

在這些情況下，你可以用**別名**來匯入，見範例 11-4。我們來使用別名 f。

範例 *11-4* *fast3.py*

```
import fast as f
place = f.pick()
print("Let's go to", place)
```

只從模組匯入你想要的東西

你可以匯入整個模組，或是只匯入它的一部分。你已經看過後者了：我們只想要使用 random 模組的 choice() 函式。

如同模組本身，你可以幫你匯入的每一樣東西取個別名。

我們來改寫幾次 *lunch.py*。首先，從 fast 模組匯入 pick()，使用它的原始名稱（範例 11-5）。

範例 *11-5* *fast4.py*

```
from fast import pick
place = pick()
print("Let's go to", place)
```

接下來將它匯入為 who_cares（範例 11-6）。

範例 *11-6* *fast5.py*

```
from fast import pick as who_cares
place = who_cares()
print("Let's go to", place)
```

程式包

我們已經從一行程式碼寫到多行函式碼，再寫到獨立的程式，再到多個模組，全部都在同一個目錄裡面。如果你沒有許多模組，使用同一個目錄是沒問題的。

為了讓 Python 應用程式擴展得更大，你可以將模組組織為檔案，以及稱為 **程式包**（*package*）的模組層次結構。程式包只是存有 *.py* 檔案的子目錄，你也可以在它們裡面加入更深的一層目錄。

我們剛才寫了一個選擇快餐地點的模組，接下來，我們要加入一個相似的模組來提供生活建議。我們要在目前的目錄中寫一個新的主程式，稱為 *questions.py*，接著製作一個稱為 *choices* 的子目錄，並且在裡面放入兩個模組，*fast.py* 與 *advice.py*。各個模組都有一個回傳字串的函式。

主程式（*questions.py*）有個額外的 import 與一行程式（範例 11-7）。

範例 *11-7   questions.py*

```
from sources import fast, advice

print("Let's go to", fast.pick())
print("Should we take out?", advice.give())
```

from sources 會讓 Python 尋找名為 *sources* 的目錄，從你目前的目錄底下開始找起。它會在 *sources* 裡面尋找 *fast.py* 與 *advice.py* 檔案。

第一個模組（*choices/fast.py*）的程式與之前一樣，只是移到 *choices* 目錄（範例 11-8）。

範例 *11-8   choices/fast.py*

```
from random import choice

places = ["McDonalds", "KFC", "Burger King", "Taco Bell",
    "Wendys", "Arbys", "Pizza Hut"]

def pick():
    """Return random fast food place"""
    return choice(places)
```

第二個模組（*choices/advice.py*）是新的，但是它的運作方式很像它的速食夥伴（範例 11-9）。

範例 *11-9   choices/advice.py*

```
from random import choice

answers = ["Yes!", "No!", "Reply hazy", "Sorry, what?"]

def give():
    """Return random advice"""
    return choice(answers)
```

如果你的 Python 版本早於 3.3，你就要在 *sources* 子目錄裡面多做一些事情才能將它變成 Python 程式包：加入名為 *__init__.py* 的檔案。它可以是個空檔案，但是 Python 3.3 之前必須在目錄裡面看到它才會將它視為程式碼。（這是另一個常見的 Python 面試問題。）

現在執行主程式 *questions.py*（從你目前的目錄，不是在 *sources* 裡面）來看看會怎樣：

```
$ python questions.py
Let's go to KFC
Should we take out? Yes!
$ python questions.py
Let's go to Wendys
Should we take out? Reply hazy
$ python questions.py
Let's go to McDonalds
Should we take out? Reply hazy
```

模組搜尋路徑

我剛才說 Python 會在你目前的目錄中尋找子目錄 *choices* 及其模組。事實上，它也會尋找其他地方，你可以控制這件事。

我們曾經從標準程式庫的 random 模組匯入 choice() 函式，它不在你目前的目錄裡面，所以 Python 也需要尋找其他的地方。

若要查看 Python 解譯器會尋找的所有地方，你可以匯入標準的 sys 模組，並使用它的 path 串列，這個串列裡面有一系列的字典名稱與 ZIP 歸檔檔案，Python 會依序在它們裡面尋找要匯入的模組。

你可以讀取和修改這個串列。在我的 Mac 上，這是 Python 3.7 的 sys.path 的值：

```
>>> import sys
>>> for place in sys.path:
...     print(place)
...

/Library/Frameworks/Python.framework/Versions/3.7/lib/python37.zip
/Library/Frameworks/Python.framework/Versions/3.7/lib/python3.7
/Library/Frameworks/Python.framework/Versions/3.7/lib/python3.7/lib-dynload
```

第一行空的輸出是空字串 `''`，代表目前的目錄。如果 `''` 是 `sys.path` 的第一個，Python
會在你試著匯入東西時查看目前的目錄：`import fast` 會查看 *fast.py*。這是 Python 的常
態設定。此外，當我們製作一個稱為 *sources* 的子目錄，並且在裡面放入 Python 檔案
時，它們可以用 `import sources` 或 `from sources import fast` 來匯入。

Python 會使用第一個符合的東西，也就是說，如果你定義一個名為 `random` 的模組，而且
它的搜尋路徑在標準程式庫之前，你就無法使用標準程式庫的 `random` 了。

你可以在你的程式中修改搜尋路徑。如果你希望 Python 在查看任何其他目錄之前先查
看 */my/modules* 目錄：

```
>>> import sys
>>> sys.path.insert(0, "/my/modules")
```

相對與絕對匯入

在截至目前為止的範例中，我們都從這些地方匯入自己的模組：

- 目前的目錄
- 子目錄 *choices*
- Python 標準程式庫

這些做法都不會造成問題，除非本地模組的名稱與標準模組的一樣。名稱一樣時如何
選擇？

Python 支援**絕對**與**相對**匯入。截至目前為止的範例都是絕對匯入。如果你在搜尋路徑
裡面的各個目錄中輸入 `import rougarou`，Python 會尋找一個稱為 *rougarou.py* 的檔案
（模組），或一個稱為 *rougarou* 的目錄（程式包）。

- 如果 *rougarou.py* 與呼叫的程式在同一個目錄，你可以用 `from . import rougarou` 從
  相對於你的位置匯入它。
- 如果它在你上面的目錄：`from .. import rougarou`。
- 如果它在名為 `creatures` 的同層（sibling）目錄，呼叫 `from ..creatures import`
  `rougarou`。

`.` 與 `..` 來自 Unix 代表**目前目錄**其及**上層目錄**的縮寫。

如果你要瞭解關於 Python 匯入問題的討論，可參考 Traps for the Unwary in Python's Import System（*https://oreil.ly/QMWHY*）。

名稱空間程式包

如你所見，你可以將 Python 模組包成：

- 單一模組（*.py* 檔案）

- **程式包**（包含模組的目錄，可能還有其他的程式包）

你也可以用**名稱空間程式包**（*namespace package*）將一個程式包拆到多個目錄。假如你想要做一個稱為 *critters* 的程式包，並且在裡面放入各種危險生物的 Python 模組（無論是真的還是虛構的，應該有背景資訊與保護提示）。這個程式包可能會隨著時間的推移而愈來愈大，所以你想要按照地點將它們細分。有一種做法是在 *critters* 底下加入地點子程式包，並且將既有的 *.py* 模組檔案放在它們底下，但是這樣子會破壞匯入它們的其他模組。我們可以改為往上走，做這些事情：

- 在 *critters* 上面製作新的地點目錄

- 在這些新的上層目錄底下製作 *critters* 目錄

- 將既有的模組移到相關的目錄。

這需要進一步解釋。假設最初的檔案布局是這樣子：

```
critters
 ∟ rougarou.py
 ∟ wendigo.py
```

匯入這些模組的做法通常是：

```
from critters import wendigo, rougarou
```

如果我們決定加入 US 地點 *north* 與 *south*，檔案與目錄是：

```
north
 ∟ critters
    ∟ wendigo.py
south
 ∟ critters
    ∟ rougarou.py
```

如果 *north* 與 *south* 都在模組搜尋路徑裡面，你可以匯入這些模組，彷彿它們仍然在單一目錄程式包一般：

```
from critters import wendigo, rougarou
```

模組 vs. 物件

何時該將程式碼放入模組，何時該放入物件？

模組與物件有很多相似之處，`thing.stuff` 可以用來存取名為 `thing`，並且有一個內部資料值 `stuff` 的物件和模組。`stuff` 可能是在模組或類別被建立出來的時候定義的，也有可能是稍後再指派的。

在模組裡面的所有類別、函式與全域變數都可以在外面使用。物件可以使用 property 與「dunder」（ `___ ...` ）名稱格式來隱藏或控制對於資料屬性的存取。

也就是說，你可以做這件事：

```
>>> import math
>>> math.pi
3.141592653589793
>>> math.pi = 3.0
>>> math.pi
3.0
```

你有沒有破壞每一個人在這台電腦上面做的計算？有！沒有啦，我開玩笑的 [2]。它不會影響 Python 的 `math` 模組。你只是修改了呼叫方匯入的 `math` 模組複本中的 `pi` 值而已，你的犯罪證據會在它完成工作之後消失。

你的程式匯入的任何模組都只有一個複本，即使你多次匯入它。你可以用它來儲存匯入它的任何程式碼感興趣的全域的東西。它很像類別，類別也只有一個複本，雖然你可以用它來建立許多物件。

Python 標準程式庫裡面的好東西

Python 最著名的主張之一就是「內含電池（batteries included）」，也就是有個大型的標準模組程式庫可用來執行許多常見的工作。它們被分開放置，以避免造成核心語言的膨脹。在你準備撰寫 Python 程式之前，通常值得花一點時間看看標準模組是不是已經幫你完成工作了。你往往會驚奇地在標準程式庫中發現小寶物。Python 也提供關於

2　還是有？哇哈哈！

模組的權威文件（*http://docs.python.org/3/library*），包含教學課程（*http://bit.ly/library-tour*）。Doug Hellmann 的 網 站 Python Module of the Week（*http://bit.ly/py-motw*） 以 及 書 籍 *The Python Standard Library by Example*（*http://bit.ly/py-libex*）（Addison-Wesley Professional）都是非常實用的指南。

本書接下來的章節將介紹許多專門用於 web、系統、資料庫等等的標準模組。本節將探討一些通用的標準模組。

用 setdefault() 與 defaultdict() 處理缺漏的鍵

你已經看過了，試著使用不存在的鍵來存取字典會產生例外。你可以使用字典的 get() 函式來取得預設值，以避免出現例外。setdefault() 函式就像 get()，但是它也會在鍵缺漏的情況下將項目指派給字典：

```
>>> periodic_table = {'Hydrogen': 1, 'Helium': 2}
>>> periodic_table
{'Hydrogen': 1, 'Helium': 2}
```

如果字典裡面**沒有**鍵，Python 會使用新值：

```
>>> carbon = periodic_table.setdefault('Carbon', 12)
>>> carbon
12
>>> periodic_table
{'Hydrogen': 1, 'Helium': 2, 'Carbon': 12}
```

如果我們試著將不同的預設值指派給**既有的**鍵，它會回傳原始值，不改變任何東西：

```
>>> helium = periodic_table.setdefault('Helium', 947)
>>> helium
2
>>> periodic_table
{'Hydrogen': 1, 'Helium': 2, 'Carbon': 12}
```

defaultdict() 很像 setdefault()，但是會在建立字典時，預先為任何新鍵指定預設值。它的引數是個函式。在這個範例中，我們傳入函式 int，它會被當成 int() 來呼叫並回傳整數 0：

```
>>> from collections import defaultdict
>>> periodic_table = defaultdict(int)
```

現在任何缺漏的值都會是一個整數（int），值為 0：

```
>>> periodic_table['Hydrogen'] = 1
>>> periodic_table['Lead']
0
>>> periodic_table
defaultdict(<class 'int'>, {'Hydrogen': 1, 'Lead': 0})
```

傳入 defaultdict() 的引數是一個函式，它會回傳將要指派給缺漏的鍵的值。在下面的範例中，no_idea() 會在必要時執行，回傳一個值：

```
>>> from collections import defaultdict
>>>
>>> def no_idea():
...     return 'Huh?'
...
>>> bestiary = defaultdict(no_idea)
>>> bestiary['A'] = 'Abominable Snowman'
>>> bestiary['B'] = 'Basilisk'
>>> bestiary['A']
'Abominable Snowman'
>>> bestiary['B']
'Basilisk'
>>> bestiary['C']
'Huh?'
```

你可以使用函式 int()、list() 或 dict() 來回傳這些型態的預設空值：int() 回傳 0，list() 回傳空串列（[]），dict() 回傳空字典（{}）。如果你省略引數，新鍵的初始值會被設為 None。

順道一提，你可以在呼叫式中使用 lambda 來定義你自己的預設值製作函式：

```
>>> bestiary = defaultdict(lambda: 'Huh?')
>>> bestiary['E']
'Huh?'
```

int 可以用來製作自己的計數器：

```
>>> from collections import defaultdict
>>> food_counter = defaultdict(int)
>>> for food in ['spam', 'spam', 'eggs', 'spam']:
...     food_counter[food] += 1
...
>>> for food, count in food_counter.items():
...     print(food, count)
...
eggs 1
spam 3
```

在上面的例子中，如果 food_counter 是一個一般的字典，而不是 defaultdict，那麼每當我們試著遞增字典元素 food_counter[food] 時，Python 就會發出例外，因為它尚未被初始化。我們必須做一些額外的工作，例如：

```
>>> dict_counter = {}
>>> for food in ['spam', 'spam', 'eggs', 'spam']:
...     if not food in dict_counter:
...         dict_counter[food] = 0
...     dict_counter[food] += 1
...
>>> for food, count in dict_counter.items():
...     print(food, count)
...
spam 3
eggs 1
```

用 Counter() 來計算項目數量

說到計數器，標準程式庫也有一個計數器可以做上面的工作以及其他的工作：

```
>>> from collections import Counter
>>> breakfast = ['spam', 'spam', 'eggs', 'spam']
>>> breakfast_counter = Counter(breakfast)
>>> breakfast_counter
Counter({'spam': 3, 'eggs': 1})
```

most_common() 函式會以降序的順序回傳所有元素，或是當你指定一個數量時，回傳前面的 count 個元素：

```
>>> breakfast_counter.most_common()
[('spam', 3), ('eggs', 1)]
>>> breakfast_counter.most_common(1)
[('spam', 3)]
```

你也可以結合計數器，首先，我們再次看一下 breakfast_counter 裡面有什麼東西：

```
>>> breakfast_counter
>>> Counter({'spam':3, 'eggs':1})
```

這一次，我們製作一個新的串列，稱為 lunch，與一個計數器，稱為 lunch_counter：

```
>>> lunch = ['eggs', 'eggs', 'bacon']
>>> lunch_counter = Counter(lunch)
>>> lunch_counter
Counter({'eggs':2, 'bacon':1})
```

結合兩個計數器的第一種做法是使用加法，+：

```
>>> breakfast_counter + lunch_counter
Counter({'spam': 3, 'eggs': 3, 'bacon': 1})
```

你應該可以猜到，你可以用 - 將一個計數器減去另一個。什麼東西早餐有，但午餐沒有？

```
>>> breakfast_counter - lunch_counter
Counter({'spam': 3})
```

好的，那麼，什麼食物午餐有，但早餐沒有？

```
>>> lunch_counter - breakfast_counter
Counter({'bacon': 1, 'eggs': 1})
```

類似第 8 章的集合，你可以使用交集運算子 & 來取得共同的項目：

```
>>> breakfast_counter & lunch_counter
Counter({'eggs': 1})
```

交集會選出數量較少的共同元素（'eggs'）。這是合理的結果：因為早餐只提供一顆蛋，所以它是共同的數量。

最後，你可以用聯集運算子 | 來取得所有項目：

```
>>> breakfast_counter | lunch_counter
Counter({'spam': 3, 'eggs': 2, 'bacon': 1})
```

'eggs' 同樣是兩者的共同項目。與加法不同的是，聯集不會將數量相加，而是選出數量較多的那一個。

用 OrderedDict() 與鍵來排序

這個例子是用 Python 2 解譯器來執行的：

```
>>> quotes = {
...     'Moe': 'A wise guy, huh?',
...     'Larry': 'Ow!',
...     'Curly': 'Nyuk nyuk!',
...     }
>>> for stooge in quotes:
...   print(stooge)
...
Larry
Curly
Moe
```

從 Python 3.7 開始，字典會按照鍵被加入的順序來保存它們。OrderedDict 在早期的版本很好用，因為早期的版本順序是無法預測的。本節的範例只適合早於 Python 3.7 的版本。

OrderedDict() 會記得鍵被加入的順序，並且用迭代器以相同的順序回傳它們。試著用一系列的（鍵, 值）tuple 來建立一個 OrderedDict：

```
>>> from collections import OrderedDict
>>> quotes = OrderedDict([
...     ('Moe', 'A wise guy, huh?'),
...     ('Larry', 'Ow!'),
...     ('Curly', 'Nyuk nyuk!'),
...     ])
>>>
>>> for stooge in quotes:
...     print(stooge)
...
Moe
Larry
Curly
```

堆疊 + 佇列 == deque

deque（唸成 *deck*）是一種雙頭（double-ended）的序列，它同時具有堆疊與佇列的功能。當你想要從佇列的任何一端加入或刪除項目時很適合使用它。接下來，我們要從一個單字的兩端開始處理到中間，看看它是不是個回文（palindrome）。popleft() 函式會將 deque 最左邊的項目移除並回傳它，pop() 則會將最右邊的項目移除並回傳。它們會同時從兩端開始往中間處理。只要兩端的字元相符，它就會持續 pop，直到到達中間為止：

```
>>> def palindrome(word):
...     from collections import deque
...     dq = deque(word)
...     while len(dq) > 1:
...         if dq.popleft() != dq.pop():
...             return False
...     return True
...
...
>>> palindrome('a')
True
```

```
>>> palindrome('racecar')
True
>>> palindrome('')
True
>>> palindrome('radar')
True
>>> palindrome('halibut')
False
```

我用這個範例來簡單地說明 deque。如果你真的想要快速地寫出回文檢查程式,比較簡單的做法是拿字串與它自己的相反做比較。Python 沒有處理字串的 reverse() 函式,但它可以用 slice 來將字串反過來,如下所示:

```
>>> def another_palindrome(word):
...     return word == word[::-1]
...
>>> another_palindrome('radar')
True
>>> another_palindrome('halibut')
False
```

用 itertools 來迭代程式結構

itertools(*http://bit.ly/py-itertools*)裡面有特殊用途的迭代器函式。當你在 for ... in 迴圈裡面呼叫它們時,它們會一次回傳一個項目,並且在每次的呼叫之間記得它的狀態。

chain() 會遍歷它的引數,彷彿它們是單一的可迭代物:

```
>>> import itertools
>>> for item in itertools.chain([1, 2], ['a', 'b']):
...     print(item)
...
1
2
a
b
```

cycle() 是一種無限迭代器,可循環遍歷它的引數:

```
>>> import itertools
>>> for item in itertools.cycle([1, 2]):
...     print(item)
...
1
2
```

```
1
2
.
.
.
```

以此類推。

accumulate() 可計算累計值。在預設情況下，它會計算總和：

```
>>> import itertools
>>> for item in itertools.accumulate([1, 2, 3, 4]):
...     print(item)
...
1
3
6
10
```

你可以在 accumulate() 的第二個引數提供一個函式來取代加法，那個函式應該要接收兩個引數，回傳一個結果。這個範例計算累計的乘法：

```
>>> import itertools
>>> def multiply(a, b):
...     return a * b
...
>>> for item in itertools.accumulate([1, 2, 3, 4], multiply):
...     print(item)
...
1
2
6
24
```

itertools 模組還有許多函式，特別是有些組合與排列置換（permutation）可以幫你節省很多時間。

用 pprint() 印出漂亮的東西

前面的範例都使用 print()（或是在互動式解譯器中，只使用變數名稱）來印出東西，有的結果很難閱讀，所以我們需要更棒的輸出工具，例如 pprint()：

```
>>> from pprint import pprint
>>> quotes = OrderedDict([
...     ('Moe', 'A wise guy, huh?'),
...     ('Larry', 'Ow!'),
```

```
...     ('Curly', 'Nyuk nyuk!'),
...     ])
>>>
```

舊式的 print() 只會將東西傾印出來：

```
>>> print(quotes)
OrderedDict([('Moe', 'A wise guy, huh?'), ('Larry', 'Ow!'),
    ('Curly', 'Nyuk nyuk!')])
```

但是，pprint() 會試著排列元素，以方便閱讀：

```
>>> pprint(quotes)
{'Moe': 'A wise guy, huh?',
 'Larry': 'Ow!',
 'Curly': 'Nyuk nyuk!'}
```

取得隨機值

我們在本章的開頭已經玩過 random.choice() 了，它會從它收到的序列（串列、tuple、字典、字串）引數裡面選出一個值回傳：

```
>>> from random import choice
>>> choice([23, 9, 46, 'bacon', 0x123abc])
1194684
>>> choice( ('a', 'one', 'and-a', 'two') )
'one'
>>> choice(range(100))
68
>>> choice('alphabet')
'l'
```

使用 sample() 函式可以一次取得多個值：

```
>>> from random import sample
>>> sample([23, 9, 46, 'bacon', 0x123abc], 3)
[1194684, 23, 9]
>>> sample(('a', 'one', 'and-a', 'two'), 2)
['two', 'and-a']
>>> sample(range(100), 4)
[54, 82, 10, 78]
>>> sample('alphabet', 7)
['l', 'e', 'a', 't', 'p', 'a', 'b']
```

要取得任何範圍之內的隨機整數，你可以使用 choice() 或 sample() 以及 range()，或是 randint() 或 randrange()：

```
>>> from random import randint
>>> randint(38, 74)
71
>>> randint(38, 74)
60
>>> randint(38, 74)
61
```

randrange() 很像 range()，它也有開始（包含）與結束（不包含）整數，以及一個選用的整數步幅：

```
>>> from random import randrange
>>> randrange(38, 74)
65
>>> randrange(38, 74, 10)
68
>>> randrange(38, 74, 10)
48
```

最後，若要取得介於 0.0 和 1.0 之間的隨機實數（浮點數）：

```
>>> from random import random
>>> random()
0.07193393312692198
>>> random()
0.7403243673826271
>>> random()
0.9716517846775018
```

其他的電池：取得其他的 Python 程式碼

有時標準程式庫沒有你需要的東西，或無法用正確的方式來工作，此時你還可以使用全世界的開放原始碼、第三方 Python 軟體，它們是很棒的資源：

- PyPi（*http://pypi.python.org*）（也稱為 Cheese Shop，名稱來自 Monty Python 的老短劇）

- GitHub（*https://github.com/Python*）

- readthedocs（*https://readthedocs.org*）

你可以在 activestate（*https://oreil.ly/clMAi*）找到許多小型的範例程式。

本書幾乎所有的 Python 程式都使用安裝在你電腦的標準 Python，包含所有內建和標準程式庫。有些地方會使用外部的程式包：我曾經在第 1 章使用 requests，第 18 章會更詳細介紹。附錄 B 介紹如何安裝第三方 Python 軟體，以及許多其他的開發細節。

次章預告

下一章是實用的一章，涵蓋許多 Python 的資料操作層面。你將會認識二進制 *bytes* 與 *bytearray* 資料型態，處理文字字串中的 Unicode 字元，以及使用正規表達式來搜尋文字。

待辦事項

11.1　建立一個名為 *zoo.py* 的檔案。在裡面定義一個名為 hours() 函式，用它來印出字串 'Open 9-5 daily'。接著，使用互動式解譯器匯入 zoo 模組，並呼叫它的 hours() 函式。

11.2　在互動式解譯器中，將 zoo 模組匯入為 menagerie，並呼叫它的 hours() 函式。

11.3　在解譯器裡面直接從 zoo 匯入 hours() 函式，並呼叫它。

11.4　將 hours() 函式匯入為 info，並呼叫它。

11.5　用鍵 / 值 'a': 1、'b': 2 與 'c': 3 製作一個稱為 plain 的字典，再將它印出。

11.6　用上一個問題中的鍵值製作一個稱為 fancy 的 OrderedDict 並將它印出，它印出來的順序與 plain 一樣嗎？

11.7　製作一個稱為 dict_of_lists 的 defaultdict，並且將 list 引數傳給它。用一個賦值式製作串列 dict_of_lists['a'] 並且對它附加 'something for a'。印出 dict_of_lists['a']。

第二部分

Python 實務

第十二章

玩轉資料

一旦你拷打資料到了一定的程度，即使大自然都會招供。

—Ronald Coase

到目前為止，我們主要探討 Python 語言本身，包括它的資料型態、程式結構、語法等。本書其餘的部分將探討如何運用它們來處理真正的問題。

在這一章，你將學習許多馴服資料的實用技巧。有時這種工作稱為**資料轉換**（*data munging*），或是在資料庫世界中比較商務風格的 *ETL*（提取 / 轉換 / 載入）。雖然程式設計書籍通常不會明確地討論這個主題，但程式員經常花費大量時間將資料塑造成符合需求的外形。

資料科學這種專業學科在過去幾年裡變得十分熱門。**哈佛商業評論**有篇文章將資料科學家稱為「21 世紀最性感的工作」，如果這句話代表市場需求與高薪，那還不錯，但是也有很多苦差事等著他們。資料科學的需求超愈資料庫的 ETL 需求，通常與**機器學習**有關，用來發掘人眼無法發現的見解。

我會從基本的資料格式談起，逐步介紹最實用的資料科學新工具。

資料格式大致分成兩類：**文字與二進制**。Python **字串**用於文字資料，本章包含我們到目前為止跳過的字串資訊：

- *Unicode* 字元
- **正規表達式模式比對**

接著，我們要探討二進制資料，以及另外兩種 Python 內建型態：

- 用於不可變八位元值的 *Bytes*
- 用於可變的 *Bytearrays*

文字字串：Unicode

第 5 章已經介紹 Python 字串的基本知識了，接下來我們要真正地探討 Unicode。

Python 3 的字串是 Unicode 字元序列，不是 byte 陣列。這是到目前為止，自從 Python 2 以來，這種語言最大的變動。

本書到目前為止的文字範例都使用舊式的 ASCII（美國資訊交換標準代碼）。ASCII 是在 1960 年代定義的，當時的電腦跟冰箱一樣大，而且只比冰箱聰明一點點。

那時候的電腦儲存基本單位是 *byte*，可以在它的八個**位元**裡面儲存 256 個不同的值。出於各種原因，ASCII 只使用 7 個位元（128 個不同的值）：用其中的 26 個代表大寫字母，26 個代表小寫字母，10 個數字，一些標點符號，一些空白字元，以及一些不能印出來的控制碼。

不幸的是，這個世界上的字母比 ASCII 提供的還要多，所以你可以在小餐館吃熱狗（hot dog），但絕對無法在咖啡館（café）喝 Gewürztraminer[1]。很多人試著將更多字母和符號塞入 8 個 bits，有時你會看到它們，例如：

- *Latin-1*，或 *ISO 8859-1*
- Windows 頁碼 *1252*

它們都使用八位元，但就算如此還是不夠，特別是需要用到非歐洲語系的語言時。*Unicode* 是還在使用的國際標準，定義全世界所有語言的字元，加上數學與其他領域的符號。此外還有 emoji！

> Unicode 為每一個字元提供一個獨一無二的號碼，
> 無論平台、程式、語言是什麼。
>
> — Unicode 協會

---

[1] 這種酒名在德國有元音變音（umlaut），但是它在法國的 Alsace 沒有那個音。

Unicode Code Charts 網頁（*http://www.unicode.org/charts*）有目前定義的所有字元集的圖片連結。最新的版本（12.0）定義了超過 137,000 個字元，每一個都有唯一的名稱和識別碼。Python 3.8 可以處理它們全部。這些字元被分成八位元的集合，稱為**平面**（*plane*）。前 256 個平面是**基本多文種平面**。詳情請參考維基百科探討 Unicode 平面的網頁（*http://bit.ly/unicode-plane*）。

Python 3 Unicode 字串

如果你知道 Unicode ID 或字元的名稱，你就可以在 Python 字串裡面使用它。舉例來說：

- \u 加上四個十六進制數字[2] 代表一個屬於 Unicode 的 256 基本多文種平面的字元。它的前兩個數字是平面號碼（00 至 FF），接下來的兩個數字是那一個字元在平面中的索引。平面 00 是舊的 ASCII，在那個平面裡面的字元位置與 ASCII 一樣。

- 較高平面的字元需要使用更多位元，對此，Python 使用的轉義序列是 \U 加上八個十六進制字元，最左邊的字元必須是 0。

- 對於所有的字元，你可以用 \N{*name*}，以字元的標準名稱來指定它。Unicode Character Name Index 網頁（*http://www.unicode.org/charts/charindex.html*）有這些字元名稱。

Python 的 unicodedata 模組有一些函式可做雙向轉換：

- lookup()—接收一個不分大小寫的名稱，回傳一個 Unicode 字元

- name()—接收一個 Unicode 字元，回傳一個大寫名稱

下面是一個測試函式，它會接收一個 Python Unicode 字元，查詢它的名稱，並用名稱再次查詢字元（應該會得到原本的字元）：

```
>>> def unicode_test(value):
...     import unicodedata
...     name = unicodedata.name(value)
...     value2 = unicodedata.lookup(name)
...     print('value="%s", name="%s", value2="%s"' % (value, name, value2))
...
```

我們來試一些字元，從一般的 ASCII 字母開始：

```
>>> unicode_test('A')
value="A", name="LATIN CAPITAL LETTER A", value2="A"
```

2　Base 16，以字元 0-9 與 A-F 來表示。

ASCII 標點符號：

```
>>> unicode_test('$')
value="$", name="DOLLAR SIGN", value2="$"
```

Unicode 貨幣字元：

```
>>> unicode_test('\u00a2')
value="¢", name="CENT SIGN", value2="¢"
```

另一個 Unicode 貨幣字元：

```
>>> unicode_test('\u20ac')
value="€", name="EURO SIGN", value2="€"
```

你可能遇到的問題只有顯示字型的限制。有些字型有所有 Unicode 字元的圖像，並且可能會顯示一些佔位字元來代表缺漏的字元。例如，這是 SNOWMAN 的 Unicode 符號，很像 dingbat 字型的符號：

```
>>> unicode_test('\u2603')
value="☃", name="SNOWMAN", value2="☃"
```

假如我們要將 café 這個字存入 Python 字串，有一種做法是從檔案或網站複製它，並將它貼上，祈望可以成功：

```
>>> place = 'café'
>>> place
'café'
```

這種做法之所以成功，是因為我從 UTF-8 文字編碼（你會在接下來幾頁看到）來源複製這個文字並貼上。

我們該如何指定最後的 é 字元？查詢字元索引 E（*http://bit.ly/e-index*）可以看到 E WITH ACUTE, LATIN SMALL LETTER 的值是 00E9。我們使用剛才用過的 name() 與 lookup() 函式來檢查一下。先傳入代碼來取得名稱：

```
>>> unicodedata.name('\u00e9')
'LATIN SMALL LETTER E WITH ACUTE'
```

再傳入名稱來查詢代碼：

```
>>> unicodedata.lookup('E WITH ACUTE, LATIN SMALL LETTER')
Traceback (most recent call last):
  File "<stdin>", line 1, in <module>
KeyError: "undefined character name 'E WITH ACUTE, LATIN SMALL LETTER'"
```

Unicode Character Name Index 列出來的名稱已被重新格式化來漂亮地排列。若要將它們轉換成真正的 Unicode 名稱（Python 使用的），你要移除逗點，並將逗點後面的名稱移到前面。因此，你要將 E WITH ACUTE, LATIN SMALL LETTER 改成 LATIN SMALL LETTER E WITH ACUTE：

```
>>> unicodedata.lookup('LATIN SMALL LETTER E WITH ACUTE')
'é'
```

現在我們可以用代碼或名稱來指定字串 café：

```
>>> place = 'caf\u00e9'
>>> place
'café'
>>> place = 'caf\N{LATIN SMALL LETTER E WITH ACUTE}'
>>> place
'café'
```

在上述的程式中，我們直接在字串中插入 é，但我們也可以用附加的方式建立字串：

```
>>> u_umlaut = '\N{LATIN SMALL LETTER U WITH DIAERESIS}'
>>> u_umlaut
'ü'
>>> drink = 'Gew' + u_umlaut + 'rztraminer'
>>> print('Now I can finally have my', drink, 'in a', place)
Now I can finally have my Gewürztraminer in a café
```

字串的 len() 函式會計算 Unicode 字元的數目，不是 byte 數：

```
>>> len('$')
1
>>> len('\U0001f47b')
1
```

如果你知道 Unicode 數字 ID，你可以使用標準的 ord() 與 chr() 函式在整數 ID 與單字元 Unicode 字串之間快速轉換：

```
>>> chr(233)
'é'
>>> chr(0xe9)
'é'
>>> chr(0x1fc6)
'ῆ'
```

UTF-8

當你進行一般的字串處理時,你不需要關心 Python 如何儲存各個 Unicode 字元。

但是,當你和外界交換資料時,你就要做一些事情了:

- 設法將字元字串**編碼**成 bytes
- 設法將 bytes **解碼**成字元字串

如果 Unicode 的字元少於 65,536 個,我們可以將每一個 Unicode 字元 ID 放入兩個 bytes,很遺憾,它們的數量超過這個數字。雖然我們可以將每一個 ID 編碼成四個 bytes,但是這樣子會讓儲存一般文字字串所需的記憶體和磁碟空間增加四倍。

Unix 開發者熟悉的 Ken Thompson 與 Rob Pike 有天晚上在 New Jersey 吃晚餐時,在餐墊上設計出 *UTF-8* 動態編碼格式。它讓每個 Unicode 字元使用一至四個位元:

- ASCII 一個 byte
- 大部分的拉丁衍生語言兩個 byte(但不包括 Cyrillic)
- 其餘的基本多文種平面三個 byte
- 剩下字元使用四個 byte,包括一些亞洲語言與符號

UTF-8 是 Python、Linux 與 HTML 的標準文字編碼。它快速、完整且運作良好。如果你在整個程式中使用 UTF-8 編碼,你的人生會比輪流使用各種編碼輕鬆許多。

 如果你從其他的來源(例如網頁)複製與貼上來創造 Python 字串,請確保該來源是以 UTF-8 格式。經常有人將 Latin-1 或 Windows 1252 編碼格式的文字複製到 Python 字串裡面,造成無效 byte 序列的例外。

編碼

將字串**編碼**成 *bytes*。encode() 字串函式的第一個引數是編碼名稱,表 12-1 是它的選項。

表 12-1 編碼

編碼名稱	說明
'ascii'	古老的七位元 ASCII
'utf-8'	八位元可變長度編碼，這是你幾乎一定會使用的格式
'latin-1'	也稱為 ISO 8859-1
'cp-1252'	一般的 Windows 編碼
'unicode-escape'	Python Unicode 常值格式，`\u`*xxxx* 或 `\U`*xxxxxxxx*

你可以將任何東西編碼成 UTF-8。我們將 Unicode 字串 '\u2603' 指派給名稱 snowman：

```
>>> snowman = '\u2603'
```

snowman 是一個 Python Unicode 單字元字串，無論內部需要用多少 byte 來儲存它：

```
>>> len(snowman)
1
```

接下來，我們將這個 Unicode 字元編碼成 byte 序列：

```
>>> ds = snowman.encode('utf-8')
```

如前所述，UTF-8 是一種可變長度編碼，在這個例子中，它使用三個 byte 來編碼一個 snowman Unicode 字元：

```
>>> len(ds)
3
>>> ds
b'\xe2\x98\x83'
```

這個 len() 回傳 byte 的數量（3），因為 ds 是一個 bytes 變數。

你也可以使用非 UTF-8 的編碼，但如果編碼程式無法處理 Unicode 字串的話，你會看到錯誤訊息。例如，當你使用 ascii 編碼時，除非你的 Unicode 字元剛好也是有效的 ASCII 字元，否則它會失敗：

```
>>> ds = snowman.encode('ascii')
Traceback (most recent call last):
  File "<stdin>", line 1, in <module>
UnicodeEncodeError: 'ascii' codec can't encode character '\u2603'
in position 0: ordinal not in range(128)
```

encode() 函式可以接收第二個引數來幫助你避免編碼例外。你可以在前面的範例中看到，它的預設值是 'strict'，當它看到非 ASCII 字元時，它就會發出 UnicodeEncodeError。此外還有其他的編碼方式，你可以使用 'ignore' 來丟棄任何無法編碼的東西：

```
>>> snowman.encode('ascii', 'ignore')
b''
```

或使用 'replace' 來將未知字元換成 ?：

```
>>> snowman.encode('ascii', 'replace')
b'?'
```

或使用 'backslashreplace' 來產生 Python Unicode 字元字串，就像 unicode-escape：

```
>>> snowman.encode('ascii', 'backslashreplace')
b'\\u2603'
```

如果你需要可列印的 Unicode 轉義序列版本，你可以使用這一種。

你可以使用 'xmlcharrefreplace' 來製作 HTML 安全的字串：

```
>>> snowman.encode('ascii', 'xmlcharrefreplace')
b'&#9731;'
```

第 238 頁的「HTML 實體」會更詳細探討 HTML 轉換。

解碼

將 bytes 字串解碼成 Unicode 文字字串。當我們從外部來源（檔案、資料庫、網站、網路 API 等）取得文字時，它被編碼成 byte 字串。對我們而言，最麻煩的地方就是要先瞭解它究竟使用哪一種編碼，才可以反推回去，取得 Unicode 字串。

問題在於 byte 字串本身並沒有任何東西說明它使用哪一種編碼。我已經說過從網站複製與貼上的風險了，或許你也看過一些原本應該顯示一般的 ASCII 字元，卻出現奇怪字元的網站。

我們建立一個名為 place 的 Unicode 字串，將它的值設為 'café'：

```
>>> place = 'caf\u00e9'
>>> place
'café'
>>> type(place)
<class 'str'>
```

將它編碼成 UTF-8 格式，並放入 bytes 變數 place_bytes：

```
>>> place_bytes = place.encode('utf-8')
>>> place_bytes
b'caf\xc3\xa9'
>>> type(place_bytes)
<class 'bytes'>
```

注意 place_bytes 有五個 byte。前三個與 ASCII 相同（UTF-8 的優勢），後兩個編碼 'é'。接著將那個 byte 字串解碼回 Unicode 字串：

```
>>> place2 = place_bytes.decode('utf-8')
>>> place2
'café'
```

因為我們先編碼成 UTF-8，再從 UTF-8 解碼，所以這段程式成功了。如果我們要求它解碼其他的編碼格式呢？

```
>>> place3 = place_bytes.decode('ascii')
Traceback (most recent call last):
  File "<stdin>", line 1, in <module>
UnicodeDecodeError: 'ascii' codec can't decode byte 0xc3 in position 3:
ordinal not in range(128)
```

ASCII 解碼器丟出例外，因為 byte 值 0xc3 在 ASCII 是無效的。雖然有一些介於 128（十六進制 80）到 255（十六進制 FF）的 8 位元字元編碼是有效的，但它們與 UTF-8 不同：

```
>>> place4 = place_bytes.decode('latin-1')
>>> place4
'cafÃ©'
>>> place5 = place_bytes.decode('windows-1252')
>>> place5
'cafÃ©'
```

呃…

這個故事告訴我們：盡量使用 UTF-8 編碼。它有效、到處都受到支援、可以表達每一個 Unicode 字元，而且可以快速地編碼與解碼。

 即使你指定了任何 Unicode 字元也不代表電腦會顯示它們全部，這件事取決於你使用的字型，它可能無法顯示許多字元，或將字元顯示成填充（fill-in）圖像。Apple 為 Unicode Consortium 建立了 Last Resort Font（*https://oreil.ly/q5EZD*），並且在它自己的作業系統裡面使用它。維基百科網頁（*https://oreil.ly/Zm_uZ*）列出一些細節。Unifont（*https://oreil.ly/APKlj*）也擁有介於 \u0000 與 \uffff 之間的所有字型以及一些其他字體。

HTML 實體

Python 3.4 加入另一種轉換（和轉換為）Unicode 的方式，但它使用 HTML 字元實體[3]。它可能比查詢 Unicode 名稱更方便，尤其是在處理網頁時：

```
>>> import html
>>> html.unescape("&egrave;")
'è'
```

這個轉換也可以處理包含數字的實例，無論十進制或十六進制皆可：

```
>>> import html
>>> html.unescape("&#233;")
'é'
>>> html.unescape("&#xe9;")
'é'
```

你甚至可以匯入具名實體轉換字典，並且自己進行轉換，在轉換時，將字典鍵開頭的 '&' 移除（你也可以移除最後面的 ';'，不過這兩種做法似乎都可行）：

```
>>> from html.entities import html5
>>> html5["egrave"]
'è'
>>> html5["egrave;"]
'è'
```

要進行反向的轉換（從單一 Python Unicode 字元轉換成 HTML 實體名稱），你要先用 ord() 取得字元的十進制值：

```
>>> import html
>>> char = '\u00e9'
>>> dec_value = ord(char)
>>> html.entities.codepoint2name[dec_value]
'eacute'
```

當你要處理有多個字元的 Unicode 字串時，請用兩個步驟來轉換：

```
>>> place = 'caf\u00e9'
>>> byte_value = place.encode('ascii', 'xmlcharrefreplace')
>>> byte_value
b'caf&#233;'
>>> byte_value.decode()
'caf&#233;'
```

3　見 HTML5 具名字元參考圖（*https://oreil.ly/pmBWO*）。

運算式 place.encode('ascii', 'xmlcharrefreplace') 會回傳 ASCII 字元，但是它是 bytes 型態（因為它被編碼）。你要用接下來的 byte_value.decode() 來將 byte_value 轉換成 HTML 相容的字串。

標準化

有些 Unicode 字元可以用多種 Unicode 編碼來表示。它們看起來很像，但比較出來的結果不同，因為它們內在的 byte 序列是不同的。例如在 'café' 中帶重音符號的 'é'。我們來用各種方式製作單字元 'é'：

```
>>> eacute1 = 'é'                              # UTF-8，貼上
>>> eacute2 = '\u00e9'                         # Unicode 碼位
>>> eacute3 = \                                # Unicode 名稱
...     '\N{LATIN SMALL LETTER E WITH ACUTE}'
>>> eacute4 = chr(233)                         # 十進制 byte 值
>>> eacute5 = chr(0xe9)                        # 十六進制 byte 值
>>> eacute1, eacute2, eacute3, eacute4, eacute5
('é', 'é', 'é', 'é', 'é')
>>> eacute1 == eacute2 == eacute3 == eacute4 == eacute5
True
```

試著做一些健全性測試：

```
>>> import unicodedata
>>> unicodedata.name(eacute1)
'LATIN SMALL LETTER E WITH ACUTE'
>>> ord(eacute1)              # 十進制整數
233
>>> 0xe9                      # Unicode 十六進制整數
233
```

接著我們藉著結合一般的 e 和重音符號：

```
>>> eacute_combined1 = "e\u0301"
>>> eacute_combined2 = "e\N{COMBINING ACUTE ACCENT}"
>>> eacute_combined3 = "e" + "\u0301"
>>> eacute_combined1, eacute_combined2, eacute_combined3
('é', 'é', 'é'))
>>> eacute_combined1 == eacute_combined2 == eacute_combined3
True
>>> len(eacute_combined1)
2
```

我們用兩個字元建立一個 Unicode 字元，它看起來與原始的 **'é'** 一樣。但是正如同芝麻街的角色說的，有一個東西不同：

```
>>> eacute1 == eacute_combined1
False
```

如果你從不同的來源取得兩個不同的 Unicode 文字字串，一個使用 eacute1，另一個使用 eacute_combined1，雖然它們看起來一樣，但是會神秘地有不同的行為。

你可以用 unicodedata 模組的 normalize() 函式來修正它：

```
>>> import unicodedata
>>> eacute_normalized = unicodedata.normalize('NFC', eacute_combined1)
>>> len(eacute_normalized)
1
>>> eacute_normalized == eacute1
True
>>> unicodedata.name(eacute_normalized)
'LATIN SMALL LETTER E WITH ACUTE'
```

'NFC' 代表 *normal form, composed*（正規形式，複合）。

其他資訊

如果你想要進一步瞭解 Unicode，這些是很實用的網址：

- Unicode HOWTO（*http://bit.ly/unicode-howto*）

- Pragmatic Unicode（*http://bit.ly/pragmatic-uni*）

- The Absolute Minimum Every Software Developer Absolutely, Positively Must Know About Unicode and Character Sets (No Excuses!)（*http://bit.ly/jspolsky*）

文字字串：正規表達式

第 5 章曾經討論簡單的字串操作。學到那些基本知識之後，你可能會在命令列使用簡單的「萬用（wildcard）」模式，例如 UNIX 命令 **ls *.py**，*代表列出 .py 結尾的所有檔名*。

接下來要探討比較複雜的模式比對，使用**正規表達式**。它們是由標準模組 re 提供的，我們接下來會匯入它。你要定義一個想要比對的字串**模式**，以及要比對的**來源**字串。這是進行簡單的比對的情況：

```
>>> import re
>>> result = re.match('You', 'Young Frankenstein')
```

在這裡，'You' 是我們想要尋找的**模式**，'Young Frankenstein' 是**來源**（我們想要搜尋的字串）。match() 會檢查**來源**的開頭是不是**模式**。

進行較複雜的比對時，你可以先**編譯**模式來提升之後的比對速度：

```
>>> import re
>>> youpattern = re.compile('You')
```

接著用編譯過的模式來執行比對：

```
>>> import re
>>> result = youpattern.match('Young Frankenstein')
```

 因為這是常見的 Python 陷阱，所以容我再次強調：match() 只會比對**來源開頭**的模式，search() 會比對在來源中**任何地方**的模式。

除了 match() 之外還有其他比對模式與來源的方式，這些是你可以使用的其他方法（接下來幾節會逐一討論它們）：

- search() 會回傳第一個符合的，如果有的話。
- findall() 會回傳一個串列，裡面有所有不重疊的、符合的實例，如果有的話。
- split() 會在符合模式的地方拆開**來源**，並回傳一個存有每一段字串的串列。
- sub() 會接收一個替換引數，將**來源**中符合模式的部分都換成替換物。

 本書大部分的正規表達式都使用 ASCII，但是 Python 的字串函式，包括正規表達式，都可以處理任何 Python 字串以及任何 Unicode 字元。

用 match() 來確定開頭是否符合

字串 'Young Frankenstein' 的開頭是 'You' 這個單字嗎？這是包含註釋的程式碼：

```
>>> import re
>>> source = 'Young Frankenstein'
>>> m = re.match('You', source)  # match 在 source 的開頭開始處理
>>> if m:  # match 回傳一個物件；看看符合的是什麼
...     print(m.group())
```

```
...
You
>>> m = re.match('^You', source) # 開頭是 ^ 也一樣
>>> if m:
...     print(m.group())
...
You
```

'Frank' 呢？

```
>>> import re
>>> source = 'Young Frankenstein'
>>> m = re.match('Frank', source)
>>> if m:
...     print(m.group())
...
```

這一次，match() 沒有回傳任何東西，所以 if 不執行 print 陳述式。

我在第 60 頁的「新功能：我是海象」說過，在 Python 3.8，你可以用所謂的**海象運算子**來縮短這個範例：

```
>>> import re
>>> source = 'Young Frankenstein'
>>> if m := re.match('Frank', source):
...     print(m.group())
...
```

OK，我們用 search() 來看看 'Frank' 有沒有在來源字串的任何地方：

```
>>> import re
>>> source = 'Young Frankenstein'
>>> m = re.search('Frank', source)
>>> if m:
...     print(m.group())
...
Frank
```

我們改變模式，並且再次使用 match() 來比對開頭：

```
>>> import re
>>> source = 'Young Frankenstein'
>>> m = re.match('.*Frank', source)
>>> if m:  # match 回傳物件
...     print(m.group())
...
Young Frank
```

簡單解釋一下新模式 '.*Frank' 的意思：

- . 代表任何單一字元。

- * 代表零或多個它前面的東西。 .* 一起使用代表任何數量的字元（包括零）。

- Frank 是我們想要比對的詞，在某個地方。

match() 回傳符合 .*Frank 的字串：'Young Frank'。

用 search() 找到第一個符合的對象

你可以使用 search() 來尋找來源字串 'Young Frankenstein' 之中任何地方的模式 'Frank'，不需要使用 .* 萬用字元：

```
>>> import re
>>> source = 'Young Frankenstein'
>>> m = re.search('Frank', source)
>>> if m:  # search 回傳一個物件
...     print(m.group())
...
Frank
```

用 findall() 尋找所有符合的對象

之前的範例都只尋找一個符合的對象。但如果你想要知道字串裡面有多少個單字母字串 'n' 的實例呢？

```
>>> import re
>>> source = 'Young Frankenstein'
>>> m = re.findall('n', source)
>>> m   # findall 回傳一個串列
['n', 'n', 'n', 'n']
>>> print('Found', len(m), 'matches')
Found 4 matches
```

在 'n' 之後有任何字元的模式呢？

```
>>> import re
>>> source = 'Young Frankenstein'
>>> m = re.findall('n.', source)
>>> m
['ng', 'nk', 'ns']
```

注意它不匹配最終的 'n'。我們必須用 ? 來表示在 'n' 後面的字元是可有可無的:

```
>>> import re
>>> source = 'Young Frankenstein'
>>> m = re.findall('n.?', source)
>>> m
['ng', 'nk', 'ns', 'n']
```

用 split() 在符合的地方拆開

接下來的範例告訴你如何使用模式來將一個字串分割成一個串列,而不是用簡單的字串來分割(像一般的字串 split() 方法那樣):

```
>>> import re
>>> source = 'Young Frankenstein'
>>> m = re.split('n', source)
>>> m     # split 會回傳一個串列
['You', 'g Fra', 'ke', 'stei', '']
```

用 sub() 來替換符合的對象

它很像字串方法 replace(),但使用模式,而不是常值字串:

```
>>> import re
>>> source = 'Young Frankenstein'
>>> m = re.sub('n', '?', source)
>>> m # sub 會回傳一個字串
'You?g Fra?ke?stei?'
```

模式:特殊字元

許多說明正規表達式的文章都會先介紹如何定義它們,我覺得這是不對的,正規表達式本身是有相當規模的語言,它有很多細節,所以你的腦袋無法一次裝那麼多資訊。它們使用很多標點符號,讓它們看起來就像漫畫中的「嘟嚷」文字。

學會上述的表達式(match()、search()、findall() 與 sub())之後,我們來詳細討論組建它們的細節。你可以在這些函式裡面使用你製作的模式。

這些是你已經知道的基本知識:

- 以任何非特殊的字元來做常值比對
- 用 . 來比對 \n 之外的任何單一字元

- 用 * 來比對任何數量（包括零個）的前置字元

- 用 ? 來比對可有可無（零或一個）的前置字元

首先，表 12-2 是特殊字元。

表 12-2　特殊字元

模式	比對
\d	一個數字
\D	一個非數字
\w	一個英數字元
\W	一個非英數字元
\s	一個空白字元
\S	一個非空白字元
\b	一個單字範圍（介於 \w 與 \W，無論順序為何）
\B	一個非單字範圍

Python string 模組定義了許多可用來進行測試的字串常數，我們將使用 printable，它有 100 個可列印 ASCII 字元，包括大小寫的字母、數字、空白字元與標點符號：

```
>>> import string
>>> printable = string.printable
>>> len(printable)
100
>>> printable[0:50]
'0123456789abcdefghijklmnopqrstuvwxyzABCDEFGHIJKLMN'
>>> printable[50:]
'OPQRSTUVWXYZ!"#$%&\'()*+,-./:;<=>?@[\\]^_`{|}~ \t\n\r\x0b\x0c'
```

在 printable 裡面的字元有哪些是數字？

```
>>> re.findall('\d', printable)
['0', '1', '2', '3', '4', '5', '6', '7', '8', '9']
```

哪些字元是數字、字母，或底線？

```
>>> re.findall('\w', printable)
['0', '1', '2', '3', '4', '5', '6', '7', '8', '9', 'a', 'b',
'c', 'd', 'e', 'f', 'g', 'h', 'i', 'j', 'k', 'l', 'm', 'n',
'o', 'p', 'q', 'r', 's', 't', 'u', 'v', 'w', 'x', 'y', 'z',
'A', 'B', 'C', 'D', 'E', 'F', 'G', 'H', 'I', 'J', 'K', 'L',
'M', 'N', 'O', 'P', 'Q', 'R', 'S', 'T', 'U', 'V', 'W', 'X',
'Y', 'Z', '_']
```

哪些是空白？

```
>>> re.findall('\s', printable)
[' ', '\t', '\n', '\r', '\x0b', '\x0c']
```

它們依序是一般的空格、tab、換行、回車（carriage return）、垂直 tab，以及跳頁。

正規表達式並非局限於 ASCII。\d 可以比對 Unicode 稱為 digit 的任何東西，而不是只有 ASCII 的 '0' 到 '9' 字元。我們從 FileFormat.info（*http://bit.ly/unicode-letter*）加入兩個非 ASCII 小寫字母：

在這項測試中，我們會丟入這些東西：

- 三個 ASCII 字母

- 三個不應該符合 \w 的標點符號

- 一個 Unicode *LATIN SMALL LETTER E WITH CIRCUMFLEX*（\u00ea）

- 一個 Unicode *LATIN SMALL LETTER E WITH BREVE*（\u0115）

  ```
  >>> x = 'abc' + '-/*' + '\u00ea' + '\u0115'
  ```

一如預期，這個模式只找到三個字母：

```
>>> re.findall('\w', x)
['a', 'b', 'c', 'ê', 'ĕ']
```

模式：使用說明符

接下來我們要製作「標點比薩」，使用正規表達式的主要模式說明符，見表 12-3。

在表中，*expr* 與其他斜體的單字代表任何有效的正規表達式。

表 12-3　模式說明符

模式	比對
abc	常值 abc
(*expr*)	*expr*
expr1 | expr2	*expr1* 或 *expr2*
.	除了 \n 之外的任何字元
^	來源字串的開頭
$	來源字串的結尾
prev ?	零或一個 *prev*

模式	比對
prev *	零或多個 prev，盡可能地多
prev *?	零或多個 prev，盡可能地少
prev +	一或多個 prev，盡可能地多
prev +?	一或多個 prev，盡可能地少
prev { m }	m 個連續的 prev
prev { m, n }	m 至 n 個連續的 prev，盡可能地多
prev { m, n }?	m 至 n 個連續的 prev，盡可能地少
[abc]	a 或 b 或 c（與 a|b|c 一樣）
[^ abc]	非 (a 或 b 或 c)
prev (?= next)	prev，若接下來是 next
prev (?! next)	prev，若接下來不是 next
(?<= prev) next	next，若前面是 prev
(?<! prev) next	next，若前面不是 prev

看這些範例可能會讓你眼花撩亂。我們先定義 source 字串：

```
>>> source = '''I wish I may, I wish I might
... Have a dish of fish tonight.'''
```

接著使用各種正規表達式模式字串，試著比對 source 字串裡面的東西。

在接下來的範例中，我使用加上引號的字串來代表模式。在本節稍後，我會說明怎麼用原始模式字串（在第一個引號前面使用 r）來避免 Python 的一般字串轉義和正規表達式的字串轉義之間的衝突。所以為了安全起見，接下來的所有範例的第一個引數其實應該是原始字串。

我們先找出任何地方的 wish：

```
>>> re.findall('wish', source)
['wish', 'wish']
```

接著找出任何地方的 wish 或 fish：

```
>>> re.findall('wish|fish', source)
['wish', 'wish', 'fish']
```

在開頭尋找 wish：

```
>>> re.findall('^wish', source)
[]
```

在開頭尋找 I wish：

```
>>> re.findall('^I wish', source)
['I wish']
```

在結尾尋找 fish：

```
>>> re.findall('fish$', source)
[]
```

最後，在結尾尋找 fish tonight.：

```
>>> re.findall('fish tonight.$', source)
['fish tonight.']
```

^ 與 $ 字元稱為錨點（*anchor*）：^ 會定錨搜尋字串的開頭，$ 會定錨搜尋結尾。.$ 會比對行尾的任何字元，包括句點，所以它找到東西。為了更精確，我們應該轉義句點，用字面值來比對：

```
>>> re.findall('fish tonight\.$', source)
['fish tonight.']
```

尋找 w 或 f 接著是 ish 的模式：

```
>>> re.findall('[wf]ish', source)
['wish', 'wish', 'fish']
```

尋找一或多個 w、s 或 h：

```
>>> re.findall('[wsh]+', source)
['w', 'sh', 'w', 'sh', 'h', 'sh', 'sh', 'h']
```

尋找開頭是 ght 接下來是非英數字元的模式：

```
>>> re.findall('ght\W', source)
['ght\n', 'ght.']
```

尋找 wish 之前的 I：

```
>>> re.findall('I (?=wish)', source)
['I ', 'I ']
```

最後，I 之後的 wish：

```
>>> re.findall('(?<=I) wish', source)
[' wish', ' wish']
```

我說過，有時正規表達式模式規則會與 Python 字串規則衝突。下面的模式應該比對任何開頭為 fish 的單字：

```
>>> re.findall('\bfish', source)
[]
```

為什麼沒辦法找到？第 5 章說過，Python 會在字串中採用一些特殊的**轉義字元**。例如，\b 在字串中代表退格（backspace），但是在正規表達式這種迷你語言中，它代表單字的開頭。當你定義正規表達式字串時，請使用 Python 的**原始字串**來避免不小心使用轉義字元。務必在你的正規表達式模式字串的前面放上 r 字元來停用 Python 的轉義字元，如下所示：

```
>>> re.findall(r'\bfish', source)
['fish']
```

模式：指定 match() 輸出

當你使用 match() 或 search() 時，所有的匹配的實例都是用結果物件 m，以 m.group() 回傳的。如果你將模式放在括號內，匹配的實例會被放在它自己的群組內，你可以用 m.groups() 來取得它們的 tuple，如下所示：

```
>>> m = re.search(r'(. dish\b).*(\bfish)', source)
>>> m.group()
'a dish of fish'
>>> m.groups()
('a dish', 'fish')
```

如果你使用這個模式 (?P< *name* > *expr*)，它會比對 *expr*，將匹配的實例放在 *name* 群組內：

```
>>> m = re.search(r'(?P<DISH>. dish\b).*(?P<FISH>\bfish)', source)
>>> m.group()
'a dish of fish'
>>> m.groups()
('a dish', 'fish')
>>> m.group('DISH')
'a dish'
>>> m.group('FISH')
'fish'
```

二進制資料

文字資料有挑戰性，但二進制資料或許會，嗯，很有趣。你必須知道一些概念，例如**位元組順序**（電腦的處理器如何將資料拆成 byte），以及整數的**符號位元**。你可能需要深入研究二進制檔案的格式，或網路封包，才能取出或更改資料。本節將告訴你在 Python 中處理二進制資料的基礎知識。

byte 與 bytearray

Python 3 使用下列的八位元整數序列，它可以容納 0 到 255 的值，用兩種型態：

- *byte* 是不可變的，就像 byte 的 tuple 一樣

- *bytearray* 是可變的，就像個 byte 串列

接下來的範例要用一個稱為 blist 的串列建立一個 bytes 變數，稱為 the_bytes，與一個 bytearray 變數，稱為 the_byte_array：

```
>>> blist = [1, 2, 3, 255]
>>> the_bytes = bytes(blist)
>>> the_bytes
b'\x01\x02\x03\xff'
>>> the_byte_array = bytearray(blist)
>>> the_byte_array
bytearray(b'\x01\x02\x03\xff')
```

 bytes 值的表示法是以一個 b 與一個引號字元開頭的，接下來是十六進制序列，例如 \x02 或 ASCII 字元，最後是另一個引號字元。Python 會將十六進制序列或 ASCII 字元轉換成小整數，但是會用 ASCII 字元來顯示也是有效的 ASCII 編碼的 byte 值：

```
>>> b'\x61'
b'a'

>>> b'\x01abc\xff'
b'\x01abc\xff'
```

這個範例是為了告訴你，你無法改變 bytes 變數：

```
>>> blist = [1, 2, 3, 255]
>>> the_bytes = bytes(blist)
>>> the_bytes[1] = 127
Traceback (most recent call last):
```

```
    File "<stdin>", line 1, in <module>
TypeError: 'bytes' object does not support item assignment
```

但是 bytearray 變數比較聽話，可以更改：

```
>>> blist = [1, 2, 3, 255]
>>> the_byte_array = bytearray(blist)
>>> the_byte_array
bytearray(b'\x01\x02\x03\xff')
>>> the_byte_array[1] = 127
>>> the_byte_array
bytearray(b'\x01\x7f\x03\xff')
```

它們都會建立一個包含 256 種元素的結果，值從 0 到 255：

```
>>> the_bytes = bytes(range(0, 256))
>>> the_byte_array = bytearray(range(0, 256))
```

當你列印 bytes 或 bytearray 資料時，Python 會將無法印出的 bytes 顯示為 \xxx，將可印出的顯示為相應的 ASCII（加上一些常用的轉義字元，例如以 \n 來取代 \x0a）。這些是 the_bytes 的印出結果（經過手動排列，在每行顯示 16 bytes）：

```
>>> the_bytes
b'\x00\x01\x02\x03\x04\x05\x06\x07\x08\t\n\x0b\x0c\r\x0e\x0f
\x10\x11\x12\x13\x14\x15\x16\x17\x18\x19\x1a\x1b\x1c\x1d\x1e\x1f
!"#$%&\'()*+,-./
0123456789:;<=>?
@ABCDEFGHIJKLMNO
PQRSTUVWXYZ[\\]^_
`abcdefghijklmno
pqrstuvwxyz{|}~\x7f
\x80\x81\x82\x83\x84\x85\x86\x87\x88\x89\x8a\x8b\x8c\x8d\x8e\x8f
\x90\x91\x92\x93\x94\x95\x96\x97\x98\x99\x9a\x9b\x9c\x9d\x9e\x9f
\xa0\xa1\xa2\xa3\xa4\xa5\xa6\xa7\xa8\xa9\xaa\xab\xac\xad\xae\xaf
\xb0\xb1\xb2\xb3\xb4\xb5\xb6\xb7\xb8\xb9\xba\xbb\xbc\xbd\xbe\xbf
\xc0\xc1\xc2\xc3\xc4\xc5\xc6\xc7\xc8\xc9\xca\xcb\xcc\xcd\xce\xcf
\xd0\xd1\xd2\xd3\xd4\xd5\xd6\xd7\xd8\xd9\xda\xdb\xdc\xdd\xde\xdf
\xe0\xe1\xe2\xe3\xe4\xe5\xe6\xe7\xe8\xe9\xea\xeb\xec\xed\xee\xef
\xf0\xf1\xf2\xf3\xf4\xf5\xf6\xf7\xf8\xf9\xfa\xfb\xfc\xfd\xfe\xff'
```

你應該看不懂它們，因為它們是 bytes（小整數），不是字元。

用 struct 來轉換二進制資料

如你所見，Python 有許多文字處理工具。處理二進制資料的工具比較不流行。標準的程式庫有個 struct 模組，它以類似 C 與 C++ 的 *struct* 來處理資料。你可以使用 struct 將二進制資料轉換為 Python 資料結構，以及進行反向轉換。

我們來看看如何用它來處理 PNG 檔案（一種常見的圖像格式，經常與 GIF 與 JPEG 一起出現）的資料。我們要編寫一個小程式，用它從 PNG 資料擷取圖像的寬與高。

我們將使用 O'Reilly 的標誌，圖 12-1 的小眼鏡猴。

圖 12-1　O'Reilly 眼鏡猴

你可以從維基百科（*http://bit.ly/orm-logo*）下載這張圖的 PNG 檔。第 14 章才會介紹如何讀取檔案，所以我先下載這個檔案，寫一個小程式來印出它的 byte 值，用打字的方式輸入前 30 個 byte，將它設為 Python bytes 變數 data，供接下來的範例使用。（因為 PNG 規格規定寬與高必須放在前 24 個 byte 之內，所以我們目前不需要處理超出該範圍的資料。）

```
>>> import struct
>>> valid_png_header = b'\x89PNG\r\n\x1a\n'
>>> data = b'\x89PNG\r\n\x1a\n\x00\x00\x00\rIHDR' + \
...     b'\x00\x00\x00\x9a\x00\x00\x00\x8d\x08\x02\x00\x00\x00\xc0'
>>> if data[:8] == valid_png_header:
...     width, height = struct.unpack('>LL', data[16:24])
...     print('Valid PNG, width', width, 'height', height)
... else:
...     print('Not a valid PNG')
...
Valid PNG, width 154 height 141
```

這是這段程式做的事情：

- data 裡面有 PNG 檔的前 30 byte。為了配合頁寬，我用 + 與接續字元（\）來連接兩個 byte 字串。

- valid_png_header 裡面有標記 PNG 檔的開頭的 8-byte 序列。

- 從第 16-19 個 byte 取出 width，從第 20-23 個 byte 取出 height。

>LL 是格式字串，指示 unpack() 如何解讀它的 byte 輸入序列，並將它們重新組成 Python 資料型態。分解說明如下：

- > 代表以 *big-endian* 格式儲存整數。

- 各個 L 指定 4-byte 不帶符號長整數。

你可以直接檢查各個 4-byte 值：

```
>>> data[16:20]
b'\x00\x00\x00\x9a'
>>> data[20:24]0x9a
b'\x00\x00\x00\x8d'
```

big-endian 整數將最高位 byte 放在左邊，因為寬與高都小於 255，所以它們都會被放到每個序列的最後一個 byte。你可以確認這些十六進制值都符合期望的十進制值：

```
>>> 0x9a
154
>>> 0x8d
141
```

你可以使用 struct pack() 函式將 Python 資料轉換成 byte：

```
>>> import struct
>>> struct.pack('>L', 154)
b'\x00\x00\x00\x9a'
>>> struct.pack('>L', 141)
b'\x00\x00\x00\x8d'
```

表 12-4 與 12-5 是 pack() 與 unpack() 的格式說明符。

endian 說明符要放在格式字串的前面。

表 12-4　endian 說明符

說明符	bytes 順序
<	Little endian
>	Big endian

表 12-5　格式說明符

說明符	說明	bytes
x	跳過一個 byte	1
b	帶符號 byte	1
B	不帶符號 byte	1
h	帶符號短整數	2
H	不帶符號短整數	2
i	帶符號整數	4
I	不帶符號整數	4
l	帶符號長整數	4
L	不帶符號長整數	4
Q	不帶符號長長整數	8
f	單精度浮點數	4
d	雙精度浮點數	8
p	數量與字元	1 + 數量
s	字元	數量

型態說明符的位置在 endian 字元後面。你可以在任何說明符前面加上一個數字來代表它的**數量**，5B 與 BBBBB 一樣。

你也可以在開頭使用**數量**來取代 >LL：

```
>>> struct.unpack('>2L', data[16:24])
(154, 141)
```

我們曾經使用 slice data[16:24] 來直接抓取想要的 byte。我們也可以使用 x 說明符來跳過不想要的部分：

```
>>> struct.unpack('>16x2L6x', data)
(154, 141)
```

這代表：

• 使用 big-endian 整數格式（>）

• 跳過 16 個 byte（16x）

• 讀取 8 byte—兩個不帶符號長整數（2L）

• 跳過最後的 6 個 byte（6x）

其他的二進制資料工具

有些第三方開放原始碼程式包提供下列更具宣告性的方式，供你定義與擷取二進制資料：

- bitstring（*http://bit.ly/py-bitstring*）
- construct（*http://bit.ly/py-construct*）
- hachoir（*https://pypi.org/project/hachoir*）
- binio（*http://spika.net/py/binio*）
- kaitai struct（*http://kaitai.io*）

附錄 B 詳細說明如何下載及安裝這種外部程式包。你要安裝 construct 才能執行接下來的範例。你只要做這件事就可以了：

```
$ pip install construct
```

下面是使用 construct 從 data bytestring 擷取 PNG 長寬的方式：

```
>>> from construct import Struct, Magic, UBInt32, Const, String
>>> # 以位於 https://github.com/construct 的程式修改
>>> fmt = Struct('png',
...     Magic(b'\x89PNG\r\n\x1a\n'),
...     UBInt32('length'),
...     Const(String('type', 4), b'IHDR'),
...     UBInt32('width'),
...     UBInt32('height')
...     )
>>> data = b'\x89PNG\r\n\x1a\n\x00\x00\x00\rIHDR' + \
...     b'\x00\x00\x00\x9a\x00\x00\x00\x8d\x08\x02\x00\x00\x00\xc0'
>>> result = fmt.parse(data)
>>> print(result)
Container:
    length = 13
    type = b'IHDR'
    width = 154
    height = 141
>>> print(result.width, result.height)
154, 141
```

用 binascii() 來轉換 byte / 字串

標準的 binascii 模組有一些函式可以對二進制資料與各種字串格式進行雙向轉換，包括
十六進制（底數 16）、base 64、uuencoded 等。例如下面的程式將之前的 8-byte PNG 標
頭印成一系列的十六進制值，而不是 Python 用來顯示 *bytes* 變數的 ASCII 與 \x *xx* 轉義
的混合體：

```
>>> import binascii
>>> valid_png_header = b'\x89PNG\r\n\x1a\n'
>>> print(binascii.hexlify(valid_png_header))
b'89504e470d0a1a0a'
```

這個東西也可以轉回去：

```
>>> print(binascii.unhexlify(b'89504e470d0a1a0a'))
b'\x89PNG\r\n\x1a\n'
```

位元運算子

Python 也提供了位元等級的整數運算子，與 C 語言的很相似。表 12-6 列出它們的摘
要，並以整數變數 x（十進制 5，二進制 0b0101）和 y（十進制 1，二進制 0b0001）
為例。

表 12-6　位元等級的整數運算子

運算子	說明	範例	十進制結果	二進制結果
&	And	x & y	1	0b0001
|	Or	x | y	5	0b0101
^	互斥或	x ^ y	4	0b0100
~	位元翻轉	~x	-6	二進制結果取決於 *int* 的大小
<<	左移	x << 1	10	0b1010
>>	右移	x >> 1	2	0b0010

這些運算子的運作方式有點像第 8 章的集合運算子。& 運算子回傳兩個引數相同的位
元，| 回傳在任一引數中設為 1 的位元。^ 運算子回傳在兩者之一為 1，但不是兩者皆為
1 的位元。~ 會反轉它唯一的引數的所有位元；它也會反轉符號，因為在所有現代電腦
使用的**二的補數**算術中，整數的最高位元代表它的符號（1 = 負）。<< 與 >> 運算子只是
將位元左移或右移。左移一個位元等於乘以二，右移一個位元等於除以二。

以珠寶來類比

Unicode 字串就像迷人的手鐲，byte 就像一串串的珠子。

次章預告

接下來也是實用的一章：如何處理日期與時間。

待辦事項

12.1 建立一個名為 mystery 的 Unicode 字串，並將它設為 '\U0001f984' 值。印出 mystery 與它的 Unicode 名稱。

12.2 這次使用 UTF-8，將 mystery 編碼成 bytes 變數 pop_bytes，印出 pop_bytes。

12.3 使用 UTF-8 將 pop_bytes 解碼成字串變數 pop_string。印出 pop_string。pop_string 等於 mystery 嗎？

12.4 正規表達式在處理文字時非常方便，我們接下來要以各種方式，用它來處理一段文字，這是一首詩，標題是「Ode on the Mammoth Cheese」，它是 James McIntyre 在 1866 年寫的，內容歌頌 Ontario 製作的七千磅乳酪被送至世界各地。如果你不想要親自輸入它的全文，可以用搜尋引擎尋找，並將它剪貼到你的 Python 程式中，或直接從 Project Gutenberg 抓取它（*http://bit.ly/mcintyre-poetry*）。將這個文字字串稱為 mammoth。

範例 *12-1　mammoth.txt*

```
We have seen thee, queen of cheese,
Lying quietly at your ease,
Gently fanned by evening breeze,
Thy fair form no flies dare seize.

All gaily dressed soon you'll go
To the great Provincial show,
To be admired by many a beau
In the city of Toronto.

Cows numerous as a swarm of bees,
Or as the leaves upon the trees,
It did require to make thee please,
And stand unrivalled, queen of cheese.
```

```
May you not receive a scar as
We have heard that Mr. Harris
Intends to send you off as far as
The great world's show at Paris.

Of the youth beware of these,
For some of them might rudely squeeze
And bite your cheek, then songs or glees
We could not sing, oh! queen of cheese.

We'rt thou suspended from balloon,
You'd cast a shade even at noon,
Folks would think it was the moon
About to fall and crush them soon.
```

12.5 匯入 re 模組來使用 Python 的正規表達式函式。使用 re.findall() 來印出 c 開頭的所有單字。

12.6 找出所有 c 開頭的四字母單字。

12.7 找出所有以 r 結束的單字。

12.8 尋找有連續三個母音的所有單字。

12.9 使用 unhexlify 來將這個十六進制字串（因為頁寬的關係切成兩個字串）轉換成 bytes 變數 gif：

```
'47494638396101000100800000000000ffffff21f9' +
'0401000000002c000000000100010000020144003b'
```

12.10 在 gif 裡面的 bytes 定義了單像素的透明 GIF 檔，它是最常見的圖像檔案格式之一。有效的 GIF 的開頭是 ASCII 字元 *GIF89a*。gif 符合嗎？

12.11 GIF 的像素寬度是 16 位元的 little-endian 整數，從 byte offset 6 開始，高度的大小一樣，從 offset 8 開始。從 gif 取出並印出這些值。它們都是 1 嗎？

第十三章

日曆與時鐘

「一！」鐘樓上的鐘被敲響了，
它在六十分鐘之前
的午夜響了十二次。

—Frederick B. Needham，*The Round of the Clock*

我都把行程記在行事曆上，但從來沒有準時過。

—Marilyn Monroe

程式員在日期與時間上花費了驚人的勞力。我們先來談談他們遇到的問題，以及讓情況不那麼複雜的最佳做法和技巧。

日期可以用很多種方式來表示，事實上，太多了。就算在使用羅馬曆的英文中，你也會看到各種日期格式：

- July 21 1987

- 21 Jul 1987

- 21/7/1987

- 7/21/1987

這會造成很多問題，而且有時讓人搞不清楚它究竟採取哪種表示法。在上面的例子中，你很容易就可以確定 7 代表月分，21 是當月的日期，因為沒有 21 這個月分。但是 **1/6/2012** 呢？它是 1 月 6 日，還是 6 月 1 日？

在羅馬曆，不同的語言會用不同的名稱來表達月分。在其他文化中，就連年與月的定義
都是不一樣的。

時間也有它的悲傷之源，尤其是時區與日光節約時間等因素造成的麻煩。你可以從時區
地圖看到，時區是根據政治因素與歷史邊界來劃分的，而不是每隔 15 度經度（360 度 /
24）有一條清晰的線條。而且各國的年度日光節約時間會在不同日期開始與結束。有時
南半球的國家必須調快他們的時鐘，同時北半球的國家要調慢他們的時鐘，有時相反。

Python 的標準程式庫有許多日期與時間模組，包括：datetime、time、calendar、
dateutil 與其他。它們有一些重疊的地方，有點令人困擾。

閏年

閏年是特殊的時間皺紋。你應該知道，每四年有一個閏年（它也是夏季奧運與美國總統
大選的年份）。但你知道每 100 年就不是閏年，但每 400 年又是閏年嗎？這是測試各年
是否為閏年的程式：

```
>>> import calendar
>>> calendar.isleap(1900)
False
>>> calendar.isleap(1996)
True
>>> calendar.isleap(1999)
False
>>> calendar.isleap(2000)
True
>>> calendar.isleap(2002)
False
>>> calendar.isleap(2004)
True
```

如果你好奇的話：

• 一年有 365.242196 天（地球繞太陽轉一圈之後，大約繞著地軸轉四分之一圈）。

• 每隔四年會加一天。現在平均每年有 365.242196 – 0.25 = 364.992196 天。

• 每隔一百年減一天。現在一年平均有 364.992196 + 0.01 = 365.002196 天。

• 每隔四百年加一天。現在每年平均有 365.002196 – 0.0025 = 364.999696 天。

這樣已經夠接近了！我們不談閏秒（*https://oreil.ly/aJ32N*）。

datetime 模組

標準的 datetime 模組可以處理日期與時間（廢話）。它定義了四大物件類別，每一個類別都有許多方法：

- 用 date 來處理年、月與日

- 用 time 來處理小時、分鐘、秒與分數（fraction）

- 用 datetime 來一併處理日期與時間

- 用 timedelta 來處理日期與／或時間間隔

你可以藉著指定年、月與日來製作一個 date 物件，這些值會變成屬性：

```
>>> from datetime import date
>>> halloween = date(2019, 10, 31)
>>> halloween
datetime.date(2019, 10, 31)
>>> halloween.day
31
>>> halloween.month
10
>>> halloween.year
2019
```

你可以用 date 的 isoformat() 來將日期印出：

```
>>> halloween.isoformat()
'2019-10-31'
```

iso 代表 ISO 8601，它是一種用來表示日期與時間的國際標準。它的範圍包括最籠統的（年）到最具體的（日）。因此，它可以正確地排序：根據年，接著月，接著日。我通常會在程式中使用這種日期表達格式，也會在使用日期的檔案名稱中使用這種格式。下一節會介紹更複雜的 strptime() 與 strftime() 方法，它們可用來解析和格式化日期。

這個範例使用 today() 方法來產生今天的日期：

```
>>> from datetime import date
>>> now = date.today()
>>> now
datetime.date(2019, 4, 5)
```

這一段程式使用 timedelta 物件為 date 日期加上一段時間間隔：

```
>>> from datetime import timedelta
>>> one_day = timedelta(days=1)
>>> tomorrow = now + one_day
>>> tomorrow
datetime.date(2019, 4, 6)
>>> now + 17*one_day
datetime.date(2019, 4, 22)
>>> yesterday = now - one_day
>>> yesterday
datetime.date(2019, 4, 4)
```

date 的範圍從 date.min（年 = 1，月 = 1，日 = 1）到 date.max（年 = 9999，月 = 12，日 = 31）。因此，你不能用它來做歷史或天文計算。

datetime 模組的 time 物件的用途是代表一天中的時間：

```
>>> from datetime import time
>>> noon = time(12, 0, 0)
>>> noon
datetime.time(12, 0)
>>> noon.hour
12
>>> noon.minute
0
>>> noon.second
0
>>> noon.microsecond
0
```

它的引數從最大的時間單位（小時）到最小的（微秒）。如果你沒有提供所有引數，time 會預設其餘的都是零。順便一提，僅僅因為你可以儲存與取出微秒，不代表你可以從電腦中取出精確的微秒數。秒數以下的精確度取決於許多硬體與作業系統因素。

datetime 物件同時包含日期與一天的時間。你可以直接製作這種物件，例如這是 2019 年 1 月 2 日 3:04 A.M.，加上 5 秒及 6 微秒：

```
>>> from datetime import datetime
>>> some_day = datetime(2019, 1, 2, 3, 4, 5, 6)
>>> some_day
datetime.datetime(2019, 1, 2, 3, 4, 5, 6)
```

datetime 物件也有 isoformat() 方法：

```
>>> some_day.isoformat()
'2019-01-02T03:04:05.000006'
```

它用中間的 T 來分隔日期與時間。

datetime 有個 now() 方法可回傳目前的日期與時間：

```
>>> from datetime import datetime
>>> now = datetime.now()
>>> now
datetime.datetime(2019, 4, 5, 19, 53, 7, 580562)
>>> now.year
2019
>>> now.month
4
>>> now.day
5
>>> now.hour
19
>>> now.minute
53
>>> now.second
7
>>> now.microsecond
580562
```

你可以將一個 date 與一個 time 物件 combine()（結合）成一個 datetime：

```
>>> from datetime import datetime, time, date
>>> noon = time(12)
>>> this_day = date.today()
>>> noon_today = datetime.combine(this_day, noon)
>>> noon_today
datetime.datetime(2019, 4, 5, 12, 0)
```

你可以用 date() 與 time() 方法從 datetime 中取出 date 與 time：

```
>>> noon_today.date()
datetime.date(2019, 4, 5)
>>> noon_today.time()
datetime.time(12, 0)
```

使用 time 模組

令人困惑的是，雖然 Python 的 datetime 模組裡面已經有一個 time 物件了，卻還有一個獨立的 time 模組。此外，time 模組有一個稱為（厲害了）time() 的函式。

要表示絕對時間，有一個方法是從某個起始點開始計算秒數。*Unix* 時間使用從 1970 年
1 月 1 日算起的秒數 [1]。這個值通常被稱為 *epoch*，通常是在不同的系統之間交換日期和
時間最簡單的方式。

time 模組的 time() 函式會以 epoch 值回傳目前的時間：

```
>>> import time
>>> now = time.time()
>>> now
1554512132.778233
```

自 1970 年新年以來，超過十億秒的時間已經滴答滴答地流逝了。時間跑去哪裡了？

你可以用 ctime() 來將 epoch 值轉換成字串：

```
>>> time.ctime(now)
'Fri Apr 5 19:55:32 2019'
```

下一節會告訴你如何產生更賞心悅目的日期與時間格式。

Epoch 值是在不同的系統之間交換日期與時間的最小公因數，例如 JavaScript。但是有
時你需要實際的日期、小時等，因此 time 提供了 struct_time 物件，localtime() 提供你
的系統時區的時間，gmtime() 提供 UTC 時間：

```
>>> time.localtime(now)
time.struct_time(tm_year=2019, tm_mon=4, tm_mday=5, tm_hour=19,
tm_min=55, tm_sec=32, tm_wday=4, tm_yday=95, tm_isdst=1)
>>> time.gmtime(now)
time.struct_time(tm_year=2019, tm_mon=4, tm_mday=6, tm_hour=0,
tm_min=55, tm_sec=32, tm_wday=5, tm_yday=96, tm_isdst=0)
```

我的 19:55（Central 時區，日光節約）在 UTC（之前稱為格林威治時間或祖魯時間）
中是隔天的 00:55。如果你省略 localtime() 或 gmtime() 的引數，它們假設使用目前的
時間。

struct_time 的一些 tm_... 值有點含糊，詳情見表 13-1。

1　忽略惱人的閏秒的話，這個開始點大約是 Unix 誕生的時間。

表 13-1　*struct_time* 值

索引	名稱	意義	值
0	tm_yea	年	0000 至 9999
1	tm_mon	月	1 至 12
2	tm_mday	一月的日期	1 to 31
3	tm_hour	小時	0 to 23
4	tm_min	分鐘	0 to 59
5	tm_sec	秒	0 to 61
6	tm_wday	一週的日期	0 (Monday) to 6 (Sunday)
7	tm_yday	一年的日期	1 to 366
8	tm_isdst	日光節約？	0 = 不是，1 = 是，-1 = 不明

如果你不想要輸入這些 `tm_...` 名稱，`struct_time` 也可以當成具名 tuple（見第 202 頁的「具名 tuple」）來使用，所以你可以使用上一個表格中的索引：

```
>>> import time
>>> now = time.localtime()
>>> now
time.struct_time(tm_year=2019, tm_mon=6, tm_mday=23, tm_hour=12,
tm_min=12, tm_sec=24, tm_wday=6, tm_yday=174, tm_isdst=1)
>>> now[0]
2019
print(list(now[x] for x in range(9)))
[2019, 6, 23, 12, 12, 24, 6, 174, 1]
```

`mktime()` 處理另一個方向，將 `struct_time` 物件轉換成 epoch 秒：

```
>>> tm = time.localtime(now)
>>> time.mktime(tm)
1554512132.0
```

它沒有完全符合之前的 `now()` 的 epoch 值，因為 `struct_time` 物件保留的時間只有到秒數。

給你一個建議：可能的話，以 UTC 來取代時區。UTC 是一種絕對時間，與時區無關。如果你有伺服器，請將它的時間設為 *UTC*，不要使用在地時間。

另一個建議：盡可能不要使用日光節約時間。如果你使用日光節約時間，會有一個小時在每年的某個時刻消失（在春天往前調一個小時，spring ahead），並在另一個時刻出現兩次（在秋天回調一個小時，fall back）。出於某些原因，許多機構都在他們的電腦系統中使用本地時間以及日光節約時間，但每年都會被那個怪異的時刻迷惑兩次。

讀取與寫入日期與時間

除了 isoformat() 之外,你也可以用其他的方法寫入日期與時間。之前介紹過的 time 模組的 ctime() 函式可以將 epoch 轉換成字串:

```
>>> import time
>>> now = time.time()
>>> time.ctime(now)
'Fri Apr  5 19:58:23 2019'
```

你也可以使用 strftime() 來將日期與時間轉換成字串,它在 datetime、date 與 time 物件裡面是個方法,在 time 模組裡面是個函式。strftime() 使用格式字串來指定輸出,如表 13-2 所示。

表 13-2　*strftime()* 的輸出說明符

格式字串	日期 / 時間單位	範圍
%Y	年	1900-...
%m	月	01-12
%B	月名稱	January, ...
%b	月縮寫	Jan, …
%d	月日期	01-31
%A	星期幾名稱	Sunday, ...
%a	星期幾縮寫	Sun, ...
%H	小時(24 小時)	00-23
%I	小時(12 小時)	01-12
%p	AM/PM	AM, PM
%M	分	00-59
%S	秒	00-59

必要時,數字的左邊會被補上零。

這是 time 模組提供的 strftime() 函式。它會將 struct_time 物件轉換成字串。我們要先定義格式字串 fmt,以備後用:

```
>>> import time
>>> fmt = "It's %A, %B %d, %Y, local time %I:%M:%S%p"
>>> t = time.localtime()
>>> t
time.struct_time(tm_year=2019, tm_mon=3, tm_mday=13, tm_hour=15,
tm_min=23, tm_sec=46, tm_wday=2, tm_yday=72, tm_isdst=1)
```

```
>>> time.strftime(fmt, t)
"It's Wednesday, March 13, 2019, local time 03:23:46PM"
```

如果我們用它來處理 date 物件，就只有日期的部分有效，時間會被預設為午夜：

```
>>> from datetime import date
>>> some_day = date(2019, 7, 4)
>>> fmt = "It's %A, %B %d, %Y, local time %I:%M:%S%p"
>>> some_day.strftime(fmt)
"It's Thursday, July 04, 2019, local time 12:00:00AM"
```

處理 time 物件時，它只會轉換時間的部分：

```
>>> from datetime import time
>>> fmt = "It's %A, %B %d, %Y, local time %I:%M:%S%p"
>>> some_time = time(10, 35)
>>> some_time.strftime(fmt)
"It's Monday, January 01, 1900, local time 10:35:00AM"
```

你不會使用 time 物件的日期部分，因為它們沒有任何意義。

若要反過來，將字串轉換成日期或時間，你可以使用 strptime() 以及同樣的格式字串。此時不會用正規表達式來比對模式，字串的非格式部分（沒有 % 的）必須完全符合才行。我們來指定一個符合 *year-month-day* 的格式，例如 **2019-01-29**。如果你想解析的日期字串使用空格而不是破折號會怎樣？

```
>>> import time
>>> fmt = "%Y-%m-%d"
>>> time.strptime("2019 01 29", fmt)
Traceback (most recent call last):
  File "<stdin>",
    line 1, in <module>
  File "/Library/Frameworks/Python.framework/Versions/3.7/lib/python3.7/_strptime.py",
    line 571, in _strptime_time
    tt = _strptime(data_string, format)[0]
  File "/Library/Frameworks/Python.framework/Versions/3.7/lib/python3.7/_strptime.py",
    line 359, in _strptime(data_string, format))
ValueError: time data '2019 01 29' does not match format '%Y-%m-%d
```

將破折號傳給 strptime() 會讓它開心嗎？

```
>>> import time
>>> fmt = "%Y-%m-%d"
>>> time.strptime("2019-01-29", fmt)
time.struct_time(tm_year=2019, tm_mon=1, tm_mday=29, tm_hour=0,
tm_min=0, tm_sec=0, tm_wday=1, tm_yday=29, tm_isdst=-1)
```

或者，修改 fmt 字串來讓它符合日期字串：

```
>>> import time
>>> fmt = "%Y %m %d"
>>> time.strptime("2019 01 29", fmt)
time.struct_time(tm_year=2019, tm_mon=1, tm_mday=29, tm_hour=0,
tm_min=0, tm_sec=0, tm_wday=1, tm_yday=29, tm_isdst=-1)
```

即使字串看起來與它的格式相符，但是如果有值超出範圍，例外一樣會出現（因為空間不足，截斷檔名的部分）：

```
>>> time.strptime("2019-13-29", fmt)
Traceback (most recent call last):
  File "<stdin>",
    line 1, in <module>
  File ".../3.7/lib/python3.7/_strptime.py",
    line 571, in _strptime_time
    tt = _strptime(data_string, format)[0]
  File ".../3.7/lib/python3.7/_strptime.py",
    line 359, in _strptime(data_string, format))
ValueError: time data '2019-13-29' does not match format '%Y-%m-%d'
```

名稱是你的**語言環境**專有的，它是你的作業系統的國際化設置。要印出不同的月分與日期名稱，請使用 setlocale() 來更改你的語言環境，它的第一個引數是日期與時間的 locale.LC_TIME，第二個引數是結合語言與國家縮寫的字串。我們來邀請一些外國友人參加萬聖節派對。我們用美國英文、法文、德文、西班牙文，以及冰島文（冰島人很相信精靈）印出月、日，與星期幾：

```
>>> import locale
>>> from datetime import date
>>> halloween = date(2019, 10, 31)
>>> for lang_country in ['en_us', 'fr_fr', 'de_de', 'es_es', 'is_is',]:
...     locale.setlocale(locale.LC_TIME, lang_country)
...     halloween.strftime('%A, %B %d')
...
'en_us'
'Thursday, October 31'
'fr_fr'
'Jeudi, octobre 31'
'de_de'
'Donnerstag, Oktober 31'
'es_es'
'jueves, octubre 31'
'is_is'
'fimmtudagur, október 31'
>>>
```

怎麼找到這些神奇的 `lang_country` 值？這有點麻煩，但你可以這樣取得它們所有的值（有好幾百個）：

```
>>> import locale
>>> names = locale.locale_alias.keys()
```

我們只從 `names` 取出看起來可以和 `setlocale()` 一起使用的語言環境名稱，例如上一個範例使用的——一個雙字元語言碼（*http://bit.ly/iso-639-1*）加上一個底線，再加上一個雙字元國家碼（*http://bit.ly/iso-3166-1*）：

```
>>> good_names = [name for name in names if \
len(name) == 5 and name[2] == '_']
```

前五個長怎樣？

```
>>> good_names[:5]
['sr_cs', 'de_at', 'nl_nl', 'es_ni', 'sp_yu']
```

所以，如果你想要取得所有的德語語言環境，可以試試：

```
>>> de = [name for name in good_names if name.startswith('de')]
>>> de
['de_at', 'de_de', 'de_ch', 'de_lu', 'de_be']
```

> 如果你執行 `set_locale()` 時看到錯誤訊息
>
>   `locale.Error: unsupported locale setting`
>
> 代表你的作業系統不支援該語言環境，你要找出你的作業系統需要哪些東西才能加入它。即使 Python 告訴你它是個好的語言環境（使用 `locale.locale_alias.keys()`），這件事也有可能發生。我在 macOS 上面使用 `cy_gb`（Welsh，Great Britain）語言環境來進行測試時遇過這種錯誤，即使它曾經接受上一個例子中的 `is_is`（冰島語）。

所有轉換

圖 13-1（來自 Python 維基（*https://oreil.ly/C_39k*））整理了所有的標準 Python 時間互換。

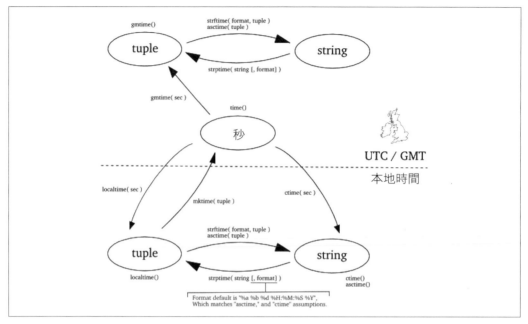

圖 13-1　日期與時間轉換

其他的模組

如果你覺得標準程式庫模組有點難懂，或找不到想要的轉換方式，你可以使用許多第三方替代方案。茲列出其中一些：

arrow（*https://arrow.readthedocs.io*）
    用一個簡單的 API 結合許多日期與時間函式

dateutil（*http://labix.org/python-dateutil*）
    可以解析幾乎所有日期格式，以及妥善地處理相關的日期與時間

iso8601（*https://pypi.python.org/pypi/iso8601*）
    它可以填補 ISO8601 格式的標準程式庫的不足。

fleming（*https://github.com/ambitioninc/fleming*）
    有許多時區函式

maya（*https://github.com/kennethreitz/maya*）
處理日期、時間、時間間隔的直觀介面

dateinfer（*https://github.com/jeffreystarr/dateinfer*）
可以猜測日期 / 時間字串的格式字串

次章預告

檔案與目錄也需要一些關愛。

待辦事項

13.1　以字串的格式將目前的日期寫入文字檔 *today.txt*。

13.2　將文字檔 *today.txt* 讀入字串 today_string。

13.3　解析 today_string 的日期。

13.4　建立你的出生日期的日期物件。

13.5　你是星期幾出生的？

13.6　你什麼時候會（或已經）活到第 10,000 日？

第十四章

檔案與目錄

> 我有檔案，我有電腦檔案，以及你知道的，紙上檔案。
>
> 但是它們大部分都在我的腦海中。
>
> 所以如果我的頭腦發生了什麼事，上帝會幫助我！
>
> —George R. R. Martin

當你開始寫程式時，你會不斷聽到一些字眼，但不確定它們是否具有特定的技術含義，或者只是簡單說說而已。檔案與目錄就是這種字眼，它們確實有實際的技術含義。檔案是 byte 序列，被儲存在檔案系統內，並且用檔名來存取。目錄是一堆檔案，裡面可能還有其他目錄。資料夾是目錄的同義詞。它是在電腦具備圖形使用者介面時出現的，它模仿了辦公室的概念，讓事情看起來更熟悉。

許多檔案系統都有階層結構，通常被比喻成一棵樹。真正的辦公室裡面應該沒有樹，資料夾的比喻只有在你將所有子資料夾都可視化的情況下才有效。

檔案輸入與輸出

最簡單的持久保存機制就是一般的檔案，有時稱平面檔案（*flat file*）。你可以將一個檔案讀入記憶體，也可以將記憶體的內容寫入一個檔案。Python 可以讓你輕鬆地完成這種工作。如同許多語言，它的檔案操作在很大程度上模仿很多人熟悉且流行的 Unix 操作。

用 open() 建立或開啟

你必須呼叫 open 函式才能做下面的事情：

- 讀取既有的檔案

- 寫入新檔

- 附加至既有的檔案

- 覆寫既有的檔案

    fileobj = open(*filename*, *mode*)

以下簡單解釋這個呼叫式的各個部分：

- *fileobj* 是 open() 回傳的檔案物件

- *filename* 是檔案的字串名稱

- *mode* 是一個字串，用來指示檔案類型，以及你想要用它來做什麼

mode 的第一個字母代表操作：

- r 代表讀取。

- w 代表寫入。如果檔案不存在，Python 會建立它。如果檔案已經存在，Python 會覆
  寫它。

- x 代表寫入，但只有在檔案還不存在時。

- a 代表附加（在結尾處寫入），如果檔案存在的話。

mode 的第二個字母是檔案的類型：

- t（或無）代表文字。

- b 代表二進制。

開啟檔案後，你要呼叫函式來讀取或寫入資料，你可以在接下來的範例看到。

最後，你要關閉檔案來確保完成任何寫入動作，以及釋出記憶體。稍後，你會看到如何
使用 with 來自動化這項操作。

這個程式會打開一個稱為 *oops.txt* 的檔案，並且在沒有寫入任何東西的情況下關閉它。
它會建立一個空檔案：

```
>>> fout = open('oops.txt', 'wt')
>>> fout.close()
```

用 print() 來寫入文字檔

我們來重新建立 *oops.txt*，這一次要寫入一行文字再關閉它：

```
>>> fout = open('oops.txt', 'wt')
>>> print('Oops, I created a file.', file=fout)
>>> fout.close()
```

我們在上一節建立了一個空的 *oops.txt* 檔案，所以這段程式會覆寫它。

我們在 print 使用 file 引數，如果不使用它，print 會寫至**標準輸出**，也就是你的終端機（除非你已經使用 > 要求你的 shell 程式將輸出導至一個檔案，或是用 | 來將它傳至另一個程式）。

用 write() 來寫入文字檔

我們剛才用 print 將一行文字寫入檔案。我們也可以使用 write。

我們用這段關於狹義相對論的打油詩來代表多行的資料[1]：

```
>>> poem = '''There was a young lady named Bright,
...Whose speed was far faster than light;
...She started one day
...In a relative way,
...And returned on the previous night.'''
>>> len(poem)
150
```

下面的程式用一個呼叫式將整首詩寫入 'relativity' 檔案：

```
>>> fout = open('relativity', 'wt')
>>> fout.write(poem)
150
>>> fout.close()
```

write 函式會回傳被寫入的 byte 數量。它不會加入任何空格或換行，就像 print 那樣。與之前一樣，你也可以將多行字串 print 至一個文字檔：

```
>>> fout = open('relativity', 'wt')
>>> print(poem, file=fout)
>>> fout.close()
```

---

1 我在本書的第一版說它是廣義相對論，有位物理學家善心地提醒我修正這個錯誤。

那麼,你該使用 write 還是 print ?如你所見,在預設情況下,print 會在每一個引數後面加上一個空格,並且在結尾加上一個換行符號。在之前的例子中,它在 relativity 檔案附加一個換行符號。若要讓 print 的工作方式與 write 一樣,你要傳入以下兩個引數:

- sep(分隔符,預設值是空格,' ')

- end(結束字串,預設值是換行,'\n')

我們將使用空字串來替換這些預設值:

```
>>> fout = open('relativity', 'wt')
>>> print(poem, file=fout, sep='', end='')
>>> fout.close()
```

如果你的來源字串很大,你也可以分段寫入(使用 slice),直到完成為止:

```
>>> fout = open('relativity', 'wt')
>>> size = len(poem)
>>> offset = 0
>>> chunk = 100
>>> while True:
...     if offset > size:
...         break
...     fout.write(poem[offset:offset+chunk])
...     offset += chunk
...
100
50
>>> fout.close()
```

它會在第一次寫入 100 個字元,在第二次寫入剩下的 50 個字元。slice 讓你「超過結尾」並且不會發出例外。

如果 relativity 檔案很重要,我們來看看使用 x 模式可不可以防止我們覆寫它:

```
>>> fout = open('relativity', 'xt')
Traceback (most recent call last):
  File "<stdin>", line 1, in <module>
FileExistsError: [Errno 17] File exists: 'relativity'
```

你可以同時使用例外處理程式:

```
>>> try:
...     fout = open('relativity', 'xt')]
...     fout.write('stomp stomp stomp')
```

```
... except FileExistsError:
...     print('relativity already exists!. That was a close one.')
...
relativity already exists!. That was a close one.
```

用 read()、readline() 或 readlines() 讀取文字檔

你可以呼叫 read() 且不傳入任何引數來一次取出整個檔案，見接下來的範例（但是用這種方式處理大型檔案時要很小心，一 GB 的檔案會耗掉一 GB 的記憶體）：

```
>>> fin = open('relativity', 'rt' )
>>> poem = fin.read()
>>> fin.close()
>>> len(poem)
150
```

你可以提供最大字元數量來限制 read() 每次回傳的數量。我們來每次讀取 100 個字元，並將每個段落附加到 poem 字串，來重建原始的字串：

```
>>> poem = ''
>>> fin = open('relativity', 'rt' )
>>> chunk = 100
>>> while True:
...     fragment = fin.read(chunk)
...     if not fragment:
...         break
...     poem += fragment
...
>>> fin.close()
>>> len(poem)
150
```

一路讀到結尾之後，read() 都會回傳空字串（''），if not fragment 會將它視為 False，進而跳出 while True 迴圈。

你也可以使用 readline() 來一次讀取一行。接下來的範例將每一行文字附加到 poem 字串來重建原始字串：

```
>>> poem = ''
>>> fin = open('relativity', 'rt' )
>>> while True:
...     line = fin.readline()
...     if not line:
...         break
...     poem += line
```

```
...
>>> fin.close()
>>> len(poem)
150
```

對文字檔案而言，即使一行空白文字的長度都是一（換行字元），估值的結果是 True。當檔案被讀取之後，readline() 也會回傳一個空字串（與 read() 一樣），這個字串也會被估值為 False。

讀取文字檔最簡單的方式就是使用**迭代器**，它會一次回傳一行。它就像之前的範例，但使用較少程式碼：

```
>>> poem = ''
>>> fin = open('relativity', 'rt' )
>>> for line in fin:
...     poem += line
...
>>> fin.close()
>>> len(poem)
150
```

上述的範例最後都會產生一個單一字串的 poem。readlines() 呼叫式會每次讀取一行，並回傳一個單行字串的串列：

```
>>> fin = open('relativity', 'rt' )
>>> lines = fin.readlines()
>>> fin.close()
>>> print(len(lines), 'lines read')
5 lines read
>>> for line in lines:
...     print(line, end='')
...
There was a young lady named Bright,
Whose speed was far faster than light;
She started one day
In a relative way,
And returned on the previous night.>>>
```

我們要求 print() 不要自動產生換行，因為前四行已經有換行了。最後一行沒有換行，所以解譯器在最後一行的後面顯示 >>>。

用 write() 來寫入二進制檔案

如果你在 *mode* 字串中加入 'b'，檔案就會以二進制模式開啟。此時，你會讀取與寫入 bytes，而不是字串。

因為我們沒有二進制的詩可以用，所以只好產生 256 個 byte 值，從 0 到 255：

```
>>> bdata = bytes(range(0, 256))
>>> len(bdata)
256
```

用二進制寫入模式來開啟檔案，並一次寫入所有的資料：

```
>>> fout = open('bfile', 'wb')
>>> fout.write(bdata)
256
>>> fout.close()
```

同樣地，write() 會回傳被寫入的 byte 數量。

你也可以分段寫入二進制資料，與文字一樣：

```
>>> fout = open('bfile', 'wb')
>>> size = len(bdata)
>>> offset = 0
>>> chunk = 100
>>> while True:
...     if offset > size:
...         break
...     fout.write(bdata[offset:offset+chunk])
...     offset += chunk
...
100
100
56
>>> fout.close()
```

用 read() 讀取二進制檔案

這件事很簡單，你只要使用 'rb' 來開啟檔案即可：

```
>>> fin = open('bfile', 'rb')
>>> bdata = fin.read()
>>> len(bdata)
256
>>> fin.close()
```

用 with 來自動關閉檔案

如果你忘記關閉已開啟的檔案，當 Python 再也不用參考它時會自動關閉它。也就是說，如果你在函式裡面開啟一個檔案，但沒有親自關閉它，當函式結束時，它就會被自動關閉。但是我們也可能在一個長時間執行的函式，或程式的主要部分裡面開啟檔案，此時你應該關閉這個檔案，以強制完成任何剩餘的寫入操作。

Python 有一種可以清除已開啟的檔案之類的東西的**環境管理器**（*context managers*）。你可以使用 *expression* as *variable* 格式：

```
>>> with open('relativity', 'wt') as fout:
...     fout.write(poem)
...
```

就這樣。當環境管理器下面的程式區段（這個範例只有一行）完成之後（包括正常完成或發出例外），檔案就會被自動關閉。

用 seek() 來更改位置

當你進行讀取與寫入時，Python 會追蹤你在檔案中的位置。tell() 函式會回傳你目前的位置從檔案開頭算起的 offset，以 byte 為單位。seek() 函式可讓你跳到檔案中的另一個 byte offset。也就是說，你不需要讀取檔案中的每個 byte 就可以讀到最後一個 byte，你可以 seek() 到最後一個，並且只讀取一個 byte。

這個範例使用你之前寫過的 256-byte 二進制檔 'bfile'：

```
>>> fin = open('bfile', 'rb')
>>> fin.tell()
0
```

使用 seek() 跳到檔案結尾之前的一個 byte：

```
>>> fin.seek(255)
255
```

讀到檔案結尾：

```
>>> bdata = fin.read()
>>> len(bdata)
1
>>> bdata[0]
255
```

seek() 也可以回傳目前的 offset。

你可以在呼叫 seek() 時使用第二個引數：seek(*offset, origin*)：

- 如果 origin 是 0（預設），那就前往開頭算起的第 *offset* 個 byte。
- 如果 origin 是 1，那就前往目前的位置算起的第 *offset* 個 byte。
- 如果 origin 是 2，那就前往相對於結尾的 *offset* 個 byte。

os 標準模組也定義了這些值：

```
>>> import os
>>> os.SEEK_SET
0
>>> os.SEEK_CUR
1
>>> os.SEEK_END
2
```

因此，我們可以用幾種不同的方式讀取最後的 byte：

```
>>> fin = open('bfile', 'rb')
```

在檔案結尾前面的一個 byte：

```
>>> fin.seek(-1, 2)
255
>>> fin.tell()
255
```

讀到檔案結尾：

```
>>> bdata = fin.read()
>>> len(bdata)
1
>>> bdata[0]
255
```

 你不需要呼叫 tell() 即可讓 seek() 正常運作，我只是為了說明它們都會回傳相同的 offset。

下面範例會從你在檔案中的目前位置開始搜尋：

```
>>> fin = open('bfile', 'rb')
```

下一個範例會在檔案結尾之前的兩個位元：

```
>>> fin.seek(254, 0)
254
>>> fin.tell()
254
```

接著往前一個 byte：

```
>>> fin.seek(1, 1)
255
>>> fin.tell()
255
```

最後，讀到檔案結尾：

```
>>> bdata = fin.read()
>>> len(bdata)
1
>>> bdata[0]
255
```

這些函式最適合用來處理二進制檔案。你可以用它們來處理文字檔，但除非檔案是 ASCII（每個字元一個 byte），否則你會花很多時間在計算 offset 上。花費的時間依文字編碼格式而定，最流行的編碼格式（UTF-8）甚至讓各個字元使用不同的 byte 數。

記憶體對映

另一種讀寫檔案的做法是用 mmap 標準模組來對它做 *memory-map*（記憶體對映）。這種做法會讓檔案的內容看起來就像記憶體裡面的 bytearray。詳情請參考它的文件（*https://oreil.ly/GEzkf*）及範例（*https://oreil.ly/GUtdx*）。

檔案操作

Python 與許多其他的語言一樣使用 Unix 的檔案操作方式。它有一些函式使用相同的名稱（例如 chown() 與 chmod()），但它也有一些新的函式。

我先用 os.path 模組的函式來展示 Python 如何處理這些工作，再使用比較新的 pathlib 模組。

用 exists() 來檢測是否存在

要確認檔案或目錄究竟是真的存在，還是只是你的想像，你可以用 exists() 以及相對或絕對檔名來檢查，如下所示：

```
>>> import os
>>> os.path.exists('oops.txt')
True
>>> os.path.exists('./oops.txt')
True
>>> os.path.exists('waffles')
False
>>> os.path.exists('.')
True
>>> os.path.exists('..')
True
```

用 isfile() 來確認型態

本節的函式可以檢查究竟一個名稱指的是檔案、目錄還是符號連結（見下面討論連結的範例）。

第一個函式是 isfile，它詢問的是一個簡單的問題：它是不是一個普通的有效檔案？

```
>>> name = 'oops.txt'
>>> os.path.isfile(name)
True
```

以下是確定目錄的方式：

```
>>> os.path.isdir(name)
False
```

單句點（.）是目前目錄的簡寫，雙句點（..）代表父目錄。它們一定存在，所以下面這種陳述式一定回傳 True：

```
>>> os.path.isdir('.')
True
```

os 模組有許多處理*路徑名稱*（*pathname*）（完整的檔名，開頭是 / 且包含所有上層）的函式。其中一種函式 isabs() 可以判斷它的引數是不是絕對路徑。引數不需要是真實檔案的名稱：

```
>>> os.path.isabs(name)
False
>>> os.path.isabs('/big/fake/name')
True
>>> os.path.isabs('big/fake/name/without/a/leading/slash')
False
```

用 copy() 來複製

copy() 函式來自另一個模組：shutil。這個範例會將 *oops.txt* 檔複製到 *ohno.txt* 檔：

```
>>> import shutil
>>> shutil.copy('oops.txt', 'ohno.txt')
```

shutil.move() 函式會複製一個檔案，再移除原本的檔案。

用 rename() 來更改名稱

從這個函式的名稱就可以看出它的功能了，這個範例將 *ohno.txt* 更名為 *ohwell.txt*：

```
>>> import os
>>> os.rename('ohno.txt', 'ohwell.txt')
```

用 link() 或 symlink() 來連結

在 Unix 中，檔案會被放在一個地方，但它可以擁有多個名稱，稱為 **連結**（*link*）。在低階的 **永久連結**（*hard link*）中，你很難找到某個檔案的所有名稱。**符號連結**（*symbolic link*）是另一種做法，它可以將新名稱存成它自己的檔案，讓你能夠同時取得原始名稱與新名稱。link() 會建立一個永久連結，symlink() 會製作一個符號連結。islink() 函式會檢查檔案是否為符號連結。

這段程式可以建立從新檔案 *yikes.txt* 到既有檔案 *oops.txt* 的永久連結：

```
>>> os.link('oops.txt', 'yikes.txt')
>>> os.path.isfile('yikes.txt')
True
>>> os.path.islink('yikes.txt')
False
```

若要製作從新檔案 *jeepers.txt* 到既有檔案 *oops.txt* 的符號連結，可以：

```
>>> os.symlink('oops.txt', 'jeepers.txt')
>>> os.path.islink('jeepers.txt')
True
```

用 chmod() 來變更權限

在 Unix 系統，chmod() 可以改變檔案權限。這些權限包括使用者（通常是你，如果那個檔案是你建立的）的讀、寫、執行權限、使用者所屬群組的權限，以及其他世界的權限。這個命令接收一個緊密壓縮的八進制（base 8）值，結合了使用者、群組與其他權限。例如，如果你只想要讓 *oops.txt* 被它的擁有者讀取，可輸入：

```
>>> os.chmod('oops.txt', 0o400)
```

如果你不想要處理難懂的八進制值，想要使用（較不）晦澀神秘的符號，你可以從 stat 模組匯入一些常數，並使用下列的陳述式：

```
>>> import stat
>>> os.chmod('oops.txt', stat.S_IRUSR)
```

用 chown() 來變更擁有權

這個函式也是 Unix/Linux/Mac 特有的。你可以藉著指定使用者 ID 數字（*uid*）與群組 ID（*gid*）來變更檔案的擁有者與／或群組的擁有權：

```
>>> uid = 5
>>> gid = 22
>>> os.chown('oops', uid, gid)
```

用 remove() 來刪除檔案

這段程式使用 remove() 函式跟 *oops.txt* 說再見：

```
>>> os.remove('oops.txt')
>>> os.path.exists('oops.txt')
False
```

目錄操作

在大部分的作業系統中，檔案都位於目錄（通常稱為資料夾）階層結構裡面。這些檔案與目錄的容器稱為檔案系統（有時稱為磁碟區（*volume*））。標準的 os 模組可以處理這些作業系統細節，並提供下列的函式，讓你可以操作它們。

用 mkdir() 來建立

這個範例展示如何建立一個名為 poems 的目錄來儲存寶貴的詩篇：

```
>>> os.mkdir('poems')
>>> os.path.exists('poems')
True
```

用 rmdir() 來刪除

再三考慮之後 [2]，你覺得完全不需要那個目錄，這是刪除它的做法：

```
>>> os.rmdir('poems')
>>> os.path.exists('poems')
False
```

用 listdir() 來列出內容

OK，我們再來製作 poems，使用一些內容：

```
>>> os.mkdir('poems')
```

接著取得它的內容的串列（目前沒有）：

```
>>> os.listdir('poems')
[]
```

接下來，製作一個子目錄：

```
>>> os.mkdir('poems/mcintyre')
>>> os.listdir('poems')
['mcintyre']
```

在這個子目錄中建立一個檔案（除非你真的很想寫詩，否則不需要輸入它們全部，你只要確保你用成對的引號來開始與結束就可以了，無論是一個或三個引號）：

```
>>> fout = open('poems/mcintyre/the_good_man', 'wt')
>>> fout.write('''Cheerful and happy was his mood,
... He to the poor was kind and good,
... And he oft' times did find them food,
... Also supplies of coal and wood,
... He never spake a word was rude,
... And cheer'd those did o'er sorrows brood,
... He passed away not understood,
... Because no poet in his lays
```

2　為什麼都不一次把事情做好？

```
... Had penned a sonnet in his praise,
... 'Tis sad, but such is world's ways.
... ''')
344
>>> fout.close()
```

最後，看看我們有什麼東西，希望裡面有東西：

```
>>> os.listdir('poems/mcintyre')
['the_good_man']
```

用 chdir() 來切換當前的目錄

你可以使用這個函式從一個目錄移到另一個。我們離開目前的目錄，在詩上面花一些時間：

```
>>> import os
>>> os.chdir('poems')
>>> os.listdir('.')
['mcintyre']
```

用 glob() 來列出相符的檔案

glob() 函式會用 Unix shell 規則來比對檔案或目錄名稱，而不是使用更完整的正規表達式語法。其規則如下：

- * 會比對任何東西（re 會期望 .*）

- ? 會比對單一字元

- [abc] 會比對字元 a、b 或 c

- [!abc] 會比對除了 a、b 或 c 之外的字元

試著取得所有 m 開頭的檔案或目錄：

```
>>> import glob
>>> glob.glob('m*')
['mcintyre']
```

有兩個字母的檔案或目錄嗎？

```
>>> glob.glob('??')
[]
```

我想要找八個字母，m 開頭，e 結尾的單字：

```
>>> glob.glob('m??????e')
['mcintyre']
```

有沒有以 k、l 或 m 開頭，以 e 結尾的東西？

```
>>> glob.glob('[klm]*e')
['mcintyre']
```

檔名

幾乎所有電腦都使用階層式檔案系統，裡面有包含檔案和其他目錄的目錄（「資料夾」），底下有各種階層數量。當你想要引用一個特定檔案或目錄時，你需要知道它的**路徑名稱**，也是前往它的位置的一系列目錄，無論是從最上面（根）開始的**絕對路徑**，還是從你目前的目錄開始的**相對路徑**。

很多人搞不清楚**斜線**（*slash*）（'/'，不是槍與玫瑰樂團的吉他手 Slash）與**反斜線**（*backslash*）（'\'）[3]。Unix 與 Macs（與 web URL）都用斜線來分隔路徑，Windows 則使用反斜線[4]。

Python 可以讓你在指定名稱時使用斜線來分隔路徑。在 Windows 上，你可以使用反斜線，但反斜線在 Python 中是無處不在的轉義符號，所以你在任何地方都必須使用兩個反斜線，或使用 Python 的原始字串（raw string）：

```
>>> win_file = 'eek\\urk\\snort.txt'
>>> win_file2 = r'eek\urk\snort.txt'
>>> win_file
'eek\\urk\\snort.txt'
>>> win_file2
'eek\\urk\\snort.txt'
```

當你建立路徑名稱時，你可以做這些事情：

- 使用適當的路徑分隔字元（'/' 或 '\'）
- 建立路徑名稱（見第 289 頁的「用 os.path.join() 建立路徑名稱」）
- 使用 pathlib（見第 289 頁的「使用 pathlib」）

3　有一種記憶的方式：斜線往前傾斜，反斜線往後傾斜。

4　當 IBM 發表他們的第一台電腦時，比爾蓋茲花了五萬美元買下 QDOS 作業系統，並將它改名為「MS-DOS」。它模仿在命令列引數使用斜線的 CP/M，使得 MS-DOS 稍後加入資料夾時，必須使用反斜線。

用 abspath() 取得路徑名稱

這個函式可將相對名稱擴展為絕對名稱。如果你目前的目錄是 */usr/gaberlunzie*，而且裡面有 *oops.txt*，你可以輸入：

```
>>> os.path.abspath('oops.txt')
'/usr/gaberlunzie/oops.txt'
```

用 realpath() 來取得符號連結路徑名稱

我們曾經在之前的小節製作一個符號連結，從新檔案 *jeepers.txt* 連到 *oops.txt*。在這種情況下，你可以使用 realpath() 函式，以 *jeepers.txt* 取得 *oops.txt* 的名稱：

```
>>> os.path.realpath('jeepers.txt')
'/usr/gaberlunzie/oops.txt'
```

用 os.path.join() 建立路徑名稱

當你建構一個有很多部分的路徑名稱時，你可以呼叫 os.path.join()，用你的作業系統的路徑分隔字元來一對一對組合它們：

```
>>> import os
>>> win_file = os.path.join("eek", "urk")
>>> win_file = os.path.join(win_file, "snort.txt")
```

當我在 Mac 或 Linux box 中執行它時，得到：

```
>>> win_file
'eek/urk/snort.txt'
```

在 Windows 執行它會產生：

```
>>> win_file
'eek\\urk\\snort.txt'
```

但是在不同的地方執行相同的程式碼會產生不同的結果可能產生問題，新的 pathlib 模組是可移植的解決方案。

使用 pathlib

Python 在第 3.4 版加入 pathlib 模組。它是 os.path 模組的替代方案，但為何需要另一個模組？

它使用 Path 物件，以較高階的方式處理路徑，而不是將檔案系統的路徑名稱視為字串。你可以用 Path() 類別建立 Path，然後用裸斜線（不是 '/' 字元）來將路徑接在一起：

```
>>> from pathlib import Path
>>> file_path = Path('eek') / 'urk' / 'snort.txt'
>>> file_path
PosixPath('eek/urk/snort.txt')
>>> print(file_path)
eek/urk/snort.txt
```

這種使用斜線的方式利用 Python 的「魔術方法」（第 197 頁）。Path 可以介紹它自己：

```
>>> file_path.name
'snort.txt'
>>> file_path.suffix
'.txt'
>>> file_path.stem
'snort'
```

你可以將 file_path 傳給 open()，就像提供任何檔名或路徑名稱字串一樣。

你也可以查看當你在另一個系統執行這段程式時，或當你需要在你的電腦產生外部路徑時會怎樣：

```
>>> from pathlib import PureWindowsPath
>>> PureWindowsPath(file_path)
PureWindowsPath('eek/urk/snort.txt')
>>> print(PureWindowsPath(file_path))
eek\urk\snort.txt
```

詳情請參考文件（*https://oreil.ly/yN87f*）。

BytesIO 與 StringIO

你已經知道如何修改記憶體內的資料，以及如何將資料放入檔案，或從中取出了。如果你的資料在記憶體裡面，但是當你呼叫一個期望收到檔案的函式（或相反的情形），想要在不讀取或寫入臨時性檔案的情況下修改資料並且傳遞那些 bytes 或字元時該怎麼辦？

你可以使用 io.BytesIO 來處理二進制資料（bytes），使用 io.StringIO 處理文字資料（str）。它們可以將這些資料包成**類檔案**（*file-like*）**物件**，你在本章看過的所有檔案函式都可以使用它。

它們的其中一種使用案例就是資料格式轉換。我們接下來要在使用 PIL 程式庫（第 480 頁的「PIL 與 Pillow」會詳細介紹）時使用它，這個程式庫可以讀取和寫入圖像資料。它的 Image 物件的 open() 和 save() 方法的第一個引數是檔名**或類檔案物件**。範例 14-1 的程式使用 BytesIO 來讀取**與**寫入「記憶體內的資料」。它會從命令列讀取一或多個圖像檔案，將它的圖像資料轉換成三個不同的格式，並且印出這些輸出值的長度與前 10 byte。

範例 *14-1*   *convert_image.py*

```python
from io import BytesIO
from PIL import Image
import sys

def data_to_img(data):
    """Return PIL Image object, with data from in-memory <data>"""
    fp = BytesIO(data)
    return Image.open(fp)     # 從記憶體讀取

def img_to_data(img, fmt=None):
    """Return image data from PIL Image <img>, in <fmt> format"""
    fp = BytesIO()
    if not fmt:
        fmt = img.format      # 維持原始的格式
    img.save(fp, fmt)         # 寫入記憶體
    return fp.getvalue()

def convert_image(data, fmt=None):
    """Convert image <data> to PIL <fmt> image data"""
    img = data_to_img(data)
    return img_to_data(img, fmt)

def get_file_data(name):
    """Return PIL Image object for image file <name>"""
    img = Image.open(name)
    print("img", img, img.format)
    return img_to_data(img)

if __name__ == "__main__":
    for name in sys.argv[1:]:
        data = get_file_data(name)
```

```
print("in", len(data), data[:10])
for fmt in ("gif", "png", "jpeg"):
    out_data = convert_image(data, fmt)
    print("out", len(out_data), out_data[:10])
```

 因為 BytesIO 物件很像檔案，你可以用 seek()、read() 與 write() 來處理它，就像處理一般的檔案；如果你執行 seek() 接著執行 read()，你只會取得從那個 seek 位置到結束位置的 byte。那個 getvalue() 會回傳 BytesIO 物件裡面的所有 byte。

下面是它的輸出，使用第 20 章將會介紹的輸入圖像檔案：

```
$ python convert_image.py ch20_critter.png
img <PIL.PngImagePlugin.PngImageFile image mode=RGB size=154x141 at 0x10340CF28> PNG
in 24941 b'\\x89PNG\\r\\n\\x1a\\n\\x00\\x00'
out 14751 b'GIF87a\\x9a\\x00\\x8d\\x00'
out 24941 b'\\x89PNG\\r\\n\\x1a\\n\\x00\\x00'
out 5914 b'\\xff\xd8\\xff\\xe0\\x00\\x10JFIF'
```

次章預告

下一章比較複雜。我們要處理並行（*concurrency*）（幾近同時做很多件事的方式）以及程序（*processes*）（執行程式）。

待辦事項

14.1　列出在你目前的目錄裡面的檔案。

14.2　列出在你的上一層目錄中的檔案。

14.3　將字串 'This is a test of the emergency text system' 指派給變數 test1，並將 test1 寫到 *test.txt* 檔。

14.4　打開 *test.txt* 檔案，並將它的內容讀入字串 test2。test1 與 test2 一樣嗎？

第十五章

時間中的資料：
程序與並行處理

被放入紙箱裡面封起來，並且被放在倉庫中，
是電腦做得到，但人類做不到的事情之一。

—Jack Handey

本章與下兩章比之前的各章各具挑戰性。本章將討論即時資料（在單一電腦上的循序與並行存取），第 16 章要介紹盒中資料（對特殊檔案和資料庫進行儲存與取出），第 17 章則探討空間資料（網路）。

程式與程序

當你執行一個獨立的程式時，你的作業系統會建立一個*程序*（*process*）。它會使用系統資源（CPU、記憶體、磁碟空間）與作業系統的 *kernel* 中的資料結構（檔案與網路連結、使用情況的統計數據等）。程序是彼此獨立的，它無法看到其他程序在做什麼，或干擾它們。

作業系統會追蹤所有正在執行的程序，讓每個程序都有一點時間可以執行，再切換到另一個程序，它的目標是公平地分配工作，以及良好地回應使用者。你可以用 Mac 的 Activity Monitor（macOS）、Windows 電腦的 Task Manager，或 Linux 的 top 命令，藉由圖形介面來查看程序的狀態。

你也可以用你自己的程式來查看程序資料。標準程式庫的 os 模組提供一種常見的系統資訊取得方式,例如,下面的函式可以取得目前正在執行的 Python 解譯器的*程序 ID* 與目前的工作目錄:

```
>>> import os
>>> os.getpid()
76051
>>> os.getcwd()
'/Users/williamlubanovic'
```

這些方法可以取得我的*用戶 ID* 與*群組 ID*:

```
>>> os.getuid()
501
>>> os.getgid()
20
```

用 subprocess 建立程序

你到目前為止看過的程式都是獨立的程式。你可以在 Python 中使用標準程式庫的 subprocess 模組來啟動與停止其他的程式。如果你只想要在 shell 中執行其他程式,並抓取它產生的輸出(包括標準的輸出與標準的錯誤輸出),可使用 getoutput() 函式。我們可以這樣子取得 Unix date 程式的輸出:

```
>>> import subprocess
>>> ret = subprocess.getoutput('date')
>>> ret
'Sun Mar 30 22:54:37 CDT 2014'
```

你在程序終止之前不會得到任何東西。如果你需要呼叫可能花很多時間的東西,可參考第 300 頁的「並行」的說明。因為傳給 getoutput() 的引數是一個代表完整 shell 命令的字串,你可以加入引數、直線符號、< 與 > I/O 重新定向等:

```
>>> ret = subprocess.getoutput('date -u')
>>> ret
'Mon Mar 31 03:55:01 UTC 2014'
```

將那個輸出字串傳給 wc 指令可以算出一行、六個「字」,與 29 個字元:

```
>>> ret = subprocess.getoutput('date -u | wc')
>>> ret
'       1       6      29'
```

另一種稱為 check_output() 的方法可以接收一串命令與引數。在預設情況下，它只會回傳標準輸出的類型 byte，而不是字串，而且不會使用 shell：

```
>>> ret = subprocess.check_output(['date', '-u'])
>>> ret
b'Mon Mar 31 04:01:50 UTC 2014\n'
```

如果你要顯示其他程式的退出狀態，getstatusoutput() 可以回傳一個 tuple，裡面有狀態碼與輸出：

```
>>> ret = subprocess.getstatusoutput('date')
>>> ret
(0, 'Sat Jan 18 21:36:23 CST 2014')
```

如果你不想要抓取輸出，而是想要知道它的退出狀態，可使用 call()：

```
>>> ret = subprocess.call('date')
Sat Jan 18 21:33:11 CST 2014
>>> ret
0
```

（在 Unix 系統中，0 通常是成功的退出狀態。）

那個日期與時間會被印到輸出，但不會在程式中抓到。所以，我們將回傳碼存成 ret。

如果你要在執行程式時使用引數，可以採取這種方式，第一種是用一個字串指定它們，我們的示範命令是 date -u，它可以印出目前的 UTC 日期與時間：

```
>>> ret = subprocess.call('date -u', shell=True)
Tue Jan 21 04:40:04 UTC 2014
```

你要使用 shell=True 來識別命令列 date -u，將它拆成獨立的字串，或許也要加上 * 這類的萬用字元（這個範例並未使用）。

第二種方法是接收一串引數，所以它不需要呼叫 shell：

```
>>> ret = subprocess.call(['date', '-u'])
Tue Jan 21 04:41:59 UTC 2014
```

用 multiprocessing 來建立程序

藉由使用 multiprocessing 模組，你可以用個別的程序來執行 Python 函式，甚至可以建立多個獨立的程序。範例 15-1 很簡短，請將它存為 *mp.py*，接著輸入 python mp.py 來執行它：

範例 *15-1   mp.py*

```python
import multiprocessing
import os

def whoami(what):
    print("Process %s says: %s" % (os.getpid(), what))

if __name__ == "__main__":
    whoami("I'm the main program")
    for n in range(4):
        p = multiprocessing.Process(target=whoami,
            args=("I'm function %s" % n,))
        p.start()
```

當我執行它時，我的輸出是：

```
Process 6224 says: I'm the main program
Process 6225 says: I'm function 0
Process 6226 says: I'm function 1
Process 6227 says: I'm function 2
Process 6228 says: I'm function 3
```

Process() 函式產生一個新的程序，並且在裡面執行 do_this() 函式。因為我們在一個循環四次的迴圈中執行它，所以產生四個執行 do_this() 的新程序，接著退出。

這個 multiprocessing 模組還有許多實用的功能。它很適合在將工作分配給多個程序來節省整體時間時使用，例如下載網頁來爬抓資料、調整圖像大小等。它有許多把工作排入佇列、讓程序互相溝通，以及等待所有程序完成的方式。第 300 頁的「並行」會討論細節。

用 terminate() 終止程序

如果你已經建立一或多個程序，並且因為某些原因想要終止一個程序（可能是它被迴圈困住了，或你很無聊，或你想要成為邪惡的魔王），你可以使用 terminate()。在範例 15-2 中，我們的程序會算到一百萬，在每一個步驟睡一秒鐘，並印出惱人的訊息。但是，我們的主程式在第五秒就失去耐心了，用核武摧毀它：

範例 *15-2   mp2.py*

```python
import multiprocessing
import time
import os
```

```python
def whoami(name):
    print("I'm %s, in process %s" % (name, os.getpid()))

def loopy(name):
    whoami(name)
    start = 1
    stop = 1000000
    for num in range(start, stop):
        print("\tNumber %s of %s. Honk!" % (num, stop))
        time.sleep(1)

if __name__ == "__main__":
    whoami("main")
    p = multiprocessing.Process(target=loopy, args=("loopy",))
    p.start()
    time.sleep(5)
    p.terminate()
```

我執行這段程式之後得到：

```
I'm main, in process 97080
I'm loopy, in process 97081
        Number 1 of 1000000. Honk!
        Number 2 of 1000000. Honk!
        Number 3 of 1000000. Honk!
        Number 4 of 1000000. Honk!
        Number 5 of 1000000. Honk!
```

用 os 取得系統

標準的 os 程式包提供許多關於你的系統的細節，當你用特權用戶（root 或管理員）來執行 Python 腳本時，它也可以讓你控制其中的一些部分。除了第 14 章介紹過的檔案與目錄函式之外，它也有這種提供資訊的函式（這是在 iMac 上執行的）：

```python
>>> import os
>>> os.uname()
posix.uname_result(sysname='Darwin',
nodename='iMac.local',
release='18.5.0',
version='Darwin Kernel Version 18.5.0: Mon Mar 11 20:40:32 PDT 2019;
  root:xnu-4903.251.3~3/RELEASE_X86_64',
machine='x86_64')
>>> os.getloadavg()
(1.794921875, 1.93115234375, 2.2587890625)
>>> os.cpu_count()
4
```

system() 是一種好用的函式，可以像你在終端機上輸入命令字串一樣執行它：

```
>>> import os
>>> os.system('date -u')
Tue Apr 30 13:10:09 UTC 2019
0
```

這是個手提包（grab bag），請參考文件（*https://oreil.ly/3r6xN*）來瞭解有趣的花絮。

用 psutil 取得程序資訊

第 三 方 程 式 包 psutil（*https://oreil.ly/pHpJD*） 也 可 以 提 供 Linux、Unix、macOS 與 Windows 的系統與程序資訊。

你可以猜猜如何安裝它：

```
$ pip install psutil
```

它的涵蓋範圍包括：

系統

CPU、記憶體、磁碟、網路、感應器

程序

id、父 id、CPU、記憶體、開啟檔案、執行緒

我們已經知道（在之前探討 os 時）我的電腦有四顆 CPU，它們運作多久了（秒數）？

```
>>> import psutil
>>> psutil.cpu_times(True)
[scputimes(user=62306.49, nice=0.0, system=19872.71, idle=256097.64),
scputimes(user=19928.3, nice=0.0, system=6934.29, idle=311407.28),
scputimes(user=57311.41, nice=0.0, system=15472.99, idle=265485.56),
scputimes(user=14399.49, nice=0.0, system=4848.84, idle=319017.87)]
```

它們現在有多忙？

```
>>> import psutil
>>> psutil.cpu_percent(True)
26.1
>>> psutil.cpu_percent(percpu=True)
[39.7, 16.2, 50.5, 6.0]
```

或許你永遠不會使用這種資料，但知道它的存在是件好事。

命令自動化

你通常會在 shell 執行命令（無論是手動輸入命令，還是執行 shell 腳本），但 Python 有許多很棒的第三方管理工具。

第 301 頁的「佇列」會探討相關的主題，工作佇列。

呼叫

第 1 版的 fabric 工具可讓你用 Python 程式碼定義本地與遠端（網路）工作。它的開發者將這個原始的程式包拆成 fabric2（遠端）與 invoke（本地）。

執行下列命令來安裝 invoke：

```
$ pip install invoke
```

invoke 可以把函式變成命令列的引數供人使用。我們先用範例 15-3 的程式製作 *tasks.py* 檔案。

範例 *15-3   tasks.py*

```python
from invoke import task

@task
def mytime(ctx):
    import time
    now = time.time()
    time_str = time.asctime(time.localtime(now))
    print("Local time is", timestr)
```

（ctx 引數是各個 task 函式的第一個引數，但是它是供 invoke 在內部使用的。無論你幫它取什麼名字都可以，但是那裡必須有一個引數。）

```
$ invoke mytime
Local time is Thu May 2 13:16:23 2019
```

使用 -l 和 --list 引數來看看有哪些 task 可用：

```
$ invoke -l
Available tasks:

  mytime
```

task 可以使用引數，而且你可以在命令列一次呼叫多個 task（類似在 shell 腳本中使用 &&）。

其他的用法包括：

- 用 run() 函式執行本地 shell 命令
- 回應程式的字串輸出模式

這只是個簡介，詳情請參考文件（*http://docs.pyinvoke.org*）。

其他的命令輔助程式庫

這些 Python 程式包與 invoke 有點像，但有些或許更符合你的需求：

- click（*https://click.palletsprojects.com*）
- doit（*http://pydoit.org*）
- sh（*http://amoffat.github.io/sh*）
- delegator（*https://github.com/kennethreitz/delegator.py*）
- pypeln（*https://cgarciae.github.io/pypeln*）

並行

Python 官網對於並行和標準程式庫有廣泛的介紹（*http://bit.ly/concur-lib*），這些網頁有許多連結連至各種程式包和技術，在本章，我要介紹最實用的那些。

在電腦裡面，當你需要等待某件事情時，通常是出於以下其中一種原因：

I/O 限制

這個原因到目前為止是最常見的，電腦 CPU 的速度快得驚人，它比記憶體快好百倍，比磁碟和網路快好千倍。

CPU 限制

CPU 保持繁忙的狀態，這會在科學計算或圖形計算等**數字計算**工作中發生。

這裡有兩個與並行有關的名詞：

同步

一件事接著一件事發生，就像鵝媽媽後面的一排小鵝。

非同步

工作彼此是獨立的，就像鵝在池塘裡隨機戲水一樣。

當你從簡單的系統與工作轉而面對真正的問題時，你終究會在某個時刻遇到並行問題。例如，考慮一下網站。你通常可以非常快速地提供靜態與動態網頁給用戶。在一秒之內完成工作很有互動性，但是如果顯示或互動花更多時間，人們就會失去耐性。Google 與 Amazon 等公司做過一些測試顯示，即使網頁只是慢一點點載入都會造成流量快速地下降。

但是如果有些事情需要很久才能完成，例如上傳檔案、調整圖像大小，或查詢資料庫時該怎麼辦？此時你不能在同步 web 伺服器中做這些事情了，因為有人正在等待回覆。

在單一機器上，如果你想要盡快執行多個工作，你就要讓它們彼此獨立，因為緩慢的工作會阻礙其他的工作。

本章的前面介紹過如何在一台機器上使用多處理來將工作重疊。如果你需要改變圖像的大小，web 伺服器程式碼就要呼叫一個單獨的、專用的圖像大小調整程序，以非同步且並行的方式來執行。它可以藉著呼叫多個大小調整程序來橫向擴展你的應用程式。

訣竅是讓它們互相合作。任何共享的控制權或狀態都意味著將來會出現瓶頸。更重要的訣竅是處理失敗，因為並行計算比一般計算更困難，它有更多事情可能出錯，而且你的端對端成功機率更低。

好吧。哪些方法可以協助你處理這些麻煩？我們從一種管理多項工作的好方法開始談起：序列。

佇列

序列就像串列，它可讓你從一端加入東西，從另一端拿出。最常見的佇列稱為 *FIFO*（先進先出，first in , first out）。

假設你正在洗盤子，如果你必須完成整個工作，你就要洗每一個盤子，將它擦乾，放到別的地方，你可以用很多種方式做這項工作，或許你可以先洗第一塊盤子，將它擦乾，再將它放到別的地方，再對第二塊盤子做同樣的事情，以此類推。你也可以批次操作，一次把所有的盤子洗完，將它們全部擦乾，再將它們放到別的地方，但你必須有足夠的空間來容納在每一個步驟處理的盤子。以上都是同步的做法,有一個工人,每次做一件事。

另一種做法是找一或兩位幫手。如果你負責洗盤子,你可以把洗好的盤子傳給負責擦乾的人,他再把每一塊擦乾的盤子傳給負責擺放的人。只要你們都在同一個地方工作,你們一起完成工作的速度應該你單獨工作更快。

但是,如果你洗碗的速度比擦碗的人快呢?此時濕盤子可能會掉到地上,或者,你可能會把它們疊在你和負責擦乾的人之間,或是你直接放手休息,等擦乾的人完成手上工作再說。而且如果最後一個人的速度比負責擦乾的人更慢,乾盤子可能會掉到地上,或堆積成山,或負責擦乾的人閒閒沒事做。雖然你有很多工人,但是整體的工作仍然是同步的,而且它的速度只會與最慢的工人一樣快。

俗話說得好,**人多好辦事**(我一直認為這句話講的是過著簡樸生活的艾美許人,因為它讓我想到蓋穀倉)。增加工人可以加快蓋穀倉或洗盤子的速度。這與**佇列**有關。

佇列通常會傳遞**訊息**,這些訊息可能是任何一種資訊。在這個例子中,我們感興趣的是用來管理分布式工作的佇例,也稱為**工作佇例**(*work queue*、*job queue*、*task queue*)。水槽內的每一塊盤子都會被送給一位清洗者,他會洗盤子並將它交給第一位有空的擦乾者,他擦盤子之後交給放置者。這個程序可能是同步的(工人必須等待他要處理的盤子,以及接收他的盤子的另一位工人),或是非同步的(盤子被疊在工作速度不同的工人之間)。只要你有足夠的工人,而且他們可以跟上盤子的速度,事情就可以很快地進行。

程序

實作佇列的方式有很多種,對單一機器而言,標準程式庫的多處理模組(之前介紹過了)裡面有個 Queue 函式。我們來模擬只有一位清洗工與多位擦乾工的程序(之後有人把盤子收起來)以及一個中間的 dish_queue。我們將這個程式稱為 *dishes.py*(範例 15-4)。

範例 *15-4 dishes.py*

```python
import multiprocessing as mp

def washer(dishes, output):
    for dish in dishes:
        print('Washing', dish, 'dish')
        output.put(dish)
```

```python
def dryer(input):
    while True:
        dish = input.get()
        print('Drying', dish, 'dish')
        input.task_done()

dish_queue = mp.JoinableQueue()
dryer_proc = mp.Process(target=dryer, args=(dish_queue,))
dryer_proc.daemon = True
dryer_proc.start()

dishes = ['salad', 'bread', 'entree', 'dessert']
washer(dishes, dish_queue)
dish_queue.join()
```

執行你的新程式：

```
$ python dishes.py
Washing salad dish
Washing bread dish
Washing entree dish
Washing dessert dish
Drying salad dish
Drying bread dish
Drying entree dish
Drying dessert dish
```

這個佇列看起來很像一個簡單的 Python 迭代器，可產生一系列的盤子。它實際上隨著 washer 與 dryer 之間的通訊而開始了獨立的程序。我用 JoinableQueue 與最終的 join() 方法來讓 washer 知道所有的盤子都已被擦乾了。multiprocessing 模組還有其他類型的 序列，你可以在這個文件（*http://bit.ly/multidocs*）中找到更多範例。

執行緒

執行緒是在程序裡面運行的，它可以存取該程序的任何東西，類似多重人格。 multiprocessing 模組有一個稱為 threading 的近親，它以執行緒來取代程序（其實， multiprocessing 比 threading 晚出現，前者是後者的程序式對映模組）。我們用執行緒來 重做程序範例，見範例 15-5。

範例 15-5 thread1.py

```python
import threading

def do_this(what):
```

```
        whoami(what)

    def whoami(what):
        print("Thread %s says: %s" % (threading.current_thread(), what))

    if __name__ == "__main__":
        whoami("I'm the main program")
        for n in range(4):
            p = threading.Thread(target=do_this,
                args=("I'm function %s" % n,))
            p.start()
```

這是我印出來的結果：

```
Thread <_MainThread(MainThread, started 140735207346960)> says: I'm the main
program
Thread <Thread(Thread-1, started 4326629376)> says: I'm function 0
Thread <Thread(Thread-2, started 4342157312)> says: I'm function 1
Thread <Thread(Thread-3, started 4347412480)> says: I'm function 2
Thread <Thread(Thread-4, started 4342157312)> says: I'm function 3
```

我們可以用執行緒來重做之前那個使用程序的 dish 範例，見範例 15-6。

範例 15-6　thread_dishes.py

```python
import threading, queue
import time

def washer(dishes, dish_queue):
    for dish in dishes:
        print ("Washing", dish)
        time.sleep(5)
        dish_queue.put(dish)

def dryer(dish_queue):
    while True:
        dish = dish_queue.get()
        print ("Drying", dish)
        time.sleep(10)
        dish_queue.task_done()


dish_queue = queue.Queue()
for n in range(2):
    dryer_thread = threading.Thread(target=dryer, args=(dish_queue,))
    dryer_thread.start()

dishes = ['salad', 'bread', 'entree', 'dessert']
```

```
washer(dishes, dish_queue)
dish_queue.join()
```

multiprocessing 與 threading 有一個差異在於，threading 沒有 terminate() 函式。你無法隨便終止正在執行的執行緒，因為這樣會在程式中造成各種問題，甚至包括時空連續體的問題。

執行緒有時很危險。如同 C 與 C++ 等手動管理記憶體的語言，它們會產生很難發現的 bug，更不用說修復它了。要使用執行緒，在程式中（以及在它使用的外部程式庫中）的所有程式碼都必須是**執行緒安全**（*thread safe*）的。在上述的範例程式中，執行緒並未共用任何全域變數，所以它們可以獨立運行而不會破壞任何事情。

假設你是一位進入鬼屋的超自然現象調查員，鬼魂在大廳裡游蕩，但任何鬼魂都無法看到其他的鬼魂，而且無論何時，任何一個鬼都可以查看、添加、移除或移動房子裡的任何東西。

你小心翼翼地在屋子裡走來走去，用令人印象深刻的儀器記錄讀數。你突然發現幾秒前看到的燭台不見了。

屋子裡的東西就像程式中的變數。鬼魂就像程序（屋子）中的執行緒。如果鬼魂只能觀看屋子裡的東西，你不會遇到任何問題，這就像執行緒讀取常數或變數的值而不試著改變它。

然而，可能有一些看不到的東西會抓住你的手電筒，對你的脖子吹冷風，把大理石放在樓梯上，或點燃壁爐。**真正厲害的鬼魂會趁你不注意的時候改變另一間房間的東西。**

儘管你有很好的儀器，但你還是很難搞清楚誰做了什麼、怎麼做的、什麼時候做的、在哪裡做的。

如果你用的是多個程序，而不是多執行緒，它就像你有很多間屋子，但是每一間都只住一個（活）人。如果你把白蘭地放在壁爐前，它在一小時之後會留在原地，雖然有一些酒蒸發掉了，但它仍然在同一個地方。

不使用全域變數的執行緒不但很方便也很安全，更明確地說，如果你需要等待一些 I/O 動作完成，執行緒可以幫你節省時間。在這些情況下，它們不需要爭奪資料，因為每一個執行緒都有完全獨立的變數。

但是有時執行緒有很好的理由需要更改全域變數。事實上，使用多執行緒的其中一種原因就是讓它們分工處理某些資料，所以可想而知，資料會有某種程度的變更。

要安全地共享資料，有一種常見的做法是先使用軟體**鎖**，再在執行緒中修改變數，如此一來，你可以在進行修改時，將其他程式隔離在外。這種做法就像是請魔鬼特攻隊保護你的房間不讓鬼跑進來。但是重點在於，你必須記得將它解鎖。此外，軟體鎖可能會被嵌套，如果有其他的魔鬼特攻隊也在守護這間房間，或這棟房子呢？使用軟體鎖是傳統的做法，但很難做得正確。

> 在 Python 中，執行緒不會提升 CPU 密集型工作的速度，原因出在標準 Python 系統的一種實作細節，*Global Interpreter Lock*（GIL）。它的存在是為了避免 Python 解譯器中的執行緒問題，它可能會讓多執行緒程式比它的單執行緒版本慢，甚至比多程序版本慢。

因此在 Python 中，建議你：

- 使用執行緒來解決 I/O 密集型問題
- 使用程序、網路或事件（下一節說明）來處理 CPU 密集型問題

concurrent.futures

如你所見，在使用執行緒或多程序時，你要處理許多細節。Python 3.2 標準程式庫加入 concurrent.futures 來簡化這些細節。它可以讓你用執行緒（I/O 密集時）或程序（CPU 密集時）來調度非同步 worker 池。你可以取回一個 *future*，用來追蹤它們的狀態並收集結果。

你可以將範例 15-7 的測試程式存為 *cf.py*。工作函式 calc() 會睡眠一秒鐘（我們藉此假裝它忙著做某件事），計算引數的平方根，並回傳它。這個程式接收一個選用的命令列引數，它是要使用的 worker 數量，預設值是 3。它先在執行緒池中啟動這個數量的 worker，接著在程序池中啟動，接著印出經過的時間。values 串列裡面有五個數字，在 worker 執行緒或程序中每次送給 calc() 一個。

範例 *15-7 cf.py*

```python
from concurrent import futures
import math
import time
import sys

def calc(val):
    time.sleep(1)
    result = math.sqrt(float(val))
```

```
        return result

def use_threads(num, values):
    t1 = time.time()
    with futures.ThreadPoolExecutor(num) as tex:
        results = tex.map(calc, values)
    t2 = time.time()
    return t2 - t1

def use_processes(num, values):
    t1 = time.time()
    with futures.ProcessPoolExecutor(num) as pex:
        results = pex.map(calc, values)
    t2 = time.time()
    return t2 - t1

def main(workers, values):
    print(f"Using {workers} workers for {len(values)} values")
    t_sec = use_threads(workers, values)
    print(f"Threads took {t_sec:.4f} seconds")
    p_sec = use_processes(workers, values)
    print(f"Processes took {p_sec:.4f} seconds")

if __name__ == '__main__':
    workers = int(sys.argv[1])
    values = list(range(1, 6)) # 1 .. 5
    main(workers, values)
```

這是我得到的結果：

```
$ python cf.py 1
Using 1 workers for 5 values
Threads took 5.0736 seconds
Processes took 5.5395 seconds
$ python cf.py 3
Using 3 workers for 5 values
Threads took 2.0040 seconds
Processes took 2.0351 seconds
$ python cf.py 5
Using 5 workers for 5 values
Threads took 1.0052 seconds
Processes took 1.0444 seconds
```

一秒的 sleep() 強迫各個 worker 在每一次計算時花一秒：

• 一次一個 worker 時，每一件事都是連續的，總時間超過 5 秒。

- 5 個 worker 與被測試的值的大小一樣，所以我們花了 1 秒多一點的時間。

- 使用 3 個 worker 時，我們要用兩個回合來處理全部的五個值，所以花了 2 秒多一點的時間。

在程式中，我省略實際的結果（我們計算的平方根），來突顯經過的時間。此外，用 map() 來定義池（pool）可讓我們等待所有 worker 完成工作再回傳結果。為了取得它完成的每一個結果，我們試試另一項測試（稱它 *cf2.py*），其中，每一個 worker 都會在計算完畢之後回傳 value 及其平方根（範例 15-8）。

範例 *15-8　cf2.py*

```
from concurrent import futures
import math
import sys

def calc(val):
    result = math.sqrt(float(val))
    return val, result

def use_threads(num, values):
    with futures.ThreadPoolExecutor(num) as tex:
        tasks = [tex.submit(calc, value) for value in values]
        for f in futures.as_completed(tasks):
            yield f.result()

def use_processes(num, values):
    with futures.ProcessPoolExecutor(num) as pex:
        tasks = [pex.submit(calc, value) for value in values]
        for f in futures.as_completed(tasks):
            yield f.result()

def main(workers, values):
    print(f"Using {workers} workers for {len(values)} values")
    print("Using threads:")
    for val, result in use_threads(workers, values):
        print(f'{val} {result:.4f}')
    print("Using processes:")
    for val, result in use_processes(workers, values):
        print(f'{val} {result:.4f}')

if __name__ == '__main__':
    workers = 3
    if len(sys.argv) > 1:
        workers = int(sys.argv[1])
```

```
        values = list(range(1, 6)) # 1 .. 5
        main(workers, values)
```

現在我們的 use_threads() 與 use_processes() 函式是產生器函式，在每次迭代時呼叫 yield 來回傳。你可以從我的電腦執行的結果看到 worker 不一定都依序從 1 處理到 5：

```
$ python cf2.py 5
Using 5 workers for 5 values
Using threads:
3 1.7321
1 1.0000
2 1.4142
4 2.0000
5 2.2361
Using processes:
1 1.0000
2 1.4142
3 1.7321
4 2.0000
5 2.2361
```

你可以隨時使用 concurrent.futures 來啟動一堆並行工作，例如：

- 在網路上爬抓 URL
- 處理檔案，例如改變圖像大小
- 呼叫服務 API

同樣地，你可以參考文件（*https://oreil.ly/dDdF-*）來瞭解額外的細節，但是這些文件更有技術性多了。

綠色執行緒與 gevent

如你所見，開發人員通常會藉著在獨立的執行緒或程序中執行程式的慢點（slow spot）來避免它們。Apache web 伺服器就是採取這種設計。

另一種做法是事件式（*event-based*）設計。事件式程式會運行一個中央事件迴圈，分配所有工作，再重複執行那個迴圈。NGINX web 伺服器採取這種設計，它通常比 Apache 快。

gevent 程式庫是事件式的程式庫，可以讓你做一件奇妙的事情—你可以先編寫一般的程式碼，再將它轉換成協同程序（*coroutine*）。它們很像產生器，可以互相溝通，以及追蹤它們在哪裡。gevent 修改許多 Python 的標準物件（例如 socket）來使用它的機制，而不是阻擋它。它們無法和 C 寫成的 Python 外掛程式（例如某些資料庫驅動程式）一起使用。

你可以用 pip 來安裝 gevent：

```
$ pip install gevent
```

這是在 gevent 網站（*http://www.gevent.org*）上的範例程式的改版。你可以在接下來的 DNS 段落中看到 socket 模組的 gethostbyname() 函式。這個函式是同步的，所以當它在世界各地的名稱伺服器查詢網址時，你要等待一下（可能好幾秒）。但是你可以使用 gevent 版本來分別查看多個網站。請將這段程式存為 *gevent_test.py*（範例 15-9）。

範例 *15-9 gevent_test.py*

```
import gevent
from gevent import socket
hosts = ['www.crappytaxidermy.com', 'www.walterpottertaxidermy.com',
    'www.antique-taxidermy.com']
jobs = [gevent.spawn(gevent.socket.gethostbyname, host) for host in hosts]
gevent.joinall(jobs, timeout=5)
for job in jobs:
    print(job.value)
```

上面的範例有一個單行的 for 迴圈。每個主機名稱會被依序傳到 gethostbyname() 呼叫式，但是它們可以非同步地執行，因為它是 gevent 版的 gethostbyname()。

執行 *gevent_test.py*：

```
$ python gevent_test.py
66.6.44.4
74.125.142.121
78.136.12.50
```

gevent.spawn() 會建立一個 *greenlet*（有時也稱為綠色執行緒（*green thread*）或微執行緒（*microthread*）），來執行每一個 gevent.socket.gethostbyname(url)。

它與一般的執行緒不同的地方在於它不會阻塞（block）。如果發生會阻塞一般執行緒的情況，gevent 會將控制權換到其他的 greenlet 之一。

gevent.joinall() 方法會等待所有生成（spawned）的工作完成。最後，我們 dump 我們為這些主機名稱取得的 IP 位址。

除了 gevent 版的 socket 之外，你也可以使用名稱令人產生共鳴的 *monkey-patching* 函式。它們會修改標準的模組（例如 socket）來使用 greenlet，而不是呼叫 gevent 版的模組。當你想要一路套用 gevent 時很適合使用它，甚至可以套用在你無法訪問的程式碼上面。

在你的程式最上面加入以下的呼叫式：

```
from gevent import monkey
monkey.patch_socket()
```

這會在程式中（甚至標準程式庫中）的任何呼叫一般的 socket 的地方插入 gevent socket。同樣地，它在 Python 程式中才有效，無法在 C 寫成的程式庫中起作用。

另一個函式 monkey-patche 更多標準程式庫模組：

```
from gevent import monkey
monkey.patch_all()
```

你可以在程式的最上面使用它，來盡量獲得 gevent 提升的速度。

將這段程式存成 *gevent_monkey.py*（範例 15-10）：

範例 *15-10   gevent_monkey.py*

```
import gevent
from gevent import monkey; monkey.patch_all()
import socket
hosts = ['www.crappytaxidermy.com', 'www.walterpottertaxidermy.com',
    'www.antique-taxidermy.com']
jobs = [gevent.spawn(socket.gethostbyname, host) for host in hosts]
gevent.joinall(jobs, timeout=5)
for job in jobs:
    print(job.value)
```

執行這段程式：

```
$ python gevent_monkey.py
66.6.44.4
74.125.192.121
78.136.12.50
```

當你使用 gevent 時可能有一些風險。如同任何一種事件式系統，你所執行的每一段程式應該都可以取得相對較快的速度。即使它不會阻塞，但需要處理許多工作的程式依然會很緩慢。

monkey-patching 的概念讓一些人覺得很緊張。然而，許多大型的網站（例如 Pinterest）
都使用 gevent 來顯著提升它們的速度。如同藥罐上的使用說明，請按照指示來使用
gevent。

如果你要看更多範例，可參考這個完速的 gevent 教學（*https://oreil.ly/BWR_q*）。

 你也可以考慮使用 tornado（*http://www.tornadoweb.org*）或 gunicorn
（*http://gunicorn.org*），它們是另兩種熱門的事件式框架。它們都提供低
階事件處理與快速的 web 伺服器。如果你想要建構快速的網站，並且不
想要與 Apache 等傳統伺服器糾纏不清，它們都值得研究。

twisted

twisted（*http://twistedmatrix.com/trac*）是一種非同步，事件式網路框架。你要先將函式
與事件（例如「收到資料」或「連結關閉」）連結，接下來，當那些事件發生時，函式
就會被呼叫。這是一種回呼設計，如果你寫過 JavaScript 程式應該會覺得它很熟悉。如
果你沒有看過這種設計可能會覺得它很落伍。對一些開發者來說，回呼程式碼會隨著應
用程式的成長而愈來愈難管理。

你可以這樣安裝它：

```
$ pip install twisted
```

twisted 是個很大的程式包，支援許多 TCP 與 UDP 之上的網際網路協定。我用下面這個
小型的 knock-knock 伺服器及用戶端來簡短地說明，它改寫自 twisted 的範例（*http://bit.
ly/twisted-ex*）。我們先看伺服器，*knock_server.py*（範例 15-11）：

範例 *15-11 knock_server.py*

```python
from twisted.internet import protocol, reactor

class Knock(protocol.Protocol):
    def dataReceived(self, data):
        print('Client:', data)
        if data.startswith("Knock knock"):
            response = "Who's there?"
        else:
            response = data + " who?"
        print('Server:', response)
        self.transport.write(response)
```

```python
class KnockFactory(protocol.Factory):
    def buildProtocol(self, addr):
        return Knock()

reactor.listenTCP(8000, KnockFactory())
reactor.run()
```

接著看一下它可靠的夥伴，*knock_client.py*（範例 15-12）。

範例 *15-12   knock_client.py*

```python
from twisted.internet import reactor, protocol

class KnockClient(protocol.Protocol):
    def connectionMade(self):
        self.transport.write("Knock knock")

    def dataReceived(self, data):
        if data.startswith("Who's there?"):
            response = "Disappearing client"
            self.transport.write(response)
        else:
            self.transport.loseConnection()
            reactor.stop()

class KnockFactory(protocol.ClientFactory):
    protocol = KnockClient

def main():
    f = KnockFactory()
    reactor.connectTCP("localhost", 8000, f)
    reactor.run()

if __name__ == '__main__':
    main()
```

先啟動伺服器：

```
$ python knock_server.py
```

再啟動用戶端：

```
$ python knock_client.py
```

伺服器與用戶端會交換訊息，再由伺服器印出對話：

```
Client: Knock knock
Server: Who's there?
```

```
Client: Disappearing client
Server: Disappearing client who?
```

然後，我們的騙子用戶端結束，讓伺服器空等它的妙語。

如果你想要輸入 twisted 訊息，可以嘗試它的文件上的其他範例。

asyncio

Python 在 3.4 版加入 asyncio 程式庫。它是用新的 async 和 await 功能來定義並行程式碼的一種選項。它是個很大的主題，也有很多細節，為了不讓本章的內容太多，我把 asyncio 及其相關主題移到附錄 C。

Redis

之前的使用程序或執行緒的洗盤子範例程式是在單一機器上執行的。我們接下來要用另一種佇列方法，它可以在單一機器或跨網路執行。有時就算你用了很多程序和執行緒，一台電腦還是無法應付工作，你可以把這一節當成 single-box（一台電腦）與 multiple-box 並行之間的橋梁。

為了執行本節的範例，你要安裝 Redis 伺服器與它的 Python 模組。第 350 頁的「Redis」告訴你如何取得它們。在那一章，Redis 的角色是個資料庫。在這裡，我們要利用它的並行特性。

使用 Redis 串列可以快速地製作佇列。Redis 伺服器會在一台電腦上運行，用戶端可以和 Redis 伺服器使用同一台電腦，也可以透過網路訪問另一台電腦的 Redis 伺服器。無論採取哪一種做法，用戶端都會透過 TCP 與伺服器對話，所以它們是一種網路結構。在運作時，會有一或多個供應方用戶端將訊息送到串列的一端，有一或多個用戶端 worker 以 *blocking pop* 操作來監視這個串列。如果串列是空的，它們都會坐著打牌。只要有訊息到達，第一位渴望工作的 worker 就會處理它。

如同之前使用程序和執行緒的範例，*redis_washer.py* 會產生一個盤子（dishes）序列（範例 15-13）。

範例 *15-13　redis_washer.py*

```python
import redis
conn = redis.Redis()
print('Washer is starting')
dishes = ['salad', 'bread', 'entree', 'dessert']
for dish in dishes:
```

```
    msg = dish.encode('utf-8')
    conn.rpush('dishes', msg)
    print('Washed', dish)
conn.rpush('dishes', 'quit')
print('Washer is done')
```

迴圈會產生四個盤子名稱訊息，還有最後一個訊息「quit」。它會將每一個訊息加入 Redis 伺服器的一個稱為 dishes 的串列，類似加入 Python 串列。

只要第一個盤子就緒，*redis_dryer.py* 就會執行它的工作（範例 15-14）。

範例 *15-14*　*redis_dryer.py*

```
import redis
conn = redis.Redis()
print('Dryer is starting')
while True:
    msg = conn.blpop('dishes')
    if not msg:
        break
    val = msg[1].decode('utf-8')
    if val == 'quit':
        break
    print('Dried', val)
print('Dishes are dried')
```

這段程式碼會先等待第一個記號是「dishes」的訊息，並且印出它擦乾的每一個。它用 *quit* 訊息來結束迴圈。

我們先啟動 dryer 再啟動 washer。在命令的結尾使用 & 會將第一個程式放到**幕後**，它會持續執行，但再也不會監聽鍵盤了。它可以在 Linux、macOS 與 Windows 運作，不過你可能會在下一行看到不同的輸出。在這個例子（macOS）中，它是一些關於幕後的 dryer 程序的資訊。接著，我們正常地啟動 washer 程序（在**幕前**）。你可以看到這兩個程序的混合輸出：

```
$ python redis_dryer.py &
[2] 81691
Dryer is starting
$ python redis_washer.py
Washer is starting
Washed salad
Dried salad
Washed bread
Dried bread
Washed entree
```

```
Dried entree
Washed dessert
Washer is done
Dried dessert
Dishes are dried
[2]+  Done                    python redis_dryer.py
```

只要來自 washer 程序的盤子 ID 開始到達 Reids，辛勤的 dryer 程序就會開始將它們拉出來。每一個盤子 ID 都是一個號碼，除了最後的哨（*sentinel*）值：**'quit'** 字串。當 dryer 程序看到 quit 盤子 ID 時就會退出，並將一些其他的幕後程序資訊印到終端機（也依系統而不同）。你可以使用哨值（一個無效值）來代表與資料串流本身不同的特殊事項，在這個例子中，那是「我們完工了」。如果不這樣做，我們就要加入更多的程式邏輯，例如：

- 事先商定一個最大的盤子號碼，這也是一種哨值。

- 做一些特殊的帶外（*out-of-band*，不在資料串流內）處理間通訊（interprocess communication）。

- 在一段時間沒有新資料之後逾時（time out）。

我們來做一些最後的修改：

- 建立多個 dryer 程序。

- 為各個 dryer 加入 timeout，而非監看哨值。

範例 15-15 是新的 *redis_dryer2.py*。

範例 *15-15   redis_dryer2.py*

```python
def dryer():
    import redis
    import os
    import time
    conn = redis.Redis()
    pid = os.getpid()
    timeout = 20
    print('Dryer process %s is starting' % pid)
    while True:
        msg = conn.blpop('dishes', timeout)
        if not msg:
            break
        val = msg[1].decode('utf-8')
        if val == 'quit':
            break
```

```
        print('%s: dried %s' % (pid, val))
        time.sleep(0.1)
    print('Dryer process %s is done' % pid)

import multiprocessing
DRYERS=3
for num in range(DRYERS):
    p = multiprocessing.Process(target=dryer)
    p.start()
```

我們在幕後啟動 dryer 程序，接著在幕前啟動 washer 程序：

```
$ python redis_dryer2.py &
Dryer process 44447 is starting
Dryer process 44448 is starting
Dryer process 44446 is starting
$ python redis_washer.py
Washer is starting
Washed salad
44447: dried salad
Washed bread
44448: dried bread
Washed entree
44446: dried entree
Washed dessert
Washer is done
44447: dried dessert
```

一個 dryer 程序讀到 quit ID 並退出：

```
Dryer process 44448 is done
```

經過 20 秒之後，其他的 dryer 從它們的 blpop 呼叫式得到回傳值 None，代表它們逾時了。它們留下遺言之後退出：

```
Dryer process 44447 is done
Dryer process 44446 is done
```

在最後的 dryer 副程序退出之後，主 dryer 程式也結束了：

```
[1]+  Done                    python redis_dryer2.py
```

佇列之外的選項

可能會變動的元素愈多，可愛的生產線就愈有可能被打亂。我們有足夠的工人清洗宴會的盤子嗎？如果擦盤子的人喝醉了呢？如果水槽塞住了呢？真的令人煩惱！

你該如何應付所有事情？這些是常見的技術：

射後不理

直接把事情交出去，不擔心後果，就算沒有人接下它也沒差。這是將盤子摔到地上的做法。

請求 - 回應

洗盤者接收擦盤者的告知，擦盤者接收擺放者的告知，處理管線上的每一個盤子。

反壓或節流

這種技術在下游的人跟不上速度時，要求動作比較快的工人放慢一點。

在真正的系統中，你必須注意工人是否按需求跟上腳步，否則你會聽到盤子掉到地上的聲音。或許你要將一些新工作加入**待處理**串列，同時用一些其他的工人程序取出最新的訊息，並將它加入一個**處理中**串列，當訊息是 done 時，將工作移出處理中串列，加入一個**完成**串列。如此一來，你就可以知道哪些工作失敗了，或花費太多時間。你可以用 Redis 來做這件事，或使用別人已經寫好，並經過測試的系統。下面是額外加入這一層管理的 Python 佇列程式包：

- celery（*http://www.celeryproject.org*）可以同步或非同步地執行分散的工作，使用我們剛才討論的方法：multiprocessing、gevent 與其他。

- rq（*http://python-rq.org*）是一種 Python 工作佇列程式庫，它也是建構在 Redis 基礎之上。

Queues（*http://queues.io*）是個探討排隊軟體的網站，包括 Python 的和其他的。

次章預告

在這一章，我們讓資料流經許多程序。在下一章，我們要瞭解如何對各種檔案格式和資料庫儲存和取回資料。

待辦事項

15.1 使用 multiprocessing 來建立三個獨立的程序。讓每一個程序等待介於零到五秒之間的隨機秒數，印出目前的時間，然後退出。

第十六章

盒子資料：持久保存

在沒有資料之前就建立理論是嚴重的錯誤。

— Arthur Conan Doyle

運行中的程式會使用隨機存取記憶體（RAM）裡面的資料。RAM 很快，但很昂貴，而且需要不間斷的電力，如果沒有電，記憶體的資料都會消失。磁碟機比 RAM 慢，但有更多容量、更便宜，就算有人不小心踢掉電線，它也可以保留資料。因此，電腦系統投入很多資源來權衡究竟要將資料放在磁碟還是 RAM 上面。我們程式員需要**持久保存功能**：用不揮發的媒體來儲存與取出資料，例如磁碟。

本章的主題是各種資料儲存機制，其中的每一種機制都有最適合的情況，它們包括平面檔案、結構化檔案與資料庫。第 14 章已經探討了除了輸入與輸出之外的檔案操作。

紀錄指的是一組相關的資料，用不同的**欄位**組成。

平面文字檔

最簡單的持久保存機制是傳統的平面檔案。如果你的資料有非常簡單的結構，而且你要在磁碟與記憶體之間交換它們全部，平面檔案是很適合的選擇。一般的文字資料也很適合平面檔案。

有填補的文字檔

在這種格式中，紀錄的各個欄位都有固定的寬度，並且會被填補（通常使用空格）至那個寬度，讓檔案內的每一行（紀錄）都有相同的寬度。程式員可以使用 seek() 在檔案裡面跳到各個位置，只讀取和寫入他們需要的紀錄與欄位。

表格式文字檔

簡單的文字檔，唯一的組織階層是行。有時你希望有更多結構，你可能想要儲存程式的資料以備後用，或將資料傳給其他程式。

我們可用的格式很多，以下是區分它們的方式：

- **分隔符號**（*separator* 或 *delimiter*），例如 tab（'\t'）、逗點（','）或直線（'|'）等字元。逗號分隔值（CSV）屬於這種格式。

- 在**標籤**外面使用 '<' 與 '>'。XML 與 HTML 都屬於這種格式。

- **標點符號**。例如 JavaScript Object Notation（JSON）。

- **縮排**。例如 YAML（被遞迴地定義成「YAML Ain't Markup Language」）。

- 其他，例如程式的組態檔。

這些結構式檔案格式都可以至少用一種 Python 模組來讀取和寫入。

CSV

採用分隔符號的檔案通常被當成試算表與資料庫的交換格式來使用。你可以手動讀取 CSV 檔案，一次一行，並且按照分隔符號將每一行分成多個欄位，再將結果加入某種資料結構，例如串列與字典。但是使用標準的 **csv** 模組比較好，因為解析這些檔案比想像中複雜。這些是當你處理 CSV 時必須牢記在心的重要特性：

- 有一些檔案使用逗點之外的分隔符號，比較常見的是 '|' 與 '\t'（tab）。

- 有一些檔案有**轉義序列**。如果欄位裡面可能出現分隔字元，整個欄位就必須放在引號字元裡面，或是在欄位前面加上一些轉義字元。

- 檔案可能使用不同的行尾字元。Unix 使用 '\n'，Microsoft 使用 '\r \n'，Apple 曾經使用 '\r'，但現在使用 '\n'。

- 第一行可能有欄位名稱。

我們先來看看如何讀取和寫入一個資料列串列，每一個資料列都有一個欄位串列：

```
>>> import csv
>>> villains = [
...     ['Doctor', 'No'],
...     ['Rosa', 'Klebb'],
...     ['Mister', 'Big'],
...     ['Auric', 'Goldfinger'],
...     ['Ernst', 'Blofeld'],
...     ]
>>> with open('villains', 'wt') as fout:   # 環境管理器
...     csvout = csv.writer(fout)
...     csvout.writerows(villains)
```

這段程式建立一個 *villains* 檔案，裡面有這幾行：

```
Doctor,No
Rosa,Klebb
Mister,Big
Auric,Goldfinger
Ernst,Blofeld
```

再試著將它們讀回來：

```
>>> import csv
>>> with open('villains', 'rt') as fin:   # 環境管理器
...     cin = csv.reader(fin)
...     villains = [row for row in cin]   # 串列生成式
...
>>> print(villains)
[['Doctor', 'No'], ['Rosa', 'Klebb'], ['Mister', 'Big'],
['Auric', 'Goldfinger'], ['Ernst', 'Blofeld']]
```

我們使用 reader() 函式建立的結構，它在 cin 物件裡面建立資料列，讓我們可以在 for 迴圈裡面提出它們。

當我們使用 reader() 與 writer() 以及它們的預設選項時，欄位會被逗號分開，列會被換行符號分開。

資料也有可能是字典組成的串列，而不是串列組成的串列。我們再一次讀取 *villains* 檔，這次使用新的 DictReader() 函式，並指定欄位名稱：

```
>>> import csv
>>> with open('villains', 'rt') as fin:
...     cin = csv.DictReader(fin, fieldnames=['first', 'last'])
...     villains = [row for row in cin]
...
```

```
>>> print(villains)
[OrderedDict([('first', 'Doctor'), ('last', 'No')]),
 OrderedDict([('first', 'Rosa'), ('last', 'Klebb')]),
 OrderedDict([('first', 'Mister'), ('last', 'Big')]),
 OrderedDict([('first', 'Auric'), ('last', 'Goldfinger')]),
 OrderedDict([('first', 'Ernst'), ('last', 'Blofeld')])]
```

OrderedDict 的存在是為了與 3.6 版之前的 Python 相容，在 3.6 之前，字典在預設情況下會維持它們的順序。

我們用新的 DictWriter() 函式來重寫 CSV 檔，並且呼叫 header() 對 CSV 檔寫入一行開頭的欄位名稱：

```
import csv
villains = [
    {'first': 'Doctor', 'last': 'No'},
    {'first': 'Rosa', 'last': 'Klebb'},
    {'first': 'Mister', 'last': 'Big'},
    {'first': 'Auric', 'last': 'Goldfinger'},
    {'first': 'Ernst', 'last': 'Blofeld'},
    ]
with open('villains.txt', 'wt') as fout:
    cout = csv.DictWriter(fout, ['first', 'last'])
    cout.writeheader()
    cout.writerows(villains)
```

這段程式建立一個有一行標頭的 *villains.csv* 檔案（範例 16-1）。

範例 *16-1   villains.csv*

```
first,last
Doctor,No
Rosa,Klebb
Mister,Big
Auric,Goldfinger
Ernst,Blofeld
```

接著，我們將它讀回。藉著忽略 DictReader() 呼叫式內的 fieldnames 引數，我們要求它使用檔案的第一行的值（first,last）來當成欄位標籤與匹配字典鍵：

```
>>> import csv
>>> with open('villains.csv', 'rt') as fin:
...     cin = csv.DictReader(fin)
...     villains = [row for row in cin]
...
>>> print(villains)
```

```
[OrderedDict([('first', 'Doctor'), ('last', 'No')]),
 OrderedDict([('first', 'Rosa'), ('last', 'Klebb')]),
 OrderedDict([('first', 'Mister'), ('last', 'Big')]),
 OrderedDict([('first', 'Auric'), ('last', 'Goldfinger')]),
 OrderedDict([('first', 'Ernst'), ('last', 'Blofeld')])]
```

XML

以符號分隔的檔案只具備兩個維度：列與欄（列內的欄位）。如果你想要在不同的程式之間轉換資料結構，你就要設法將階層、序列、集合與其他結構編碼成文字。

XML 是處理這種事情的主要標記格式。它使用標籤來界定資料，例如這個 *menu.xml* 檔案：

```
<?xml version="1.0"?>
<menu>
    <breakfast hours="7-11">
      <item price="$6.00">breakfast burritos</item>
      <item price="$4.00">pancakes</item>
    </breakfast>
    <lunch hours="11-3">
      <item price="$5.00">hamburger</item>
    </lunch>
    <dinner hours="3-10">
      <item price="8.00">spaghetti</item>
    </dinner>
</menu>
```

以下是 XML 的主要特點：

- 標籤的開頭是 < 字元。這個範例的標籤有 menu、breakfast、lunch、dinner 與 item。

- 空白字元會被忽略。

- 通常 <menu> 等開始標籤後面有其他內容，接著有一個配對的結束標籤，例如 </menu>。

- 在標籤裡面可以有其他的標籤，層數不限。在這個範例中，item 標籤是 breakfast、lunch 與 dinner 的子標籤，它們又是 menu 的子標籤。

- 開始標籤裡面可能有選用的屬性。在這個範例中，price 是 item 的屬性。

- 標籤裡面可以放值。在這個範例中，每一個 item 都有一個值，例如第二個 breakfast 項目的 pancakes。

- 如果名為 thing 的標籤裡面沒有值或子標籤，你可以用一個標籤來表示它，做法是在最後面的角括號前加上一個斜線，例如 <thing/>，以取代開始與結束標籤，例如 <thing></thing>。

- 你可以隨意決定資料（屬性、值、子標籤）的位置，例如，我們也可以將最後一個 item 標籤寫成 <itemprice="$8.00" food="spaghetti"/>。

XML 通常被用於即時資料更新服務（*data feed*）與訊息，它也有一些子格式，例如 RSS 與 Atom。有些產業有許多專屬的 XML 格式，例如金融領域（*http://bit.ly/xml-finance*）。

XML 的靈活性啟發許多 Python 程式庫，它們的做法與功能各不相同。

在 Python 中解析 XML 最簡單的方式是使用標準的 ElementTree 模組。這段小程式可以解析 *menu.xml* 檔案並印出一些標籤與屬性：

```
>>> import xml.etree.ElementTree as et
>>> tree = et.ElementTree(file='menu.xml')
>>> root = tree.getroot()
>>> root.tag
'menu'
>>> for child in root:
...     print('tag:', child.tag, 'attributes:', child.attrib)
...     for grandchild in child:
...         print('\ttag:', grandchild.tag, 'attributes:', grandchild.attrib)
...
tag: breakfast attributes: {'hours': '7-11'}
    tag: item attributes: {'price': '$6.00'}
    tag: item attributes: {'price': '$4.00'}
tag: lunch attributes: {'hours': '11-3'}
    tag: item attributes: {'price': '$5.00'}
tag: dinner attributes: {'hours': '3-10'}
    tag: item attributes: {'price': '8.00'}
>>> len(root)      # 選單項目數量
3
>>> len(root[0])  # breakfast 項目數量
2
```

串列的各個元素的 tag 是標籤字串，attrib 是存有它的屬性的字典。ElementTree 有許多其他搜尋 XML 衍生資料、修改它們，甚至寫至 XML 檔案的方式。詳情請參考 ElementTree 文件（*http://bit.ly/elementtree*）。

這是其他的 Python 標準 XML 程式庫：

`xml.dom`

> JavaScript 開發人員熟悉的文件物件模型（DOM），用階層結構來表示 web 文件。這個模組會將整個 XML 檔載入記憶體，可讓你平等地存取所有部分。

`xml.sax`

> 簡單的 XML（或 SAX）API，可以動態解析 XML，所以它不需要將所有東西一次載入記憶體，因此很適合用來處理大型的 XML 串流。

XML 安全注意事項

你可以用本章介紹的所有格式來將物件存成檔案，以及將它們讀回，但是這個程序可能導致安全問題。

例如，下面這個來自維基百科的 billion laughs XML 段落定義了十個嵌套的項目，每一個項目將它的下層擴展十次，總共擴展十億次：

```
<?xml version="1.0"?>
<!DOCTYPE lolz [
 <!ENTITY lol "lol">
 <!ENTITY lol1 "&lol;&lol;&lol;&lol;&lol;&lol;&lol;&lol;&lol;&lol;">
 <!ENTITY lol2 "&lol1;&lol1;&lol1;&lol1;&lol1;&lol1;&lol1;&lol1;&lol1;">
 <!ENTITY lol3 "&lol2;&lol2;&lol2;&lol2;&lol2;&lol2;&lol2;&lol2;&lol2;">
 <!ENTITY lol4 "&lol3;&lol3;&lol3;&lol3;&lol3;&lol3;&lol3;&lol3;&lol3;">
 <!ENTITY lol5 "&lol4;&lol4;&lol4;&lol4;&lol4;&lol4;&lol4;&lol4;&lol4;">
 <!ENTITY lol6 "&lol5;&lol5;&lol5;&lol5;&lol5;&lol5;&lol5;&lol5;&lol5;">
 <!ENTITY lol7 "&lol6;&lol6;&lol6;&lol6;&lol6;&lol6;&lol6;&lol6;&lol6;">
 <!ENTITY lol8 "&lol7;&lol7;&lol7;&lol7;&lol7;&lol7;&lol7;&lol7;&lol7;">
 <!ENTITY lol9 "&lol8;&lol8;&lol8;&lol8;&lol8;&lol8;&lol8;&lol8;&lol8;">
]>
<lolz>&lol9;</lolz>
```

壞消息是，billion laughs 會炸毀上一節介紹的所有 XML 程式庫。Defused XML（*https://bitbucket.org/tiran/defusedxml*）網站列出這項攻擊與其他攻擊，以及 Python 程式庫的漏洞。

這個網站展示如何藉著更改各種程式庫的設定來避免這些問題。你也可以將 defusedxml 程式庫當成其他程式庫的安全前端：

```
>>> # 不安全：
>>> from xml.etree.ElementTree import parse
>>> et = parse(xmlfile)
```

```
>>> # 有保護:
>>> from defusedxml.ElementTree import parse
>>> et = parse(xmlfile)
```

Python 網站也有討論 XML 漏洞的網頁（*https://oreil.ly/Rnsiw*）。

HTML

世上有大量的資料被存為超文字標記語言（HTML），它是基本 web 文件格式。問題在於許多文件都沒有遵守 HTML 規則，因此很難解析。HTML 是比資料交換格式更好的顯示格式。因為本章旨在介紹定義良好的資料格式，所以我把 HTML 的介紹留到第 18章再討論。

JSON

JavaScript Object Notation（JSON）（*http://www.json.org*）是很流行的資料交換格式，流行程度遠超過它的起源 JavaScript。JSON 格式是 JavaScript 的子集合，通常也是合法的 Python 語法。因為它可以密切搭配 Python，所以它很適合在程式之間用來交換資料。第18 章會展示用 JSON 來進行 web 開發的範例。

與各種 XML 模組不同的是，JSON 有一個主要的模組，它的名稱很好記：json。這個程式會將資料編碼（轉存）成 JSON 字串，並將 JSON 字串解碼（載入）回資料。接下來的範例要建立一個 Python 資料結構，裡面有之前的 XML 範例的資料：

```
>>> menu = \
... {
... "breakfast": {
...         "hours": "7-11",
...         "items": {
...                 "breakfast burritos": "$6.00",
...                 "pancakes": "$4.00"
...                 }
...         },
... "lunch" : {
...         "hours": "11-3",
...         "items": {
...                 "hamburger": "$5.00"
...                 }
...         },
... "dinner": {
...         "hours": "3-10",
...         "items": {
...                 "spaghetti": "$8.00"
```

```
...                    }
...            }
... }
  .
```

接下來，使用 dumps() 將資料結構（menu）編碼成 JSON 字串（menu_json）：

```
>>> import json
>>> menu_json = json.dumps(menu)
>>> menu_json
'{"dinner": {"items": {"spaghetti": "$8.00"}, "hours": "3-10"},
"lunch": {"items": {"hamburger": "$5.00"}, "hours": "11-3"},
"breakfast": {"items": {"breakfast burritos": "$6.00", "pancakes":
"$4.00"}, "hours": "7-11"}}'
```

接著使用 loads() 來將 JSON 字串 menu_json 轉回 Python 資料結構（menu2）：

```
>>> menu2 = json.loads(menu_json)
>>> menu2
{'breakfast': {'items': {'breakfast burritos': '$6.00', 'pancakes':
'$4.00'}, 'hours': '7-11'}, 'lunch': {'items': {'hamburger': '$5.00'},
'hours': '11-3'}, 'dinner': {'items': {'spaghetti': '$8.00'}, 'hours': '3-10'}}
```

menu 與 menu2 是有相同鍵與值的字典。

當你試著編碼或解碼一些物件時可能會看到例外，包括 datetime 之類的物件（詳情見第 13 章），例如：

```
>>> import datetime
>>> import json
>>> now = datetime.datetime.utcnow()
>>> now
datetime.datetime(2013, 2, 22, 3, 49, 27, 483336)
>>> json.dumps(now)
Traceback (most recent call last):
# ... (deleted stack trace to save trees)
TypeError: datetime.datetime(2013, 2, 22, 3, 49, 27, 483336)
  is not JSON serializable
>>>
```

會發生這種情況是因為 JSON 標準並未定義日期或時間型態，它期望你定義如何處理它。你可以將 datetime 轉換成 JSON 瞭解的東西，例如字串或 *epoch* 值（見第 13 章）：

```
>>> now_str = str(now)
>>> json.dumps(now_str)
'"2013-02-22 03:49:27.483336"'
>>> from time import mktime
```

```
>>> now_epoch = int(mktime(now.timetuple()))
>>> json.dumps(now_epoch)
'1361526567'
```

如果 datetime 值可能出現在被正常轉換的資料型態中間，那麼進行這些特殊轉換可能會很麻煩。你可以使用繼承來修改 JSON 如何編碼，詳情見第 10 章。Python 的 JSON 文件（*http://bit.ly/json-docs*）有一個複數的例子，它也會讓 JSON 失效。我們將它修改成使用 datetime：

```
>>> import datetime
>>> now = datetime.datetime.utcnow()
>>> class DTEncoder(json.JSONEncoder):
...     def default(self, obj):
...         # isinstance() 會檢查 obj 的型態
...         if isinstance(obj, datetime.datetime):
...             return int(mktime(obj.timetuple()))
...         # 否則它是一般的解碼器知道的東西：
...         return json.JSONEncoder.default(self, obj)
...
>>> json.dumps(now, cls=DTEncoder)
'1361526567'
```

新類別 DTEncoder 是 JSONEncoder 的子類別。我們只要覆寫它的 default() 方法，加入 datetime 處理程式即可，使用繼承可以將其他所有東西交給父類別處理。

isinstance() 函式會檢查 obj 物件是否為 datetime.datetime 類別。因為 Python 的任何東西都是物件，所以 isinstance() 在任何地方都可以使用：

```
>>> import datetime
>>> now = datetime.datetime.utcnow()
>>> type(now)
<class 'datetime.datetime'>
>>> isinstance(now, datetime.datetime)
True
>>> type(234)
<class 'int'>
>>> isinstance(234, int)
True
>>> type('hey')
<class 'str'>
>>> isinstance('hey', str)
True
```

在處理 JSON 與其他結構化的文字格式時，你不需要事先知道任何關於資料結構的資訊就可以將資料從檔案載入資料結構，接下來，你可以使用 isinstance() 與適合該型態的方法來遍歷結構，檢視它們的值。例如，如果有一個項目是字典，你可以用 keys()、values() 與 items() 來取出內容。

瞭解困難的做法之後，其實有一種更簡單的做法可以將 datetime 物件轉換成 JSON：

```
>>> import datetime
>>> import json
>>> now = datetime.datetime.utcnow()
>>> json.dumps(now, default=str)
'"2019-04-17 21:54:43.617337"'
```

default=str 要求 json.dumps() 對它不瞭解的資料型態執行 str() 轉換函式。這種做法有效的原因是 datetime.datetime 類別的定義裡面有 __str__() 方法。

YAML

YAML（*http://www.yaml.org*）很像 JSON，它也有鍵與值，但可以處理更多資料型態，例如日期與時間。標準的 Python 程式庫還沒有納入 YAML 處理程式，所以你必須安裝第三方程式庫 yaml（*http://pyyaml.org/wiki/PyYAML*）來處理它。load() 可將 YAML 字串轉換成 Python 資料，dump() 則可以進行反向操作。

下面的 YAML 檔 *mcintyre.yaml* 裡面是加拿大詩人 James McIntyre 的簡介，以及他的兩首詩：

```
name:
  first: James
  last: McIntyre
dates:
  birth: 1828-05-25
  death: 1906-03-31
details:
  bearded: true
  themes: [cheese, Canada]
books:
  url: http://www.gutenberg.org/files/36068/36068-h/36068-h.htm
poems:
  - title: 'Motto'
    text: |
      Politeness, perseverance and pluck,
      To their possessor will bring good luck.
```

```
    - title: 'Canadian Charms'
      text: |
        Here industry is not in vain,
        For we have bounteous crops of grain,
        And you behold on every field
        Of grass and roots abundant yield,
        But after all the greatest charm
        Is the snug home upon the farm,
        And stone walls now keep cattle warm.
```

true、false、on、off 等值都會被轉換成 Python 布林。整數與字串會被轉換 Python 的
對應型態。其他的語法會建立串列與字典：

```
>>> import yaml
>>> with open('mcintyre.yaml', 'rt') as fin:
>>>     text = fin.read()
>>> data = yaml.load(text)
>>> data['details']
{'themes': ['cheese', 'Canada'], 'bearded': True}
>>> len(data['poems'])
2
```

這個程式建構的資料結構與 YAML 檔案的相符，這個例子的結構不只一層。你可以用這
個「字典 / 串列 / 字典」參考來取得第二首詩的標題：

```
>>> data['poems'][1]['title']
'Canadian Charms'
```

 PyYAML 可以從字串載入 Python 物件，這是件危險的事。如果你要
匯入有疑慮的 YAML 時，請用 safe_load() 來取代 load()。最好永遠
使用 safe_load()。你可以參考 Ned Batchelder 的部落格文章「War is
Peace」（*http://bit.ly/war-is-peace*），它介紹未加以保護的 YAML 載入會如
何危害 Ruby on Rails 平台。

Tablib

看了前面幾節之後，有一種第三方程式包可以讓你匯入、匯出與編輯表格資料，包括
CSV、JSON 或 YAML 格式[1]，以及 Microsoft Excel、Pandas DataFrame 和一些其他格
式。你可以用熟悉的方式安裝它（pip install tablib），並且看一下它的文件（*http://
docs.python-tablib.org*）。

1　可惜還沒有 XML。

Pandas

這裡也是介紹 pandas（*https://pandas.pydata.org*）的好地方，pandas 是一種處理結構性資料的 Python 程式庫，很擅長解決真正的資料問題，它的功能包括：

- 讀取和寫入多種文字和二進制檔案格式：
  — 文字，其欄位以逗號分隔（CSV）、以 tab 分隔（TSV）或以其他字元分隔
  — 固定寬度文字
  — Excel
  — JSON
  — HTML 表
  — SQL
  — HDF5
  — 其他（*https://oreil.ly/EWlgS*）

- 分群、拆開、合併、檢索、slice、排序、選擇、標記

- 轉換資料型態

- 改變大小或外形（shape）

- 處理缺漏資料

- 產生隨機值

- 管理時間序列

它的讀取函式會回傳一個 DataFrame（*https://oreil.ly/zupYI*）物件，它是 Pandas 表示二維資料（列與欄）的標準格式。這種格式很多方面都很像試算表或關聯資料庫的資料表。它的一維弟弟是 Series（*https://oreil.ly/pISZT*）。

範例 16-2 是讀取範例 16-1 的 *villains.csv* 檔案的簡單 app。

範例 *16-2　用 Pandas 讀取 CSV*

```
>>> import pandas
>>>
>>> data = pandas.read_csv('villains.csv')
>>> print(data)
    first       last
0  Doctor         No
1    Rosa      Klebb
```

```
2  Mister        Big
3   Auric  Goldfinger
4   Ernst     Blofeld
```

變數 data 是個 DataFrame，它的功能比基本的 Python 字典多很多。它特別適合搭配 NumPy 一起處理大量數字工作，以及用來表示機器學習的資料。

請參考介紹 Pandas 功能的文件的「Getting Started」（*https://oreil.ly/VKSrZ*）小節，可動作的例子請參考「10 Minutes to Pandas」（*https://oreil.ly/CLoVg*）。

我們用 Pandas 來寫一個小型的日曆程式—列出 2019 年前三個月的第一天：

```
>>> import pandas
>>> dates = pandas.date_range('2019-01-01', periods=3, freq='MS')
>>> dates
DatetimeIndex(['2019-01-01', '2019-02-01', '2019-03-01'],
  dtype='datetime64[ns]', freq='MS')
```

你也可以用第 13 章介紹的時間與日期函式來撰寫上面的程式，但是那需要付出更多勞力，尤其是在除錯上面（日期與時間頗令人氣餒）。Pandas 也可以處理許多特殊的日期 / 時間細節（*https://oreil.ly/vpeTP*），例如商務的月與年。

Pandas 會在我探討對映（第 507 頁的「Geopandas」）與科學應用（第 527 頁的「Pandas」）時再次出現。

組態檔

許多程式都提供各種**選項**或**設定**。你可以用程式引數來提供動態的選項，但持久性的選項必須存在某個地方。我們常常會衝動地定義自己的**組態檔案格式**，請按下這股衝動。這種格式通常很簡陋，也不會加快你的速度。你必須同時維護寫入程式與讀取程式（有時稱為**解析器**）。有許多很好的替代品可以在你的程式中使用，包括前面幾節介紹的格式。

在這裡，我們要使用標準的 configparser 模組，它可以處理 Windows 風格的 *.ini* 檔案。這種檔案有許多定義**鍵 = 值**的段落。這是個小型的 *settings.cfg* 檔：

```
[english]
greeting = Hello

[french]
greeting = Bonjour
```

```
[files]
home = /usr/local
# 簡單插值
bin = %(home)s/bin
```

下面是將它讀入 Python 資料結構的程式：

```
>>> import configparser
>>> cfg = configparser.ConfigParser()
>>> cfg.read('settings.cfg')
['settings.cfg']
>>> cfg
<configparser.ConfigParser object at 0x1006be4d0>
>>> cfg['french']
<Section: french>
>>> cfg['french']['greeting']
'Bonjour'
>>> cfg['files']['bin']
'/usr/local/bin'
```

你也可以選擇其他的工具，包括更花哨的插值（interpolation）。見 configparser 文件（*http://bit.ly/configparser*）。如果你需要比兩層更深的嵌套，可以試試 YAML 或 JSON。

二進制檔案

有些檔案格式是為了儲存特別的資料結構而設計的，它既不是關聯式，也不是 NoSQL 資料庫。接下來幾節將介紹其中的一些格式。

有填補的二進制檔案與記憶體對映

它們與有填補（padded）的文字檔很像，但內容可以是二進制的，而且填補 byte 可使用 \x00 來取代空格字元。它的每一筆紀錄都有固定大小，紀錄中的每一個欄位也是如此。所以你很容易 seek() 整個檔案來尋找想要的紀錄與欄位。處理資料的每一項操作都是手動的，所以這種做法通常只會在非常低階（例如接近硬體）的情況下使用。

這種形式的資料可以用標準的 mmap 程式庫來進行記憶體映射。請參考範例（*https://pymotw.com/3/mmap*）與標準文件（*https://oreil.ly/eI0mv*）。

試算表

試算表，尤其是 Microsoft Excel，是一種非常普遍的二進制資料格式。如果你可以將試算表存為 CSV 檔，你就可以用之前介紹過的 csv 模組來讀取它。這種做法可以處理二進制 xls 檔、xlrd（*https://oreil.ly/---YE*）或 tablib（第 330 頁的「Tablib」介紹過）。

HDF5

HDF5（*https://oreil.ly/QTT6x*）是儲存多維或階層式數值資料的二進制格式。它主要用於科學領域，因為這個領域經常需要隨機存取大型的（gigabytes 至 terabytes）資料集。雖然 HDF5 有時可以取代資料庫，但是出於一些原因，商業領域幾乎不認識它。它最適合 *WORM*（單次寫入 / 多次讀取）應用程式，因為這種程式不需要防止互相衝突的寫入動作。下面這些模組或許對你很有幫助：

- h5py 是一種全功能的低階介面。請參考文件（*http://www.h5py.org*）與程式碼（*https://github.com/h5py/h5py*）。

- PyTables 比較高階，具備類似資料庫的功能。請參考文件（*http://www.pytables.org*）與程式碼（*http://pytables.github.com*）。

第 22 章會從科學應用的角度討論這兩種模組。因為你可能需要儲存和取回大量的資料，並且願意考慮一些常規的資料庫解決方案之外的東西，所以我在這裡介紹 HDF5。Million Song 資料組（*http://millionsongdataset.com*）是一個很好的例子，它有可下載的 HDF5 和 SQLite 格式的歌曲資料。

TileDB

繼 HDF5 之後，TileDB 是處理密集或稀疏陣列儲存的解決方案（*https://tiledb.io*）。你可以執行 pip install tiledb 來安裝 Python 介面（*https://github.com/TileDB-Inc/TileDB-Py*）（它裡面有 TileDB 程式庫本身）。它是為了科學資料和應用而設計的。

關聯資料庫

關聯資料庫大約只有 40 年的歷史，但是在電腦世界中十分普及。你幾乎總有一天必須面對它們，屆時，你會很感激它們提供的功能：

- 可讓多位使用者同時存取資料

- 可避免這些使用者造成損毀

- 提供高效的資料儲存與取回方法
- 用 *schema* 來定義資料，用 *constraint* 來限制資料
- 用 *join* 來尋找各種資料型態的關係
- 使用宣告式（而不是命令式）查詢語言：*SQL*（結構查詢語言）

它們稱為關聯（*relational*）的原因是，它們用矩形的資料表來展示各種不同的資料之間的關係。例如，在之前的選單範例中，每一個項目與它的價格之間都有一個關係。

資料表是由欄（資料欄位）與列（各個資料紀錄）組成的矩形網格，類似試算表。列與欄的交點是資料表的格子。若要建立資料表，你要取一個名稱，並指定順序、名稱與它的欄位類型。表中的每一列都有相同的欄位，雖然欄位可能被定義成允許格子中缺少資料（稱為 *null*）。在選單範例中，你可以建立一個資料表，裡面的每一列都代表一個要出售的項目。每一個項目都有相同的欄位，包括一個價格欄位。

資料表通常會將一個欄位或一群欄位當成主鍵，它的值必須是資料表中獨一無二的。這可以避免在資料表中多次加入相同的資料。這個鍵會被當成索引來加快查詢速度。索引的功能有點像書籍索引，可讓你快速地找到特定的資料列。

如同檔案位於目錄之中。，每一個資料表都位於上一層的資料庫裡面。這種兩層的結構有助於更妥善地組織資料。

沒錯，資料庫這個字可以代表很多東西：當成伺服器、資料表的容器，與被存在裡面的資料。如果你會同時提到這些東西，或許可以把它們稱為資料庫伺服器、資料庫，與資料。

如果你想要用非鍵的欄位值來尋找資料列，可將那個欄位定義為副索引。否則，資料庫必須執行資料表掃描，用蠻力法搜尋每一列來找出符合的欄位值。

資料表可以透過外鍵來互相建立關係，且欄位值可以限制為這些鍵。

SQL

SQL 不是 API 或協定，而是一種宣告式語言：你要說你要什麼，而不是怎麼做。它是關聯資料庫的通用語言。SQL 查詢（query）是用戶端送給資料庫伺服器的文字字串，資料庫會負責處理它們。

現在有各種 SQL 標準定義,所有的資料庫製造商都加入它們自己的修改與擴展,因而出現許多 SQL 方言。如果你將資料存入關聯資料庫,SQL 可讓你擁有一些可移植性。儘管如此,方言與操作方面的差異會讓你難以將資料移往其他類型的資料庫。SQL 陳述式有兩大類:

DDL(資料定義語言)

處理建立、刪除、限制,以及資料表、資料庫與用戶權限。

DML(資料處理語言)

處理資料插入、選取、更新與刪除。

表 16-1 是基本的 SQL DDL 命令。

表 16-1　基本 SQL DDL 命令

操作	SQL 模式	SQL 範例
建立資料庫	CREATE DATABASE *dbname*	CREATE DATABASE d
選擇目前的資料庫	USE *dbname*	USE d
刪除資料庫與它的資料表	DROP DATABASE *dbname*	DROP DATABASE d
建立資料表	CREATE TABLE *tbname* (*coldefs*)	CREATE TABLE t (id INT, count INT)
刪除資料表	DROP TABLE *tbname*	DROP TABLE t
移除資料表的每一列	TRUNCATE TABLE *tbname*	TRUNCATE TABLE t

 為什麼要用大寫? SQL 不區分大小寫,但傳統上(不要問我為什麼),大家都會在範例程式中「喊出(SHOUT)^{譯註}」它的關鍵字,來區分它們與欄位名稱。

關聯資料庫的主要 DML 操作通常稱為首字母縮寫的 CRUD:

- 用 SQL INSERT 陳述式來建立(*Create*)
- 用 SELECT 來讀取(*Read*)
- 使用 UPDATE 來更新(*Update*)
- 使用 DELETE 來刪除(*Delete*)

譯註 也就是全部用大寫。

表 16-2 是可使用的 SQL DML 命令。

表 16-2　基本 SQL DML 命令

操作	SQL 模式	SQL 範例
加入一列	INSERT INTO *tbname* VALUES(⋯)	INSERT INTO t VALUES(7, 40)
選擇每一列與每一個欄位	SELECT * FROM *tbname*	SELECT * FROM t
選擇每一列與一些欄位	SELECT *cols* FROM *tbname*	SELECT id, count FROM t
選擇一些列，一些欄	SELECT *cols* FROM *tbname* WHERE *condition*	SELECT id, count from t WHERE count > 5 AND id = 9
改變一欄中的一些列	UPDATE *tbname* SET *col* = *value* WHERE *condition*	UPDATE t SET count=3 WHERE id=5
刪除一些列	DELETE FROM *tbname* WHERE *condition*	DELETE FROM t WHERE count <= 10 OR id = 16

DB-API

應用程式介面（API）是一組可供呼叫，以訪問某些服務的函式。DB-API（*http://bit.ly/db-api*）是用來存取關聯資料庫的 Python 標準 API。使用它的時候，你只要編寫一個程式就可以使用各式各樣的關聯資料庫，不需要為每一個資料庫編寫一個程式。它很像 Java 的 JDBC 或 Perl 的 dbi。

它的主要函式有：

connect()

　　連接資料庫，可以傳入引數，例如帳號、密碼、伺服器位址等。

cursor()

　　建立一個資料指標（*cursor*）物件來處理查詢指令。

execute() 與 executemany()

　　對資料庫執行一或多個 SQL 指令。

fetchone()、fetchmany() 與 fetchall()

　　取得 execute() 的結果。

接下來幾節介紹的 Python 資料庫模組都符合 DB-API，通常包含一些擴充與一些微細的差異。

SQLite

SQLite（*http://www.sqlite.org*）是一種優秀、輕量、開放原始碼的關聯資料庫。它被做成 Python 標準程式庫，可將資料庫存放在一般的檔案裡面，這些檔案可以在各種電腦與作業系統之間移植，因此 SQLite 對簡單的關聯資料庫應用程式來說是可移植性很強的方案。它與 MySQL 或 PostgreSQL 一樣具備完整的功能，但它支援 SQL，而且可以管理多位同時操作的使用者。網頁瀏覽器、智慧型手機與其他應用程式都使用 SQLite 來作為內嵌資料庫。

在開始使用時，你要用 connect() 來連接想要使用或建立的本地 SQLite 資料庫檔案。這個檔案相當於父資料表在其他伺服器裡面的目錄式資料庫，特殊字串 ':memory:' 只會在記憶體內建立資料庫，這是一種快速且實用的測試方案，但是當你的程式終止或是電腦關機時，資料就會消失。

在接下來的範例中，為了管理蓬勃發展的野生動物園業務，我們要製作一個稱為 enterprise.db 的資料庫，與 zoo 資料表。資料表的欄位有：

critter

長度可變的字串，也是我們的主鍵。

count

動物目前的整數數量。

damages

因為動物與人類互動而損失的金額。

```
>>> import sqlite3
>>> conn = sqlite3.connect('enterprise.db')
>>> curs = conn.cursor()
>>> curs.execute('''CREATE TABLE zoo
    (critter VARCHAR(20) PRIMARY KEY,
     count INT,
     damages FLOAT)''')
<sqlite3.Cursor object at 0x1006a22d0>
```

當你建立 SQL 查詢指令等長字串時，Python 的三引號很方便。

接著，在動物園加入一些動物：

```
>>> curs.execute('INSERT INTO zoo VALUES("duck", 5, 0.0)')
<sqlite3.Cursor object at 0x1006a22d0>
```

```
>>> curs.execute('INSERT INTO zoo VALUES("bear", 2, 1000.0)')
<sqlite3.Cursor object at 0x1006a22d0>
```

我們可以用一種比較安全的方式插入資料，使用佔位符號：

```
>>> ins = 'INSERT INTO zoo (critter, count, damages) VALUES(?, ?, ?)'
>>> curs.execute(ins, ('weasel', 1, 2000.0))
<sqlite3.Cursor object at 0x1006a22d0>
```

這一次，我們在 SQL 中使用三個問號來表示我們想要插入三個值，接著用 tuple 將這三個值傳入 execute() 函式。佔位符號會處理繁瑣的細節，例如引用。它們可以抵禦 SQL 注入──這是一種外部攻擊，它會將惡意的 SQL 指令插入系統（而且在網路很常見）。

我們看看是否可以把所有動物取出：

```
>>> curs.execute('SELECT * FROM zoo')
<sqlite3.Cursor object at 0x1006a22d0>
>>> rows = curs.fetchall()
>>> print(rows)
[('duck', 5, 0.0), ('bear', 2, 1000.0), ('weasel', 1, 2000.0)]
```

我們再一次將它取出，但是這次用它們的數量來排序：

```
>>> curs.execute('SELECT * from zoo ORDER BY count')
<sqlite3.Cursor object at 0x1006a22d0>
>>> curs.fetchall()
[('weasel', 1, 2000.0), ('bear', 2, 1000.0), ('duck', 5, 0.0)]
```

嘿，我們希望將它降序排列：

```
>>> curs.execute('SELECT * from zoo ORDER BY count DESC')
<sqlite3.Cursor object at 0x1006a22d0>
>>> curs.fetchall()
[('duck', 5, 0.0), ('bear', 2, 1000.0), ('weasel', 1, 2000.0)]
```

哪一種動物花掉最多錢？

```
>>> curs.execute('''SELECT * FROM zoo WHERE
...     damages = (SELECT MAX(damages) FROM zoo)''')
<sqlite3.Cursor object at 0x1006a22d0>
>>> curs.fetchall()
[('weasel', 1, 2000.0)]
```

你可能以為是熊。檢查實際的資料永遠是最好的做法。

在離開 SQLite 之前，我們要先進行清理。如果我們打開連結與資料指標（cursor），我們就要在完成工作時關閉它們：

```
>>> curs.close()
>>> conn.close()
```

MySQL

MySQL（*http://www.mysql.com*）是很流行的開放原始碼關聯資料庫。與 SQLite 不同的是，它是真正的伺服器，所以各種裝置上的用戶端可以透過網路訪問它。

表 16-3 是可以從 Python 訪問 MySQL 的驅動程式。要瞭解更多關於所有 Python MySQL 驅動程式的細節，可參考 *python.org* 維基（*https://wiki.python.org/moin/MySQL*）。

表 16-3　MySQL 驅動程式

名稱	連結	Pypi 程式包	匯入為	註
mysqlclient	*https://mysqlclient. readthedocs.io*	mysql-connector-python	`MySQLdb`	
MySQL Connector	*http://bit.ly/mysql-cpdg*	mysql-connector-python	`mysql.connector`	
PYMySQL	*https://github.com/petehunt/ PyMySQL*	pymysql	`pymysql`	
oursql	*http://pythonhosted.org/oursql*	oursql	`oursql`	需要 MySQL C 用戶端程式式庫

PostgreSQL

PostgreSQL（*http://www.postgresql.org*）是一種功能完整的開放原始碼關聯資料庫。事實上，就許多方面而言，它比 MySQL 更先進。表 16-4 是可用來訪問它的 Python 驅動程式。

表 16-4　PostgreSQL 驅動程式

名稱	連結	Pypi 程式包	匯入為	註
psycopg2	*http://initd.org/psycopg*	psycopg2	psycopg2	需要 PostgreSQL 用戶端工具的 `pg_config`
py-postgresql	*https://pypi.org/project/ py-postgresql*	py-postgresql	postgresql	

最流行的驅動程式是 **psycopg2**，但你需要 PostgreSQL 用戶端程式式庫才能安裝它。

SQLAlchemy

並非所有的關聯資料庫的 SQL 都一模一樣，DB-API 能幫的忙是有限的。各種資料庫為了反映它的功能和哲學都實作了某些*方言*。許多程式庫試圖以各種方式來彌合這些差異。最熱門的跨資料庫 Python 程式庫是 SQLAlchemy（*http://www.sqlalchemy.org*）。

它不在標準程式庫裡面，但它很有名，也有很多人使用。你可以用這個命令來將它安裝到你的系統：

```
$ pip install sqlalchemy
```

你可以在許多階級上使用 SQLAlchemy：

- 最低階是管理資料庫連接池、執行 SQL 命令，以及回傳結果。這最接近 DB-API。

- 下一階是 *SQL Expression Language*，可讓你用比較 Python 導向的方式來表達查詢指令。

- 最高階是 ORM（物件關係模型）層，它使用 SQL Expression Language，並將應用程式碼與關聯資料結構綁在一起。

之後你就會知道這些階級的術語是什麼意思。SQLAlchemy 可以和前面幾節介紹的資料庫驅動程式一起使用。你不需要匯入驅動程式，你傳給 SQLAlchemy 的初始連結字串會決定這件事，那個字串長這樣：

dialect + driver :// user : password @ host : port / dbname

你要放入字串的值是：

dialect

資料庫類型

driver

你想要使用的特定資料庫驅動程式

user 與 password

你的資料庫身分驗證字串

host 與 port

資料庫伺服器的位置（當連接埠不是伺服器的標準埠時才需要使用：port）

dbname

在伺服器最初連接的資料庫

表 16-5 是方言與驅動程式。

表 16-5　SQLAlchemy 連結

方言	驅動程式
sqlite	pysqlite（或省略）
mysql	mysqlconnector
mysql	pymysql
mysql	oursql
postgresql	psycopg2
postgresql	pypostgresql

請參考 SQLAlchemy 關於方言的細節：MySQL（*https://oreil.ly/yVHy-*）、SQLite（*https://oreil.ly/okP9v*）、PostgreSQL（*https://oreil.ly/eDddn*、其他資料庫（*https://oreil.ly/kp5WS*）。

引擎層

首先，我們來試試 SQLAlchemy 的最底層，它做的工作僅比基本的 DB-API 函式多一些。

我們用 Python 內建的 SQLite 來嘗試它。SQLite 的連結字串省略 *host*、*port*、*user* 與 *password*。*dbname* 告訴 SQLite 要用哪個檔案來儲存你的資料庫。如果你省略 *dbname*，SQLite 會在記憶體內建立資料庫。如果 *dbname* 的開頭是斜線（ / ），它就是你的電腦上的絕對檔名（就像在 Linux 與 macOS 上那樣，以及 Windows 的 C:\）。否則，它就是相對於你目前的目錄的位置。

下面的程式都是同一個程式的一部分，我為了解釋而分開它們。

一開始，你要匯入需要的東西。下面使用*匯入別名*，可讓我們使用 sa 字串來引用 SQLAlchemy 方法，這樣做是因為 sa 比 sqlalchemy 好打字多了：

```
>>> import sqlalchemy as sa
```

連接資料庫，並在記憶體中為它建立存放區（使用引數字串 'sqlite:///:memory:' 也可以）：

```
>>> conn = sa.create_engine('sqlite://')
```

建立一個稱為 zoo 的資料表，內含三個欄位：

```
>>> conn.execute('''CREATE TABLE zoo
...      (critter VARCHAR(20) PRIMARY KEY,
...      count INT,
...      damages FLOAT)''')
<sqlalchemy.engine.result.ResultProxy object at 0x1017efb10>
```

執行 conn.execute() 可取得一個稱為 ResultProxy 的 SQLAlchemy 物件。你很快就會看到它的用途。

順便一提，如果你從未製作資料庫的資料表，恭喜你，你可以將它從你的代辦清單上劃掉了。

接下來在新的空資料表內插入三組資料：

```
>>> ins = 'INSERT INTO zoo (critter, count, damages) VALUES (?, ?, ?)'
>>> conn.execute(ins, 'duck', 10, 0.0)
<sqlalchemy.engine.result.ResultProxy object at 0x1017efb50>
>>> conn.execute(ins, 'bear', 2, 1000.0)
<sqlalchemy.engine.result.ResultProxy object at 0x1017ef090>
>>> conn.execute(ins, 'weasel', 1, 2000.0)
<sqlalchemy.engine.result.ResultProxy object at 0x1017ef450>
```

接下來，向資料庫要求我們剛才放入的東西：

```
>>> rows = conn.execute('SELECT * FROM zoo')
```

在 SQLAlchemy 中，rows 不是串列，它是無法直接印出來的特殊 ResultProxy：

```
>>> print(rows)
<sqlalchemy.engine.result.ResultProxy object at 0x1017ef9d0>
```

但是，你可以像串列一樣迭代它，所以你可以一次取出一列：

```
>>> for row in rows:
...      print(row)
...
('duck', 10, 0.0)
('bear', 2, 1000.0)
('weasel', 1, 2000.0)
```

這幾乎與前面的 SQLite DB-API 範例一模一樣。這種做法有一個好處是我們不需要在最上面匯入資料庫驅動程式，SQLAlchemy 會從連接字串判斷它。你只要改變連接字串就可以將這段程式碼移植到另一種類型的資料庫了。另一個好處是 SQLAlchemy 有連接池，你可以參考它的文件網站（*http://bit.ly/conn-pooling*）來瞭解它。

SQL Expression Language

往上一層是 SQLAlchemy 的 SQL Expression Language。它加入一些函式來讓你建立各種操作的 SQL。相較於低階的引擎層，Expression Language 可以處理更多 SQL 方言差異。對關聯式資料庫應用程式來說，它是很方便的折衷方案。

下面是建立 zoo 資料表並填入資料的做法。它們同樣是一個完整程式的連續片段。

匯入與連接的做法與之前一樣：

```
>>> import sqlalchemy as sa
>>> conn = sa.create_engine('sqlite://')
```

我們開始使用一些 Expression Language 來定義 zoo 資料表，取代 SQL：

```
>>> meta = sa.MetaData()
>>> zoo = sa.Table('zoo', meta,
...     sa.Column('critter', sa.String, primary_key=True),
...     sa.Column('count', sa.Integer),
...     sa.Column('damages', sa.Float)
...     )
>>> meta.create_all(conn)
```

看一下範例中的多行呼叫式的括號。Table() 方法的結構符合資料表的結構。在 Table() 方法呼叫式的括號有三個 Column() 呼叫式，就像資料表有三個欄位。

而且，zoo 是連接 SQL 資料庫世界與 Python 資料結構世界的神奇物件。

用更多的 Expression Language 函式來插入資料：

```
... conn.execute(zoo.insert(('bear', 2, 1000.0)))
<sqlalchemy.engine.result.ResultProxy object at 0x1017ea910>
>>> conn.execute(zoo.insert(('weasel', 1, 2000.0)))
<sqlalchemy.engine.result.ResultProxy object at 0x1017eab10>
>>> conn.execute(zoo.insert(('duck', 10, 0)))
<sqlalchemy.engine.result.ResultProxy object at 0x1017eac50>
```

接下來，建立 SELECT 陳述式（`zoo.select()` 會選擇 `zoo` 物件代表的資料表裡面的每一個東西，就像一般 SQL 的 `SELECT * FROM zoo`）：

```
>>> result = conn.execute(zoo.select())
```

最後，取得結果：

```
>>> rows = result.fetchall()
>>> print(rows)
[('bear', 2, 1000.0), ('weasel', 1, 2000.0), ('duck', 10, 0.0)]
```

Object-Relational Mapper（ORM）

在上一節，`zoo` 物件是介於 SQL 與 Python 的中級（mid-level）連結。在 SQLAlchemy 最頂層的 Object-Relational Mapper（ORM，物件關係對映器）使用 SQL Expression Language，但它會試著隱藏實際的資料庫機制。所以當你定義類別之後，ORM 會負責把它的資料放入和取出資料庫。「物件關係對映」這個複雜的名稱背後的基本概念是，由於你可以在程式碼中引用物件，所以可以盡量採取 Python 喜歡的操作方式，同時仍然可以使用關聯資料庫。

我們接著要定義一個 Zoo 類別，並將它掛接到 ORM 中。這一次我們讓 SQLite 使用 *zoo.db* 檔，以便確認 ORM 可以正常動作。

與前面兩節一樣，為了方便解釋，接下來的程式段落其實是一個完整的程式的各個部分。不用擔心你不瞭解其中的某些地方。SQLAlchemy 文件有所有的細節，而且這個東西可能更複雜。我只是想讓你如道做這件事有多麼辛苦，好讓你知道你該選擇本章介紹的哪一種做法。

最初的匯入動作是一樣的，但這一次我們還要加入其他東西：

```
>>> import sqlalchemy as sa
>>> from sqlalchemy.ext.declarative import declarative_base
```

接著進行連接：

```
>>> conn = sa.create_engine('sqlite:///zoo.db')
```

接著我們進入 SQLAlchemy 的 ORM。我們定義 Zoo 類別，並將它的屬性與資料表欄位連接起來：

```
>>> Base = declarative_base()
>>> class Zoo(Base):
...     __tablename__ = 'zoo'
...     critter = sa.Column('critter', sa.String, primary_key=True)
```

```
...       count = sa.Column('count', sa.Integer)
...       damages = sa.Column('damages', sa.Float)
...       def __init__(self, critter, count, damages):
...           self.critter = critter
...           self.count = count
...           self.damages = damages
...       def __repr__(self):
...           return "<Zoo({}, {}, {})>".format(self.critter, self.count,
...             self.damages)
```

這一行程式可以神奇地建立資料庫與資料表：

```
>>> Base.metadata.create_all(conn)
```

接著你可以藉著建立 Python 物件來插入資料。ORM 會在內部處理這些事：

```
>>> first = Zoo('duck', 10, 0.0)
>>> second = Zoo('bear', 2, 1000.0)
>>> third = Zoo('weasel', 1, 2000.0)
>>> first
<Zoo(duck, 10, 0.0)>
```

接下來，我們讓 ORM 帶領我們進入 SQL 的領域。我們建立一個 session 來與資料庫對話：

```
>>> from sqlalchemy.orm import sessionmaker
>>> Session = sessionmaker(bind=conn)
>>> session = Session()
```

在這個 session 裡面，我們將之前建立的三個物件寫入資料庫。add() 函式可以加入一個物件，add_all() 可以加入一個串列：

```
>>> session.add(first)
>>> session.add_all([second, third])
```

最後，我們讓每一件事得以完成：

```
>>> session.commit()
```

有沒有成功？嗯，它在目前的目錄裡面建立了 *zoo.db* 檔。你可以使用命令列的 sqlite3 程式來檢查：

```
$ sqlite3 zoo.db
SQLite version 3.6.12
Enter ".help" for instructions
Enter SQL statements terminated with a ";"
sqlite> .tables
```

```
zoo
sqlite> select * from zoo;
duck|10|0.0
bear|2|1000.0
weasel|1|2000.0
```

這一節是為了告訴你 ORM 是什麼，以及它在高層如何運作。SQLAlchemy 的作者寫了一個完整的教學（*http://bit.ly/obj-rel-tutorial*）。看完這一節之後，你可以決定下面的哪一個層級最適合你：

- 前面的 SQLite 小節介紹的一般 DB-API

- SQLAlchemy 引擎

- SQLAlchemy Expression Language

- SQLAlchemy ORM

使用 ORM 來避免複雜的 SQL 應該是自然的選擇。你該使用它嗎？有些人認為不應該使用 ORM（*http://bit.ly/obj-rel-map*），也有些人認為他們的批評過頭了（*http://bit.ly/fowler-orm*）。無論誰對誰錯，ORM 是一種抽象，所有抽象都是有漏的（*http://bit.ly/leaky-law*），並且會在某個時刻崩潰。當 ORM 無法滿足你的期望時，你必須找出它是如何工作的，以及如何在 SQL 中修復它。借用一個網路迷因：

> 有些人遇到問題時會想「我知道，我會使用 ORM。」接下來，他們的問題變成兩個了。

你可以用 ORM 來建構簡單的應用程式，或可以直接將資料對應至資料庫的資料表的應用程式。如果應用程式非常簡單，你可以考慮純 SQL 或 SQL Expression Language。

其他的資料庫存取程式包

如果你要尋找可處理多個資料庫的 Python 工具，而且功能比純 db-api 多，但是比 SQLAlchemy 少，你可以研究這些方案：

- dataset（*https://dataset.readthedocs.org*）聲稱其宗旨是「給懶人用的資料庫」。它以 SQLAlchemy 為基礎，為 SQL、JSON 與 CSV 儲存機制提供簡單的 ORM。

- records（*https://pypi.org/project/records*）標榜自己是「讓人使用的 SQL」。它只支援 SQL 查詢，在內部使用 SQLAlchemy 來處理 SQL 方言問題、連接池及其他細節。因為它與 tablib 整合（第 330 頁的「Tablib」介紹過），所以你可以將資料匯出為 CSV、JSON 與其他格式。

NoSQL 資料庫

關聯式資料表是矩形的，但資料有很多種外形，可能需要進行大量的處理和調整才能放入關聯表。這是一種方釘 / 圓孔問題。

有些非關聯資料庫可以接受更靈活的資料定義，並且可以處理很大型的資料集，或支援自訂的資料操作。它們被統稱為 *NoSQL*（以前的意思是 *no SQL*，現在的意思是比較沒有敵意的 *not only SQL*）。

最簡單的 NoSQL 資料庫是*鍵值儲存體*（*key-value stores*）。這個人氣排行榜（*https://oreil.ly/_VCKq*）列舉了接下來幾節要討論的資料庫。

dbm 家族

dbm 格式在 *NoSQL* 標籤出現的很久之前就有了。它們是簡單的鍵值儲存體，通常被嵌入應用程式（例如網頁瀏覽器）來保存各種設定。dbm 資料庫在這些層面很像 Python 字典：

- 你可以將值指派給鍵，它會被自動儲存到磁碟內的資料庫。

- 你可以用鍵來查詢，取得它的值。

下面是一個簡單的範例。在 open() 方法的第二個引數使用 'r' 代表讀取，'w' 代表寫入，'c' 代表兩者，如果檔案不存在，它會建立檔案：

```
>>> import dbm
>>> db = dbm.open('definitions', 'c')
```

要建立鍵值，你只要將值指派給鍵，如像使用字典時的做法：

```
>>> db['mustard'] = 'yellow'
>>> db['ketchup'] = 'red'
>>> db['pesto'] = 'green'
```

我們先暫停一下，檢查目前為止有什麼東西：

```
>>> len(db)
3
>>> db['pesto']
b'green'
```

接著關閉它再重新開啟，看看它是否真的存入我們給它的東西：

```
>>> db.close()
>>> db = dbm.open('definitions', 'r')
>>> db['mustard']
b'yellow'
```

它會將鍵與值存成 bytes。雖然你無法迭代資料庫物件 db，但是你可以用 len() 來取得鍵的數量。get() 與 setdefault() 的功能與字典一樣。

Memcached

memcached（*http://memcached.org*）是一種存放在記憶體的快速鍵值快取伺服器。它通常被放在資料庫的前面，或是用來儲存網頁伺服器的 session 資料。

你可以下載 Linux 與 macOS 的版本（*https://memcached.org/downloads*）以及 Windows 的（*http://bit.ly/memcache-win*）。如果你想要試做這一節，你就要執行 memcached 伺服器與 Python 驅動程式。

它有很多種 Python 驅動程式，讓 Python 3 使用的是 python3-memcached（*https://oreil. ly/7FA3-*），你可以用這個命令來安裝它：

```
$ pip install python-memcached
```

要使用它，請連接 memcached 伺服器，然後你就可以做這些事情：

- 設定與取得鍵的值

- 遞增或遞減一個值

- 刪除一個鍵

資料的鍵與值都**不會**持久保存，而且你稍早寫入的資料也可能會不見。這是 memcached 的天性，它是快取伺服器，不是資料庫，而且它會丟掉舊資料來避免耗盡記憶體。

你不能同時連接多個 memcached 伺服器，在接下來的範例中，我們只與同一台電腦的伺服器對話：

```
>>> import memcache
>>> db = memcache.Client(['127.0.0.1:11211'])
>>> db.set('marco', 'polo')
True
>>> db.get('marco')
'polo'
>>> db.set('ducks', 0)
True
```

```
>>> db.get('ducks')
0
>>> db.incr('ducks', 2)
2
>>> db.get('ducks')
2
```

Redis

Redis（*http://redis.io*）是一種資料結構伺服器。它可以處理鍵與它們的值，但是它的值
比其他鍵值儲存體裡面的豐富多了。如同 memcached，在 Redis 伺服器裡面的所有資料
都應該放在記憶體裡面。與 memcached 不同的是，Redis 可以做這些事情：

- 為了保證可靠性和重新啟動，可將資料存入磁碟

- 保存舊資料

- 可以提供簡單的字串之外的資料結構

Redis 資料型態與 Python 很像，Redis 伺服器可以當成一或多個 Python 應用程式共享資
料的媒介物。因為我覺得它很實用，所以我會用更多篇幅介紹它。

Python 驅 動 程 式 redis-py 在 GitHub 放 上 它 的 原 始 碼 與 測 試 程 式（*https://oreil.ly/
aZIbQ*），並提供其文件（*http://bit.ly/redis-py-docs*）。你可以使用這個命令來安裝它：

```
$ pip install redis
```

Redis 伺服器（*http://redis.io*）有很優秀的文件。如果你在本地電腦上安裝並開啟 Redis
伺服器（使用網路暱稱 localhost），你就可以嘗試接下來幾節的程式。

字串

Redis 字串是有一個值的鍵。簡單的 Python 資料型態會被自動轉換。這段程式連接某個
主機（預設是 localhost）與連接埠（預設是 6379）上的 Redis 伺服器：

```
>>> import redis
>>> conn = redis.Redis()
```

連接 redis.Redis('localhost') 或 redis.Redis('localhost', 6379) 會得到相同的結果。

列出所有鍵（目前還沒有）：

```
>>> conn.keys('*')
[]
```

設定一個簡單的字串（鍵 'secret'）、整數（鍵 'carats'）與浮點數（鍵 'fever'）：

```
>>> conn.set('secret', 'ni!')
True
>>> conn.set('carats', 24)
True
>>> conn.set('fever', '101.5')
True
```

用鍵取回值（成為 Python 的 byte 值）：

```
>>> conn.get('secret')
b'ni!'
>>> conn.get('carats')
b'24'
>>> conn.get('fever')
b'101.5'
```

setnx() 方法只會在鍵不存在的時候設定值。

```
>>> conn.setnx('secret', 'icky-icky-icky-ptang-zoop-boing!')
False
```

它失敗是因為我們已經定義 'secret' 了：

```
>>> conn.get('secret')
b'ni!'
```

getset() 方法會回傳舊值，同時將它設為新值：

```
>>> conn.getset('secret', 'icky-icky-icky-ptang-zoop-boing!')
b'ni!'
```

我們不要衝太快，它有沒有成功？

```
>>> conn.get('secret')
b'icky-icky-icky-ptang-zoop-boing!'
```

接下來使用 getrange() 來取得子字串（與 Python 一樣，offset 0 代表開始位置，-1 代表結束位置）：

```
>>> conn.getrange('secret', -6, -1)
b'boing!'
```

用 setrange() 來替換一個子字串（使用以零開始的 offset）：

```
>>> conn.setrange('secret', 0, 'ICKY')
32
```

```
>>> conn.get('secret')
b'ICKY-icky-icky-ptang-zoop-boing!'
```

接下來，使用 mset() 來一次設定多個鍵：

```
>>> conn.mset({'pie': 'cherry', 'cordial': 'sherry'})
True
```

使用 mget() 來一次取得多個值：

```
>>> conn.mget(['fever', 'carats'])
[b'101.5', b'24']
```

使用 delete() 來刪除一個鍵：

```
>>> conn.delete('fever')
True
```

使用 incr() 或 incrbyfloat() 命令來遞增，使用 decr() 來遞減：

```
>>> conn.incr('carats')
25
>>> conn.incr('carats', 10)
35
>>> conn.decr('carats')
34
>>> conn.decr('carats', 15)
19
>>> conn.set('fever', '101.5')
True
>>> conn.incrbyfloat('fever')
102.5
>>> conn.incrbyfloat('fever', 0.5)
103.0
```

Redis 沒有 decrbyfloat()。使用負遞增來降低 fever：

```
>>> conn.incrbyfloat('fever', -2.0)
101.0
```

串列

Redis 串列裡面只能放字串。串列會在你第一次進行插入時建立。使用 lpush() 在開頭
插入：

```
>>> conn.lpush('zoo', 'bear')
1
```

在開頭插入二個以上的項目：

```
>>> conn.lpush('zoo', 'alligator', 'duck')
3
```

使用 linsert() 在一個值之前或之後插入：

```
>>> conn.linsert('zoo', 'before', 'bear', 'beaver')
4
>>> conn.linsert('zoo', 'after', 'bear', 'cassowary')
5
```

使用 lset() 在某個 offset 插入（串列必須存在）：

```
>>> conn.lset('zoo', 2, 'marmoset')
True
```

使用 rpush() 在結尾插入：

```
>>> conn.rpush('zoo', 'yak')
6
```

使用 lindex() 來取得某個 offset 的值：

```
>>> conn.lindex('zoo', 3)
b'bear'
```

使用 lrange() 來取得某個 offset 範圍內的值（使用 0 到 -1 可取出全部的值）：

```
>>> conn.lrange('zoo', 0, 2)
[b'duck', b'alligator', b'marmoset']
```

使用 ltrim() 來修剪串列，只留下 offset 範圍內的：

```
>>> conn.ltrim('zoo', 1, 4)
True
```

使用 lrange() 來取得一個範圍的值（使用 0 到 -1 可取出全部的值）：

```
>>> conn.lrange('zoo', 0, -1)
[b'alligator', b'marmoset', b'bear', b'cassowary']
```

第 15 章會告訴你如何使用 Redis 串列以及**發布** / 訂閱來實作工作佇列。

雜湊

Redis 雜湊（*hash*）很像 Python 字典，但只能容納字串。此外，你只能往下一層，無法製作深層嵌套的結構。下面的範例建立並操作一個稱為 song 的 Redis 雜湊：

使用 hmset() 來設定 song 雜湊的 do 與 re 欄位：

```
>>> conn.hmset('song', {'do': 'a deer', 're': 'about a deer'})
True
```

使用 hset() 來設定雜湊的單一欄位值：

```
>>> conn.hset('song', 'mi', 'a note to follow re')
1
```

使用 hget() 來取得一個欄位的值：

```
>>> conn.hget('song', 'mi')
b'a note to follow re'
```

使用 hmget() 來取得多個欄位的值：

```
>>> conn.hmget('song', 're', 'do')
[b'about a deer', b'a deer']
```

使用 hkeys() 來取得雜湊所有欄位的鍵：

```
>>> conn.hkeys('song')
[b'do', b're', b'mi']
```

使用 hvals() 來取得雜湊的所有欄位的值：

```
>>> conn.hvals('song')
[b'a deer', b'about a deer', b'a note to follow re']
```

使用 hlen() 來取得雜湊的欄位數量：

```
>>> conn.hlen('song')
3
```

使用 hgetall() 來取得雜湊的所有欄位的鍵與值：

```
>>> conn.hgetall('song')
{b'do': b'a deer', b're': b'about a deer', b'mi': b'a note to follow re'}
```

使用 hsetnx() 在欄位的鍵不存在時設定欄位：

```
>>> conn.hsetnx('song', 'fa', 'a note that rhymes with la')
1
```

集合

你可以從接下來的例子看到，Redis 的集合很像 Python 的集合。

將一或多個值加入集合：

```
>>> conn.sadd('zoo', 'duck', 'goat', 'turkey')
3
```

取得集合的值的數量：

```
>>> conn.scard('zoo')
3
```

取得集合的所有值：

```
>>> conn.smembers('zoo')
{b'duck', b'goat', b'turkey'}
```

移除集合的一個值：

```
>>> conn.srem('zoo', 'turkey')
True
```

我們來製作第二組集合，藉以展示一些集合的操作：

```
>>> conn.sadd('better_zoo', 'tiger', 'wolf', 'duck')
0
```

zoo 與 better_zoo 的交集（取得共同成員）：

```
>>> conn.sinter('zoo', 'better_zoo')
{b'duck'}
```

取得 zoo 與 better_zoo 的交集，並將結果存入集合 fowl_zoo：

```
>>> conn.sinterstore('fowl_zoo', 'zoo', 'better_zoo')
1
```

誰在裡面？

```
>>> conn.smembers('fowl_zoo')
{b'duck'}
```

取得 zoo 與 better_zoo 的聯集（所有成員）：

```
>>> conn.sunion('zoo', 'better_zoo')
{b'duck', b'goat', b'wolf', b'tiger'}
```

將聯集結果存入 fabulous_zoo 集合：

```
>>> conn.sunionstore('fabulous_zoo', 'zoo', 'better_zoo')
4
>>> conn.smembers('fabulous_zoo')
{b'duck', b'goat', b'wolf', b'tiger'}
```

什麼東西是 zoo 有，但 better_zoo 沒有的？你可以使用 sdiff() 來取得集合差，以及用
sdiffstore() 來將它存入 zoo_sale 集合：

```
>>> conn.sdiff('zoo', 'better_zoo')
{b'goat'}
>>> conn.sdiffstore('zoo_sale', 'zoo', 'better_zoo')
1
>>> conn.smembers('zoo_sale')
{b'goat'}
```

有序集合

有序集合（*sorted set*）（或 *zset*）是 Redis 最通用的資料型態之一。它是由不重複的值組
成的集合，但每一個值都有一個相關的浮點**分數**（*score*）。你可以用項目的值或分數來
存取各個項目。有序集合有許多用途：

- 排行榜
- 副索引
- 時間序列，把時戳當成分數

我們將示範最後一種使用案例，用時戳來追蹤使用者的登入。我們將使用 Python 函式
time() 回傳的 Unix *epoch* 值（詳情見第 15 章）：

```
>>> import time
>>> now = time.time()
>>> now
1361857057.576483
```

我們加入第一位訪客，他看起來很緊張：

```
>>> conn.zadd('logins', 'smeagol', now)
1
```

五分鐘之後，另一位訪客：

```
>>> conn.zadd('logins', 'sauron', now+(5*60))
1
```

兩小時之後：

```
>>> conn.zadd('logins', 'bilbo', now+(2*60*60))
1
```

一天之後，好整以暇的：

```
>>> conn.zadd('logins', 'treebeard', now+(24*60*60))
1
```

bilbo 是第幾位進來的？

```
>>> conn.zrank('logins', 'bilbo')
2
```

什麼時候？

```
>>> conn.zscore('logins', 'bilbo')
1361864257.576483
```

我們按照登入順序來檢視每一位：

```
>>> conn.zrange('logins', 0, -1)
[b'smeagol', b'sauron', b'bilbo', b'treebeard']
```

請加上他們的時間：

```
>>> conn.zrange('logins', 0, -1, withscores=True)
[(b'smeagol', 1361857057.576483), (b'sauron', 1361857357.576483),
(b'bilbo', 1361864257.576483), (b'treebeard', 1361943457.576483)]
```

快取與過期

所有 Redis 鍵都有存活期限，或過期日期。在預設情況下，期限是永遠的。我們可以使用 expire() 函式來指示 Redis 應該保存鍵多久時間，使用秒數：

```
>>> import time
>>> key = 'now you see it'
>>> conn.set(key, 'but not for long')
True
>>> conn.expire(key, 5)
True
>>> conn.ttl(key)
5
>>> conn.get(key)
b'but not for long'
>>> time.sleep(6)
>>> conn.get(key)
>>>
```

expireat() 命令會在給定的 epoch 時間讓一個鍵過期。讓鍵過期可以維持快取的最新狀態，以及限制登入 session。打個比方：在雜貨店的牛奶架後面的冷藏室裡面，當牛奶過期時，店員就會把它們拿出來。

文件資料庫

文件資料庫（*document database*）是一種用不固定的欄位來儲存資料的 NoSQL 資料庫。相較於關聯式資料表（矩形，每一列都有相同的欄位），這種資料是「參差不齊」的，每一列的欄位都不固定，甚至有嵌套的欄位。你可以用 Python 字典與串列在記憶體中這樣處理資料，或將它存為 JSON 檔案。要將這種資料存入關聯資料庫的資料表，你要定義每一個可能的欄位，並且用 null 來代表缺漏的資料。

ODM 可能代表 Object Data Manager（物件資料管理器）或 Object Document Mapper（物件文件對映器）（至少它們的 *O* 是一樣的）。文件資料庫的 ODM 相當於關聯資料庫的 ORM。表 16-6 是一些流行（*https://oreil.ly/5Zpxx*）的文件資料庫與工具（驅動程式與 ODM）。

表 16-6　文件資料庫

資料庫	Python API
Mongo（*https://www.mongodb.com*）	tools（*https://api.mongodb.com/python/current/tools.html*）
DynamoDB（*https://aws.amazon.com/dynamodb*）	boto3（*https://docs.aws.amazon.com/amazondynamodb/latest/developerguide/GettingStarted.Python.html*）
CouchDB（*http://couchdb.apache.org*）	couchdb（*https://couchdb-python.readthedocs.io/en/latest/index.html*）

> PostgreSQL 可以做一些文件資料庫可以做的事情。它的一些擴展版本可以跳脫正統的關聯，同時保留交易、資料驗證與外鍵等功能：1) 多維陣列（*arrays*）（*https://oreil.ly/MkfLY*），可在一個資料表的格子內儲存多個值；2) *jsonb*（*https://oreil.ly/K_VJg*），可在一個格子內儲存 JSON 資料，具備完整的檢索和查詢功能。

時間序列資料庫

時間序列資料可能每隔一段固定的時間收集（例如電腦性能數據）或是在隨機的時間收集，導致許多儲存方法的出現。表 16-7 是這麼多（*https://oreil.ly/CkjC0*）方法（*https://oreil.ly/IbOxQ*）裡面，支援 Python 的一些。

表 16-7　時態資料庫

資料庫	Python API
InfluxDB（*https://www.influxdata.com*）	`influx-client`（*https://pypi.org/project/influx-client*）
kdb+（*https://kx.com*）	PyQ（*https://code.kx.com/v2/interfaces/pyq/*）
Prometheus（*https://prometheus.io*）	`prometheus_client`（*https://github.com/prometheus/client_python/blob/master/README.md*）
TimescaleDB（*https://www.timescale.com*）	（PostgreSQL clients）
OpenTSDB（*http://opentsdb.net*）	`potsdb`（*https://pypi.org/project/potsdb*）
PyStore（*https://github.com/ranaroussi/pystore*）	PyStore（*https://pypi.org/project/PyStore*）

圖資料庫

最後一種需要自己的資料庫種類的資料是圖（*graph*）：裡面有很多用邊（*edge*）或頂點（*vertice*）（代表關係）連接的節點（*node*）（代表資料）。每一位 Twitter 用戶都是一個節點，他們有連向其他用戶（例如跟隨與被跟隨）的邊。

隨著社交媒體的發展，圖資料也變得更引人矚目，社交媒體的價值不僅在於內容，也在於聯結。表 16-8 是一些流行（*https://oreil.ly/MAwMQ*）的圖資料庫。

表 16-8　圖資料庫

資料庫	Python API
Neo4J（*https://neo4j.com*）	`py2neo`（*https://py2neo.org/v3*）
OrientDB（*https://orientdb.com*）	`pyorient`（*https://orientdb.com/docs/last/PyOrient.html*）
ArangoDB（*https://www.arangodb.com*）	`pyArango`（*https://github.com/ArangoDB-Community/pyArango*）

其他的 NoSQL

這裡列出的 NoSQL 伺服器可以處理比記憶體大的資料，其中許多使用多台電腦。表 16-9 是著名的伺服器與它們的 Python 程式庫。

表 16-9　NoSQL 資料庫

資料庫	Python API
Cassandra（*http://cassandra.apache.org*）	`pycassa`（*https://github.com/pycassa/pycassa*）
CouchDB（*http://couchdb.apache.org*）	`couchdb-python`（*https://github.com/djc/couchdb-python*）
HBase（*http://hbase.apache.org*）	`happybase`（*https://github.com/wbolster/happybase*）

資料庫	Python API
Kyoto Cabinet （*http://fallabs.com/kyotocabinet*）	`kyotocabinet`（*http://bit.ly/kyotocabinet*）
MongoDB（*http://www.mongodb.org*）	`mongodb`（*http://api.mongodb.org/python/current*）
Pilosa（*https://www.pilosa.com*）	`python-pilosa`（*https://github.com/pilosa/python-pilosa*）
Riak（*http://basho.com/riak*）	`riak-python-client` （*https://github.com/basho/riak-python-client*）

全文資料庫

最後一種是用於**全文**搜尋的特殊資料庫。它們檢索每一個東西，所以你可以尋找那首提到風車與巨大乳酪輪的詩。表 16-10 是熱門的開放原始碼案例及其 Python API。

表 16-10　全文資料庫

網站	Python API
Lucene（*http://lucene.apache.org*）	`pylucene`（*http://lucene.apache.org/pylucene*）
Solr（*http://lucene.apache.org/solr*）	`SolPython`（*http://wiki.apache.org/solr/SolPython*）
ElasticSearch（*http://www.elasticsearch.org*）	`elasticsearch`（*https://elasticsearch-py.readthedocs.io*）
Sphinx（*http://sphinxsearch.com*）	`sphinxapi`（*http://bit.ly/sphinxapi*）
Xapian（*http://xapian.org*）	`xappy`（*https://code.google.com/p/xappy*）
Whoosh（*http://bit.ly/mchaput-whoosh*）	（以 Python 寫成，包含 API）

次章預告

上一章介紹在時間維度交錯執行程式碼（**並行**）。下一章是關於在空間（**網路**）中移動資料，可用於並行或其他原因。

待辦事項

16.1　將這幾行文字存到 *books.csv* 檔（注意，如果欄位是用逗號來分隔的，當欄位裡面有逗號時，你必須將那個欄位包在引號裡面）：

```
author,book
J R R Tolkien,The Hobbit
Lynne Truss,"Eats, Shoots & Leaves"
```

16.2 使用 csv 模組與它的 DictReader 方法來將 *books.csv* 讀到變數 books。印出 books 內的值。DictReader 有處理第二本書的書名中的引號與逗號嗎？

16.3 使用這幾行內容來建立一個名為 *books2.csv* 的 CSV 檔：

```
title,author,year
The Weirdstone of Brisingamen,Alan Garner,1960
Perdido Street Station,China Miéville,2000
Thud!,Terry Pratchett,2005
The Spellman Files,Lisa Lutz,2007
Small Gods,Terry Pratchett,1992
```

16.4 使用 sqlite3 模組來建立一個名為 *books.db* 的 SQLite 資料庫，與一個名為 books 的資料表，表中有這些欄位：title（文字）、authour（文字）與 year（整數）。

16.5 讀取 *books2.csv*，並將它的資料插入 book 資料表。

16.6 按照字母順序來選取並印出 book 資料表的 title 欄位。

16.7 按照出版物的順序來選取並印出 book 資料表的所有欄位。

16.8 使用 sqlalchemy 模組來連接你在習題 16.4 製作的 sqlite3 資料庫 *books.db*。如同 16.6，按照字母順序來選取並印出 book 資料表的 title 欄位。

16.9 在你的電腦安裝 Redis 伺服器與 Python redis 程式庫（pip install redis）。建立名為 test 的 Redis 雜湊，讓它裡面有欄位 count（1）與 name（'Fester Bestertester'）。印出 test 的所有欄位。

16.10 遞增 test 的 count 欄位，並將它印出。

第十七章

空間中的資料：網路

時間是大自然阻止一切同時發生的方式。空間是阻止一切發生在我身上的因素。

—Quotes About Time（*http://bit.ly/wiki-time*）

你已經在第 15 章看過並行了：如何同時做多件事。接下來我們要試著在多個地點做事：分散式計算或網路。挑戰時間與空間有許多好理由：

性能

你的目標是讓快速的元件保持忙碌的狀態，而不是讓它們等待慢的元件。

穩健

數量帶來安全，所以你希望讓工作重複，來應對硬體和軟體的故障。

簡化

「簡化」這種最佳實踐法的目標是將複雜的工作分解成許多容易建立、瞭解與修復的小工作。

擴展性

增加伺服器可以處理負載，減少伺服器可以省錢。

這一章要從網路的基本元素談到更高階的概念。我們從 TCP/IP 與通訊端看起。

TCP/IP

網際網路的基礎是規定如何進行連結、交換資料、中斷連結、處理逾時等事項的規則。它們稱為**協定**，是分層設計的。分層是為了容許創新，以及容許別人用不同的方式來做事。只要你遵守某個階層處理上層和下層的規範,你就可以在那個階層裡面做任何想做的事情。

網路的最底層負責電子訊號等層面,每一個更高的階層都建構在它底下的階層基礎之上。在中間的階層是 IP(Internet Protocol)層,規定網路位置如何定址,以及資料**封包**(區塊)如何流動。在它上面的那一層用兩個協定來規定如何在不同的位置之間移動位元組:

UDP(*User Datagram Protocol*)

它的用途是短訊息交換。**資料報**(*datagram*)是一種單發(burst)傳遞的小訊息,很像明信片上的短句子。

TCP(*Transmission Control Protocol*)

這個協定的用途是長期的連結。它會傳遞位元組串流,並確保它們依序到達且不重複。

UDP 訊息不會被確認,所以你無法確定它們是否到達目的地。如果你想要用 UDP 來講笑話:

```
Here's a UDP joke.Get it?
```

TCP 會在傳送方與接收方之間設置一個秘密的交握機制,來確保良好的連結。TCP 笑話是這樣開始的:

```
Do you want to hear a TCP joke?
Yes, I want to hear a TCP joke.
Okay, I'll tell you a TCP joke.
Okay, I'll hear a TCP joke.
Okay, I'll send you a TCP joke now.
Okay, I'll receive the TCP joke now.
...  (以此類推)
```

你的本地機器的 IP 位址一定是 `127.0.0.1`,且名稱是 `localhost`。有人將它稱為**回送介面**(*loopback interface*)。如果它被接到網際網路,你的機器也會有個**公用** IP。如果你只是在使用家用電腦,它是在纜線數據機或路由器的後面。你可以執行 Internet 協定,甚至在同一台機器上的程序之間。

和我們互動的多數網際網路元素(web、資料庫伺服器…等等)都是建立在 IP 協定基礎之上的 TCP 協定,或簡稱為 TCP/IP。我們先來看一些基本的網際網路服務。之後,我們會討論一般的網路模式。

通訊端

如果你喜歡知道事物運作的原理，這一節是為你而寫的。

網路程式的最底層會使用通訊端（*socket*），這個概念來自 C 語言與 Unix 作業系統。設計通訊端層級的程式非常枯燥。雖然使用 ZeroMQ 等工具比較有趣，但知道背後的原理有很多好處。例如，關於通訊端的訊息通常在網路發生錯誤時出現。

我們來寫非常簡單的用戶端 / 伺服器交流程式，一個使用 UDP，一個使用 TCP。在 UDP 範例中，用戶端會將一個放在 UDP 資料報裡面的字串傳給伺服器，伺服器會回傳一個資料封包，裡面有一個字串。伺服器需要監聽特定的位址與連接埠—就像郵局與郵政信箱的關係。用戶端需要知道這兩個值才能傳遞它的訊息，並接收所有的回應。

在下面的用戶端與伺服器程式中，address 是一個（位址，連接埠）tuple。address 是一個字串，它可以是名稱或是 *IP* 位址。如果你的程式只是和同一台機器上的另一個程式溝通，你可以使用名稱 'localhost' 或等效的位址字串 '127.0.0.1'。

首先，我們從一個程序傳送一小段資料給另一個程序，並回傳一小段資料給發送者。第一個程式是用戶端，第二個是伺服器。在每一個程式中，我們會印出時間，並開啟一個通訊端。伺服器會監聽它的通訊端的連結，用戶端會寫到它的通訊端，這個通訊端會傳送訊息給伺服器。

範例 17-1 是第一個程式，*udp_server.py*。

範例 *17-1*　*udp_server.py*

```python
from datetime import datetime
import socket

server_address = ('localhost', 6789)
max_size = 4096

print('Starting the server at', datetime.now())
print('Waiting for a client to call.')
server = socket.socket(socket.AF_INET, socket.SOCK_DGRAM)
server.bind(server_address)

data, client = server.recvfrom(max_size)

print('At', datetime.now(), client, 'said', data)
server.sendto(b'Are you talking to me?', client)
server.close()
```

伺服器必須用兩個從 socket 程式包匯入的方法來設定網路。第一個方法 socket.socket 會建立一個通訊端,第二個方法 bind 會連結它(監聽抵達該 IP 位址與連接埠的任何資料)。AF_INET 代表我們要建立 IP 通訊端。(此外還有一種 *Unix* 域通訊端,但是它只能在本地機器上使用。)SOCK_DGRAM 代表我們將傳送與接收資料報,換句話說,我們要使用 UDP。

此時,伺服器會坐著等候資料報進來(recvfrom)。有資料報抵達時,伺服器會醒過來,取得資料與關於用戶端的資訊。client 變數裡面有接觸用戶端所需的位址與連接埠。最後伺服器會傳送一個回應,關閉它的連結並結束。

我們來看一下 *udp_client.py*(範例 17-2)。

範例 *17-2* *udp_client.py*

```python
import socket
from datetime import datetime

server_address = ('localhost', 6789)
max_size = 4096

print('Starting the client at', datetime.now())
client = socket.socket(socket.AF_INET, socket.SOCK_DGRAM)
client.sendto(b'Hey!', server_address)
data, server = client.recvfrom(max_size)
print('At', datetime.now(), server, 'said', data)
client.close()
```

用戶端的方法大部分都與伺服器一樣(除了 bind() 之外)。用戶端會先傳送再接收,伺服器則是先接收。

我們先啟動伺服器,在它自己的視窗中。它會印出歡迎訊息,接著在一個怪異的平靜氛圍中等待,直到用戶端送來資料為止:

```
$ python udp_server.py
Starting the server at 2014-02-05 21:17:41.945649
Waiting for a client to call.
```

接下來,在另一個視窗啟動用戶端。它會印出它的歡迎訊息,傳送資料(byte 值 'Hey')給伺服器,印出回覆,接著退出:

```
$ python udp_client.py
Starting the client at 2014-02-05 21:24:56.509682
At 2014-02-05 21:24:56.518670 ('127.0.0.1', 6789) said b'Are you talking to me?'
```

最後，伺服器會印出它收到的訊息，並退出：

```
At 2014-02-05 21:24:56.518473 ('127.0.0.1', 56267) said b'Hey!'
```

用戶端必須知道伺服器的位址與連接埠號碼，但不需要指定自己的連接埠號碼，系統會自動指派它，在這個例子中，它是 56267。

> UDP 會用一個區塊（chunk）來傳送資料。它不保證成功傳遞。如果你透過 UDP 傳送多個訊息，它們可能會不按順序到達，也可能完全不會到達。它是快速、輕量、無連接，而且不可靠的方式。UDP 在你需要快速推送封包時很方便，也能夠容忍偶爾遺失的封包，比如在傳遞 VoIP（voice over IP，IP 語音）時。

於是，TCP（Transmission Control Protocol，傳輸控制通訊協定）出現了。TCP 的用途是進行長時間的連接，例如 web。TCP 會按照你傳送資料的順序來傳遞資料，如果過程中出現任何問題，它會試著再次傳遞。所以 TCP 比 UDP 慢一些，但是當你需要所有的封包，並且按照正確的順序時，它通常是比較好的選擇。

> web 協定 HTTP 的前兩版都採用 TCP，但是 HTTP/3 採用 QUIC 協定（*https://oreil.ly/Y3Jym*），這種協定本身使用 UDP。所以當你選擇 UDP 或 TCP 時需要考慮許多因素。

我們接下來要用 TCP 從用戶端射出一些封包給伺服器，並回傳它們。

tcp_client.py 的動作與之前的 UDP 用戶端一樣，只會傳送一個字串給伺服器，但是它們的通訊端呼叫有一些不同，見範例 17-3：

範例 *17-3 tcp_client.py*

```python
import socket
from datetime import datetime

address = ('localhost', 6789)
max_size = 1000

print('Starting the client at', datetime.now())
client = socket.socket(socket.AF_INET, socket.SOCK_STREAM)
client.connect(address)
client.sendall(b'Hey!')
data = client.recv(max_size)
```

```
print('At', datetime.now(), 'someone replied', data)
client.close()
```

我們將 SOCK_DGRAM 換成 SOCK_STREAM 來取得串流協定 TCP。我們也加入一個 connect() 呼叫式來設定串流。UDP 不需要它，因為每一個資料報都是在它自己的 Internet 荒野中獨立存在的。

如範例 17-4 所示，*tcp_server.py* 也與它的 UDP 表親不同。

範例 *17-4* *tcp_server.py*

```
from datetime import datetime
import socket

address = ('localhost', 6789)
max_size = 1000

print('Starting the server at', datetime.now())
print('Waiting for a client to call.')
server = socket.socket(socket.AF_INET, socket.SOCK_STREAM)
server.bind(address)
server.listen(5)

client, addr = server.accept()
data = client.recv(max_size)

print('At', datetime.now(), client, 'said', data)
client.sendall(b'Are you talking to me?')
client.close()
server.close()
```

我們設定 server.listen(5) 來讓五個用戶端連結可以排入佇列，並拒絕多出來的。
server.accept() 會在第一個有效的訊息到達時接收它。

client.recv(1000) 將最大訊息長度設為 1,000 bytes。

與之前一樣，我們啟動伺服器，再啟動用戶端，然後開始看好戲。首先，伺服器：

```
$ python tcp_server.py
Starting the server at 2014-02-06 22:45:13.306971
Waiting for a client to call.
At 2014-02-06 22:45:16.048865 <socket.socket object, fd=6, family=2, type=1,
    proto=0> said b'Hey!'
```

接著啟動用戶端。它會將它的訊息傳給伺服器，接收回應，再退出：

```
$ python tcp_client.py
Starting the client at 2014-02-06 22:45:16.038642
At 2014-02-06 22:45:16.049078 someone replied b'Are you talking to me?'
```

伺服器會收集訊息，將它印出，進行回應，再退出：

```
At 2014-02-06 22:45:16.048865 <socket.socket object, fd=6, family=2, type=1,
    proto=0> said b'Hey!'
```

注意，TCP 伺服器呼叫 client.sendall() 來回應，而之前的 UDP 伺服器呼叫 client.sendto()。 TCP 會在多次通訊端呼叫之間維持用戶端與伺服器的連結，並記得用戶端的 IP 位址。

這看起來還不錯，但如果你試著編寫任何比較複雜的東西，你會看到通訊端實際上是怎麼在低階運作的。

- UDP 可以傳送訊息，但是它們的大小是受限的，而且不保證可到達目的地。

- TCP 傳送的是 byte 串流，不是訊息。你不知道系統在每次呼叫時會傳送或接收多少 byte。

- 要用 TCP 來交換整個訊息，你必須用一些額外的資訊來將各個段落重組成完整的訊息，例如固定的訊息大小（byte），或完整訊息的大小，或一些分隔字元。

- 因為訊息是 byte，不是 Unicode 文字字串，你要使用 Python bytes 型態。詳情請參考第 12 章。

看完以上內容之後，如果你對通訊端程式設計有興趣，可參考 Python socket programming HOWTO（*http://bit.ly/socket-howto*）來瞭解更多細節。

Scapy

有時你需要潛入網路串流之中，看看在裡面悠游的位元組。或許你想要對一個 web API 進行除錯，或追蹤一些安全問題。scapy 程式庫與程式提供領域專屬語言來讓你在 Python 中建立和檢查程式包，它比使用等效的 C 程式更容易撰寫與除錯。

請使用 pip install scapy 來進行標準安裝。它的文件（*https://scapy.readthedocs.io*）很詳細，如果你使用 tcpdump 或 wireshark 之類的工具來調查 TCP 問題，你應該研究一下 scapy。最後，不要把 scapy 和 scrapy 混為一談，後者是在第 424 頁的「爬網與刮網」討論的。

Netcat

Netcat（*https://oreil.ly/K37H2*）是另一種測試網路與連接埠的工具，通常縮寫為 nc。這是用 HTTP 連接 Google 網站，並請求一些關於它的首頁的基本資訊的例子：

```
$ $ nc www.google.com 80
HEAD / HTTP/1.1

HTTP/1.1 200 OK
Date: Sat, 27 Jul 2019 21:04:02 GMT
...
```

在下一章，第 399 頁的「用 telnet 來測試」有一個範例會做同一件事。

網路模式

你可以用一些基本的模式來建構網路應用程式：

• 最常見的模式是**請求 / 回覆**（*request-reply*），也稱為**請求 / 回應**（*request-response*）或**用戶端 / 伺服器**（*client-server*）。這種模式是同步的：用戶端會等候伺服器的回應。本書已經展示許多請求 / 回覆的例子了。你的網頁瀏覽器也是一種用戶端，它會發出 HTTP 請求給網頁伺服器，伺服器會做出回應。

• 另一種常見的模式是**推送**（*push*），或**扇出**（*fanout*）：將資料送給程序池中的任何有空的 worker。其中一種案例是在負載平衡器後面的 web 伺服器。

• 推送的相反是**拉取**（*pull*），或**扇入**（*fanin*）：從一或多個來源接收資料。其中一個案例是記錄器（logger）從多個程序中取出文字訊息，再將它們寫入一個紀錄（log）檔。

• 還有一種模式很像廣播或電視：**發布 / 訂閱**（*publish-subscribe*），或 *pub-sub*。在這種模式中，發布者送出資料，在簡單的 pub-sub 系統中，所有訂閱者都會收到複本。更常見的是，訂閱者可以指明它們對某些類型的資料有興趣（通常稱為**主題**（*topic*）），且發布者只會傳送這類資料。因此，與推送模式不同的是，這種模式可能有多個訂閱者收到一段特定的資料。如果一個主題沒有訂閱者，那些資料就會被忽略。

我們來看一些請求 / 回覆範例，接著再來看一下 pub-sub 範例。

請求 / 回覆模式

這是大家最熟悉的模式。你向適當的伺服器請求 DNS、web 或 email 資料，它們回覆，或告訴你有沒有問題。

雖然你剛才已經看到如何用 UDP 或 TCP 發出一些基本的請求了，但是在通訊端級別建立網路應用程式很難。我們來看看 ZeroMQ 可否提供幫助。

ZeroMQ

ZeroMQ 是程式庫，不是伺服器。有時 ZeroMQ 通訊端被稱為 *sockets on steroids*，它可以做你期望一般的通訊端做的事情：

- 交換整個訊息
- 重試連結
- 當傳送方與接收方的時間沒有對上時，緩存資料並保留它們。

它的網路指南（*http://zguide.zeromq.org*）寫得很好也很幽默，是我看過針對網路模式最好的說明。書面版本（*ZeroMQ: Messaging for Many Applications*，Pieter Hintjens 著，O'Reilly 出版）有很香的代碼味道（code smell），在封面有一條大魚，而不是反過來。書面版本的所有範例都使用 C 語言，但是網路版本可讓你在各個範例程式中選擇多種語言。你也可以看到 Python 範例（*http://bit.ly/zeromq-py*）。在這一章，我要告訴你一些基本的請求 / 回覆 ZeroMQ 範例。

ZeroMQ 就像一套樂高，我們知道，只要用少數的樂高積木形狀就可以建構各式各樣令人驚奇的東西。這個例子要用一些通訊端類型與模式來建構網路。下面這些基本的「樂高元件」都是 ZeroMQ 的通訊端類型，它們看起來很像之前討論過的網路模式：

- REQ（同步請求）
- REP（同步回覆）
- DEALER（非同步請求）
- ROUTER（非同步回覆）
- PUB（發布）
- SUB（訂閱）
- PUSH（扇出）
- PULL（扇入）

要自行嘗試的話,你要輸入下面的命令來安裝 Python ZeroMQ 程式庫:

```
$ pip install pyzmq
```

最簡單的模式是單一的請求 / 回覆。它是同步的:有一個通訊端發出請求,接著其他的做出回覆。首先是回覆(伺服器)的程式碼,見範例 17-5 的 *zmq_server.py*。

範例 17-5 *zmq_server.py*

```
import zmq

host = '127.0.0.1'
port = 6789
context = zmq.Context()
server = context.socket(zmq.REP)
server.bind("tcp://%s:%s" % (host, port))
while True:
    # 等待用戶端的下一個請求
    request_bytes = server.recv()
    request_str = request_bytes.decode('utf-8')
    print("That voice in my head says: %s" % request_str)
    reply_str = "Stop saying: %s" % request_str
    reply_bytes = bytes(reply_str, 'utf-8')
    server.send(reply_bytes)
```

我們建立一個 Context 物件:這是一個維護狀態的 ZeroMQ 物件。接著,我們製作一個 REP(代表 REPly,回覆)類型的 ZeroMQ 通訊端。我們呼叫 bind() 來讓它監聽特定的 IP 位址與連接埠。注意它們是用字串來指定的,例如 'tcp://localhost:6789',而不是一般的通訊端案例的 tuple。

這個範例會持續接收來自傳送方的請求,並傳送回應。它的訊息可能很長,但 ZeroMQ 會負責處理細節。

範例 17-6 是相應的請求(用戶端)程式,*zmq_client.py*。它的類型是 REQ(代表 REQuest,請求),而且它呼叫的是 connect(),而不是 bind()。

範例 17-6 *zmq_client.py*

```
import zmq

host = '127.0.0.1'
port = 6789
context = zmq.Context()
client = context.socket(zmq.REQ)
client.connect("tcp://%s:%s" % (host, port))
```

```
for num in range(1, 6):
    request_str = "message #%s" % num
    request_bytes = request_str.encode('utf-8')
    client.send(request_bytes)
    reply_bytes = client.recv()
    reply_str = reply_bytes.decode('utf-8')
    print("Sent %s, received %s" % (request_str, reply_str))
```

接下來要啟動它們了。它與一般的通訊端範例有一個很有趣的差異：你可以按照任意的順序來啟動伺服器與用戶端。在一個視窗中，在幕後啟動伺服器：

```
$ python zmq_server.py &
```

在同一個視窗中啟動用戶端：

```
$ python zmq_client.py
```

你會看到來自用戶端與伺服器交替輸出的訊息：

```
That voice in my head says 'message #1'
Sent 'message #1', received 'Stop saying message #1'
That voice in my head says 'message #2'
Sent 'message #2', received 'Stop saying message #2'
That voice in my head says 'message #3'
Sent 'message #3', received 'Stop saying message #3'
That voice in my head says 'message #4'
Sent 'message #4', received 'Stop saying message #4'
That voice in my head says 'message #5'
Sent 'message #5', received 'Stop saying message #5'
```

我們的用戶端會在傳送第五個訊息之後結束，但我們並未要求伺服器退出，所以它會坐在電話旁邊等待其他的訊息。如果你再次執行用戶端，它會印出同樣的五行訊息，伺服器也會印出它的五行訊息。如果你沒有殺掉 *zmq_server.py* 程序，並試著執行另一個，Python 會抱怨位址已經有人使用了：

```
$ python zmq_server.py

[2] 356
Traceback (most recent call last):
  File "zmq_server.py", line 7, in <module>
    server.bind("tcp://%s:%s" % (host, port))
  File "socket.pyx", line 444, in zmq.backend.cython.socket.Socket.bind
      (zmq/backend/cython/socket.c:4076)
  File "checkrc.pxd", line 21, in zmq.backend.cython.checkrc._check_rc
      (zmq/backend/cython/socket.c:6032)
zmq.error.ZMQError: Address already in use
```

訊息必須用 byte 字串來傳送，所以我們將範例的文字字串編碼成 UTF-8 格式。你可以傳送任何訊息類型，只要將它轉換成 bytes 就可以了。我們之前使用簡單的文字字串來作為訊息的來源，所以 encode() 與 decode() 就可以處理 byte 字串的轉換了。如果你的訊息是其他的資料型態，你也可以使用 MessagePack（*http://msgpack.org*）等程式庫。

就連這種基本的 REQ-REP 都允許一些奇特的通訊模式，因為任何數量的 REQ 用戶端都可以 connect() 一個 REP 伺服器。伺服器以同步的方式一次處理一個請求，但是不會丟掉其他同時抵達的請求。ZeroMQ 會緩存訊息，最多到達某個指定的上限、直到它們能夠通過，這就是它們的名字中有 Q 的原因。Q 代表 Queue（佇列），M 代表 Messge（訊息），而 Zero 代表不需要任何仲介。

雖然 ZeroMQ 不強制使用任何中間代理（仲介），但你可以在必要時建構它們。例如，使用 DEALER 與 ROUTER 通訊端來非同步地連接多個來源與 / 或目的。

多個 REQ 通訊端會連結到一個 ROUTER，ROUTER 會將每一個請求傳給一個 DEALER，接著 DEALER 會連繫連接它的所有 REP 通訊端（圖 17-1）。這很像許多瀏覽器連接許多 web 伺服器前面的一個代理伺服器。它可以讓你任意加入許多用戶端與伺服器。

REQ 通訊端只連接 ROUTER 通訊端，DEALER 連接它後面的多個 REP 通訊端。ZeroMQ 會處理麻煩的細節，確保請求被平均分配，以及回應被送到正確的位置。

另一種稱為 *ventilator* 的網路模式使用 PUSH 通訊端來分配非同步工作，使用 PULL 通訊端來收集結果。

ZeroMQ 最後一個值得注意的特性是它可以擴大與縮小，你只要在建立通訊端時更改連接類型就可以了：

- 在一或多台機器上的程序間使用 tcp
- 在一台機器上的程序間使用 ipc
- 在單一程序中的執行緒間使用 inproc

最後一種類型，inproc，是一種不需要用軟體鎖就可以在執行緒間傳遞資料的方法，也是第 303 頁的「執行緒」範例的替代方案。

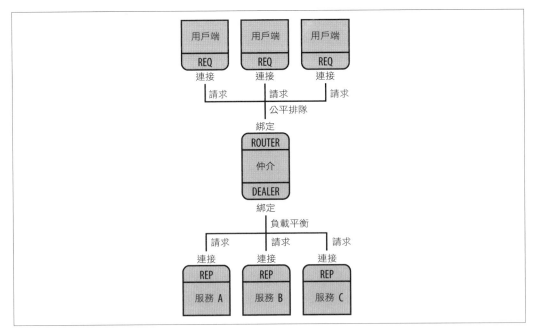

圖 17-1　使用仲介來連接多個用戶端與服務

使用 ZeroMQ 之後，你可能再也不想撰寫原始的通訊端程式碼了。

其他的傳訊工具

Python 當然不會只支援 ZeroMQ 這種傳訊程式庫，訊息傳遞是網路最流行的概念之一，Python 當然不落人後：

- Apache 專案，我們會在第 409 頁的「Apache」看到它的 web 伺服器，它也有個 ActiveMQ（*https://activemq.apache.org*）專案，包括一些使用簡單文字 STOMP（*https://oreil.ly/a3h_M*）協定的 Python 介面。

- RabbitMQ（*http://www.rabbitmq.com*）也很受歡迎，它有一個實用的 Python 線上教學（*http://bit.ly/rabbitmq-tut*）。

- NATS（*http://www.nats.io*）是快速的訊息傳遞系統，它是用 Go 寫成的。

發布 / 訂閱模式

發布 / 訂閱不是一種佇列,而是一種廣播。這種模式有一或多個程序發布訊息。每一個訂閱者都會指出它們想要接收哪一種訊息。每一個訊息的複本都會被送給希望收到其類型的訂閱者。因此,一個訊息可能被處理一次、多次,或完全不會被處理。就像孤單的廣播員,每一個發布者只負責廣播,不知道有誰正在聆聽。

Redis

你已經在第 16 章看過 Redis 了,它主要是資料結構伺服器,但它也有 pub-sub 系統。發布者會發出包含一個主題與一個值的訊息,訂閱者要說明它們想要接收哪一種主題。

範例 17-7 是發布者,*redis_pub.py*。

範例 17-7　redis_pub.py

```python
import redis
import random

conn = redis.Redis()
cats = ['siamese', 'persian', 'maine coon', 'norwegian forest']
hats = ['stovepipe', 'bowler', 'tam-o-shanter', 'fedora']
for msg in range(10):
    cat = random.choice(cats)
    hat = random.choice(hats)
    print('Publish: %s wears a %s' % (cat, hat))
    conn.publish(cat, hat)
```

每一個主題都是一個貓品種,它們相關的訊息是帽子的類型。

範例 17-8 是一個訂閱者,*redis_sub.py*。

範例 17-8　redis_sub.py

```python
import redis
conn = redis.Redis()

topics = ['maine coon', 'persian']
sub = conn.pubsub()
sub.subscribe(topics)
for msg in sub.listen():
```

```
    if msg['type'] == 'message':
        cat = msg['channel']
        hat = msg['data']
        print('Subscribe: %s wears a %s' % (cat, hat))
```

這個訂閱者想要取得關於貓品種 'maine coon' 與 'persian' 的訊息，且不想要其他的。listen() 方法會回傳一個字典。如果它的 type 是 'message'，代表它是發布者送出來的，並且符合我們的條件。'channel' 鍵是主題（貓），'data' 鍵裡面是訊息（帽子）。

如果你先啟動發布者而且沒有人在聆聽，情況就像默劇演員在森林中掉下來一樣（他會發出聲音嗎？），所以我們先啟動訂閱者：

```
$ python redis_sub.py
```

接下來啟動發布者，它會送出 10 個訊息，然後退出：

```
$ python redis_pub.py
Publish: maine coon wears a stovepipe
Publish: norwegian forest wears a stovepipe
Publish: norwegian forest wears a tam-o-shanter
Publish: maine coon wears a bowler
Publish: siamese wears a stovepipe
Publish: norwegian forest wears a tam-o-shanter
Publish: maine coon wears a bowler
Publish: persian wears a bowler
Publish: norwegian forest wears a bowler
Publish: maine coon wears a stovepipe
```

訂閱者只在乎兩種貓：

```
$ python redis_sub.py
Subscribe: maine coon wears a stovepipe
Subscribe: maine coon wears a bowler
Subscribe: maine coon wears a bowler
Subscribe: persian wears a bowler
Subscribe: maine coon wears a stovepipe
```

我們沒有要求訂閱者退出，所以它仍然在等待訊息。如果你重新啟動發布者，訂閱者會抓取更多訊息，並將它們印出。

你可以啟動任意數量的訂閱者（與發布者）。如果訊息沒有訂閱者，它會在 Redis 伺服器上消失。但是如果訊息有訂閱者，訊息會停留在伺服器，直到所有訂閱者都收到它們為止。

ZeroMQ

ZeroMQ 沒有中央伺服器，所以每一個發布者都會寫到所有的訂閱者。範例 17-9 是發布者 *zmq_pub.py*。

範例 17-9　zmq_pub.py

```python
import zmq
import random
import time
host = '*'
port = 6789
ctx = zmq.Context()
pub = ctx.socket(zmq.PUB)
pub.bind('tcp://%s:%s' % (host, port))
cats = ['siamese', 'persian', 'maine coon', 'norwegian forest']
hats = ['stovepipe', 'bowler', 'tam-o-shanter', 'fedora']
time.sleep(1)
for msg in range(10):
    cat = random.choice(cats)
    cat_bytes = cat.encode('utf-8')
    hat = random.choice(hats)
    hat_bytes = hat.encode('utf-8')
    print('Publish: %s wears a %s' % (cat, hat))
    pub.send_multipart([cat_bytes, hat_bytes])
```

注意這段程式如何使用 UTF-8 來編碼主題與值的字串。

訂閱者的檔案是 *zmq_sub.py*（範例 17-10）：

範例 17-10　zmq_sub.py

```python
import zmq
host = '127.0.0.1'
port = 6789
ctx = zmq.Context()
sub = ctx.socket(zmq.SUB)
sub.connect('tcp://%s:%s' % (host, port))
topics = ['maine coon', 'persian']
for topic in topics:
    sub.setsockopt(zmq.SUBSCRIBE, topic.encode('utf-8'))
while True:
    cat_bytes, hat_bytes = sub.recv_multipart()
    cat = cat_bytes.decode('utf-8')
    hat = hat_bytes.decode('utf-8')
    print('Subscribe: %s wears a %s' % (cat, hat))
```

在這段程式中，我們訂閱兩個不同的 byte 值：兩個編碼成 UTF-8 的主題字串。

 這種做法看起來有點落伍，但是如果你想要取得所有主題，你就要訂閱空 bytestring b''，若非如此，你就得不到任何東西。

注意我們在發布者中呼叫 send_multipart()，在訂閱者中呼叫 recv_multipart()，這樣子可以讓我們傳送包含多個部分的訊息，並把第一部分當成主題來使用。我們也可以用一個字串或 bytestring 來傳送主題與訊息，但是將貓與帽子分開應該比較清楚。

啟動訂閱者：

```
$ python zmq_sub.py
```

啟動發布者。它馬上送出 10 條訊息，之後退出：

```
$ python zmq_pub.py
Publish: norwegian forest wears a stovepipe
Publish: siamese wears a bowler
Publish: persian wears a stovepipe
Publish: norwegian forest wears a fedora
Publish: maine coon wears a tam-o-shanter
Publish: maine coon wears a stovepipe
Publish: persian wears a stovepipe
Publish: norwegian forest wears a fedora
Publish: norwegian forest wears a bowler
Publish: maine coon wears a bowler
```

訂閱者印出它請求與接收的東西：

```
Subscribe: persian wears a stovepipe
Subscribe: maine coon wears a tam-o-shanter
Subscribe: maine coon wears a stovepipe
Subscribe: persian wears a stovepipe
Subscribe: maine coon wears a bowler
```

其他的 pub-sub 工具

你也可以探索這些其他的 Python pub-sub 連結：

- RabbitMQ 是一種著名的訊息傳遞仲介，pika 是它的 Python API。請參考 pika 文件（*http://pika.readthedocs.org*）與 pub-sub 教學（*http://bit.ly/pub-sub-tut*）。

- 你可以到 PyPi（*https://pypi.python.org*）搜尋視窗並輸入 pubsub 來尋找 Python 程式包，例如 pypubsub（*http://pubsub.sourceforge.net*）。

- PubSubHubbub（*https://code.google.com/p/pubsubhubbub*）可讓訂閱者向發布者訂閱回呼。

- NATS（*https://nats.io*）是一種快速、開放原始碼的訊息傳遞系統，它支援 pub-sub、請求 / 回覆，以及排隊。

網際網路服務

Python 有廣泛的網路工具組，在接下來幾節中，我們要來看一些可以將最流行的網際網路服務自動化的方式。你可以在網路找到官方、詳細的文件（*http://bit.ly/py-internet*）。

網域名稱系統

電腦有 85.2.101.94 這種數字 IP 位址，但是名稱比數字更容易記憶。網域名稱系統（Domain Name System，DNS）是一種重要的網際網路服務，它使用分散的資料庫來互相轉換 IP 位址與名稱。如果你在使用瀏覽器時突然看到「尋找主機」之類的訊息，原因或許是你失去網路連結，此時的第一個線索就是 DNS 故障。

你可以在低階的 socket 模組找到一些 DNS 函式。gethostbyname() 會回傳網域名稱的 IP 位址，擴充版的 gethostbyname_ex() 會回傳名稱、一串替代名稱，及一串位址：

```
>>> import socket
>>> socket.gethostbyname('www.crappytaxidermy.com')
'66.6.44.4'
>>> socket.gethostbyname_ex('www.crappytaxidermy.com')
('crappytaxidermy.com', ['www.crappytaxidermy.com'], ['66.6.44.4'])
```

getaddrinfo() 方法可以查看 IP 位址，但是它也可以回傳足夠的資訊來建立一個連結它的通訊端：

```
>>> socket.getaddrinfo('www.crappytaxidermy.com', 80)
[(2, 2, 17, '', ('66.6.44.4', 80)),
 (2, 1, 6, '', ('66.6.44.4', 80))]
```

上述的呼叫式會回傳兩個 tuple，第一個是 UDP，第二個是 TCP（在 2, 1, 6 裡面的 6 是 TCP 的值）。

你可以只要求 TCP 或 UDP 資訊：

```
>>> socket.getaddrinfo('www.crappytaxidermy.com', 80, socket.AF_INET,
socket.SOCK_STREAM)
[(2, 1, 6, '', ('66.6.44.4', 80))]
```

IANA 保留一些 TCP 與 UDP 連接埠號碼（*http://bit.ly/tcp-udp-ports*）供某些服務使用，它們有相關的服務名稱。例如，IANA 將 HTTP 稱為 http，給它 TCP 埠 80。

這些函式可以互相轉換服務名稱與連接埠號碼：

```
>>> import socket
>>> socket.getservbyname('http')
80
>>> socket.getservbyport(80)
'http'
```

Python email 模組

標準程式庫有這些 email 模組：

- smtplib（*https://oreil.ly/_kF6V*）可以用 Simple Mail Transfer Protocol（SMTP）傳送 email 訊息

- email（*https://oreil.ly/WVGbE*）可建立和解析 email 訊息

- poplib（*https://oreil.ly/xiJT7*）可以用 Post Office Protocol 3（POP3）讀取 email

- imaplib（*https://oreil.ly/wengo*）可以用 Internet Message Access Protocol（IMAP）讀取 email

如果你想要寫自己的 Python SMTP 伺服器，可以試試 smtpd（*https://oreil.ly/JkLsD*）或新的非同步版的 aiosmtpd（*https://aiosmtpd.readthedocs.io*）。

其他的協定

你可以使用標準的 ftplib 模組（*http://bit.ly/py-ftplib*）以 File Transfer Protocol（FTP）四處推送 byte。雖然 FTP 是舊協定，但它的性能還是很棒。

雖然你已經在本書看過許多這類的模組了，不過你也可以看一下支援 Internet 協定的標準程式庫文件（*http://bit.ly/py-internet*）。

web 服務與 API

資訊提供者一定有網站，但它們的對象是人類的眼睛，不是自動化的程式。如果資料只在網站發布，想要取得和架構資料的人就必須撰寫爬網程式（見第 424 頁的「爬網與刮網」），並且在每次網頁改變格式的時候改寫它們，這種工作通常很枯燥乏味。相較之下，如果網站為它的資料提供 API，用戶端程式就可以直接使用資料。API 的改變次數通常比網頁的版面更少，所以用戶端比較不需要重寫。快速、簡潔的資料管道（pipeline）也可以方便我們建立意想不到且實用的組合。

就很多方面而言，最簡單的 API 是 web 介面，不過它必須以結構化的格式（例如 JSON 或 XML）來提供資料，而不是以純文字或 HTML。這個 API 可能非常精簡，也可能是功能齊全的 RESTful API（定義見第 423 頁的「web API 與 REST」），不過它會為這些四處移動的 byte 提供另一個出口。

本書的開頭曾經展示一個 web API 向 Internet Archive 查詢一個網站的舊複本。

API 特別適合用來挖掘知名的社交媒體網站，例如 Twitter、Facebook 與 LinkedIn。這些網站都提供免費的 API，但你必須先註冊以取得金鑰（一長串生成的文字字串，有時稱為權杖（token）），它們是在進行連接的時候使用的。金鑰可讓網站知道誰正在存取它的資料，它也可以用來限制別人對伺服器進行請求而產生的流量。

這是一些有趣的服務 API：

- New York Times（*http://developer.nytimes.com*）
- Twitter（*https://python-twitter.readthedocs.io*）
- Facebook（*https://developers.facebook.com/tools*）
- Weather Underground（*http://www.wunderground.com/weather/api*）
- Marvel Comics（*http://developer.marvel.com*）

第 21 章會介紹地圖 API 的例子，第 22 章則介紹其他的 API。

資料序列化

第 16 章介紹過，XML、JSON 與 YAML 之類的格式都是儲存結構化文字資料的手段。用網路連接的 app 必須和其他的程式交換資料，將記憶體內的資料與 byte 序列「在線」轉換稱為序列化或封送處理（*marshaling*）。JSON 是一種熱門的序列化格式，在 web

RESTful 系統更是受歡迎，但是它無法直接表達所有 Python 資料型態。此外，作為一種文字格式，它往往比一些二進制序列化方法更冗長。我們來看一些你可能遇到的方法。

用 pickle 來序列化

Python 的 pickle 模組可用來儲存與還原任何特殊的二進制格式的物件。

還記得當 JSON 遇到 datetime 物件時如何失去理智嗎？它對 pickle 來說並不成問題：

```
>>> import pickle
>>> import datetime
>>> now1 = datetime.datetime.utcnow()
>>> pickled = pickle.dumps(now1)
>>> now2 = pickle.loads(pickled)
>>> now1
datetime.datetime(2014, 6, 22, 23, 24, 19, 195722)
>>> now2
datetime.datetime(2014, 6, 22, 23, 24, 19, 195722)
```

pickle 也可以處理你自己的類別與物件。我們要來定義一個小類別 Tiny，讓它在被當成字串時回傳字串 'tiny'：

```
>>> import pickle
>>> class Tiny():
...     def __str__(self):
...         return 'tiny'
...
>>> obj1 = Tiny()
>>> obj1
<__main__.Tiny object at 0x10076ed10>
>>> str(obj1)
'tiny'
>>> pickled = pickle.dumps(obj1)
>>> pickled
b'\x80\x03c__main__\nTiny\nq\x00)\x81q\x01.'
>>> obj2 = pickle.loads(pickled)
>>> obj2
<__main__.Tiny object at 0x10076e550>
>>> str(obj2)
'tiny'
```

pickled 是用物件 obj1 醃製（pickle）成的二進制字串。我們將它轉回物件 obj2，來產生一個 obj1 的複本。使用 dump() 來醃製成檔案，用 load() 來將它反醃製（unpickle）回來。

multiprocessing 模組使用 pickle 在程序之間交換資料。

如果 pickle 無法將你的資料格式序列化,或許你可以試試第三方程式包 dill (*https://pypi.org/project/dill*)。

 因為 pickle 會製作 Python 物件,前面說過的安全警告也同樣成立。公用服務聲明:不要對你不信任的東西執行 unpickle。

其他的序列化格式

這些二進制資料交換格式通常比 XML 與 JSON 更紮實且快速:

- MsgPack (*http://msgpack.org*)
- Protocol Buffers (*https://code.google.com/p/protobuf*)
- Avro (*http://avro.apache.org/docs/current*)
- Thrift (*http://thrift.apache.org*)
- Lima (*https://lima.readthedocs.io*)
- Serialize (*https://pypi.org/project/Serialize*) 是其他格式的 Python 前端,那些格式包括 JSON、YAML、pickle 與 MsgPack。
- 各種 Python 序列化程式包的評效 (*https://oreil.ly/S3ESH*)。

因為它們是二進制的,所以人類無法用文字編輯器來輕鬆地編輯它們。

有些第三方程式包可以相互轉換物件與基本 Python 資料型態 (可進一步轉換成 JSON 等格式,或反向轉換),並提供這些驗證:

- 資料型態
- 值的範圍
- 必要的 vs. 選用的資料

包括:

- Marshmallow (*https://marshmallow.readthedocs.io/en/3.0*)
- Pydantic (*https://pydantic-docs.helpmanual.io*) 一使用型態提示,所以至少需要 Python 3.6
- TypeSystem (*https://www.encode.io/typesystem*)

它們通常和 web 伺服器搭配使用，以確保透過 HTTP 線上傳來的 bytes 可以放在正確的資料結構裡面，以便進行後續的處理。

遠端程序呼叫

遠端程序呼叫（Remote Procedure Calls，RPCs）看起來很像一般的函式，只是它是透過網路在遠端機器上執行的。你可以在自己的機器呼叫 RPC 函式，而不必呼叫 RESTful API，並使用被編碼在 URL 或請求內文中的引數。你的本地機器：

- 會將你的函式引數序列化，變成 bytes。
- 會將編碼好的 bytes 傳給遠端機器。

遠端機器：

- 會接收編碼過的請求 bytes。
- 會將 bytes 反序列化，將它變回資料結構。
- 會用解碼後的資料尋找與呼叫服務函式。
- 會編碼函式的結果。
- 會將編碼後的 bytes 傳回去給呼叫方。

最後，發動這些事情的本地機器：

- 會將 bytes 解碼為回傳值。

RPC 是一種流行的技術，很多人用各式各樣的方式實作它。你要在伺服器端啟動一個伺服器程式，用某種位元組傳輸與編碼 / 解碼方法來連結它，定義一些服務函式，並點亮你的 *RPC is open for business* 標誌。用戶端會連到伺服器，並透過 RPC 來呼叫它的函式。

XML RPC

標準程式庫有一個 RPC 作品使用 XML 交換格式：xmlrpc。你要在伺服器定義並註冊函式，讓用戶端會呼叫它們，彷彿它們被匯入一般。我們來研究 *xmlrpc_server.py* 檔案，見範例 17-11。

範例 *17-11* *xmlrpc_server.py*

```python
from xmlrpc.server import SimpleXMLRPCServer

def double(num):
    return num * 2

server = SimpleXMLRPCServer(("localhost", 6789))
server.register_function(double, "double")
server.serve_forever()
```

我們在伺服器提供的函式稱為 **double()**。它期望收到一個數字引數,並回傳那個數字乘以二的值。伺服器會在一個位址與連接埠上啟動。我們必須註冊函式來讓用戶端可以透過 RPC 來使用它。最後,啟動服務並執行。

現在,你猜到了,範例 17-12 為你呈現 *xmlrpc_client.py*:

範例 *17-12* *xmlrpc_client.py*

```python
import xmlrpc.client

proxy = xmlrpc.client.ServerProxy("http://localhost:6789/")
num = 7
result = proxy.double(num)
print("Double %s is %s" % (num, result))
```

用戶端使用 ServerProxy() 來連接伺服器,接著呼叫函式 **proxy.double()**。函式哪來的?它是伺服器動態建立的。RPC 機制神奇地將這個函式名稱掛接到針對遠端伺服器的呼叫內。

試試看,啟動伺服器,再執行用戶端:

```
$ python xmlrpc_server.py
```

再次執行用戶端:

```
$ python xmlrpc_client.py
Double 7 is 14
```

接著伺服器印出:

```
127.0.0.1 - - [13/Feb/2014 20:16:23] "POST / HTTP/1.1" 200 -
```

HTTP 與 ZeroMQ 是流行的傳輸方法。

JSON RPC

JSON-RPC（1.0 版（*https://oreil.ly/OklKa*）與 2.0 版（*https://oreil.ly/4CS0r*）很像 XML-RPC，都使用 JSON。Python JSON-RPC 程式庫有很多種，但我找到的最簡單的一種有兩個部分：用戶端（*https://oreil.ly/8npxf*）與伺服器（*https://oreil.ly/P_uDr*）。

安裝它們的方法很相似：`pip install jsonrpcserver` 與 `pip install jsonrpcclient`。

這些程式庫提供許多編寫用戶端（*https://oreil.ly/fd412*）與伺服器（*https://oreil.ly/SINeg*）的方式。範例 17-13 與 17-14 使用程式庫內建的伺服器，它使用 5000 埠，是最簡單的一種。

首先是伺服器。

範例 17-13　*jsonrpc_server.py*

```
from jsonrpcserver import method, serve

@method
def double(num):
    return num * 2

if __name__ == "__main__":
    serve()
```

接著是用戶端。

範例 17-14　*jsonrpc_client.py*

```
from jsonrpcclient import request

num = 7
response = request("http://localhost:5000", "double", num=num)
print("Double", num, "is", response.data.result)
```

如同本章大部分的用戶端／伺服器範例，我們要先啟動伺服器（在它自己的終端機視窗裡面，或使用下面的 & 來將它放到幕後），接著執行用戶端：

```
$ python jsonrpc_server.py &
[1] 10621
$ python jsonrpc_client.py
127.0.0.1 - - [23/Jun/2019 15:39:24] "POST / HTTP/1.1" 200 -
Double 7 is 14
```

如果你將伺服器放到幕後，請在完成工作之後殺掉它。

MessagePack RPC

編碼程式庫 MessagePack 有它自己的 Python RPC 作品（*http://bit.ly/msgpack-rpc*）。這是安裝它的方式：

```
$ pip install msgpack-rpc-python
```

這也會安裝 tornado，它是一種 Python 事件式 web 伺服器，這個程式庫用它來進行傳輸。一如往常，先撰寫伺服器（*msgpack_server.py*）（範例 17-15）。

範例 17-15　msgpack_server.py

```python
from msgpackrpc import Server, Address

class Services():
    def double(self, num):
        return num * 2

server = Server(Services())
server.listen(Address("localhost", 6789))
server.start()
```

Services 類別將它的方法當成 RPC 服務來公開。接著啟動用戶端 *msgpack_client.py*（範例 17-16）。

範例 17-16　msgpack_client.py

```python
from msgpackrpc import Client, Address

client = Client(Address("localhost", 6789))
num = 8
result = client.call('double', num)
print("Double %s is %s" % (num, result))
```

按照一般的方式執行它們—在不同的終端機視窗啟動伺服器與用戶端[1]，並觀察結果：

```
$ python msgpack_server.py

$ python msgpack_client.py
Double 8 is 16
```

1　或是在結尾使用 & 將伺服器擺到幕後。

Zerorpc

zerorpc（*http://www.zerorpc.io*）是 Docker 的 開 發 者 寫 出 來 的（ 當 時 他 們 稱 之 為 dotCloud），它使用 ZeroMQ 和 MsgPack 來連接用戶端與伺服器。它可以將函式神奇地公開為 RPC 端點。

請輸入 `pip install zerorpc` 來安裝它。範例 17-17 與 17-18 的程式是請求 / 回覆用戶端與伺服器。

範例 17-17　zerorpc_server.py

```
import zerorpc

class RPC():
    def double(self, num):
        return 2 * num

server = zerorpc.Server(RPC())
server.bind("tcp://0.0.0.0:4242")
server.run()
```

範例 17-18　zerorpc_client.py

```
import zerorpc

client = zerorpc.Client()
client.connect("tcp://127.0.0.1:4242")
num = 7
result = client.double(num)
print("Double", num, "is", result)
```

注意，用戶端呼叫 `client.double()`，雖然那裡沒有它的定義：

```
$ python zerorpc_server &
[1] 55172
$ python zerorpc_client.py
Double 7 is 14
```

網站（*https://github.com/0rpc/zerorpc-python*）有許多範例可供參考。

gRPC

Google 建立 gRPC（*https://grpc.io*）作為可移植且快速定義和連接服務的機制。它將資料編碼成協定緩衝區（*https://oreil.ly/UINlc*）。

安裝 Python 零件：

```
$ pip install grpcio
$ pip install grpcio-tools
```

因為 Python 用戶端文件（*https://grpc.io/docs/quickstart/python*）很詳細，所以我在這裡只做簡單的介紹。你應該也會喜歡這個獨立的教學（*https://oreil.ly/awnxO*）。

要使用 gRPC，你要寫一個 *.proto* 檔案，並且定義一個 service 和它的 rpc 方法。

rpc 方法就像函式定義式（會描述它的引數與回傳型態），而且可以指定這些網路連接模式之一：

- 請求 / 回應（同步或非同步）

- 請求 / 串流回應

- 串流請求 / 回應（同步或非同步）

- 串流請求 / 串流回應

單一回應可以被阻擋，也可以是非同步的。串流回應是迭代的。

接下來，你要執行 grpc_tools.protoc 程式來為用戶端和伺服器建立 Python 程式碼。gRPC 可以處理序列化和網路通訊；你要將應用程式專屬的程式碼加入用戶端和伺服器存根（stub）。

gRPC 是取代 web REST API 的頂層（top-level）方案。它看起來比 REST 更適合用來進行服務之間的通訊，REST 或許比較適合用於公用 API。

Twirp

Twirp（*https://oreil.ly/buf4x*）類似 gRPC，但它聲稱比較簡單。你要像使用 gRPC 一樣定義一個 *.proto* 檔案，twirp 可以產生 Python 程式碼來處理用戶端與伺服器端。

遠端管理工具

- Salt（*http://www.saltstack.com*）是用 Python 寫成的。它最初是用來實作遠端執行的，但後來變成一種全面性的系統管理平台。它採用 ZeroMQ，不是 SSH，可以擴展為上千台伺服器。

- Puppet（*http://puppetlabs.com*）與 Chef（*http://www.getchef.com/chef*）非常流行，而且與 Ruby 有緊密的關係。

- Ansible（*http://www.ansible.com/home*）程式包跟 Salt 一樣都是 Python 寫成的，也具有可比性。你可以免費下載及使用它，但需要商業的授權才能使用後續支援和額外的程式包。它在預設情況下使用 SSH，而且你不需要在它要管理的電腦上安裝任何特殊的軟體。

salt 與 ansible 都是 fabric 就功能而言的超集合，可處理初始組態、部署和遠端執行。

肥大資料

Google 與其他的網際網路公司在成長的過程中發現傳統的計算解決方案無法進行擴展。有些軟體可以在一台電腦上、甚至幾十台機器上運作，但無法在上千台電腦上執行。

資料庫與檔案使用的磁碟需要進行大量的**搜尋**，必須移動機械磁頭。（想像一下當你在黑膠唱片上手動將唱針從一個音軌移到另一個音軌花掉的時間。也想像一下，當你用力拉它時產生的刺耳噪音，你根本聽不到主唱者發出的聲音。）但是你可以更快速地**連續傳輸**磁碟的區段。

開發者發現，在許多接成網路的電腦上分發和分析資料比在單一電腦上更快。他們可以使用聽起來很簡單但實際上可以更好地處理大規模分布的資料的演算法。其中一種演算法是 MapReduce，它可以將一項計算分散到很多電腦上，再收集結果。它很像使用佇列。

Hadoop

在 Google 發表它的 MapReduce 結果（*https://oreil.ly/cla0d*）之後，Yahoo 緊跟在後，發表一種以 Java 為基礎的開放原始碼程式包 *Hadoop*（名稱來自首席程式員的兒子的玩具大象）。

大數據這個名詞也適合在這裡使用。通常它的意思是「無法放入電腦的大型資料」：超出磁碟、記憶體、CPU 時間，或以上所有容量的資料。對一些機構來說，如果有人在問題中談到**大數據**，問題的解答都是 Hadoop。Hadoop 會在電腦之間複製資料，用 *map*（散布）與 *reduce*（收集）程式執行它們，並且在每一個步驟將結果儲存到磁碟。

這種分批處理程序可能很慢。*Hadoop 串流*是一種比較快的方法，它的運作方式很像 Unix 管道（pipe），它會讓資料串流流經程式，不需要在每一個步驟執行磁碟寫入。你可以在任何語言中編寫 Hadoop 串流程式，包括 Python。

目前有許多為 Hadoop 撰寫的 Python 模組，部落格文章「A Guide to Python Frameworks for Hadoop」（*http://bit.ly/py-hadoop*）介紹其中的一些。以串流音樂聞名的 Spotify 已經將 Hadoop 串流的 Python 元件 Luigi 的原始碼公開了（*https://github.com/spotify/luigi*）。

Spark

Spark（*http://bit.ly/about-spark*）這種競爭對手的運行速度比 Hadoop 快 10 到 100 倍。它可以讀取與處理所有的 Hadoop 資料來源與格式。Spark 包含供 Python 與其他語言使用的 API。你可以在網路上找到它的安裝（*http://bit.ly/dl-spark*）文件。

Disco

Disco（*http://discoproject.org*）是 Hadoop 的另一項替代方案，它使用 Python 來進行 MapReduce 處理，用 Erlang 來處理通訊。啊！你不能用 `pip` 安裝它，請參考文件（*http://bit.ly/get-disco*）。

Dask

Dask（*https://dask.org*）很像 Spark，不過它是用 Python 寫成的，而且通常都和 Python 科學程式包一起使用，例如 NumPy、Pandas 與 scikit-learn。它可以將工作散播到數千個機器叢集。

要取得 Dask 與它的所有額外的協助程式：

```
$ pip install dask[complete]
```

第 22 章有關於*平行程式設計*的範例，它在這些範例裡面將大型的結構化演算分散到許多電腦上。

雲端

> 我其實一點都不懂雲。
>
> —Joni Mitchell

不久之前，你還會購買自己的伺服器，將它們裝到資料中心的機器上，並在上面安裝很多層軟體，包括作業系統、設備驅動程式、檔案系統、資料庫、web 服務、email 服務、名稱伺服器、負載平衡器、監視器等。當你試圖讓多個系統維持正常運作並且能夠即時回應時，任何最初的新鮮感都會消失殆盡，你也會一直擔心安全問題。

雖然有許多代管公司提供收費的伺服器代管服務，但是你仍然要租用物理裝置，並且必須付費使用峰值負載配置。

對比較獨立的電腦而言，故障並不罕見，它們經常發生。你必須橫向擴展服務，並重複儲存資料。你不能假設網路可以和單機一樣運行。根據 Peter Deutsch 的觀點，分散式計算有八大謬誤：

- 網路是可靠的。

- 延遲時間是零。

- 頻寬是無限的。

- 網路是安全的。

- 拓撲不會改變。

- 有一位系統管理員。

- 傳輸成本是零。

- 網路是同質的。

雖然你可以自行建構這些複雜的分散系統，但這是一個大工程，需要各式各樣的工具組。打個比方，當你只有少量的伺服器時，你會將它們當成寵物來對待，幫它們取名字，瞭解它們的個性，並且在必要時照顧它們的健康。但是規模變大之後，你會將伺服器視為畜牲，它們看起來差不多，使用編號來稱呼它們，一旦它們有任何問題就會換掉。

與其自行建構，你可以租用雲端的伺服器。藉著採取這種模式，你可以把維護變成別人的問題，把注意放在你的服務或部落格或你想要為世界呈現的東西上面。透過 web 儀表板與 API，你可以使用任何組態來快速且輕鬆地啟動伺服器—它們是有彈性的。你可以監控它們的狀態，而且一旦有任何數據超出指定的門檻，你會收到警報。目前雲端是個非常熱門的主題，企業在雲端元件上的支出也節節高升。

目前大型的雲端供應商有：

- Amazon（AWS）
- Google
- Microsoft Azure

Amazon web 服務

隨著 Amazon 的伺服器從上百台成長到上萬、上百萬台，它的開發者也遇到分散式系統的所有棘手問題。在 2002 年的某一天，執行長 Jeff Bezos 對 Amazon 的員工宣布，從今以後，所有資料與功能都只能透過網路服務介面公開，不能透過檔案、資料庫或本地函式呼叫式，當他們設計介面時，必須將介面視為公開給大眾使用的。備忘錄的最後一句話非常激勵人心：「做不到這件事的人都會被炒魷魚。」

毫不奇怪，開發人員開始動工，隨著時間的過去建構了一個巨大的服務導向架構。他們借鑑或創新了許多解決方案，演進成 Amazon Web Services（AWS）（*http://aws.amazon.com*），現在已經在市場占據主導地位。官方的 Python AWS 程式庫是 `boto3`：

- 文件（*https://oreil.ly/y2Baz*）
- SDK（*https://aws.amazon.com/sdk-for-python*）網頁

安裝方式是：

```
$ pip install boto3
```

你可以將 `boto3` 當成 AWS 的 web 管理網頁的替代品來使用。

Google Cloud

Google 本身大量使用 Python，也雇用一些著名的 Python 開發人員（甚至曾經包括 Guido van Rossum 本人）。你可以在它的首頁（*https://cloud.google.com*）與 Python（*https://cloud.google.com/python*）網頁找到關於它的許多服務的細節。

Microsoft Azure

Microsoft 用它的雲端服務 Azure（*https://azure.microsoft.com*）追上 Amazon 與 Google 的腳步。你可以參考 Python on Azure（*https://oreil.ly/Yo6Nz*）來瞭解如何開發與部署 Python 應用程式。

OpenStack

OpenStack（*https://www.openstack.org*）是一種開放原始碼的 Python 服務和 REST API 框架。在商業雲端有很多服務都類似它們。

Docker

不起眼的標準化貨櫃（shipping container）在國際貿易領域掀起一場革命。就在幾年前，Docker 用容器（*container*）這個名稱和比喻，來代表採用一些鮮為人知的 Linux 功能的虛擬化方法。容器比虛擬機器輕很多，但是比 Python virtualenvs 稍微重一些。你可以用它來分別包裝在同一台電腦上的不同應用程式，讓它們只共用作業系統 kernel。

要安裝 Docker 的 Python 用戶端程式庫（*https://pypi.org/project/docker*）：

```
$ pip install docker
```

Kubernetes

容器已經在電腦世界中流行並傳播開了。最終，大家必須設法管理多個容器，並且將一些經常在大型分散式系統中執行的手動操作自動化：

- 失效切換
- 負載平衡
- 擴展和縮小規模

目前看起來 Kubernetes（*https://kubernetes.io*）在這個新的容器協調領域處於領先地位。

要安裝 Python 用戶端程式庫（*https://github.com/kubernetes-client/python*）：

```
$ pip install kubernetes
```

次章預告

就像電視上說的，我們的下一位訪客無須介紹。我們將瞭解為何 Python 是馴服 web 的最佳語言之一。

待辦事項

17.1 使用普通的通訊端來實作報時服務。當用戶端傳送字串 *time* 給伺服器時，以 ISO 字串來回傳目前的日期與時間。

17.2 使用 ZeroMQ REQ 與 REP 通訊端來做同一件事。

17.3 使用 XMLRPC 來做同一件事。

17.4 或許你看過 *I Love Lucy* 經典影集，其中有一集 Lucy 與 Ethel 在一家巧克力工廠工作。他們兩人的動作隨著甜點輸送帶以愈來愈快的速度運轉而漸漸落後。寫一個模擬程式將各種巧克力送入一個 Redis 串列，而 Lucy 是阻擋串列彈出巧克力的用戶端。她需要 0.5 秒來處理每一片巧克力。當 Lucy 拿到每一片巧克力時，印出巧克力的時間與類型，以及還有多少巧克力需要處理。

17.5 使用 ZeroMQ 來發布習題 12.4 的詩（來自範例 12-1），一次一個字。寫一個 ZeroMQ 用戶端來印出以母音開始的每一個單字，並且撰寫另一個用戶端來印出有五個字母的單字。忽略標點符號。

第十八章

網路，解開

噢，我們羅織的網是多麼糾結⋯

—Walter Scott, *Marmion*

歐洲核子研究組織（CERN）位於法國與瑞士邊境，它是一座粒子物理研究所，有能力擊破原子多次來確認研究成果。

每一次的擊破都會產生大量的資料。在 1989 年，英國科學家 Tim Berners-Lee 率先在 CERN 內部發起一項計畫，希望協助 CERN 和整個研究社群傳播資訊。他將這項計畫稱為 *World Wide Web*，並將他的設計歸納成三個簡單的概念：

HTTP（*Hypertext Transfer Protocol*，超文字傳輸協定）
規範 web 用戶端與伺服器如何交換請求與回應。

HTML（*Hypertext Markup Language*，超文字標記語言）
用來表示結果的格式。

URL（*Uniform Resource Locator*，統一資源定位符）
唯一地代表伺服器與伺服器上的資源的表示法。

簡單來說，web 用戶端（我認為 Berners-Lee 是第一個使用瀏覽器這個名詞的人）會用 HTTP 連接 web 伺服器，請求一個 URL，並接收 HTML。

它們都建立在網際網路的基礎之上，當時的網際網路不是商業性的，只有少數大學和研究機構知道。

他在 NeXT[1] 電腦上撰寫了史上第一個 web 瀏覽器與伺服器。一直到 1993 年,有一群伊利諾大學生發表了 Mosaic 網頁瀏覽器(供 Windows、Macintosh 與 Unix 使用)與 NCSA *httpd* 伺服器之後,web 才受到公眾的矚目。我曾經在那一年的夏天下載 Mosaic 並建構網站,當時我還不知道 web 與 Internet 很快就會變成日常生活的一部分。當時網際網路[2] 在官方上仍然是非商業性的,全世界大約有 500 個已知的 web 伺服器(*http://home.web.cern.ch/about/birth-web*)。到了 1994 年底,web 伺服器的數量已經成長到 10,000 台了,當時網際網路已經開放商業用途,且 Mosaic 的作者們成立了 Netscape 公司,開始撰寫商業網頁軟體。Netscape 在網際網路狂潮來襲的初期上市,從此之後,web 就一路爆炸性成長,再也停不下來了。

幾乎每一種電腦語言都曾經被用來編寫 web 用戶端與 web 伺服器。當時動態語言 Perl、PHP 與 Ruby 特別流行。在這一章,我會從各個層面說明為什麼 Python 是特別適合 web 工作的語言:

- 用戶端,用來訪問遠端網站
- 伺服器,用來提供資料給網站與 web API
- web API 與服務,以異於可見網頁的方式來交換資料

我們也會在本章結束的習題中建立一個真正的互動式網站。

web 用戶端

網際網路的底層網路管線稱為傳輸控制協定 / 網際網路協定,或比較常見的簡稱,TCP/IP(第 363 頁的「TCP/IP」會介紹細節)。它負責在電腦之間移動位元組,但不在乎那些位元組代表什麼意思。那些位元組的意思是更高層的**協定**的工作,協定是為特定目的定義的語法,HTTP 是標準的 web 資料交換協定。

web 是一個用戶端 / 伺服器系統。用戶端會發出**請求**給伺服器:它會開啟一個 TCP/IP 連結,用 HTTP 傳送 URL 與其他資訊,並接收回應。

HTTP 也定義回應的格式,這個格式包括請求的狀態,以及(當請求成功時)回應的資料與格式。

---

1 這是賈伯斯(Steve Jobs)在離開蘋果的期間創立的公司。

2 我們來破除一個不死的謊言。美國參議員(之後成為副總統)Al Gore 曾經倡導兩黨立法和合作,大幅推動網際網路早期的發展,包括提供資金給撰寫 Mosaic 的團體。他從未宣稱自己「發明了網際網路」,那是他在 2000 年競選總統時,他的政治對手誤認為是他說的。

最著名的 web 用戶端就是網頁瀏覽器。它可以用很多種方式發出 HTTP 請求。你可能會在網址列輸入 URL，或按下網頁上的連結，來手動發出一個請求。在多數情況下，伺服器回傳的資料會被用來顯示網站（包括 HTML 文件、JavaScript 檔案、CSS 檔案與圖像），但是它也可能是任何類型的資料，不只用來顯示。

HTTP 有一個很重要的特徵就是它的**無狀態性**（*stateless*），你發出的每一個 HTTP 連結都是互相獨立的。這個特性可以簡化基本的網頁操作，但會將其他事情複雜化，包括這些挑戰，它們只是其中的一些：

快取

web 用戶端必須儲存不會改變的遠端內容，並且用它來避免再次從伺服器下載。

Session

購物網站必須記得購物車的內容。

身分驗證

需要使用帳號與密碼的網站必須在你登入的時候記得它們。

無狀態性的解決方案包括 *cookie*，伺服器可以用它傳送足夠具體的資訊給用戶端，以便在將來收到用戶端傳回來的 cookie 時，可以用它來認出用戶端。

用 telnet 來測試

HTTP 是以文字為基礎的協定，所以你可以自行輸入它來測試 web。古老的 `telnet` 程式可讓你連接任何伺服器與連接埠，並且輸入任何命令給在那裡運行的任何服務。若要以安全（加密）的方式連接其他機器，你要用 `ssh` 來取代它。

我們來詢問大家最喜歡的測試網站 Google 一些關於它的首頁的基本資訊。請輸入：

```
$ telnet www.google.com 80
```

如果 *google.com* 的 80 埠（這通常是未加密的 `http` 執行的地方，加密的 `https` 使用連接埠 443）有 web 伺服器（我想這是肯定的），`telnet` 會印出一些讓人安心的訊息，然後顯示一行空白，提示你輸入其他內容：

```
Trying 74.125.225.177...
Connected to www.google.com.
Escape character is '^]'.
```

接下來輸入實際的 HTTP 指令讓 telnet 送給 Google web 伺服器。最常見的 HTTP 命令（當你在瀏覽器的網址列輸入 URL 時，瀏覽器使用的命令）是 GET。它會取出指定來源的內容，例如 HTML 檔，並將它回傳給用戶端。在第一個測試中，我們使用 HTTP 命令 HEAD，它只會取出關於資源的一些基本資訊：

```
HEAD / HTTP/1.1
```

我們加入一個歸位字元來傳送空白的一行，讓遠端伺服器知道你已經完成該做的事了，並且想要得到回應。那個 HEAD / 會傳送 HTTP HEAD 動詞（命令）來取得關於首頁的資訊（/）。你會收到這種回應（我用 ... 來刪除一些長訊息，以免它們超出書頁）：

```
HTTP/1.1 200 OK
Date: Mon, 10 Jun 2019 16:12:13 GMT
Expires: -1
Cache-Control: private, max-age=0
Content-Type: text/html; charset=ISO-8859-1
P3P: CP="This is not a P3P policy! See g.co/p3phelp for more info."
Server: gws
X-XSS-Protection: 0
X-Frame-Options:SAMEORIGIN
Set-Cookie:1P_JAR=...; expires=...GMT; path=/; domain=.google.com
Set-Cookie: NID=...; expires=...GMT; path=/; domain=.google.com; HttpOnly
Transfer-Encoding: chunked
Accept-Ranges: none
Vary: Accept-Encoding
```

它們是 HTTP 回應標頭與它們的值。有些內容，例如 Date 與 Content-Type 是必須的。其他的內容，例如 Set-Cookie 是用來追蹤你多次訪問之間的活動（我們會在本章結尾探討狀態管理）。當你發出 HTTP HEAD 請求時，你只會得到標頭。如果你改用 HTTP GET 或 POST 命令，你也會從首頁收到資料（混合 HTML、CSS、JavaScript 以及 Google 決定丟到它的首頁裡面的東西）。

我不想把你困在 telnet 裡面，輸入這個命令來關閉 telnet：

```
q
```

用 curl 來測試

使用 telnet 很簡單，但是它是純手動的程序。curl（*https://curl.haxx.se*）程式應該是最流行的命令列 web 用戶端，*Everything Curl* 是介紹它的文件（*https://curl.haxx.se/book.html*），它有 HTML、PDF 與電子書格式。這個表格（*https://oreil.ly/dLR8b*）比較了 curl

以及其他類似的工具，這個下載網頁（*https://curl.haxx.se/download.html*）包含所有主要的平台，以及許多比較不知名的。

curl 最簡單的用法是進行隱性的 GET（省略一些輸出）：

```
$ curl http://www.example.com
<!doctype html>
<html>
<head>
    <title>Example Domain</title>
    ...
```

這使用 HEAD：

```
$ curl --head http://www.example.com
HTTP/1.1 200 OK
Content-Encoding: gzip
Accept-Ranges: bytes
Cache-Control: max-age=604800
Content-Type: text/html; charset=UTF-8
Date: Sun, 05 May 2019 16:14:30 GMT
Etag: "1541025663"
Expires: Sun, 12 May 2019 16:14:30 GMT
Last-Modified: Fri, 09 Aug 2013 23:54:35 GMT
Server: ECS (agb/52B1)
X-Cache: HIT
Content-Length: 606
```

如果你要傳遞引數，你可以將它們放在命令列或資料檔案裡面。在這些範例中，我使用：

- *url* 代表任何網站
- 文字資料檔 data.txt，其內容為：a=1&b=2
- JSON 資料檔 data.json，其內容為：{"a":1, "b": 2}
- 兩個資料引數 a=1&b=2

使用預設的（*form-encoded*）引數：

```
$ curl -X POST -d "a=1&b=2" url
$ curl -X POST -d "@data.txt" url
```

以 JSON 編碼的引數：

```
$ curl -X POST -d "{'a':1,'b':2}" -H "Content-Type: application/json" url
$ curl -X POST -d "@data.json" url
```

用 httpie 測試

httpie（*https://httpie.org*）是比較符合 Python 風格的 curl 替代品：

```
$ pip install httpie
```

要發出 form-encoded POST，類似上述的 curl（-f 是 --form 的同義詞）：

```
$ http -f POST url a=1 b=2
$ http POST -f url < data.txt
```

預設的編碼是 JSON：

```
$ http POST url a=1 b=2
$ http POST url < data.json
```

httpie 也可以處理 HTTP 標頭、cookie、檔案上傳、身分驗證、轉址、SSL 等。請參考文件（*https://httpie.org/doc*）。

用 httpbin 測試

你可以用網站 httpbin（*https://httpbin.org*）來測試 web 請求，或下載這個網站並且在本地的 Docker 映像中執行它：

```
$ docker run -p 80:80 kennethreitz/httpbin
```

Python 的標準 web 程式庫

在 Python 2 裡面，web 用戶端與伺服器模組有點零散。Python 3 的目標之一就是將這些模組放在兩個程式包裡面（第 11 章說過，程式包只是一個存有模組檔案的目錄）：

- 用 http 管理所有用戶端 / 伺服器的 HTTP 細節：
    - 用 client 處理用戶端的工作
    - 用 server 幫助你撰寫 Python web 伺服器
    - 用 cookies 與 cookiejar 管理 cookie，cookie 可以在你多次造訪網站之間儲存資料
- urllib 是在 http 之上運行的：
    - 用 request 處理用戶端請求
    - 用 response 處理伺服器回應
    - 用 parse 解析 URL 的各個部分

如果你要撰寫和 Python 2 與 Python 3 都相容的程式，特別注意 urllib 在這兩個版本之間有很大的改變（*https://oreil.ly/ww5_R*）。若要知道更好 的替代方案，請參考第 405 頁的「除了標準程式庫之外：requests」。

我們使用標準程式庫來從網站取出一些東西。下面範例中的 URL 會從測試網站回傳 資訊：

```
>>> import urllib.request as ur
>>>
>>> url = 'http://www.example.com/'
>>> conn = ur.urlopen(url)
```

這一小段 Python 打開一個遠端 web 伺服器 **www.example.com** 的 TCP/IP 連結，發出一個 HTTP 請求，並且收到一個 HTTP 回應。這個回應不是只有網頁資料而已。我們可以從 官方文件（*http://bit.ly/httpresponse-docs*）知道，conn 是個 HTTPResponse 物件，裡面有一 些方法與屬性。回應有一個很重要的部分是 HTTP 狀態碼：

```
>>> print(conn.status)
200
```

200 代表一切都很完美。HTTP 狀態碼有數十個，用它們的第一個數字（百位數）來分 成五個範圍：

1xx（資訊）

伺服器收到請求，但有一些額外的資訊要給用戶端。

2xx（成功）

它成功了，除了 200 之外的成功碼都會傳達額外的細節。

3xx（轉址）

資源被移動了，所以回應回傳新的 URL 給用戶端。

4xx（用戶端錯誤）

用戶端有一些問題，例如著名的 404 (not found)。418 (*I'm a teapot*) 曾經是個愚人節 笑話。

5xx（伺服器錯誤）

500 是通用的代碼。如果網頁伺服器與後端應用伺服器斷線了，你可能會看到 502 (bad gateway)。

要從網頁取得實際的資料內容，你可以使用 conn 變數的 read() 方法，它會回傳一個 bytes 值。我們來取得資料並且印出前 50 個 bytes：

```
>>> data = conn.read()
>>> print(data[:50])

b'<!doctype html>\n<html>\n<head>\n <title>Example D'
```

我們可以將這些 bytes 轉換成字串，並且印出前 50 個字元：

```
>>> str_data = data.decode('utf8')
>>> print(str_data[:50])
<!doctype html>
<html>
<head>
    <title>Example D
>>>
```

其餘的內容是其他的 HTML 與 CSS。

出於好奇，我們收到什麼 HTTP 標頭？

```
>>> for key, value in conn.getheaders():
...     print(key, value)
...

Cache-Control max-age=604800
Content-Type text/html; charset=UTF-8
Date Sun, 05 May 2019 03:09:26 GMT
Etag "1541025663+ident"
Expires Sun, 12 May 2019 03:09:26 GMT
Last-Modified Fri, 09 Aug 2013 23:54:35 GMT
Server ECS (agb/5296)
Vary Accept-Encoding
X-Cache HIT
Content-Length 1270
Connection close
```

記得稍早的 telnet 範例嗎？現在我們的 Python 程式庫可以解析所有的 HTTP 回應標頭，並且將它們放在字典裡面來提供。Date 與 Server 很容易理解，但是有些其他的並非如此。知道 HTTP 有一組標準標頭（例如 Content-Type）以及許多選用標頭是很有幫助的事情。

除了標準程式庫之外：requests

在第 1 章開頭有一個程式用標準程式庫 urllib.request 與 json 來訪問 Wayback Machine API。在那個範例之後，有一個版本使用第三方模組 requests。requests 版比較短，也比較容易瞭解。

我認為使用 requests 來開發 web 用戶端通常比較容易。你可以瀏覽很棒的文件（*https:// oreil.ly/zF8cy*）來瞭解完整的細節。我會在這一節說明 requests 的基本知識，並且在整本書的 web 用戶端任務中使用它。

我們先安裝 requests 程式庫：

```
$ pip install requests
```

接著用 requests 重新發出 example.com 請求：

```
>>> import requests
>>> resp = requests.get('http://example.com')
>>> resp
<Response [200]>
>>> resp.status_code
200
>>> resp.text[:50]
'<!doctype html>\n<html>\n<head>\n    <title>Example D'
```

我用本章結尾的程式的精簡版本來展示 JSON，使用它時，你要提供一個字串，它會使用 Internet Archive 搜尋 API 來瀏覽它保存的數十億個多媒體項目的標題。注意，在範例 18-1 的 requests.get() 呼叫式裡面，你只要傳入一個 params 字典，requests 就可以處理所有的請求建立與字元轉義。

範例 18-1　ia.py

```
import json
import sys

import requests

def search(title):
    url = "http://archive.org/advancedsearch.php"
    params = {"q": f"title:({title})",
              "output": "json",
              "fields": "identifier,title",
              "rows": 50,
              "page": 1,}
    resp = requests.get(url, params=params)
```

```
        return resp.json()

if __name__ == "__main__":
    title = sys.argv[1]
    data = search(title)
    docs = data["response"]["docs"]
    print(f"Found {len(docs)} items, showing first 10")
    print("identifier\ttitle")
    for row in docs[:10]:
        print(row["identifier"], row["title"], sep="\t")
```

他們儲存哪些 wendigo 項目？

```
$ python ia.py wendigo
Found 24 items, showing first 10
identifier  title
cd_wendigo_penny-sparrow  Wendigo
Wendigo1  Wendigo 1
wendigo_ag_librivox The Wendigo
thewendigo10897gut  The Wendigo
isbn_9780843944792  Wendigo mountain ; Death camp
jamendo-060508  Wendigo - Audio Leash
fav-lady_wendigo  lady_wendigo Favorites
011bFearTheWendigo  011b Fear The Wendigo
CharmedChats112 Episode 112 - The Wendigo
jamendo-076964  Wendigo - Tomame o Dejame>
```

第一欄（*identifier*）可以用來查看 *archive.org* 網站的項目，本章結尾會告訴你怎麼做這件事。

web 伺服器

web 開發者發現 Python 是很適合用來撰寫 web 伺服器與伺服器端程式的語言，所以現在有各式各樣的 Python web 框架，我們很難一一瞭解它們並且做出選擇，更不用說決定將哪些寫入書中了。

你可以用 web 框架提供的功能來建立網站，所以它做的事情比單純的 web（HTTP）伺服器更多。你會看到諸如路由（使用伺服器功能的 URL）、模板（包含動態內容的 HTML）、除錯，及其他功能。

我不在此介紹所有的框架，只介紹我覺得比較容易使用，並且適合實際網站的那些。我也會展示如何用 Python 來執行網站的動態部分，以及使用傳統 web 伺服器執行其他部分。

最簡單的 Python web 伺服器

你只要輸入一行 Python 就可以運行一個簡單的 web 伺服器了：

```
$ python -m http.server
```

它會製作一個基本的 Python HTTP 伺服器。如果沒有問題，它會印出最初的狀態訊息：

```
Serving HTTP on 0.0.0.0 port 8000 ...
```

`0.0.0.0` 代表任何 *TCP* 位址，所以無論伺服器的位址是什麼，web 用戶端都可以造訪它。第 17 章會介紹更多 TCP 的低階細節與其他的網路基本元素。

現在你可以使用相對於目前目錄的路徑來請求檔案了，它們都會被回傳。如果你在網頁瀏覽器上輸入 `http://localhost:8000`，你會看到它列出一個目錄，伺服器會印出造訪日誌訊息，像這樣：

```
127.0.0.1 - - [20/Feb/2013 22:02:37] "GET / HTTP/1.1" 200 -
```

`localhost` 與 `127.0.0.1` 是**你的本機電腦**的 TCP 同義字，所以無論你是否連到網際網路，它都可以動作。你可以將這一行解釋為：

- `127.0.0.1` 是用戶端的 IP 位址
- 第一個 - 是遠端帳號，如果有的話
- 第二個 - 是登入使用者帳號，如果有的話
- [20/Feb/2013 22:02:37] 是造訪日期與時間
- "GET / HTTP/1.1" 是送給 web 伺服器的命令：
    — HTTP 方法（GET）
    — 請求的資源（/，最頂層）
    — HTTP 版本（HTTP/1.1）
- 最後的 200 是 web 伺服器回傳的 HTTP 狀態碼

按下任何檔案。如果你的瀏覽器可以認出它的格式（HTML、PNG、GIF、JPEG 等），它就會顯示它，伺服器也會記錄請求。例如，如果你目前的目錄裡面有檔案 *oreilly.png*，要求 *http://localhost:8000/oreilly. png* 的請求會取回圖 20-2 的圖片，而且紀錄會顯示這類訊息：

```
127.0.0.1 - - [20/Feb/2013 22:03:48] "GET /oreilly.png HTTP/1.1" 200 -
```

如果你在電腦的同一個目錄裡面放其他檔案，它們會在你的螢幕上列出，你可以按下任何一張來下載它。如果你的瀏覽器被設置成顯示那個檔案的格式，你會在螢幕上看到結果，否則，你的瀏覽器會問你是否要下載並儲存那個檔案。

預設的連接埠號碼是 8000，但是你可以指定其他的數字：

```
$ python -m http.server 9999
```

你會看到：

```
Serving HTTP on 0.0.0.0 port 9999 ...
```

這種純 Python 伺服器最適合用來進行快速的測試。你可以在大部分的終端機按下 Ctrl+C 來中止它的程序。

請不要在繁忙的生產網站上使用這個基本的伺服器。Apache 與 NGINX 等傳統 web 伺服器提供靜態檔案的速度快多了。此外，這個簡單的伺服器無法處理動態內容，但功能較廣泛的伺服器可以透過接收參數的方式來處理它。

web 伺服器閘道介面（WSGI）

很快地，提供簡單檔案的吸引力消褪了，我們需要也可以動態運行程式的 web 伺服器。在 web 早期，通用閘道介面（CGI）設計上是為了讓用戶端要求 web 伺服器執行外部的程式，並回傳結果。CGI 也可以透過伺服器將用戶端輸入的引數傳給外部的程式。但是，程式必須在每一次用戶端造訪時重新啟動，所以無法很好地擴展，因為就連最小的程式都有可觀的啟動時間。

為了避免這種啟動延遲，有人開始將語言解譯器融入 web 伺服器。Apache 在它的 mod_php 模組執行 PHP，Perl 在 mod_perl，Python 在 mod_python。接著，這些動態語言的程式碼可以在長時間運行的 Apache 程序本身中執行，不需要在外部的程式中。

另一種做法是在獨立的長時間運行程式中執行動態語言，並讓它與 web 伺服器通訊。FastCGI 與 SCGI 屬於這一種。

Python 的 web 開發機制有一種飛躍性革新，它定義了 *Web Server Gateway Interface*（WSGI），這是一種介於 Python web 應用程式與 web 伺服器之間的通用 API。本章接下來的 Python web 框架與 web 伺服器都使用 WSGI。通常你不需要知道 WSGI 如何動作（也沒有太多需要知道的），但知道一些底層零件的名稱是很有幫助的。這是一種同步連結——一步接著一步。

ASGI

我曾經在一些地方談到 Python 已經加入非同步語言的功能，例如 async、await 與 asyncio。ASGI（Asynchronous Server Gateway Interface，非同步伺服器閘道介面）是 WSGI 的對應介面，它使用了這些新功能。附錄 C 有更詳細的介紹，以及一些使用 ASGI 的新 web 框架的範例。

Apache

apache（*http://httpd.apache.org*）web 伺服器的最佳 WSGI 模組是 mod_wsgi（*https://code.google.com/p/modwsgi*）。它可以在 Apache 程序裡面或是在與 Apache 溝通的獨立程序裡面執行 Python 程式。

如果你的系統是 Linux 或 macOS，你應該已經有 apache 了。如果你使用 Windows，你就要安裝 Apache（*http://bit.ly/apache-http*）。

最後，安裝你最喜歡的 WSGI Python web 框架。我們要來試試 bottle。幾乎所有工作都涉及設置 Apache，這是一種黑魔法。

請製作範例 18-2 的測試檔，將它存為 */var/www/test/home.wsgi*。

範例 18-2　home.wsgi

```
import bottle

application = bottle.default_app()

@bottle.route('/')
def home():
    return "apache and wsgi, sitting in a tree"
```

這一次不要呼叫 run()，因為它會啟動內建的 Python web 伺服器。我們必須指派給 application 變數，因為 mod_wsgi 會尋找它來配對 web 伺服器與 Python 程式碼。

如果 apache 與它的 mod_wsgi 模組正確地動作，我們只需要將它們連接到我們的 Python 腳本就可以了。我們想要在檔案裡面加入一行指令來定義 apache 伺服器的預設網站，但是尋找那個檔案本身就是一項任務。它可能是 */etc/apache2/httpd.conf*，或是 */etc/apache2/sites-available/default*，或是某個人養的蠑螈的拉丁名字。

我們先假設你已經瞭解 apache 並找到那個檔案了。在負責預設網站的 <VirtualHost> 段落中加入這一行：

```
WSGIScriptAlias / /var/www/test/home.wsgi
```

那一個段落可能類似這樣：

```
<VirtualHost *:80>
    DocumentRoot /var/www

    WSGIScriptAlias / /var/www/test/home.wsgi

    <Directory /var/www/test>
    Order allow,deny
    Allow from all
    </Directory>
</VirtualHost>
```

啟動 apache，或者，如果它正在運行就重新啟動它，讓它使用這個新組態。如果你接下來瀏覽 *http://localhost/*，你會看到：

```
apache and wsgi, sitting in a tree
```

這會在**內嵌模式**（*embedded mode*）下，將 mod_wsgi 當成 apache 本身的一部分來執行它。

你也可以在 *daemon* 模式執行它，將它當成一或多個與 apache 分開的程序，做法是在你的 apache 組態檔裡面加入兩行新指令：

```
WSGIDaemonProcess domain-name user=user-name group=group-name threads=25
WSGIProcessGroup domain-name
```

在上面範例中，*user-name* 與 *group-name* 是作業系統的使用者與群組名稱，*domain-name* 是你的網際網路網域名稱。最精簡的 apache 組態檔是這樣：

```
<VirtualHost *:80>
    DocumentRoot /var/www

    WSGIScriptAlias / /var/www/test/home.wsgi

    WSGIDaemonProcess mydomain.com user=myuser group=mygroup threads=25
    WSGIProcessGroup mydomain.com

    <Directory /var/www/test>
```

```
        Order allow,deny
        Allow from all
        </Directory>
    </VirtualHost>
```

NGINX

NGINX（*http://nginx.org*）web 伺服器沒有內嵌的 Python 模組，它是獨立的 WSGI 伺服器（例如 uWSGI 或 gUnicorn）的前端。它們可以組成一個快速且可設置的 Python web 開發平台。

你可以從 nginx 的網站安裝它（*http://wiki.nginx.org/Install*）。若要參考設定 Flask 與 NGINX 和 WSGI 伺服器的例子，可至 *https://oreil.ly/7FTPa*。

其他的 Python web 伺服器

下面是一些獨立的 Python WSGI 伺服器，它們的工作方式類似 apache 或 nginx，使用多程序及（或）多執行緒（見第 300 頁的「並行」）來處理同時出現的請求：

- uwsgi（*http://projects.unbit.it/uwsgi*）
- cherrypy（*http://www.cherrypy.org*）
- pylons（*http://www.pylonsproject.org*）

這些是事件式伺服器，它們使用單一的程序，但是可以避免被單一請求塞住：

- tornado（*http://www.tornadoweb.org*）
- gevent（*http://gevent.org*）
- gunicorn（*http://gunicorn.org*）

我已在第 15 章探討並行時更詳細介紹事件。

web 伺服器框架

web 伺服器可以處理 HTTP 與 WSGI 的細節，但你要用 web 框架來編寫支持網站的 Python 程式。所以，我們接下來要先討論框架，再回來討論使用它們實際提供網站的其他方式。

如果你想用 Python 來寫網站，你可以使用很多種 Python web 框架（有人認為太多了）。web 框架至少可以處理用戶端請求與伺服器回應。大部分主流的 web 框架都可以處理這些工作：

- HTTP 協定
- 身分驗證（*authn*，或你是誰？）
- 授權（*authz*，或你可以做什麼？）
- 建立 session
- 取得參數
- 驗證參數（必要／選用、類型、範圍）
- HTTP 動詞
- 路由（函式／類別）
- 提供靜態檔案（HTML、JS、CSS、圖像）
- 提供動態資料（資料庫、服務）
- 回傳值與 HTTP 狀態

可能有的功能包括：

- 後端模板
- 資料庫連結，ORM
- 速率限制
- 非同步任務

在接下來的小節，我們要用兩個框架撰寫範例程式（bottle 與 flask）。它們是同步的。之後，我會介紹替代方案，尤其是讓使用資料庫的網站使用的。你可以從中找到 Python 框架來支持你可以想像的任何網站。

Bottle

Bottle 是由一個簡單的 Python 檔案組成的，所以很容易嘗試，也很容易部署。Bottle 不屬於標準 Python，請輸入下面的命令來安裝它：

```
$ pip install bottle
```

下面的程式可以在你的瀏覽器訪問 URL *http://localhost:9999/* 時執行測試 web 伺服器，並回傳一行文字。請將它存為 *bottle1.py*（範例 18-3）。

範例 *18-3 bottle1.py*

```
from bottle import route, run

@route('/')
def home():
  return "It isn't fancy, but it's my home page"

run(host='localhost', port=9999)
```

Bottle 使用 route 裝飾器來結合 URL 與下面的函式；在這個例子中，/（首頁）是由 home() 函式處理的。輸入這個命令來讓 Python 執行這個伺服器腳本：

$ python bottle1.py

當你訪問 *http://localhost:9999/* 時，你應該可以在瀏覽器看到這個訊息：

```
It isn't fancy, but it's my home page
```

run() 函式會執行 bottle 的內建 Python 測試 web 伺服器。你不需要讓 bottle 程式使用它，但它在你剛開始進行開發與測試的時候很好用。

接下來我們不在程式中建立首頁的文字，而是製作一個獨立的 HTML 檔 *index.html*，在裡面加入這一行文字：

```
My <b>new</b> and <i>improved</i> home page!!!
```

當首頁被請求時，讓 bottle 回傳這個檔案的內容。將這個腳本存為 *bottle2.py*（範例 18-4）。

範例 *18-4 bottle2.py*

```
from bottle import route, run, static_file

@route('/')
def main():
    return static_file('index.html', root='.')

run(host='localhost', port=9999)
```

在 static_file() 呼叫式中，我們想要取得 root 指定的目錄（在這裡是 '.'，代表目前的目錄）裡面的 index.html 檔。如果你之前的伺服器範例程式還在運行，請停止它。接著，啟動新的伺服器：

```
$ python bottle2.py
```

當你要求瀏覽器前往 *http:/localhost:9999/* 時，你會看到：

My **new** and *improved* home page!!!

我們再來加入最後一個範例，展示如何將引數傳至 URL，並使用它們。當然，它是 *bottle3.py*，見範例 18-5。

範例 *18-5   bottle3.py*

```python
from bottle import route, run, static_file

@route('/')
def home():
    return static_file('index.html', root='.')

@route('/echo/<thing>')
def echo(thing):
    return "Say hello to my little friend: %s!" % thing

run(host='localhost', port=9999)
```

我們有一個稱為 echo() 的新函式，並且想要在 URL 裡面傳一個字串引數給它。這就是之前範例中的 @route('/echo/<thing>') 做的事情。在 route 裡面的 <thing> 代表在 URL 中的 /echo/ 後面的東西都會被指派給字串引數 thing，再傳給 echo 函式。為了查看它會產生什麼結果，如果舊伺服器還在跑，先停止它，再用這段新指令來開啟它：

```
$ python bottle3.py
```

接著，用你的瀏覽器造訪 *http://localhost:9999/echo/Mothra*。你應該可以看到：

Say hello to my little friend: Mothra!

接著，讓 *bottle3.py* 運行一分鐘，好讓我們可以嘗試其他的東西。如你所見，確認這些範例的動作需要在瀏覽器中輸入 URL 並查看顯示出來的網頁。你也可以使用 requests 等用戶端程式庫來為你工作。將這段程式存為 *bottle_test.py*（範例 18-6）。

範例 *18-6   bottle_test.py*

```python
import requests

resp = requests.get('http://localhost:9999/echo/Mothra')
if resp.status_code == 200 and \
  resp.text == 'Say hello to my little friend: Mothra!':
    print('It worked! That almost never happens!')
else:
    print('Argh, got this:', resp.text)
```

很棒！接著執行它：

```
$ python bottle_test.py
```

你應該可以在你的終端機看到這個：

```
It worked! That almost never happens!
```

這是一個小小的**單元測試**範例。第 19 章會更詳細說明測試的好處，以及如何使用 Phthon 來編寫測試。

除了以上的內容之外，Bottle 還有許多可以討論的地方。你可以在呼叫 run() 時試著加入這些引數：

- debug=True 可在你得到 HTTP 錯誤時建立一個除錯網頁。
- reloader=True 可在你改變任何 Python 程式碼時重新載入網頁。

開發者網站有很棒的文件可供參考（*http://bottlepy.org/docs/dev*）。

Flask

Bottle 是很棒的入門 web 框架。如果你想要使用更多花俏的功能，可以試試 Flask。它在 2010 年的時候只是個愚人節笑話，但是熱烈的回應鼓勵作者 Armin Ronacher 把它變成真正的框架。他取 Flask 這個名稱是為了玩弄與 Bottle 之間的文字遊戲。

Flask 用起來與 Bottle 一樣簡單，但是它支援許多開發專業網頁時很實用的擴充功能，例如 Facebook 驗證與資料庫整合。它是我個人最喜歡的 Python web 框架，因為它在易用性與功能的豐富性之間取得很好的平衡。

Flask 程式包包括 werkzeug WSGI 程式庫與 jinja2 模板程式庫。你可以在終端機上安裝它：

```
$ pip install flask
```

我們用 flask 重製上一個 bottle 範例程式。不過，我們要先做一些修改：

- Flask 的預設靜態檔案主目錄是 static，且檔案的 URL 也是以 /static 開頭。我們將資料夾改為 '.'（目前的目錄），將 URL 前置詞改為 ''（空），來將 URL / 對應至 *index.html* 檔。

- 在 run() 函式裡面設定 debug=True 也會啟動自動重新載入程式，bottle 使用獨立的引數來做除錯與重新載入。

將這個檔案存為 *flask1.py*（範例 18-7）。

範例 18-7　flask1.py

```python
from flask import Flask

app = Flask(__name__, static_folder='.', static_url_path='')

@app.route('/')
def home():
    return app.send_static_file('index.html')

@app.route('/echo/<thing>')
def echo(thing):
    return "Say hello to my little friend: %s" % thing

app.run(port=9999, debug=True)
```

接著在終端機或視窗執行伺服器：

```
$ python flask1.py
```

在瀏覽器中輸入這個 URL 來測試首頁：

```
http://localhost:9999/
```

你應該可以看到（與使用 bottle 時一樣）：

My **new** and *improved* home page!!!

嘗試 /echo 端點：

```
http://localhost:9999/echo/Godzilla
```

你會看到：

```
Say hello to my little friend: Godzilla
```

當你呼叫 run 時，將 debug 設為 True 有另一個好處。如果伺服器程式出現例外，Flask 會回傳一個特殊格式的網頁，裡面有實用的資訊，告訴你出錯的原因，以及哪裡出錯。更棒的是，你可以輸入一些命令來查看伺服器程式中的變數的值。

 不要在生產 web 伺服器上設定 debug = True。它會讓入侵者知道太多伺服器資訊。

到目前為止的 Flask 範例只是重做之前用 Bottle 做過的事。Flask 可以做哪些 Bottle 不能做的事？ Flask 裡面有 Jinja2，它是一種更廣泛的模板系統。我用這個範例說明如何同時使用 jinja2 與 Flask。

建立一個稱為 templates 的目錄，並在裡面建立一個稱為 *flask2.html* 的檔案：

範例 *18-8　flask2.html*

```
<html>
<head>
<title>Flask2 Example</title>
</head>
<body>
Say hello to my little friend: {{ thing }}
</body>
</html>
```

接下來，我們要來編寫伺服器程式來抓取這個模板，將我們要傳遞的值填入，接著將它算繪成 HTML（為了節省空間，我移除 home() 函式）。將這段程式存為 *flask2.py*（範例 18-9）。

範例 *18-9　flask2.py*

```
from flask import Flask, render_template

app = Flask(__name__)

@app.route('/echo/<thing>')
def echo(thing):
    return render_template('flask2.html', thing=thing)

app.run(port=9999, debug=True)
```

thing = thing 引數代表將名為 thing，值為 thing 的變數傳給模板。

確保 *flask1.py* 已經沒有在運行了，接著啟動 *flask2.py*：

```
$ python flask2.py
```

接下來輸入這個 URL：

```
http://localhost:9999/echo/Gamera
```

你應該可以看到：

```
Say hello to my little friend: Gamera
```

我們修改模板，將它存為 *templates* 目錄內的 *flask3.html*：

```
<html>
<head>
<title>Flask3 Example</title>
</head>
<body>
Say hello to my little friend: {{ thing }}.
Alas, it just destroyed {{ place }}!
</body>
</html>
```

將第二個引數傳給 echo URL 的方法有很多種。

將引數當成 URL 路徑的一部分來傳遞

使用這個方法時，你只要擴展 URL 本身就可以了。將範例 18-10 的程式存為 *flask3a.py*。

範例 *18-10   flask3a.py*

```
from flask import Flask, render_template

app = Flask(__name__)

@app.route('/echo/<thing>/<place>')
def echo(thing, place):
    return render_template('flask3.html', thing=thing, place=place)

app.run(port=9999, debug=True)
```

與之前一樣，如果測試伺服器還在運行，先停止它，再嘗試新的這一個：

```
$ python flask3a.py
```

URL 是：

```
http://localhost:9999/echo/Rodan/McKeesport
```

你應該會看到：

```
Say hello to my little friend: Rodan. Alas, it just destroyed McKeesport!
```

你也可以用 GET 的參數來提供引數，見範例 18-11；將它存為 *flask3b.py*。

範例 *18-11 flask3b.py*

```python
from flask import Flask, render_template, request

app = Flask(__name__)

@app.route('/echo/')
def echo():
    thing = request.args.get('thing')
    place = request.args.get('place')
    return render_template('flask3.html', thing=thing, place=place)

app.run(port=9999, debug=True)
```

執行新的伺服器腳本：

```
$ python flask3b.py
```

這次使用這個 URL：

```
http://localhost:9999/echo?thing=Gorgo&place=Wilmerding
```

你應該可以看到：

```
Say hello to my little friend: Gorgo. Alas, it just destroyed Wilmerding!
```

當 GET 用於 URL 時，任何引數都是用這種形式傳遞的：*&key1=val1&key2=val2&...*

你也可以使用字典的 ** 運算子，用一個字典傳遞多個引數給模本（將這段程式稱為 *flask3c.py*），見範例 18-12。

範例 *18-12 flask3c.py*

```python
from flask import Flask, render_template, request

app = Flask(__name__)

@app.route('/echo/')
```

```
def echo():
    kwargs = {}
    kwargs['thing'] = request.args.get('thing')
    kwargs['place'] = request.args.get('place')
    return render_template('flask3.html', **kwargs)

app.run(port=9999, debug=True)
```

**kwargs 的動作就像 thing=thing, place=place。如果輸入引數很多，它可以節省很多打字次數。

jinja2 模板語言還可以做很多事情，如果你用 PHP 寫過程式，你可以看到很多相似處。

Django

Django（*https://www.djangoproject.com*）是一種非常流行的 Python web 框架，特別適合大型的網站。它有很多值得學習的理由，包括 Python 招聘廣告經常要求具備 django 經驗。它包含 ORM 程式碼（我們曾經在第 345 頁的「Object-Relational Mapper（ORM）」介紹過），可以幫第 16 章介紹過的資料庫 *CRUD* 功能（建立、讀取、更新、刪除）建立自動網頁。它也有一些自動管理網頁可用，但是它們的設計是讓程式員內部使用的，不是給公用網頁使用。如果你比較喜歡其他選項，例如 SQLAlchemy、直接使用 SQL 查詢，你不一定要使用 Django 的 ORM。

其他的框架

你可以參考這個比較各種框架的表格（*http://bit.ly/webframes*）：

- fastapi（*https://fastapi.tiangelo.com*）可以處理同步（WSGI）與非同步（ASGI）呼叫、使用型態提示、產生測試網頁，而且有很好的文件。推薦使用。

- web2py（*http://www.web2py.com*）和 django 一樣，只是風格不同。

- pyramid（*https://trypyramid.com*）從早期的 pylons 專案發展而言，範圍類似 django。

- turbogears（*http://turbogears.org*）支援 ORM、許多資料庫，以及多種模板語言。

- wheezy.web（*http://pythonhosted.org/wheezy.web*）是優化性能的新框架。它在最近的測試中比其他框架更快（*http://bit.ly/wheezyweb*）。

- molten（*https://moltenframework.com*）也使用型態提示，但只支援 WSGI。

- apistar（*https://docs.apistar.com*）類似 fastapi，但比較偏向 API 驗證工具，而不是 web 框架。

- masonite（*https://docs.masoniteproject.com*）是 Python 版的 Ruby on Rails 或 PHP 的 Laravel。

資料庫框架

web 與資料庫是電腦領域的哥倆好，當你發現其中一個時，你也會發現另一個。在真正的 Python 應用程式中，到了某個時間點，你應該要提供關聯資料庫的 web 介面（網站與／或 API）。

你可以用這些東西來自製：

- Bottle 或 Flask 之類的 web 框架
- 資料庫程式包，例如 db-api 或 SQLAlchemy
- 資料庫驅動程式，例如 pymysql

你也可以改用這類 web／資料庫程式包：

- connexion（*https://connexion.readthedocs.io*）
- datasette（*https://datasette.readthedocs.io*）
- sandman2（*https://github.com/jeffknupp/sandman2*）
- flask-restless（*https://flask-restless.readthedocs.io*）

或是使用內建資料庫支援的框架，例如 Django。

你的資料庫可能不是關聯式的，如果你的資料綱要（schema）有明顯的差異（不同的資料列的欄有很大的差異），或許可以考慮**無綱要**（*schemaless*）資料庫，例如第 16 章討論過的 *NoSQL* 資料庫之一。我曾經做過一個網站，它一開始將資料存放在 NoSQL 資料庫裡面，後來改成關聯式的，再改成另一個關聯式的，再改成另一個不同的 NoSQL 的，最後回去使用其中一個關聯式的。

web 服務與自動化

我們剛才已經看過接收與產生 HTML 網頁的傳統 web 用戶端與伺服器應用程式了。然而 web 其實是一種可將應用程式與許多 HTML 之外的格式結合在一起的方式。

webbrowser

我們從一個小小的驚喜開始。在終端機視窗啟動 Python session，並輸入：

```
>>> import antigravity
```

它會私下呼叫標準程式庫的 webbrowser 模組，並將你的瀏覽器導向一個具啟發性（enlightening）的 Python 連結[3]。

你可以直接使用這個模組。這個程式會在你的瀏覽器中載入主 Python 網站的網頁：

```
>>> import webbrowser
>>> url = 'http://www.python.org/'
>>> webbrowser.open(url)
True
```

這會在一個新的視窗打開它：

```
>>> webbrowser.open_new(url)
True
```

如果你的瀏覽器支援分頁，這會在新的分頁開啟：

```
>>> webbrowser.open_new_tab('http://www.python.org/')
True
```

webbrowser 會讓瀏覽器做以上所有的工作。

webview

webview 不像 webbrowser 那樣呼叫你的瀏覽器，而是在它自己的視窗裡面使用你的電腦的原生 GUI 顯示網頁。要在 Linux 或 macOS 安裝：

```
$ pip install pywebview[qt]
```

在 Windows：

```
$ pip install pywebview[cef]
```

當你遇到問題時可參考安裝說明（*https://oreil.ly/NiYD7*）。

我在這個例子中給它官方的美國政府目前時間網站：

```
>>> import webview
>>> url = input("URL? ")
```

3　如果你因為某些原因無法看到它，可造訪 xkcd（*http://xkcd.com/353*）。

```
URL? http://time.gov
>>> webview.create_window(f"webview display of {url}", url)
```

圖 18-1 是我得到的結果。

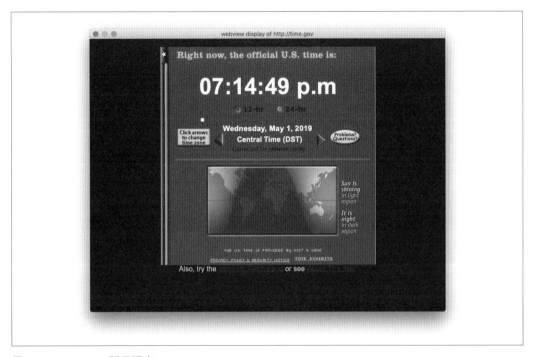

圖 18-1　webview 顯示視窗

你可以關閉顯示視窗來停止程式。

web API 與 REST

資料通常只能在網頁裡面使用。如果你想要讀取它，你必須用瀏覽器訪問網站再讀取它。如果網站作者從你上次造訪之後做了任何改變，資料的位置與樣式也有可能改變。

與其公開網頁，你可以用 **web 應用程式介面**（API）來提供資料。用戶端可以藉著發出請求給 URL 來訪問你的服務，並且取回包含狀態與資料的回應。資料使用比 HTML 網頁更方便讓程式使用的格式，例如 JSON 或 XML（第 16 章曾經介紹這些格式）。

表徵性狀態傳輸（*Representational State Transfer*，REST）是 Roy Fielding 在他的博士論文中定義的。很多產品都宣稱具備 *REST* 介面或 *RESTful* 介面，其實它們的意思通常只是它們有 *web* 介面，也就是可訪問一項 web 服務的 URL 定義。

RESTful 服務用特別的方式來使用 HTTP 動詞：

- HEAD 會取得關於資源的資訊，而不是它的資料。

- GET 可以從伺服器取得資源的資料。這是供你的瀏覽器使用的標準方法。GET 不應該用來建立、改變或刪除資料。

- POST 可以建立新資源。

- PUT 可以替換既有的資源，如果它不存在則建立它。

- PATCH 可以更新部分資源。

- DELETE 可以進行刪除。貨真價實！

RESTful 用戶端也可以使用 HTTP 請求標頭來向伺服器請求一或多個內容類型。例如，具備 REST 介面的複雜服務可能比較希望用 JSON 字串來代表它的輸入與輸出。

爬網與刮網

有時你只想要極少量的資訊，例如電影評價、股票價格或產品能不能買到，但是這些資訊只能在 HTML 網頁找到，而且在它的周圍還有一堆廣告和其他的內容。

你可以用手動的方式來取得想要的東西：

1. 在瀏覽器輸入 URL。

2. 等待遠端網頁載入。

3. 在顯示出來的網頁尋找你想要的資訊。

4. 將它寫到其他的地方。

5. 或許你會在相關的 URL 重複執行這個程序。

但是將這些步驟的一部分或全部自動化比較好。自動化的網頁抓取程式稱為 *crawler*（爬網器）或 *spider*（蜘蛛）[4]。*scraper*（刮網器）會先從遠端 web 伺服器取得內容，再解析它，在大海裡撈針。

4　這些名稱一點都無法吸引蜘蛛恐懼症患者。

Scrapy

如果你需要產業級的 crawler 與 scraper 組合，Scrapy 很值得下載（*http://scrapy.org*）：

```
$ pip install scrapy
```

它可以安裝模組與獨立的命令列 scrapy 程式。

Scrapy 是一種框架，而非只是 BeautifulSoup 這種模組。它的功能更多，但是設定起來也比較複雜。要更深入瞭解，請閱讀「Scrapy at a Glance」（*https://oreil.ly/8IYoe*）與教學（*https://oreil.ly/4H_AW*）。

BeautifulSoup

如果你已經從網站取得 HTML 資料，只想要從裡面提取資料，BeautifulSoup（*https://oreil.ly/c43mV*）是一種很棒的選擇。HTML 解析不像聽起來那麼簡單。原因是許多公共網頁的 HTML 在技術上是無效的，它有未配對的標籤、不正確的嵌套結構，以及其他複雜的地方。如果你用正規表達式（見第 240 頁的「文字字串：正規表達式」）編寫自己的 HTML 解析器，你很快就會遇到這些麻煩。

請輸入下面的命令來安裝 BeautifulSoup（別忘了最後面的 4，否則 pip 會試著安裝舊版，可能導致失敗）：

```
$ pip install beautifulsoup4
```

接著我們用它從網頁取得所有連結。HTML 元素 a 代表連結，href 是代表連結目的地的屬性。範例 18-13 定義函式 get_links() 來執行繁重的工作，以及一個主程式來取得一或多個命令列引數的 URL。

範例 *18-13*　*links.py*

```
def get_links(url):
    import requests
    from bs4 import BeautifulSoup as soup
    result = requests.get(url)
    page = result.text
    doc = soup(page)
    links = [element.get('href') for element in doc.find_all('a')]
    return links

if __name__ == '__main__':
    import sys
    for url in sys.argv[1:]:
```

```
print('Links in', url)
for num, link in enumerate(get_links(url), start=1):
    print(num, link)
print()
```

我將這個程式存為 *links.py* 並執行這個命令：

```
$ python links.py http://boingboing.net
```

這是它印出來的前幾行：

```
Links in http://boingboing.net/
1 http://boingboing.net/suggest.html
2 http://boingboing.net/category/feature/
3 http://boingboing.net/category/review/
4 http://boingboing.net/category/podcasts
5 http://boingboing.net/category/video/
6 http://bbs.boingboing.net/
7 javascript:void(0)
8 http://shop.boingboing.net/
9 http://boingboing.net/about
10 http://boingboing.net/contact
```

Requests-HTML

流行的 web 用戶端程式包 requests 的作者 Kenneth Reitz 寫了一個稱為 requests-html 的新爬網程式庫（*http://html.python-requests.org*）（供 Python 3.6 以上的版本使用）。

它可以取得網頁並處理它的元素，所以你可以找到（舉例）它的所有連結，或任何 HTML 元素的所有內容或屬性。

它有簡潔的設計，類似同一位作者製作的 **requests** 與其他程式包。整體來說，它比 **beautifulsoup** 或 Scrapy 更容易使用。

我們來看電影

我們來做一個完整的程式。

它可以使用 Internet Archive[5] 的 API 來搜尋影片，這個 API 是少數可以匿名訪問的 API 之一，而且在本書付梓時應該還在。

---

5 還記得嗎？我曾經在第 1 章的主要範例程式中使用另一個 Archive API。

大部分的 web API 都要求你先取得 *API 金鑰*，並且在每次訪問 API 時提供它。為什麼？原因出自共同的悲劇：可匿名訪問的免費資源通常會被過度使用或濫用。這就是我們不能使用好東西的原因。

範例 18-14 的程式做這些事情：

- 提示你輸入部分的電影或影片名稱

- 在 Internet Archive 尋找它

- 回傳一串識別碼、名稱與說明

- 列出它們並要求你選擇一個

- 在你的瀏覽器顯示那個影片

將這些程式存為 *iamovies.py*。

search() 函式使用 requests 來訪問 URL，取得結果，並將它們轉換成 JSON。其他的函式可以處理所有其他事情。下一章會介紹串列生成式、字串切片（slice）和其他東西的用法。（行數不是原始碼的一部分，習題會用它們來指出程式碼的位置。）

範例 18-14　*iamovies.py*

```
1 """Find a video at the Internet Archive
2 by a partial title match and display it."""
3
4 import sys
5 import webbrowser
6 import requests
7
8 def search(title):
9     """Return a list of 3-item tuples (identifier,
10        title, description) about videos
11        whose titles partially match :title."""
12    search_url = "https://archive.org/advancedsearch.php"
13    params = {
14        "q": "title:({}) AND mediatype:(movies)".format(title),
15        "fl": "identifier,title,description",
16        "output": "json",
17        "rows": 10,
18        "page": 1,
19        }
20    resp = requests.get(search_url, params=params)
21    data = resp.json()
```

```
22     docs = [(doc["identifier"], doc["title"], doc["description"])
23             for doc in data["response"]["docs"]]
24     return docs
25
26 def choose(docs):
27     """Print line number, title and truncated description for
28        each tuple in :docs. Get the user to pick a line
29        number. If it's valid, return the first item in the
30        chosen tuple (the "identifier"). Otherwise, return None."""
31     last = len(docs) - 1
32     for num, doc in enumerate(docs):
33         print(f"{num}: ({doc[1]}) {doc[2][:30]}...")
34     index = input(f"Which would you like to see (0 to {last})? ")
35     try:
36         return docs[int(index)][0]
37     except:
38         return None
39
40 def display(identifier):
41     """Display the Archive video with :identifier in the browser"""
42     details_url = "https://archive.org/details/{}".format(identifier)
43     print("Loading", details_url)
44     webbrowser.open(details_url)
45
46 def main(title):
47     """Find any movies that match :title.
48        Get the user's choice and display it in the browser."""
49     identifiers = search(title)
50     if identifiers:
51         identifier = choose(identifiers)
52         if identifier:
53             display(identifier)
54         else:
55             print("Nothing selected")
56     else:
57         print("Nothing found for", title)
58
59 if __name__ == "__main__":
60     main(sys.argv[1])
```

這是我執行這段程式並搜尋 **eegah** 時得到的東西[6]：

```
$ python iamovies.py eegah
0: (Eegah) From IMDb : While driving thro...
1: (Eegah) This film has fallen into the ...
```

---

6   Richard Kiel 在裡面飾演穴居人，時間在他飾演 007 電影的大鋼牙的前幾年。

```
2: (Eegah) A caveman is discovered out in...
3: (Eegah (1962)) While driving through the dese...
4: (It's "Eegah" - Part 2) Wait till you see how this end...
5: (EEGAH trailer) The infamous modern-day cavema...
6: (It's "Eegah" - Part 1) Count Gore De Vol shares some ...
7: (Midnight Movie show: eegah) Arch Hall Jr...
Which would you like to see (0 to 7)? 2
Loading https://archive.org/details/Eegah
```

它在我的瀏覽器顯示一個網頁，隨時可以執行（圖 18-2）。

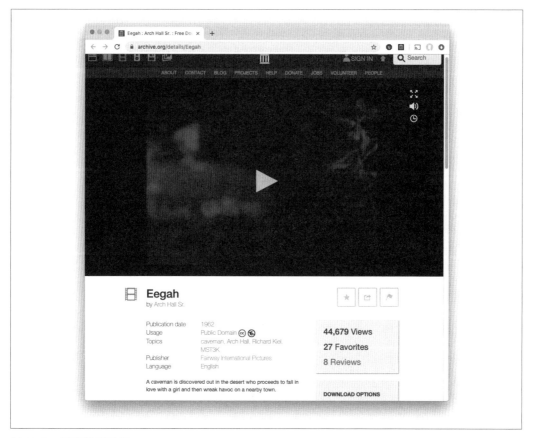

圖 18-2　電影搜尋結果

次章預告

下一章是很實用的一章，將探討現代 Python 開發的具體細節。我們將學習如何成為目光堅毅且合格的 Python 鐵粉。

待辦事項

18.1 如果你還沒有安裝 flask，現在就去安裝。它也會安裝 werkzeug、jinja2，可能還有其他程式包。

18.2 使用 Flask 的除錯 / 重載開發伺服器來建立一個網站骨架。確保伺服器以主機名稱 localhost，預設埠 5000 啟動。如果你的電腦已經有別的東西使用 5000 埠了，請使用別的連接埠號碼。

18.3 加入 home() 函式來處理要求首頁的請求。設定它，讓它回傳字串 It's alive!。

18.4 建立 Jinja2 模板檔案 *home.html*，加入這些內容：

```
<html>
<head>
<title>It's alive!</title>
<body>
I'm of course referring to {{thing}}, which is {{height}} feet tall and {{color}}.
</body>
</html>
```

18.5 修改伺服器的 home() 函式來使用 *home.html* 模板。提供三個 GET 參數給它：thing、height、color。

第十九章

成為 Python 鐵粉

你會不會一直想要回到過去糾正年輕版的自己？那你很適合做軟體開發！

—Elliot Loh（*http://bit.ly/loh-tweet*）

本章專門探討 Python 開發的藝術與科學，以及「最佳做法」建議。好好吸收它們你就可以成為正牌的 Python 鐵粉。

關於程式設計

首先，我要根據個人經驗，對於程式設計做一些說明。

我原本是準備走科學這條職業道路的，但為了分析與顯示實驗資料，我決定自學程式設計。我原以為電腦程式設計就像我所認為的會計：精確而枯燥。但我驚訝地發現我很喜歡它。部分的樂趣來自它的邏輯層面（就像玩益智玩具），部分來自它的創造性。你必須正確地編寫程式才能得到正確的結果，但是你也可以採取任何方式來編寫它。這是一種不尋常的左右腦思維平衡工作。

在我轉行從事程式設計之後，我發現這個領域有很多更細的領域，有全然不同的任務，以及各式各樣的人。你可以鑽研電腦圖學、作業系統、商業應用，甚至科學。

如果你是程式設計師，你可能也有類似的體驗。如果你不是，你可以試著寫一點程式，來看看這工作適不適合你的個性，或者至少可以協助你完成某些事情。我在本書稍早說過，你的數學能力並不重要，邏輯思維能力應該是最重要的，語言能力似乎也有幫助。最後，耐心也很重要，尤其是在追蹤難以捉摸的 bug 時。

尋找 Python 程式

當你必須開發程式時，最快的解決方案是用偷的…從允許你做這件事的來源。

Python 標準程式庫（*http://docs.python.org/3/library*）既寬且深，而且大部分都很簡潔。好好地潛入這片大海，尋找裡面的珍珠吧！

就像各種運動的名人堂一樣，一個模組需要花一點時間才會被納入標準程式庫。新的程式包不斷出現，在本書裡面，我已經介紹一些可以很好地處理新任務或舊任務的程式包了。Python 的廣告聲稱它*自帶電池*，但你可能也需要新的電池種類。

那麼，在標準程式庫之外，你要去哪裡尋找優良的 Python 程式碼呢？

首先，你可以到 Python Package Index（PyPI）（*https://pypi.org*）尋找，這個網站以前叫做 *Cheese Shop*（源自 Monty Python 短劇），現在仍然不斷更新 Python 程式包，當我行文至此時，有超過 113,000 個。當你使用 pip（見下一節）時，它會搜尋 PyPI。PyPI 主網頁會顯示最近新增的程式包。你也可以在 PyPI 首頁中間的搜尋欄中輸入文字直接進行搜尋。例如，輸入 genealogy 會產生 21 個結果，輸入 movies 會產生 528 個。

GitHub 是另一種流行的存放網站。你可以到這個網址查看目前流行的 Python 程式包（*https://github.com/trending?l=python*）。

Popular Python recipes（*http://bit.ly/popular-recipes*）有超過四千個 Python 短程式，包含各種主題。

安裝程式包

安裝 Python 程式包的方式有很多種：

- 可以的話，使用 pip。它是截至目前為止最常用的方法。pip 可以用來安裝你所遇到的大部分 Python 套件。
- 使用 pipenv，它是 pip 與 virtualenv 的結合
- 有時你可以使用作業系統的程式包管理器。
- 如果你有大量的科學工作，而且想要使用 Python 的 Anaconda 版本，你可以使用 conda。詳情見第 548 頁的「安裝 Anaconda」。
- 從來源安裝。

如果你對某個領域的程式包有興趣，你或許可以找到已經包含它們的 Python 版本。例如，你會在第 22 章嘗試一些數學與科學程式，分別安裝它們很麻煩，但是 Anaconda 等版本已經包含它們了。

使用 pip

包裝 Python 有一些限制。以前有一種稱為 easy_install 的安裝工具已經被 pip 取代了，但是它們都沒有被納入標準的 Python 安裝版本。如果你想用 pip 來安裝一些東西，你要去哪裡取得 pip？為了避免這個存在性危機，從 Python 3.4 開始，pip 終於被納入 Python 了。如果你正在使用較舊的 Python 3 版本，而且裡面沒有 pip，你可以到 *http://www.pip-installer.org* 下載它。

pip 最簡單的用法是使用下面的命令安裝一個程式包的最新版本：

```
$ pip install flask
```

接下來你會看到它在做什麼，這樣你就不會以為它在偷懶，它會下載、執行 *setup.py*、在磁碟安裝檔案，以及進行其他細節。

你也可以要求 pip 安裝特定的版本：

```
$ pip install flask==0.9.0
```

或是某個精簡版本（如果某個版本有你賴以維生的功能時，這個做法很方便）：

```
$ pip install 'flask>=0.9.0'
```

上面的單引號可以防止 > 被 shell 解讀成「將輸出轉到一個稱為 =0.9.0 的檔案」。

如果你想要安裝多個 Python 程式包，你可以使用 requirements 檔案（*http://bit.ly/pip-require*）。它有多種用法，最簡單的一種是使用一串程式包，每行一個，你也可以指定特定或相對版本：

```
$ pip -r requirements.txt
```

你的 *requirements.txt* 檔案裡面可能是：

```
flask==0.9.0
django
psycopg2
```

這是一些其他的例子：

- 安裝最新版本：`pip install --upgrade` *package*
- 刪除一個程式包：`pip uninstall` *package*

使用 virtualenv

安裝第三方 Python 程式包的標準做法是使用 pip 與 virtualenv。我會在第 548 頁的「安裝 virtualenv」展示如何安裝 virtualenv。

虛擬環境其實是一個存有 Python 解譯器、一些其他程式，例如 pip，以及一些程式包的目錄。啟動它的做法是執行虛擬環境的 bin 目錄裡面的 activate shell 腳本。這個動作會設定環境變數 $PATH，你的 shell 會用它來找到程式。藉著啟動虛擬環境，你會在 $PATH 裡面將它的 bin 目錄放到一般的目錄之前。所以當你輸入 pip 或 python 之類的命令時，你的 shell 會先在虛擬環境中尋找它，而不是在 /bin、/usr/bin 或 /usr/local/bin 等系統目錄中。

你無論如何都不能將軟體安裝到這些系統目錄裡面，因為：

- 你無權寫入它們。
- 就算你可以，覆寫系統的標準程式（例如 python）可能造成問題。

使用 pipenv

最近有一種稱為 pipenv（*http://docs.pipenv.org*）的程式包結合了我們的好朋友 pip 與 virtualenv。它也解決了在不同的環境（例如你的本地開發機器 vs. 預備環境 vs. 生產環境）中使用 pip 時可能造成的依賴項目問題：

```
$ pip install pipenv
```

Python Packaging Authority（*https://www.pypa.io*）推薦使用它，它是一個試著改善 Python 的程式包裝流程的團體。這個團體不是定義核心 Python 本身的團體，所以 pipenv 沒有被放入標準程式庫。

使用程式包管理器

Apple 的 macOS 有第三方包裝器 homebrew（*http://brew.sh*）（`brew`）與 ports（*http://www.macports.org*）。它們的作用很像 pip，但不限於 Python 程式包。

Linux 為各種版本提供不同的管理器。最熱門的有 apt-get、yum、dpkg 與 zypper。

Windows 有 Windows Installer 與使用 *.msi* 副檔名的程式包檔案。當你為 Windows 安裝 Python 時，它可能是 MSI 格式。

從來源安裝

有時 Python 程式包是新的，或是不能用 pip 來安裝，此時建立程式包的時候，你通常會做這些事情：

- 下載程式碼。

- 如果檔案被歸檔（archived）或壓縮，使用 zip、tar 或其他適當的工具來取出檔案。

- 在 *setup.py* 檔案的目錄中執行 python setup.py install。

 注意你下載與安裝的東西。雖然將惡意軟體藏在 Python 程式裡面並不容易，因為它們是可讀的文字，但這種情況也不是沒有發生過。

整合式開發環境

本書的程式都使用純文字介面，但是這不代表你必須在主控台或文字視窗中執行任何東西。坊間有許多免費和商業的整合式開發環境（IDE），它們是 GUI，提供文字編輯器、除錯器、程式庫搜尋等工具。

IDLE

IDLE（*http://bit.ly/py-idle*）是唯一被放入標準版本的 Python IDE。它建立在 tkinter 的基礎之上，它的 GUI 很簡單。

PyCharm

PyCharm（*http://www.jetbrains.com/pycharm*）是最近推出的圖形 IDE，具備許多功能。它有免費的社群版本，你也可以取得免費的專業版授權，在教室或開放原始碼專案中使用。圖 19-1 是它的初始畫面。

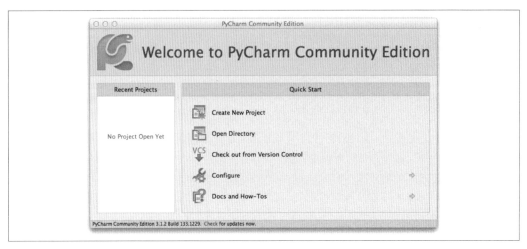

圖 19-1　PyCharm 的啟動畫面

IPython

IPython（*http://ipython.org*）最初是增強型終端（文字）Python IDE，但是後來演變成圖形介面，類似**筆記本**。它整合了本書介紹過的許多程式包，包括 Matplotlib 與 NumPy，目前已經成為科學計算領域的熱門工具了。

你可以用 `pip install ipython`（你應該可以猜到）來安裝基本文字版。當你啟動它時，你會看到這些東西：

```
$ ipython
Python 3.7.3 (v3.7.3:ef4ec6ed12, Mar 25 2019, 16:39:00)
Type 'copyright', 'credits' or 'license' for more information
IPython 7.3.0 -- An enhanced Interactive Python. Type '?' for help.

In [1]:
```

標準 Python 解譯器使用輸入提示符號 `>>>` 與 `...` 來代表你應該在何處與何時輸入程式碼。IPython 在一個稱為 `In` 的串列中追蹤你輸入的任何東西，在 `Out` 中追蹤所有的輸出。你可以輸入一行以上，所以你要同時按下 Shift 鍵和 Enter 來將它送出。

這是一行程式碼的範例：

```
In [1]: print("Hello? World?")
Hello? World?

In [2]:
```

In 與 Out 是自動編號的串列，可讓你讀取你輸入過的輸入，或你收過的輸出。

當你在變數後面輸入？時，IPython 會告訴你它的型態、值、製作那種型態的變數的做法，以及一些說明：

```
In [4]: answer = 42

In [5]: answer?

Type:        int
String Form:42
Docstring:
int(x=0) -> integer
int(x, base=10) -> integer

Convert a number or string to an integer, or return 0 if no arguments
are given.  If x is a number, return x.__int__().  For floating point
numbers, this truncates towards zero.

If x is not a number or if base is given, then x must be a string,
bytes, or bytearray instance representing an integer literal in the
given base.  The literal can be preceded by '+' or '-' and be surrounded
by whitespace.  The base defaults to 10.  Valid bases are 0 and 2-36.
Base 0 means to interpret the base from the string as an integer literal.
>>> int('0b100', base=0)
4
```

名稱查詢是 IPython 這類的 IDE 很受歡迎的功能。當你在一些字元後面按下 Tab 鍵時，IPython 會顯示那些字元開頭的所有變數、關鍵字與函式。我們來定義一些變數，接著找出 f 開頭的所有東西：

```
In [6]: fee = 1

In [7]: fie = 2

In [8]: fo = 3

In [9]: fum = 4

In [10]: ftab
%%file     fie        finally    fo         format     frozenset
fee        filter     float      for        from       fum
```

如果你輸入 fe 接著按下 Tab 鍵，它會找出變數 fee，這是程式中唯一 fe 開頭的東西：

```
In [11]: fee
Out[11]: 1
```

IPython 還有許多可研究的功能，你可以看一下它的教學（*https://oreil.ly/PIvVK*）來感受一下它的特性。

Jupyter Notebook

Jupyter（*https://jupyter.org*）是 IPython 的演進版本。它的名稱是 Julia、Python 與 R 的組合—它們在資料科學與科學計算領域都很流行。Jupyter Notebooks 可以讓你用現代的方式，使用上述的語言來開發與發表你的程式碼與文件。

如果你想要先試用一下再安裝，你可以先在網路瀏覽器上面試用它（*https://jupyter.org/try*）。

請輸入 `pip install jupyter` 在本地安裝 Jupyter Notebook，再用 `jupyter notebook` 來執行它。

JupyterLab

JupyterLab 是 Jupyter Notebook 的下一代，最終將會取代它。與 Notebook 一樣，你可以先在瀏覽器試用（*https://jupyter.org/try*）JupyterLab。請用 `pip install jupyterlab` 在本地安裝它，再用 `jupyter lab` 來執行它。

名稱與文件

我們不可能記得我們寫過的所有東西，有時即使我看著最近寫出來的程式時，也會懷疑它到底是怎麼出現的。這就是製作程式碼文件很有幫助的原因。文件包括註釋與 docstring，但也包含以資訊性的名稱來為變數、函式、模組與類別命名。但也不要做過頭了，例如：

```
>>> # 接下來我要將 10 指派給變數 "num":
... num = 10
>>> # 希望有效
... print(num)
10
>>> # 還好。
```

你應該說明為何你指派 10 這個值，以及為何你將變數稱為 num。如果你要撰寫德高望重的華氏到攝氏溫度轉換器，你可以用變數的名稱來解釋它的作用，而不是寫出一堆魔幻的程式碼。寫一些測試程式也不錯（範例 19-1）。

範例 *19-1*   *ftoc1.py*

```python
def ftoc(f_temp):
    "Convert Fahrenheit temperature <f_temp> to Celsius and return it."
    f_boil_temp = 212.0
    f_freeze_temp = 32.0
    c_boil_temp = 100.0
    c_freeze_temp = 0.0
    f_range = f_boil_temp - f_freeze_temp
    c_range = c_boil_temp - c_freeze_temp
    f_c_ratio = c_range / f_range
    c_temp = (f_temp - f_freeze_temp) * f_c_ratio + c_freeze_temp
    return c_temp

if __name__ == '__main__':
    for f_temp in [-40.0, 0.0, 32.0, 100.0, 212.0]:
        c_temp = ftoc(f_temp)
        print('%f F => %f C' % (f_temp, c_temp))
```

我們來執行測試：-

```
$ python ftoc1.py

-40.000000 F => -40.000000 C
0.000000 F => -17.777778 C
32.000000 F => 0.000000 C
100.000000 F => 37.777778 C
212.000000 F => 100.000000 C
```

我們（至少）可以做兩項改善：

- Python 沒有常數，但是 PEP8 風格（*http://bit.ly/pep-constant*）建議當你為應該視為常數的變數命名時，應該使用大寫的字母與底線（例如 **ALL_CAPS**），所以我們要改變常數變數的名稱。

- 因為我們用常數值來預先計算一些值，所以我們要將它們移到模組的最上層。如此一來，它們就只會被計算一次，而不是在每次呼叫 **ftoc()** 函式時都要計算一次。

範例 19-2 是改寫後的結果。

範例 *19-2*   *ftoc2.py*

```python
F_BOIL_TEMP = 212.0
F_FREEZE_TEMP = 32.0
C_BOIL_TEMP = 100.0
C_FREEZE_TEMP = 0.0
```

```
    F_RANGE = F_BOIL_TEMP - F_FREEZE_TEMP
    C_RANGE = C_BOIL_TEMP - C_FREEZE_TEMP
    F_C_RATIO = C_RANGE / F_RANGE

    def ftoc(f_temp):
        "Convert Fahrenheit temperature <f_temp> to Celsius and return it."
        c_temp = (f_temp - F_FREEZE_TEMP) * F_C_RATIO + C_FREEZE_TEMP
        return c_temp

    if __name__ == '__main__':
        for f_temp in [-40.0, 0.0, 32.0, 100.0, 212.0]:
            c_temp = ftoc(f_temp)
            print('%f F => %f C' % (f_temp, c_temp))
```

加入型態提示

當你使用靜態語言時,你必須為變數定義型態,這些型態可以在編譯期抓到一些錯誤。你已經知道,Python 不需要如此,所以有些 bug 只會在程式執行的時候出現。Python 變數都是名稱,它們只指向實際的物件。物件有嚴格的型態,但是名稱可以在任何時刻指向任何物件。

但是在真的程式中(包括 Python 和其他語言),名稱往往指向特定的物件。幫某些東西(變數、函式回傳等)加上註記,指出它期望參考的物件型態對我們有很大的幫助,至少在文件中如此,如此一來,開發者不需要查看很多程式碼就可以知道特定變數應該扮演什麼角色了。

Python 3.x 加入型態提示(*type hint*)(或型態註記(*type annotation*))來處理這種問題。它完全是選擇性的,不會強迫變數使用某種型態。它可以協助習慣使用靜態語言(必須宣告變數型態)的開發者。

這是一個將數字轉換成字串的函式的提示:

```
    def num_to_str(num: int) -> str:
        return str(num)
```

它們只是提示,不會改變 Python 的運作方式。它們主要用來記錄,但很多人發現更多用途。例如,FastAPI(*https://fastapi.tiangolo.com*)web 框架使用提示來產生具備動態表單的 web 文件,以供測試使用。

測試

你應該知道測試的重要性了，但我想要告訴不知道其重要性的人這件事：就算只改變少量的程式碼都可能毀掉你的整個程式。Python 缺乏靜態語言的型態檢查機制，測試可以讓工作更輕鬆，但也會讓不希望發生的結果登堂入室。測試是不可或缺的。

測試 Python 程式最簡單的做法是加入 print() 陳述式。Python 互動式解譯器的 Read-Evaluate-Print Loop（REPL，讀取 / 求值 / 輸出循環）可讓你快速地編輯與測試變動。但是你不能在生產程式碼中使用 print() 陳述式，所以你要記得將它們全部移除。

用 pylint、pyflakes、flake8 或 pep8 檢查

在建立實際的測試程式之前，你要執行 Python 程式碼檢查器，pylint（*http://www.pylint.org*）與 pyflakes（*http://bit.ly/pyflakes*）是最熱門的檢查器。你可以用 pip 來安裝它們：

```
$ pip install pylint
$ pip install pyflakes
```

它們可以檢查實際的程式碼錯誤（例如在變數被賦值之前引用它們）以及風格失態（相當於穿上格子上衣與條紋褲子的程式碼）。範例 19-3 是完全沒有意義的程式，它不但有 bug，也有風格問題。

範例 19-3 style1.py

```
a = 1
b = 2
print(a)
print(b)
print(c)
```

這是 pylint 的初始輸出：

```
$ pylint style1.py
No config file found, using default configuration
************* Module style1
C:  1,0: Missing docstring
C:  1,0: Invalid name "a" for type constant
  (should match (([A-Z_][A-Z0-9_]*)|(__.*__))$)
C:  2,0: Invalid name "b" for type constant
  (should match (([A-Z_][A-Z0-9_]*)|(__.*__))$)
E:  5,6: Undefined variable 'c'
```

在更下面的地方，在 Global evaluation 底下，有我們的分數（10.0 是滿分）：

```
Your code has been rated at -3.33/10
```

哎呦。我們先來修復 bug。在 pylint 的輸出中，E 開頭的訊息代表 Error，原因是我們沒有幫 c 設值就將它印出來了。看一下範例 19-4 來瞭解如何修正它。

範例 *19-4 style2.py*

```
a = 1
b = 2
c = 3
print(a)
print(b)
print(c)
```

```
$ pylint style2.py

No config file found, using default configuration
************* Module style2
C:  1,0: Missing docstring
C:  1,0: Invalid name "a" for type constant
  (should match (([A-Z_][A-Z0-9_]*)|(__.*__))$)
C:  2,0: Invalid name "b" for type constant
  (should match (([A-Z_][A-Z0-9_]*)|(__.*__))$)
C:  3,0: Invalid name "c" for type constant
  (should match (([A-Z_][A-Z0-9_]*)|(__.*__))$)
```

很好，沒有 E 開頭的訊息了。而且我們的分數從 -3.33 變成 4.29 了：

```
Your code has been rated at 4.29/10
```

pylint 希望有 docstring（在模組或函式最上面說明程式碼的短文），而且它認為 a、b、c 等簡短的變數名稱很沒品味。我們將 *style2.py* 改善成 *style3.py* 來讓 pylint 開心一點（範例 19-5）。

範例 *19-5 style3.py*

```
"Module docstring goes here"

def func():
    "Function docstring goes here. Hi, Mom!"
    first = 1
    second = 2
    third = 3
    print(first)
```

```
    print(second)
    print(third)

func()

    $ pylint style3.py
    No config file found, using default configuration
```

沒有抱怨了。分數呢？

```
    Your code has been rated at 10.00/10
```

皆大歡喜。

pep8（*https://pypi.python.org/pypi/pep8*）是另一種風格檢查器，現在你可以安裝它：

```
    $ pip install pep8
```

它如何評論我們的修改？

```
    $ pep8 style3.py
    style3.py:3:1: E302 expected 2 blank lines, found 1
```

為了有更好的風格，它建議我們在最初的模組 docstring 前面加上空白的一行。

用 unittest 來測試

確保不會冒犯程式大神的品味之後，接下來要實際測試程式的邏輯。

有一種很好的做法是先編寫獨立的測試程式，這樣子可以確保程式被送到任何版本控制系統之前都可以先通過測試。編寫測試程式乍看之下很無聊，但是它們確實可以幫助你快速地找到問題，特別是避免**回歸**（*regression*，破壞原本可以正常的東西）。開發人員從痛苦的經驗中學到，就算只是做一點點改變，就算他發誓那些改變不會影響其他的東西，事實上它還是會影響。你可以看一下那些精心製作的 Python 程式包，它們裡面都有測試套件。

標準程式庫有兩組測試套件，不是只有一組。我們先從 unittest 看起（*https://oreil.ly/ImFmE*）。我們要寫一個將字母改成大寫的模組。我們的第一版單純使用標準字串函式 capitalize()，你將會看到一些出乎意外的結果。將下面的程式存為 *cap.py*（範例 19-6）。

範例 19-6　*cap.py*

```python
def just_do_it(text):
    return text.capitalize()
```

測試的基本動作是確定哪些輸入產生哪種輸出（在這個例子中，你想要將輸入的文字改成大寫的版本），將輸入傳給你要測試的函式，再檢查它是否回傳期望的結果。期望的結果稱為**斷言**（*assertion*），所以在 unittest 中，你要使用名稱的開頭是 assert 的方法來檢查結果，就像範例 19-7 的 assertEqual 方法。

將這個測試腳本存為 *test_cap.py*。

範例 19-7　*test_cap.py*

```python
import unittest
import cap

class TestCap(unittest.TestCase):

    def setUp(self):
        pass

    def tearDown(self):
        pass

    def test_one_word(self):
        text = 'duck'
        result = cap.just_do_it(text)
        self.assertEqual(result, 'Duck')

    def test_multiple_words(self):
        text = 'a veritable flock of ducks'
        result = cap.just_do_it(text)
        self.assertEqual(result, 'A Veritable Flock Of Ducks')


if __name__ == '__main__':
    unittest.main()
```

setUp() 方法會在每一個測試方法之前呼叫，而 tearDown() 會在每一個測試方法之後呼叫。它們的目的是配置和釋出測試需要的額外資源，例如資料庫連結或測試資料。這個例子的測試是獨立的，所以不需要定義 setUp() 與 tearDown()，但是加入空的方法也無妨。測試程式的核心是兩個函式：test_one_word() 與 test_multiple_words()。它們用不同的輸入來執行我們定義的 just_do_it()，並檢查是否取回期望的東西。OK，我們來執行它。這會呼叫兩個測試方法：

```
$ python test_cap.py

F.
====================================================================
FAIL: test_multiple_words (__main__.TestCap)
--------------------------------------------------------------------
Traceback (most recent call last):
  File "test_cap.py", line 20, in test_multiple_words
 self.assertEqual(result, 'A Veritable Flock Of Ducks')
AssertionError: 'A veritable flock of ducks' != 'A Veritable Flock Of Ducks'
- A veritable flock of ducks
?   ^         ^    ^ ^
+ A Veritable Flock Of Ducks
?   ^         ^    ^ ^


--------------------------------------------------------------------
Ran 2 tests in 0.001s

FAILED (failures=1)
```

它喜歡第一個測試（test_one_word），但不喜歡第二個（test_multiple_words），它用向上指的箭頭（^）指出字串的差異。

multiple words 哪裡與我們想的不同？查一下字串大寫函式的文件（*https://oreil.ly/x1IV8*），我們可以發現一個很重要的線索：它只會將第一個單字的第一個字母改成大寫，我們應該先看一下那份文件的。

因此，我們需要另一個函式。我們可以在那個網頁下面一點的地方找到 title()（*https://oreil.ly/CNKNl*）。那麼，我們來修改 *cap.py*，將 capitalize() 換成 title()（範例 19-8）。

範例 *19-8 cap.py*，修改版

```
def just_do_it(text):
    return text.title()
```

執行一下測試程式,看看會怎樣:

```
$ python test_cap.py

..
----------------------------------------------------------------------
Ran 2 tests in 0.000s

OK
```

一切都沒問題。啊,其實也不是如此。我們至少還要在 *test_cap.py* 裡面加入一個方法
(範例 19-9)。

範例 *19-9*   *test_cap.py*,修改版

```
def test_words_with_apostrophes(self):
    text = "I'm fresh out of ideas"
    result = cap.just_do_it(text)
    self.assertEqual(result, "I'm Fresh Out Of Ideas")
```

再試一次:

```
$ python test_cap.py

..F
======================================================================
FAIL: test_words_with_apostrophes (__main__.TestCap)
----------------------------------------------------------------------
Traceback (most recent call last):
  File "test_cap.py", line 25, in test_words_with_apostrophes
    self.assertEqual(result, "I'm Fresh Out Of Ideas")
AssertionError: "I'M Fresh Out Of Ideas" != "I'm Fresh Out Of Ideas"
- I'M Fresh Out Of Ideas
?   ^
+ I'm Fresh Out Of Ideas
?   ^


----------------------------------------------------------------------
Ran 3 tests in 0.001s

FAILED (failures=1)
```

我們的函式將 `I'm` 裡面的 m 改成大寫了。查一下 `title()` 的文件可以看到它沒辦法妥善
地處理單引號。我們要把整份文件看過一遍才對。

標準程式庫的 string 文件的最下面有另一個候選人：一個稱為 capwords() 的 helper 函式。我們在 *cap.py* 裡面使用它（範例 19-10）。

範例 19-10　cap.py，再修正版

```
def just_do_it(text):
    from string import capwords
    return capwords(text)
```

```
$ python test_cap.py
```

```
...
----------------------------------------------------------------------
Ran 3 tests in 0.004s

OK
```

至少，我們終於完成了！啊，還沒，我們還要在 *test_cap.py* 加入一個測試（範例 19-11）。

範例 19-11　test_cap.py，再修正版

```
    def test_words_with_quotes(self):
        text = "\"You're despicable,\" said Daffy Duck"
        result = cap.just_do_it(text)
        self.assertEqual(result, "\"You're Despicable,\" Said Daffy Duck")
```

它有沒有成功？

```
$ python test_cap.py
```

```
...F
======================================================================
FAIL: test_words_with_quotes (__main__.TestCap)
----------------------------------------------------------------------
Traceback (most recent call last):
  File "test_cap.py", line 30, in test_words_with_quotes
    self.assertEqual(result, "\"You're
    Despicable,\" Said Daffy Duck") AssertionError: '"you\'re Despicable,"
        Said Daffy Duck'
 != '"You\'re Despicable," Said Daffy Duck' - "you're Despicable,"
        Said Daffy Duck
? ^ + "You're Despicable," Said Daffy Duck
? ^
----------------------------------------------------------------------
Ran 4 tests in 0.004s

FAILED (failures=1)
```

看來第一個雙引號連我們目前為止最喜歡的 capwords 都不知道怎麼處理。它試著將 " 改成大寫，並將其他的（You're）改成小寫。我們也應該測試程式不會動到字串其餘的部分。

靠測試過活的人懂得怎麼找出這種極端情況，但是開發人員在面對自己的程式時經常有盲點。

unittest 有一種小型但強大的斷言集合，可讓你檢查值，確認你是否做出理想中的類別，判斷某個錯誤是否出現等。

用 doctest 來測試

標準程式庫的第二種測試程式包是 doctest（*http://bit.ly/py-doctest*）。藉由這種程式包，你可以在 docstring 本身裡面撰寫測試，也可以將它當成文件。它看起來就像互動式解譯器，它有 >>> 字元，之後是呼叫式，接下來的幾行訊息是結果。你可以在互動式解譯器執行一些測試，並且只將結果貼到你的測試檔。我們將舊的 *cap.py* 修改成 *cap2.py*（沒有麻煩的最後一個使用引號的測試），見範例 19-12。

範例 *19-12　cap2.py*

```
def just_do_it(text):
    """
    >>> just_do_it('duck')
    'Duck'
    >>> just_do_it('a veritable flock of ducks')
    'A Veritable Flock Of Ducks'
    >>> just_do_it("I'm fresh out of ideas")
    "I'm Fresh Out Of Ideas"
    """
    from string import capwords
    return capwords(text)

if __name__ == '__main__':
    import doctest
    doctest.testmod()
```

如果所有測試都通過，執行它不會印出任何東西：

```
$ python cap2.py
```

你可以使用 verbose（詳細）選項（-v）來看看實際的情況：

```
$ python cap2.py -v
Trying:
    just_do_it('duck')
Expecting:
    'Duck'
ok
Trying:
    just_do_it('a veritable flock of ducks')
Expecting:
    'A Veritable Flock Of Ducks'
ok
Trying:
    just_do_it("I'm fresh out of ideas")
Expecting:
    "I'm Fresh Out Of Ideas"
ok
1 items had no tests:
    __main__
1 items passed all tests:
    3 tests in __main__.just_do_it
3 tests in 2 items.
3 passed and 0 failed.
Test passed.
```

用 nose 測試

第三方程式包 nose（*https://oreil.ly/gWK6r*）是 unittest 的另一項替代方案。這是安裝它的命令：

```
$ pip install nose
```

你不需要像使用 unittest 那樣建立一個內含測試方法的類別。在名稱中的任何地方有 test 的函式都會被執行。我們來修改最後一版的 unittest 測試程式，將它存成 *test_cap_nose.py*（範例 19-13）：

範例 *19-13　test_cap_nose.py*

```
import cap2
from nose.tools import eq_

def test_one_word():
    text = 'duck'
    result = cap.just_do_it(text)
    eq_(result, 'Duck')
```

```
def test_multiple_words():
    text = 'a veritable flock of ducks'
    result = cap.just_do_it(text)
    eq_(result, 'A Veritable Flock Of Ducks')

def test_words_with_apostrophes():
    text = "I'm fresh out of ideas"
    result = cap.just_do_it(text)
    eq_(result, "I'm Fresh Out Of Ideas")

def test_words_with_quotes():
    text = "\"You're despicable,\" said Daffy Duck"
    result = cap.just_do_it(text)
    eq_(result, "\"You're Despicable,\" Said Daffy Duck")
```

執行測試：

```
$ nosetests test_cap_nose.py

...F
======================================================================
FAIL: test_cap_nose.test_words_with_quotes
----------------------------------------------------------------------
Traceback (most recent call last):
  File "/Users/.../site-packages/nose/case.py", line 198, in runTest
    self.test(*self.arg)
  File "/Users/.../book/test_cap_nose.py", line 23, in test_words_with_quotes
    eq_(result, "\"You're Despicable,\" Said Daffy Duck")
AssertionError: '"you\'re Despicable," Said Daffy Duck'       !=
'"You\'re Despicable," Said Daffy Duck'
----------------------------------------------------------------------
Ran 4 tests in 0.005s

FAILED (failures=1)
```

這個 bug 與我們用 unittest 來測試時發現的一樣，在本章結尾有一個修正它的習題。

其他的測試框架

不知道為什麼大家很喜歡編寫 Python 測試框架。如果你好奇，你可以研究一下其他流行的框架：

- tox（*http://tox.readthedocs.org*）
- py.test（*https://pytest.org*）
- green（*https://github.com/CleanCut/green*）

持續整合

如果你的團隊每天都會產出大量的程式碼,在有人修改時自動進行測試有很大的幫助。你可以將原始碼控制系統自動化,來測試所有被 check in 的程式,如此一來,每個人都可以知道是否有人**破壞組建版本**(*build*),然後為了早一點吃午餐或是找新工作而消失無蹤。

它們都是龐大的系統,我不會在這裡詳細說明如何安裝與使用它們。這份清單是為了讓你在需要它們時知道可以在哪裡找到:

buildbot(*http://buildbot.net*)

　　這個原始碼控制系統是用 Python 寫的,它可以自動組建、測試與釋出。

jenkins(*http://jenkins-ci.org*)

　　它是用 Java 寫的,應該是此時首選的 CI 工具。

travis-ci(*http://travis-ci.com*)

　　它可以將 GitHub 上的專案自動化,可讓開放原始碼專案免費使用。

circleci(*https://circleci.com*)

　　它是商用的,但開放原始碼與私人專案可以免費使用。

去除 Python 程式錯誤

> 除錯就像扮演犯罪電影裡面也是凶手的偵探。
>
> —Filipe Fortes

> 大家都知道除錯的難度是寫程式的兩倍。
> 如果你在寫程式的時候發揮百分之百的才智,該如何去除它的錯誤?
>
> —Brian Kernighan

測試優先。測試做得愈好,之後要修改的地方就愈少。然而,bug 終究會出現,而且當它們之後被發現時,你同樣要修正它。

程式毀壞的原因通常是你之前做過的某些事情。所以你通常會「由下往上」除錯，從你最近做的改變開始[1]。

但是有時原因來自別的地方，它是你原本信任的，並且認為正常的東西。你可能會誤認為，很多人用過的東西不會有問題，因為它的問題早就被人發現了，但事實不一定如此。我遇過的棘手 bug 都花費超過一週的修復時間，而且都有外部因素。所以請在指責鏡子裡的自己之後，質疑一下自己的假設。這就是「由上往下」法，它會花費較久的時間。

接下來要介紹一些除錯技術，從最快速且不正統的（dirty），到比較慢，但通常同樣不正統的。

使用 print()

在 Python 中最簡單的除錯方式是印出字串。實用的列印工具包括 vars()，它可以取出區域變數的值，包括函式引數：

```
>>> def func(*args, **kwargs):
...     print(vars())
...
>>> func(1, 2, 3)
{'args': (1, 2, 3), 'kwargs': {}}
>>> func(['a', 'b', 'argh'])
{'args': (['a', 'b', 'argh'],), 'kwargs': {}}
```

其他通常值得印出來的東西包括 locals() 與 globals()。

如果你的程式可以印至標準輸出，你可以用 print(*stuff*, file=sys.stderr) 將除錯訊息寫到標準錯誤輸出。

使用裝飾器

第 164 頁的「裝飾器」說過，裝飾器可以在不修改函式裡面的程式碼的情況下，在該函式之前或之後呼叫程式碼。也就是說，你可以用裝飾器在 Python 函式之前或之後做一些事情，而不是只有你寫過的那些。我們來定義裝飾器 dump，用它在任何函式被呼叫時，印出它的輸入引數與輸出值（設計師知道垃圾（dump）往往需要裝飾），見範例 19-14。

1 　你，作為一位探員：「我知道我在裡面！如果我不把手舉起來並且走出來，我就會進去抓我！」

範例 *19-14 dump.py*

```python
def dump(func):
    "Print input arguments and output value(s)"
    def wrapped(*args, **kwargs):
        print("Function name:", func.__name__)
        print("Input arguments:", ' '.join(map(str, args)))
        print("Input keyword arguments:", kwargs.items())
        output = func(*args, **kwargs)
        print("Output:", output)
        return output
    return wrapped
```

接下來是裝飾對象。這個函式稱為 **double()**，它期望收到數字引數，無論是有名的或無名的，並且回傳一個串列，裡面放引數值兩倍的數字（範例 19-15）。

範例 *19-15 test_dump.py*

```python
from dump import dump

@dump
def double(*args, **kwargs):
    "Double every argument"
    output_list = [ 2 * arg for arg in args ]
    output_dict = { k:2*v for k,v in kwargs.items() }
    return output_list, output_dict

if __name__ == '__main__':
    output = double(3, 5, first=100, next=98.6, last=-40)
```

花點時間執行它：

```
$ python test_dump.py

Function name: double
Input arguments: 3 5
Input keyword arguments: dict_items([('first', 100), ('next', 98.6),
    ('last', -40)])
Output: ([6, 10], {'first': 200, 'next': 197.2, 'last': -80})
```

使用 pdb

這些技術很方便，但有時真正的除錯器是無可取代的。大部分的 IDE 都有除錯器，它們有各種功能與使用者介面。接下來，我要介紹標準 Python 除錯器 pdb（*https://oreil.ly/IIN4y*）的用法。

如果你用 -i 旗標執行程式，Python 會在程式失敗時，將你拉到它的互動式解譯器裡面。

這段程式會根據資料的不同出現 bug—這是一種特別難以發現的 bug。它是真的在電腦時代早期出現過的 bug，困擾程式員好一段時間。

我們要讀取一個檔案，檔案裡面有國家與首都，以逗號分隔，並將它們寫出，產生**首都，國家**。它們可能有錯誤的大小寫，所以當我們列印時也要修正它們。噢，還有，裡面可能到處有多餘的空格，這也是你要處理的東西。最後，雖然讓程式讀到檔案結束的地方是合理的做法，但出於某些原因，經理要求遇到 quit（任意的大小寫組合）時就立刻停止。範例 19-16 是資料檔案例子。

範例 19-16 *cities.csv*

```
France, Paris
venuzuela,caracas
  LithuaniA,vilnius
    quit
```

我們來設計**演算法**（解決問題的方法）。這是**虛擬碼**，它看起來很像程式，但它其實只是用一般的語言來解釋邏輯的做法，之後才會被轉換成實際的程式。程式員喜歡 Python 的原因之一在於**它看起來很像虛擬碼**，所以將虛擬碼轉換成可運作的程式比較簡單：

```
for each line in the text file:
    read the line
    strip leading and trailing spaces
    if `quit` occurs in the lower-case copy of the line:
        stop
    else:
        split the country and capital by the comma character
        trim any leading and trailing spaces
        convert the country and capital to titlecase
        print the capital, a comma, and the country
```

我們要移除名稱開頭與結尾的空格，因為這是必需的。我們也要用小寫來比較 quit，並且將城市與國家名稱轉換成標題大小寫（title case）。所以，我們寫出 *capitals.py*，它一定可以完美運作（範例 19-17）。

範例 *19-17 capitals.py*

```python
def process_cities(filename):
    with open(filename, 'rt') as file:
        for line in file:
            line = line.strip()
            if 'quit' in line.lower():
                return
            country, city = line.split(',')
            city = city.strip()
            country = country.strip()
            print(city.title(), country.title(), sep=',')

if __name__ == '__main__':
    import sys
    process_cities(sys.argv[1])
```

我們讓它處理之前製作的資料檔案。準備，瞄準，射擊：

```
$ python capitals.py cities.csv
Paris,France
Caracas,Venuzuela
Vilnius,Lithuania
```

看起來很棒！它通過一項測試，所以我們將它放到生產環境，讓它處理來自世界各地的首都與國家，直到這個資料檔案讓它失敗為止（範例 19-18）。

範例 *19-18 cities2.csv*

```
argentina,buenos aires
bolivia,la paz
brazil,brasilia
chile,santiago
colombia,Bogotá
ecuador,quito
falkland islands,stanley
french guiana,cayenne
guyana,georgetown
paraguay,Asunción
peru,lima
suriname,paramaribo
uruguay,montevideo
venezuela,caracas
quit
```

程式印出資料檔案的 15 行裡面的 5 行就結束了，如下所示：

```
$ python capitals.py cities2.csv
Buenos Aires,Argentina
La Paz,Bolivia
Brazilia,Brazil
Santiago,Chile
Bogotá,Colombia
```

怎麼了？我們可以繼續編輯 *capitals.py*，在可能出錯的地方放 print() 陳述式，不過我們來看一下除錯器可不可以幫忙。

若要使用除錯器，在命令列輸入 **-m pdb** 命令來匯入 pdb 模組，像這樣：

```
$ python -m pdb capitals.py cities2.csv

> /Users/williamlubanovic/book/capitals.py(1)<module>()
-> def process_cities(filename):
(Pdb)
```

它會啟動程式，並將你移到第一行。當你輸入 **c**（*continue*）時，程式會跑到結束為止，無論是因為正常結束，還是因為發生錯誤：

```
(Pdb) c

Buenos Aires,Argentina
La Paz,Bolivia
Brazilia,Brazil
Santiago,Chile
Bogotá,Colombia
The program finished and will be restarted
> /Users/williamlubanovic/book/capitals.py(1)<module>()
-> def process_cities(filename):
```

它正常結束，與之前沒有用除錯器時一樣。我們再來試一次，這次使用一些命令來縮小問題可能存在的範圍。它看起來是個**邏輯錯誤**，而不是語法問題或例外（它們會產生錯誤訊息）。

輸入 **s**（*step*）來單步執行 Python 的每行程式。它會一步步執行**每一行** Python 程式，包括你的、標準程式庫的，以及你所使用的其他模組的。當你使用 s 時，你也會進入函式，並單步執行它們裡面的程式。輸入 **n**（*next*）也會單步執行，但**不會**進入函式，當你遇到函式時，按一次 n 會執行整個函式，接著把你帶到程式的下一行。因此，如果你不確定問題在哪裡，請使用 s，當你確定某個函式沒有問題時，請使用 n，尤其是它是很長的函式時。通常你會單步執行你自己的程式，並跳過程式庫的程式，因為它們應該都被充分測試過了。我們要使用 s，從程式的開頭開始單步執行，進入函式 process_cities()：

```
(Pdb) s

> /Users/williamlubanovic/book/capitals.py(12)<module>()
-> if __name__ == '__main__':</pre>

(Pdb) s

> /Users/williamlubanovic/book/capitals.py(13)<module>()
-> import sys

(Pdb) s

> /Users/williamlubanovic/book/capitals.py(14)<module>()
-> process_cities(sys.argv[1])

(Pdb) s

--Call--
> /Users/williamlubanovic/book/capitals.py(1)process_cities()
-> def process_cities(filename):

(Pdb) s

> /Users/williamlubanovic/book/capitals.py(2)process_cities()
-> with open(filename, 'rt') as file:
```

輸入 **l**（*list*）來查看接下來的幾行程式：

```
(Pdb) l

  1      def process_cities(filename):
  2  ->      with open(filename, 'rt') as file:
  3              for line in file:
  4                  line = line.strip()
  5                  if 'quit' in line.lower():
  6                      return
  7                  country, city = line.split(',')
  8                  city = city.strip()
  9                  country = country.strip()
 10                  print(city.title(), country.title(), sep=',')
 11
(Pdb)
```

箭頭（->）代表目前的程式行。

雖然我們可以繼續使用 s 或 n，期望找出蛛絲馬跡，但是接下來我們要使用除錯器的主要功能之一：斷點（*breakpoint*）。斷點可以讓程式在你指定的那一行停止執行。在例子中，我們希望知道為什麼 process_cities() 在讀完所有輸入檔案之前跳出。第 3 行（for line in file:）會讀取輸入檔案的每一行，所以它看起來是無辜的。現在只剩下一個地方會在讀取所有資料之前從函式 return：第 6 行（return）。我們在第 6 行設定一個斷點：

```
(Pdb) b 6

Breakpoint 1 at /Users/williamlubanovic/book/capitals.py:6
```

接下來繼續執行程式，直到它到達斷點，或讀取所有輸入的行數並正常結束為止：

```
(Pdb) c

Buenos Aires,Argentina
La Paz,Bolivia
Brasilia,Brazil
Santiago,Chile
Bogotá,Colombia
> /Users/williamlubanovic/book/capitals.py(6)process_cities()
-> return
```

啊哈！它停在第 6 行的斷點。這代表程式想要在讀取 Colombia 國家之後提前 return。我們印出那一行的值，看看讀到什麼東西：

```
(Pdb) p line

'ecuador,quito'
```

這有什麼特別的…噢，不對。

真的假的？ **quit**o ？我們的經理沒有想到 quit 字串會在一般的資料裡面出現，所以將它當成**標記值**（結束指示符號）是一種愚蠢的想法。或許你要進去跟他說這件事—我在這裡等你。

如果你還沒有被炒魷魚，你可以使用 b 命令來查看所有的斷點：

```
(Pdb) b

Num Type         Disp Enb   Where
1   breakpoint   keep yes   at /Users/williamlubanovic/book/capitals.py:6
    breakpoint already hit 1 time
```

l 會展示每一行程式、目前的行數（->），以及任何斷點（B）。一般的 l 會從上次呼叫 l 時的結束位置之後開始列出程式，所以我們加入選用的開始行數（在這裡，我們從第 1 行開始）：

```
(Pdb) l 1

 1     def process_cities(filename):
 2         with open(filename, 'rt') as file:
 3             for line in file:
 4                 line = line.strip()
 5                 if 'quit' in line.lower():
 6 B->                 return
 7                 country, city = line.split(',')
 8                 city = city.strip()
 9                 country = country.strip()
10                 print(city.title(), country.title(), sep=',')
11
```

OK，如範例 19-19 所示，我們修改 quit 測試，讓它只比對整行，不會比對其他字元裡面的字元。

範例 *19-19*　*capitals2.py*

```
def process_cities(filename):
    with open(filename, 'rt') as file:
        for line in file:
            line = line.strip()
            if 'quit' == line.lower():
                return
            country, city = line.split(',')
            city = city.strip()
            country = country.strip()
            print(city.title(), country.title(), sep=',')

if __name__ == '__main__':
    import sys
    process_cities(sys.argv[1])
```

再次帶著感情執行：

```
$ python capitals2.py cities2.csv

Buenos Aires,Argentina
La Paz,Bolivia
Brasilia,Brazil
Santiago,Chile
```

```
Bogotá,Colombia
Quito,Ecuador
Stanley,Falkland Islands
Cayenne,French Guiana
Georgetown,Guyana
Asunción,Paraguay
Lima,Peru
Paramaribo,Suriname
Montevideo,Uruguay
Caracas,Venezuela
```

以上大略說明除錯器，目的是要讓你知道它可以做什麼，以及你將來最常使用的命令有哪些。

請記得，測試愈多，除錯工作就愈少。

使用 breakpoint()

Python 3.7 有新的內建函式 breakpoint()。如果你將它放入你的程式，除錯器就會自動啟動，並在每一個位置暫停。如果不使用它，你就要啟動 pdb 之類的除錯器，並親手設定斷點，就像之前那樣。

你剛才看到的除錯器就是預設的除錯器（pdb），但是你可以藉著設定環境變數 PYTHONBREAKPOINT 來改變它。例如，你可以指定使用 web 遠端除錯器 web-pdb（*https://pypi.org/project/web-pdb*）：

```
$ export PYTHONBREAKPOINT='web_pdb.set_trace'
```

官方文件有點枯燥，不過這裡有很好的概要（*https://oreil.ly/9Q9MZ*），還有這裡（*https://oreil.ly/2LJKy*）。

記錄錯誤訊息

在某些情況下，你可能需要從使用 print() 陳述式過度到記錄訊息。log 通常是一種收集訊息的系統檔案，經常插入有用的資訊，例如時戳或執行程式的使用者的名稱。log 通常會每天輪換（換名稱）並且壓縮，如此一來，它們就不會塞爆你的磁碟，製造問題。當你的程式出問題時，你可以查看適當的 log 檔案來看看發生了什麼事情。在 log 裡面，例外的內容特別實用，因為它們展示你的程式崩潰的實際行數，及其原因。

logging 是標準 Python 程式庫模組（*http://bit.ly/py-logging*）。我發現它的許多用詞都很難懂。雖然使用一段時間之後比較容易理解，但是它最初確實太過複雜。logging 模組包含這些概念：

- 你想要存入 log 的 *message*
- 優先順序 *level* 及其對應函式：debug()、info()、warn()、error() 與 critical()
- 一或多個 *logger* 物件，當成與模組的主要連結
- 將訊息引導至你的終端機、檔案、資料庫或其他東西的 *handler*
- 建立輸出的 *formatter*
- 根據輸入做出決定的 *filter*

為了示範最簡單的 logging 例子，我們直接匯入模組並使用它的一些函式：

```
>>> import logging
>>> logging.debug("Looks like rain")
>>> logging.info("And hail")
>>> logging.warn("Did I hear thunder?")
WARNING:root:Did I hear thunder?
>>> logging.error("Was that lightning?")
ERROR:root:Was that lightning?
>>> logging.critical("Stop fencing and get inside!")
CRITICAL:root:Stop fencing and get inside!
```

有沒有發現 debug() 與 info() 不做任何事情，以及兩個在各個訊息前面的 *LEVEL*:root:？到目前為止，它很像有多重人格的 print() 陳述式，其中有些人格具備敵意。

但它很實用，你可以在 log 檔裡面掃描特定的 *LEVEL* 值來找出特定的訊息，比較時戳來看看伺服器崩潰之前發生什麼事情…等等。

大量閱讀文件就可以找出第一個謎題的解答（在一兩頁之後就可以看到第二個）：預設的優先順序 *level* 是 WARNING，它在我們呼叫第一個函式時（logging.debug()）就被鎖定了。我們可以使用 basicConfig() 來設定預設 level。DEBUG 是最低 level，所以這段程式可以讓它與所有更高的 level 流過：

```
>>> import logging
>>> logging.basicConfig(level=logging.DEBUG)
>>> logging.debug("It's raining again")
DEBUG:root:It's raining again
>>> logging.info("With hail the size of hailstones")
INFO:root:With hail the size of hailstones
```

我們使用預設的 logging 函式來做所有的事情，並未實際建立 *logger* 物件。各個 logger 都有一個名稱。我們來製作一個叫做 bunyan 的 logger：

```
>>> import logging
>>> logging.basicConfig(level='DEBUG')
>>> logger = logging.getLogger('bunyan')
>>> logger.debug('Timber!')
DEBUG:bunyan:Timber!
```

如果 logger 名稱裡面有任何句點字元，它們會分隔 logger 的階級，每一個階級可能有不同的屬性。也就是說，稱為 quark 的 logger 的階級比稱為 quark.charmed 的高。特殊的**根** *logger* 是最高級的，稱為 ''。

到目前為止，我們只印出訊息，所以沒有比使用 print() 好多少。我們使用 *handler* 來將訊息引導至不同的位置，最常見位置的是 *log* 檔，做法是：

```
>>> import logging
>>> logging.basicConfig(level='DEBUG', filename='blue_ox.log')
>>> logger = logging.getLogger('bunyan')
>>> logger.debug("Where's my axe?")
>>> logger.warn("I need my axe")
>>>
```

啊哈！螢幕沒有那些訊息了，它們都在名為 *blue_ox.log* 的檔案裡面：

```
DEBUG:bunyan:Where's my axe?
WARNING:bunyan:I need my axe
```

用 filename 引數來呼叫 basicConfig() 可以產生一個 FileHandler，並且讓它可被你的 logger 使用。logging 模組至少有 15 個 handler 可將訊息送到 email、web 伺服器、螢幕與檔案等地方。

最後，你可以控制你 log 的訊息的**格式**。在第一個範例中，我們的預設提供類似這樣子的東西：

```
WARNING:root:Message...
```

如果你傳送 format 字串給 basicConfig()，你可以改用你偏好的格式：

```
>>> import logging
>>> fmt = '%(asctime)s %(levelname)s %(lineno)s %(message)s'
>>> logging.basicConfig(level='DEBUG', format=fmt)
>>> logger = logging.getLogger('bunyan')
>>> logger.error("Where's my other plaid shirt?")
2014-04-08 23:13:59,899 ERROR 1 Where's my other plaid shirt?
```

我們再次讓 logger 將輸出送到螢幕上，但改變了它的格式。

logging 模組認識許多在 fmt 格式字串裡面的變數名稱。我們使用了 asctime（ISO 8601 日期與時間字串）、levelname、lineno（行數），及 message 本身。它還有許多內建變數，你也可以提供自己的變數。

除了以上簡介的功能之外，logging 還有許多功能。你可以同時在多個地方 log，使用不同的優先順序與格式。這個程式包很靈活，但有時是付出簡單性的代價換來的。

優化

Python 通常很快—在它開始變慢之前。在許多情況下，你可以藉著使用更好的演算法或資料結構來提高速度，重點是你要知道該在哪裡做這件事。即使是老練的程式員都經常猜錯位置。你必須像謹慎的棉被工人一樣，在裁剪之前先量好尺寸。所以我們需要使用計時器。

計時

你已經知道 time 模組的 time() 函式會以浮點秒數的格式回傳目前的 epoch 時間。有一種快速計時的做法是取得目前的時間，做一些事情，再取得新的時間，接著將新時間減去原本的時間。我們將它寫成程式，如範例 19-20 所示，並且將它稱為 *time1.py*（不然要叫什麼？）。

範例 *19-20　time1.py*

```
from time import time

t1 = time()
num = 5
num *= 2
print(time() - t1)
```

在這個範例中，我們計算將 5 指派給名稱 num 並將它乘以 2 所花費的時間。這**不是**真正的基準測試，只是為了示範如何測量任何 Python 程式的時間。試著執行它幾次，看看結果有多大的不同：

```
$ python time1.py
2.1457672119140625e-06
$ python time1.py
2.1457672119140625e-06
```

```
$ python time1.py
2.1457672119140625e-06
$ python time1.py
1.9073486328125e-06
$ python time1.py
3.0994415283203125e-06
```

這大約是兩三百萬分之一秒。我們來試試比較慢的事情,例如 sleep()[2]。如果我們只睡一秒鐘,我們的計時器應該會得到比一秒多一點。範例 19-21 是這段程式,將它存為 *time2.py*。

範例 19-21   time2.py

```
from time import time, sleep

t1 = time()
sleep(1.0)
print(time() - t1)
```

為了確定結果,我們多執行它幾次:

```
$ python time2.py
1.000797986984253
$ python time2.py
1.0010130405426025
$ python time2.py
1.0010390281677246
```

不出所料,它花了大約一秒。如果不是這樣,可能是我們的計時器或 sleep() 出錯了。

我們可以用一種更方便的方式來測試這種程式片段:使用標準模組 timeit(*http://bit.ly/py-timeit*)。它有一個稱為(猜一下)timeit() 的函式,可以計算測試程式運行幾次的時間,並且印出一些結果。它的語法是:timeit.timeit(*code*, number=*count*)。

在這一節的範例中,code 必須放在引號裡面,這樣它才不會在你按下 Return 鍵之後執行,而是在 timeit() 內執行。(在下一節,你會看到如何將函式名稱傳給 timeit() 來為它計時。)我們執行之前的範例一次,並為它計時:將這個檔案稱為 *timeit1.py*(範例 19-22)。

---

2   很多電腦書在計時的例子中使用 Fibonacci 數列計算,但我寧願睡覺也不想計算 Fibonacci 數列。

範例 *19-22 timeit1.py*

```
from timeit import timeit
print(timeit('num = 5; num *= 2', number=1))
```

執行它幾次：

```
$ python timeit1.py
2.5600020308047533e-06
$ python timeit1.py
1.9020008039660752e-06
$ python timeit1.py
1.7380007193423808e-06
```

這兩段程式的執行時間同樣大約是兩百萬分之一秒。我們可以使用 `timeit` 模組的 `repeat()` 函式的 `repeat` 引數來執行更多組。將這段程式存為 *timeit2.py*（範例 19-23）。

範例 *19-23 timeit2.py*

```
from timeit import repeat
print(repeat('num = 5; num *= 2', number=1, repeat=3))
```

試著執行它來看看發生什麼情況：

```
$ python timeit2.py
[1.691998477326706e-06, 4.070025170221925e-07, 2.4700057110749185e-07]
```

第一次花費兩百萬分之一秒，第二次與第三次比較快。為什麼？可能的原因有很多種。一方面，我們測試一段很短的程式，它的速度可能與電腦當時正在執行的工作、Python 系統如何優化計算，以及許多其他事情有關。

使用 `timeit()` 意味著將你想要測量的程式碼包成字串。如果你有多行程式要測量呢？你可以用三引號多行字串來傳遞它，但是這種做法很難閱讀。

我們來定義一個懶惰的 `snooze()` 函式，讓它打瞌睡一秒，就像我們有時做的那樣。

首先，我們可以包裝 `snooze()` 函式本身。我們必須加入引數 `globals=globals()`（這可以協助 Python 找到 `snooze`）與 `number=1`（只執行一次；預設值是 1000000，但我們不想花那麼多時間）：

```
>>> import time
>>> from timeit import timeit
>>>
>>> def snooze():
...     time.sleep(1)
```

```
...
>>> seconds = timeit('snooze()', globals=globals(), number=1)
>>> print("%.4f" % seconds)
1.0035
```

或是使用裝飾器：

```
>>> import time
>>>
>>> def snooze():
...     time.sleep(1)
...
>>> def time_decorator(func):
...     def inner(*args, **kwargs):
...         t1 = time.time()
...         result = func(*args, **kwargs)
...         t2 = time.time()
...         print(f"{(t2-t1):.4f}")
...         return result
...     return inner
...
>>> @time_decorator
... def naptime():
...     snooze()
...
>>> naptime()
1.0015
```

另一種方式是使用環境管理器：

```
>>> import time
>>>
>>> def snooze():
...     time.sleep(1)
...
>>> class TimeContextManager:
...     def __enter__(self):
...         self.t1 = time.time()
...         return self
...     def __exit__(self, type, value, traceback):
...         t2 = time.time()
...         print(f"{(t2-self.t1):.4f}")
...
>>>
>>> with TimeContextManager():
...     snooze()
...
1.0019
```

__exit()__ 方法接收三個額外的引數，在此不使用它們，我們也可以在它們的位置使用 *args。

OK，我們已經看了許多種計時的做法了。接下來，我們要為一些程式碼計時，來比較各種演算法（程式邏輯）與資料結構（儲存機制）的效率。

演算法與資料結構

Zen of Python（*http://bit.ly/zen-py*）聲稱總會有一種明確的寫法，最好也只有一種。遺憾的是，有時它並不明確，所以你必須比較各種方案。例如，使用 for 迴圈還是使用串列生成式來建構串列比較好？還有，所謂的 **比較好** 是什麼意思？比較快？比較容易理解？使用的記憶體比較少？還是更「符合 Python 風格」？

在接下來的練習，我們要用各種方式建構一個串列，比較它們的速度、可讀性及 Python 風格。這是 *time_lists.py*（範例 19-24）。

範例 19-24　time_lists.py

```python
from timeit import timeit

def make_list_1():
    result = []
    for value in range(1000):
        result.append(value)
    return result

def make_list_2():
    result = [value for value in range(1000)]
    return result

print('make_list_1 takes', timeit(make_list_1, number=1000), 'seconds')
print('make_list_2 takes', timeit(make_list_2, number=1000), 'seconds')
```

在每一個函式裡面，我們將 1,000 個項目加入串列，並且呼叫每一個函式 1,000 次。注意在這項測試中，我們呼叫 timeit() 時，在第一個引數使用函式名稱，不是程式碼字串。我們來執行它：

```
$ python time_lists.py

make_list_1 takes 0.14117428699682932 seconds
make_list_2 takes 0.06174145900149597 seconds
```

串列生成式的速度比使用 append() 將項目加入串列快兩倍以上。一般來說，生成式的速度都比手動建構更快。

請利用這些概念來讓程式更快。

Cython、NumPy 與 C 擴展程式

如果你已經盡量壓榨 Python 了卻還是沒辦法得到期望的效能，你還有很多選擇。

Cython（*http://cython.org*）是 Python 與 C 的混合體，在設計上使用一些性能註記來將 Python 轉換成編譯後的 C 程式碼。這些註記都非常小，就像在宣告一些變數、函式引數，或函式回傳值的型態。如果你要進行科學風格的數字計算迴圈，加入這些提示可以讓它們快很多，多達數千倍之快。它的文件與範例請見 Cython 維基（*https://oreil.ly/MmW_v*）。

第 22 章會詳細介紹 NumPy。它是 Python 數學程式庫，為了提升速度，它是用 C 寫的。

為了提升速度，Python 的許多部分與標準程式庫都是用 C 編寫的，為了方便起見，用 Python 來包裝。你可以在你的應用程式中使用這些功能。如果你瞭解 C 與 Python，而且真的想要讓程式跑得飛快，雖然編寫 C 擴充程式比較難，但是這項工作帶來的改善是值得的。

PyPy

當 Java 在大約 20 年前問世時，它跑得與得到關節炎的雪納瑞犬一樣慢。但是當 Sun 與其他公司開始認為它真的是財富來源時，便開始投入數百萬美元來優化 Java 解譯器與底層的 Java 虛擬機器（JVW），借鑑 Smalltalk 與 LISP 等早期語言的技術。Microsoft 也投入大量精力優化它的競爭對手 C# 語言與 .NET VM。

Python 不屬於任何一個人，所以沒有人努力讓它跑得更快。你可能正在使用標準的 Python 成品。它是用 C 編寫的，通常稱為 CPython（與 Cython 不一樣）。

Python 與 PHP、Perl 甚至 Java 一樣不會被編譯成機器語言，而是被轉換成中間語言（叫做 *bytecode* 或 p-code），接著在虛擬機器中解譯。

PyPy（*http://pypy.org*）是一種新的 Python 解譯器，採用一些技巧來加速 Java。從它的基準測試（*http://speed.pypy.org*）可以看到 PyPy 在每一項測試中都比 CPython 更快，平均快 6 倍多，有時甚至快 20 倍。它可以和 Python 2 與 3 一起使用。你可以下載它並且

用它來取代 CPython。PyPy 仍然被不斷地改善，或許有一天甚至會取代 CPython。你可以到網站參考最新的版本資訊，看看它可否滿足你的需求。

Numba

你可以使用 Numba（*http://numba.pydata.org*）來動態地將 Python 程式編譯成機器碼，並且提升它的速度。

像之前一樣安裝：

```
$ pip install numba
```

我們先為一個計算斜邊的一般 Python 函式計時：

```
>>> import math
>>> from timeit import timeit
>>> from numba import jit
>>>
>>> def hypot(a, b):
...     return math.sqrt(a**2 + b**2)
...
>>> timeit('hypot(5, 6)', globals=globals())
0.6349189280000189
>>> timeit('hypot(5, 6)', globals=globals())
0.6348589239999853
```

使用 @jit 裝飾器來提升第一次呼叫之後的速度：

```
>>> @jit
... def hypot_jit(a, b):
...     return math.sqrt(a**2 + b**2)
...
>>> timeit('hypot_jit(5, 6)', globals=globals())
0.53961560999999985
>>> timeit('hypot_jit(5, 6)', globals=globals())
0.1534771130000081
```

用 @jit(nopython=True) 來避免一般 Python 解譯器的開銷：

```
>>> @jit(nopython=True)
... def hypot_jit_nopy(a, b):
...     return math.sqrt(a**2 + b**2)
...
>>> timeit('hypot_jit_nopy(5, 6)', globals=globals())
0.18343535700000757
>>> timeit('hypot_jit_nopy(5, 6)', globals=globals())
0.15387067300002855
```

Numba 特別適合與 NumPy 還有其他需要算術運算的程式包使用。

原始碼控制

當你只是編寫一小群程式時，你通常可以自行追蹤你的變動一直到你犯了一個愚蠢的錯誤，並且花了好幾天處理它為止。原始碼控制系統可以保護程式碼免受像你這種危險外力的威脅。如果你和一群開發人員一起工作，原始碼控制就是必要的手段了。這個領域有許多商業與開放原始碼的程式包可用。在 Python 的開放原始碼世界中，最流行的工具是 Mercurial 與 Git。它們都是**分散式**版本控制系統，可以產生多個程式碼存放區的複本。早期的系統是在單一伺服器上運行的，例如 Subversion。

Mercurial

Mercurial（*http://mercurial-scm.org*）是用 Python 寫的。它很容易學習，只要使用一些子命令就可以從 Mercurial 存放區下載程式碼、加入檔案、簽入（check in）變動，以及合併不同來源的變動。bitbucket（*http://bitbucket.org*）與其他網站（*http://bit.ly/merc-host*）有免費或商業代管服務。

Git

Git（*http://git-scm.com*）原本是為了開發 Linux 核心而編寫的，現在已經在開放原始碼領域占主導地位。它很像 Mercurial，不過有人認為它有點難以上手。GitHub（*http://github.com*）是最大的 git 主機，擁有超過一百萬個存放區，但此外也有許多其他主機（*http://bit.ly/githost-scm*）。

你可以在 GitHub 的公用 Git 存放庫取得本書的獨立範例程式（*https://oreil.ly/U2Rmy*）。如果你的電腦有 git 程式，可以用這個命令來下載那些程式：

```
$ git clone https://github.com/madscheme/introducing-python
```

你也可以從 GitHub 網頁下載程式碼：

- 按下「Clone in Desktop」來打開你的電腦的 git 版本，如果已經安裝的話。

- 按下「Download ZIP」來取得程式的壓縮存檔。

如果你沒有 git，但是想嘗試它，你可以閱讀安裝指南（*http://bit.ly/git-install*）。我會在這裡介紹命令列版本，但你也可以參考 GitHub 等網站，它們有額外的服務，而且有時比較容易使用；雖然 git 有許多功能，但並非總是那麼直觀。

我們來試駕 **git**。我們不會介紹太深入的東西，但這次的試駕會展示一些命令與它們的輸出。

製作一個新目錄，並且切換到它那裡：

```
$ mkdir newdir
$ cd newdir
```

在你目前的目錄 *newdir* 建立一個本地的 Git 存放區：

```
$ git init
```

```
Initialized empty Git repository in /Users/williamlubanovic/newdir/.git/
```

建立一個稱為 *test.py* 的 Python 檔案，見範例 19-25，使用在 *newdir* 裡面的內容。

範例 19-25　test.py

```
print('Oops')
```

將這個檔案加入 Git 存放區：

```
$ git add test.py
```

你覺得它怎樣，Git 先生？

```
$ git status
```

```
On branch master
```

```
Initial commit
```

```
Changes to be committed:
  (use "git rm --cached <file>..." to unstage)

    new file:   test.py
```

這代表 *test.py* 是本地存放區的一部分，但是它的改變可能還沒有被提交。我們將它**提交**（*commit*）：

```
$ git commit -m "simple print program"
```

```
[master (root-commit) 52d60d7] my first commit
 1 file changed, 1 insertion(+)
 create mode 100644 test.py
```

-m "my first commit" 是你的提交訊息。如果你省略它，git 會把你帶到一個彈出的編輯器裡面，促使你在裡面輸入訊息。這些訊息會變成那一個檔案的 git 修改紀錄的一部分。

我們來看看目前的狀態：

```
$ git status

On branch master
nothing to commit, working directory clean
```

OK，所有的改變都被送出去了。這代表我們可以進行改變而不需要擔心失去原始的版本。現在修改 *test.py*，將 Oops 改成 Ops!，並儲存檔案（範例 19-26）。

範例 19-26　*test.py*，修改版

```
print('Ops!')
```

我們來看看 git 目前的想法：

```
$ git status

On branch master
Changes not staged for commit:
  (use "git add <file>..." to update what will be committed)
  (use "git checkout -- <file>..." to discard changes in working directory)

    modified:   test.py

no changes added to commit (use "git add" and/or "git commit -a")
```

使用 git diff 來查看從上次提交之後，有哪幾行已被修改了：

```
$ git diff

diff --git a/test.py b/test.py
index 76b8c39..62782b2 100644
--- a/test.py
+++ b/test.py
@@ -1 +1 @@
-print('Oops')
+print('Ops!')
```

如果你試著提交這個修改，git 會發出抱怨：

```
$ git commit -m "change the print string"

On branch master
```

```
Changes not staged for commit:
    modified:    test.py

no changes added to commit
```

staged for commit 這句話代表你必須 add 檔案，這句話大致上可以翻譯成嘿，*git*，看這邊：

```
$ git add test.py
```

你也可以輸入 git add . 來加入目前的目錄中*所有*修改過的檔案，這個功能在你編輯了許多檔案，並且想要 check in 所有的修改時很方便。我們可以提交修改：

```
$ git commit -m "my first change"

[master e1e11ec] my first change
 1 file changed, 1 insertion(&plus;), 1 deletion(-)
```

如果你想要看看你對 *test.py* 做過的蠢事，最近的排最前面，可以使用 git log：

```
$ git log test.py

commit e1e11ecf802ae1a78debe6193c552dcd15ca160a
Author: William Lubanovic <bill@madscheme.com>
Date:    Tue May 13 23:34:59 2014 -0500

    change the print string

commit 52d60d76594a62299f6fd561b2446c8b1227cfe1
Author: William Lubanovic <bill@madscheme.com>
Date:    Tue May 13 23:26:14 2014 -0500

    simple print program
```

發布你的程式

你已經知道你可以將 Python 檔案安裝在檔案和目錄裡面了，你也知道你可以用 python 解譯器來執行 Python 程式檔案。

不過比較少人知道的是，Python 解譯器也可以執行包在 ZIP 檔案裡面的 Python 程式碼，更不為人知的是，它也可以執行稱為 pex 檔（*https://pex.readthedocs.io*）的特殊 ZIP 檔案。

複製本書程式

你可以取得本書所有程式的複本。請造訪 Git 存放區（*https://oreil.ly/FbFAE*）並按照說明將它複製到你的本地電腦。如果你有 git，你可以執行命令 git clone https://github.com/madscheme/introducing-python 在你的電腦上建立一個 Git 存放區。你也可以下載 ZIP 格式的檔案。

如何學更多東西？

本章只是簡介，幾乎可以肯定的是，本章談了太多你不關心的事情，卻對你在乎的事情不夠關心。所以我要推薦你一些我認為有用的 Python 資源。

書籍

我發現這些書籍特別實用，其中包含入門到進階，包含 Python 2 與 3：

- Barry, Paul. *Head First Python* (*2nd Edition*). O'Reilly, 2016.

- Beazley, David M. *Python Essential Reference* (*5th Edition*). Addison-Wesley, 2019.

- Beazley, David M. and Brian K. Jones. *Python Cookbook* (*3rd Edition*). O'Reilly, 2013.

- Gorelick, Micha and Ian Ozsvald. *High Performance Python*. O'Reilly, 2014.

- Maxwell, Aaron. *Powerful Python*. Powerful Python Press, 2017.

- McKinney, Wes. *Python for Data Analysis*: *Data Wrangling with Pandas, NumPy, and IPython*. O'Reilly, 2012.

- Ramalho, Luciano. *Fluent Python*. O'Reilly, 2015.

- Reitz, Kenneth and Tanya Schlusser. *The Hitchhiker's Guide to Python*. O'Reilly, 2016.

- Slatkin, Brett. *Effective Python*. Addison-Wesley, 2015.

- Summerfield, Mark. *Python in Practice: Create Better Programs Using Concurrency, Libraries, and Patterns*. Addison-Wesley, 2013.

此外當然還有很多書籍可以參考（*https://wiki.python.org/moin/PythonBooks*）。

網站

你可以在這些網站找到實用的教學：

- Python for You and Me（*https://pymbook.readthedocs.io*）是介紹性網站，充分涵蓋 Windows

- Real Python（*http://realpython.com*）有許多作者提供的文章

- Zed Shaw 的 Learn Python the Hard Way（*http://learnpythonthehardway.org/book*）

- Mark Pilgrim 的 Dive into Python 3（*https://oreil.ly/UJcGM*）

- Michael Driscoll 的 Mouse Vs. Python（*http://www.blog.pythonlibrary.org*）

如果你想要持續關注 Python 領域的近況，可瀏覽這些新聞網站：

- comp.lang.python（*http://bit.ly/comp-lang-python*）

- comp.lang.python.announce（*http://bit.ly/comp-lang-py-announce*）

- r/python subreddit（*http://www.reddit.com/r/python*）

- Planet Python（*http://planet.python.org/*）

最後，這些優秀的網站可協助你找到和下載程式包：

- The Python Package Index（*https://pypi.python.org/pypi*）

- Awesome Python（*https://awesome-python.com*）

- Stack Overflow Python 問題（*https://oreil.ly/S1vEL*）

- ActiveState Python recipes（*http://code.activestate.com/recipes/langs/python*）

- 在 GitHub 上的 Python 程式包趨勢（*https://github.com/trending?l=python*）

社群

電腦社群有各式各樣的個性：熱情、好辯、沉悶、時尚、保守，以及許多其他個性。Python 社群是友善且文明的。你可以找出某個地區的 Python 社群，包括世界各地的聚會（*http://python.meetup.com*）以及地區使用者社群（*https://wiki.python.org/moin/LocalUserGroups*）。此外還有其他分散各地，基於共同興趣創立的社群。例如，PyLadies（*http://www.pyladies.com*）人際網路旨在支援對於 Python 與開放原始碼有興趣的女性。

會議

在世界各地的眾多會議（*http://www.pycon.org*）和工作坊（*https://www.python.org/community/workshops*）裡面，最大型的是每年在北美（*https://us.pycon.org*）與歐洲（*https://europython.eu/en*）舉辦的那些。

獲得 Python 工作

常用的搜尋網站包括：

- Indeed（*https://www.indeed.com*）

- Stack Overflow（*https://stackoverflow.com/jobs*）

- ZipRecruiter（*https://www.ziprecruiter.com/candidate/suggested-jobs*）

- Simply Hired（*https://www.simplyhired.com*）

- CareerBuilder（*https://www.careerbuilder.com*）

- Google（*https://www.google.com/search?q=jobs*）

- LinkedIn（*https://www.linkedin.com/jobs/search*）

在多數的網站裡面，你都可以在一個輸入欄位裡面輸入 Python，在另一個輸入欄位裡面輸入你的位置。不錯的區域網站包括 Craigslist 的，例如 Seattle 的連結（*https://seattle.craigslist.org/search/jjj*）。你只要將 seattle 的部分改成 sfbay、boston、nyc 或其他 craigslist 網站前置詞就可以搜尋這些區域了。至於遠端（遠程辦工，或「在家工作」）Python 工作，見下面這些特殊網站：

- Indeed（*https://oreil.ly/pFQwb*）

- Google（*https://oreil.ly/LI529*）

- LinkedIn（*https://oreil.ly/nhV6s*）

- Stack Overflow（*https://oreil.ly/R23Tx*）

- Remote Python（*https://oreil.ly/bPW1I*）

- We Work Remotely（*https://oreil.ly/9c3sC*）

- ZipRecruiter（*https://oreil.ly/ohwAY*）

- Glassdoor（*https://oreil.ly/tK5f5*）

- Remotely Awesome Jobs（*https://oreil.ly/MkMeg*）

- Working Nomads（*https://oreil.ly/uHVE3*）

- GitHub（*https://oreil.ly/smmrZ*）

次章預告

等一下，我們還有更多內容！接下來三章將介紹 Python 在藝術、商業和科學領域的應用。你將至少發現一種想要探索的程式包。網路上到處都有亮眼的物件。只有你能分辨哪些虛有其表，哪些是銀子彈（犀利的工具）。就算你目前沒有被狼人威脅，你也要在口袋裡面放一些銀子彈，以備不時之需。

最後，我們會提供麻煩的章末習題的解答、Python 及其夥伴的安裝細節，以及一些我會經常查閱的備忘錄。雖然你的大腦幾乎不需要用到它，但如果你需要的話，隨時都可以查看。

待辦事項

（今天 Python 鐵粉們沒有作業。）

第二十章

Py 藝術

> 嗯,藝術就是藝術,不是嗎?然而,另一方面,水就是水!而且東就是東,
> 西就是西,如果你將小紅莓燉得像蘋果醬一樣,它嚐起來比大黃更像李子。
>
> —Groucho Marx

本章與下兩章將討論 Python 在一些常見的人類活動之中的應用:藝術、商業和科學。
如果你對其中的任何一個領域有興趣,或許你可以從中得到一些有用的想法,或嘗試新
東西的衝動。

2-D 圖形

所有電腦語言都在一定程度上被用來處理電腦圖形。為了提升速度,本章談到的許多重
量級平台都是用 C 或 C++ 編寫的,不過也加入 Python 程式庫來提高生產力。我們先來
看一些 2-D 圖像程式庫。

標準程式庫

標準程式庫裡面只有一些與圖像有關的模組:

imghdr

　　偵測某些圖像檔的檔案類型。

colorsys

　　在各種顏色系統之間進行轉換:RGB、YIQ、HSV 與 HLS。

如果你將 O'Reilly 的 logo 下載到本地檔案 *oreilly.png*，你可以執行這段程式：

```
>>> import imghdr
>>> imghdr.what('oreilly.png')
'png'
```

turtle（*https://oreil.ly/b9vEz*）是另一種標準程式庫—「烏龜圖案（Turtle graphics）」，有時它被用來教年輕人程式設計。你可以用這個命令執行示範：

```
$ python -m turtledemo
```

圖 20-1 是它的 *rosette* 範例的螢幕擷圖。

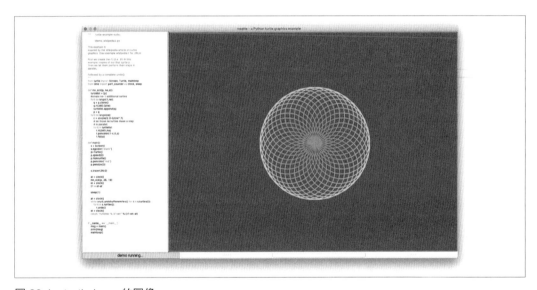

圖 20-1　turtledemo 的圖像

如果你要用 Python 認真地處理圖形，你就要用一些第三方程式包。我們來看看有哪些。

PIL 與 Pillow

雖然 Python Image Library（PIL）（*http://bit.ly/py-image*）沒有被放入標準程式庫，但多年來它已經成為 Python 最有名的 2-D 圖像處理程式庫了。它比 pip 等安裝程式更早出現，所以有人做了一個「友善的分支」，稱為 Pillow（*http://pillow.readthedocs.org*）。Pillow 的成像（imaging）程式碼與 PIL 回溯相容，它的文件也很不錯，所以我們接下來要使用它。

安裝它簡單，只要輸入這個命令就可以了：

```
$ pip install Pillow
```

如果你已經安裝 libjpeg、libfreetype 與 zlib 等作業系統程式包，Pillow 可以偵測並使用它們。詳情見安裝網頁（*http://bit.ly/pillow-install*）。

打開圖像檔案：

```
>>> from PIL import Image
>>> img = Image.open('oreilly.png')
>>> img.format
'PNG'
>>> img.size
(154, 141)
>>> img.mode
'RGB'
```

雖然這個程式包稱為 Pillow，但你要用 PIL 來匯入它，好讓它與之前的 PIL 相容。

若要使用 Image 物件的 show() 方法在螢幕上顯示圖像，你要先安裝下一節介紹的 ImageMagick 程式包，再執行它：

```
>>> img.show()
```

圖 20-2 的圖像會在另一個視窗開啟。（這個擷圖是從 Mac 拍下來的，那裡的 show() 函式使用 Preview 應用程式。你的視窗的可能有不同的外觀。）

圖 20-2　用 Python Image Library 顯示的圖像

接下來要裁剪在記憶體裡面的圖像，將結果存成稱為 **img2** 的新物件，並顯示它。圖像一定是用水平值（x）與垂直值（y）來測量的，圖像有一個角落是**原點**，它的 x 與 y 是 0。這個程式庫的原點 (0, 0) 是圖像的左上角，x 增加時往右，y 增加時往下。我們要將左 x (55)，上 y (70)，右 x (85)，與下 y (100) 傳給 crop() 方法，所以我們傳送一個 tuple 給它，在裡面依序放入這些值。

```
>>> crop = (55, 70, 85, 100)
>>> img2 = img.crop(crop)
>>> img2.show()
```

圖 20-3 是程式的結果。

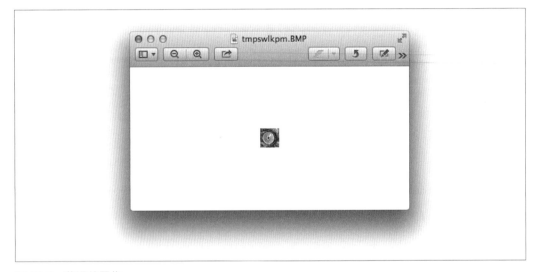

圖 20-3　裁過的圖像

我們用 save 方法來儲存圖像檔案。它接收一個檔名與一個選用的類型。如果檔名有副檔名，程式庫可以用它來確定類型。但是你也可以明確地指明類型。要將剪起來的圖像存成 GIF 檔，你可以這麼做：

```
>>> img2.save('cropped.gif', 'GIF')
>>> img3 = Image.open('cropped.gif')
>>> img3.format
'GIF'
>>> img3.size
(30, 30)
```

在最後一個範例，我們要「改善」小吉祥物。先下載原始的小動物複本，見圖 20-4。

圖 20-4　可愛的小動物

因為牠有頹廢的鬍渣，所以我們用一張圖像來美化牠，嗯，圖像；見圖 20-5。

圖 20-5　外星科技

我們把它們放一起，施展一些 *alpha* 通道魔法，來讓重疊的部分半透明，見範例 20-1。

範例 *20-1　ch20_critter.py*

```
from PIL import Image

critter = Image.open('ch20_critter.png')
stache = Image.open('ch20_stache.png')
stache.putalpha(100)
img = Image.new('RGBA', critter.size, (255, 255, 255, 0))
img.paste(critter, (0, 0))
img.paste(stache, (45, 90), mask=stache)
img.show()
```

圖 20-6 是牠的新造型。

圖 20-6　很帥的新吉祥物

ImageMagick

ImageMagick（*http://www.imagemagick.org*）是一套用來轉換、修改和顯示 2-D 點陣圖像的程式。它已經有 20 年歷史了。許多 Python 程式庫都連接到 ImageMagick C 程式庫。最近一種支援 Python 3 的是 wand（*http://docs.wand-py.org*）。輸入下面的命令來安裝它：

```
$ pip install Wand
```

你可以用 wand 做許多與 Pillow 一樣的事情：

```
>>> from wand.image import Image
>>> from wand.display import display
>>>
>>> img = Image(filename='oreilly.png')
>>> img.size
(154, 141)
>>> img.format
'PNG'
```

如同 Pillow，這會在螢幕上顯示圖像：

```
>>> display(img)
```

wand 也有可以在 Pillow 中找到的旋轉、改變大小、繪製文字與線條、格式轉換和其他功能。它們都有很好的 API 與文件。

3-D 圖

包括這些基本的 Python 程式包：

- VPython（*https://vpython.org*）有可在瀏覽器運行的範例（*https://oreil.ly/J42t0*）。
- pi3d（*https://pi3d.github.io*）可以在 Raspberry Pi、Windows、Linux 與 Android 上運行。
- Open3D（*http://www.open3d.org/docs*）是功能完整的 3-D 程式庫。

3-D 動畫

幾乎所有現代電影片尾的人員名單裡面都有很多特效與動畫人員。多數的大製片廠，包括 Walt Disney Animation、ILM、Weta、Dreamworks、Pixar 都雇用具備 Python 經驗的人員。你可以搜尋「python animation jobs」看看現在有哪些職缺。

Python 3-D 程式包包含：

Panda3D（*http://www.panda3d.org*）

 它是開放原始碼且免費使用的，即使在商業應用程式上也是免費的，你可以從 Panda3D 網站下載它的版本（*http://bit.ly/dl-panda*）。

VPython（*https://vpython.org*）

 包含許多範例（*https://oreil.ly/J42t0*）。

Blender（*http://www.blender.org*）

 Blender 是免費的 3-D 動畫與遊戲創作程式庫。當你下載並安裝（*http://www.blender. org/download*）它時，它裡面有它自己的 Python 3 版本。

Maya（*https://oreil.ly/PhWn-*）

 這是商用 3-D 動畫與圖形系統。它裡面有 Python 版本，目前是 2.7。Chad Vernon 寫了一本可供免費下載的書籍，*Python Scripting for Maya Artists*（*http://bit.ly/py-maya*）。當你在網路上搜尋 Python 與 Maya 時，你會發現許多其他資源，包括免費與商用的，也有很多影片。

Houdini（*https://www.sidefx.com*）

 Houdini 是商用的，不過你可以下載稱為 Apprentice 的免費版本。它與其他的動畫程式包一樣有 Python 同捆（*https://oreil.ly/L4C7r*）。

圖形使用者介面

雖然「圖形使用者介面（GUI）」裡面有圖形這兩個字，但是它比較傾向使用者介面，也就是用來顯示資料、輸入方法、選單、按鈕、視窗的 widget（小零件）。

維基網頁 GUI programming（*http://bit.ly/gui-program*）與 FAQ（*http://bit.ly/gui-faq*）有許多 Python 支持的 GUI。我們從標準程式庫唯一內建的看起：Tkinter（*https://wiki. python.org/moin/TkInter*）。它很簡單，但是可以在所有平台上運作，產生看起來很像「原生的」的視窗與 widget。

這一小段 Tkinter 程式可以在視窗中顯示我們最愛的大眼睛吉祥物：

```
>>> import tkinter
>>> from PIL import Image, ImageTk
>>>
```

```
>>> main = tkinter.Tk()
>>> img = Image.open('oreilly.png')
>>> tkimg = ImageTk.PhotoImage(img)
>>> tkinter.Label(main, image=tkimg).pack()
>>> main.mainloop()
```

注意它使用一些 PIL/Pillow 的模組。你會再次看到 O'Reilly logo，見圖 20-7。

圖 20-7　用 Tkinter 顯示的圖像

要讓這個視窗消失，你可以按下它的關閉按鈕，或離開你的 Python 解譯器。

你可以到 tkinter 維基（*https://wiki.python.org/moin/TkInter*）更深入瞭解 Tkinter。下面是未被放入標準程式庫的 GUI：

Qt（*http://qt-project.org*）

這是一種專業的 GUI 與應用程式工具組，源自挪威的 Trolltech 在 20 年前製作的作品。它曾經被用來建構 Google Earth、Maya 與 Skype 等應用程式。它也是 Linux 桌面程式 KDE 的基礎。Qt 有兩種主要的 Python 程式庫：PySide（*http://qt-project.org/wiki/PySide*）是免費的（LGPL 授權條款），而 PyQt（*http://bit.ly/pyqt-info*）則採取 GPL 授權條款或商用。你可以到這個 Qt 網頁查看它們的差異（*http://bit.ly/qt-diff*）。你可以在 PyPI（*https://pypi.python.org/pypi/PySide*）或 Qt（*http://qt-project.org/wiki/Get-PySide*）下載 PySide 並閱讀教學（*http://qt-project.org/wiki/PySide_Tutorials*）。你可以免費下載 Qt（*http://bit.ly/qt-dl*）。

GTK+（*http://www.gtk.org*）

GTK+ 是 Qt 的競爭對手，它也被用來建立許多應用程式，包括 GIMP 與 Linux 的 Gnome 桌上程式。它的 Python 同捆版本 PyGTK（*http://www.pygtk.org*）。你可以到 PyGTK 網站（*http://bit.ly/pygtk-dl*）下載程式，那裡也有文件可以閱讀（*http://bit.ly/py-gtk-docs*）。

WxPython（*http://www.wxpython.org*）

這是 WxWidgets（*http://www.wxwidgets.org*）的 Python 同捆版本。它是另一種強大的程式包，可以免費下載（*http://wxpython.org/download.php*）。

Kivy（*http://kivy.org*）

Kivy 是免費的現代程式庫，可建構可以跨平台移植的多媒體使用者介面，平台包括桌機（Windows、OS X、Linux）與行動裝置（Android、iOS）。它也支援多點觸控。你可以在 Kivy 網站（*http://kivy.org/#download*）下載所有平台的版本。Kivy 也有應用程式開發教學（*http://bit.ly/kivy-intro*）。

PySimpleGUI（*https://pysimplegui.readthedocs.io*）

你可以用一個程式庫編寫原生或 web GUI。PySimpleGUI 是本節介紹過的一些其他 GUI 的包裝，包括 Tk、Kivy 與 Qt。

web

Qt 之類的框架使用原生元件，但有些其他的使用 web。畢竟，web 是一個通用的 GUI，有它自己的圖形（SVG）、文字（HTML），甚至多媒體（在 HTML5 裡面）。你可以用任何前端（基於瀏覽器的）和後端（web 伺服器）工具組合建構 web app。*瘦用戶端*（*thin client*）可讓後端做大部分的工作。如果前端占主導地位，它就是*厚的*（*thick*）或*胖的*（*fat*）或*豐富的*（*rich*）用戶端，最後一個形容詞聽起來比較討喜。前後端通常使用 RESTful API、Ajax 與 JSON 來溝通。

繪圖、圖形與視覺化

Python 已經成為繪圖、圖形與資料視覺化的主要解決方案了。它在科學界特別流行，詳情見第 22 章。Python 官方維基（*https://oreil.ly/Wdter*）與 Python Graph Gallery（*https://python-graph-gallery.com*）都有實用的概要與範例。

我們來看一下最流行的一些。下一章會再次介紹其中的一些，用它們來建立地圖。

Matplotlib

Matplotlib（*http://matplotlib.org*）2-D 繪圖程式庫可以用下面的命令安裝：

```
$ pip install matplotlib
```

你可以從藝廊（gallery）（*http://matplotlib.org/gallery.html*）裡面的範例看到 Matplotlib 的廣度。

我們先來試一下同一個圖像顯示 app（結果見圖 20-8），看看程式碼與畫面長怎樣：

```
import matplotlib.pyplot as plot
import matplotlib.image as image

img = image.imread('oreilly.png')
plot.imshow(img)
plot.show()
```

圖 20-8　用 Matplotlib 顯示的圖像

Matplotlib 真正的優勢是繪圖，畢竟它的名稱中間有 *plot*。我們來產生兩個包含 20 個整數的串列，一個平順地從 1 遞增到 20，另一個與第一個類似，但是偶有輕微的起伏（範例 20-2）。

範例 *20-2　ch20_matplotlib.py*

```
import matplotlib.pyplot as plt
from random import randint
```

```
linear = list(range(1, 21))
wiggly = list(num + randint(-1, 1) for num in linear)

fig, plots = plt.subplots(nrows=1, ncols=3)

ticks = list(range(0, 21, 5))
for plot in plots:
    plot.set_xticks(ticks)
    plot.set_yticks(ticks)

plots[0].scatter(linear, wiggly)
plots[1].plot(linear, wiggly)
plots[2].plot(linear, wiggly, 'o-')

plt.show()
```

當你執行這個程式時，你會看到類似圖 20-9 的結果（不完全一樣，因為 randint() 會產生隨機的起伏）。

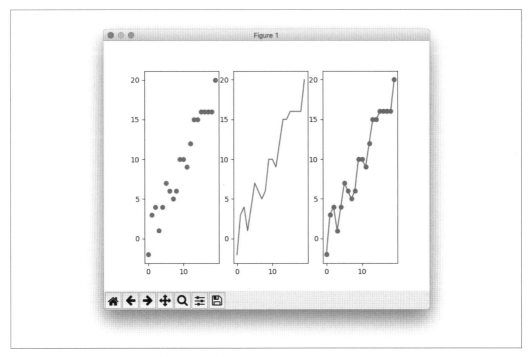

圖 20-9　基本的 Matplotlib 散布圖與折線圖

這個範例展示一張散布圖、一張折線圖,與一張有資料記號的折線圖。裡面的樣式與顏色都使用 Matplotlib 的預設值,但它們都可以廣泛地自訂。細節請參考 Matplotlib 網站（*https://matplotlib.org*）或是 Python Plotting With Matplotlib (Guide)（*https://oreil.ly/T_xdT*）等概要。

第 22 章有更多 Matplotlib 的內容,它與 NumPy 和其他的科學應用程式有很密切的關係。

Seaborn

Seaborn（*https://seaborn.pydata.org*）是一種資料視覺化程式庫（圖 20-10）,它是用 Matplotlib 建構的,並且與 Pandas 連結。它也可以用常用的咒語（**pip install seaborn**）來安裝。

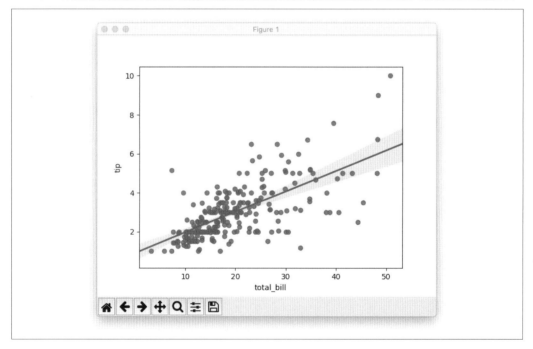

圖 20-10　基本的 Seaborn 散布圖與線性回歸

範例 20-3 的程式來自 Seaborn 範例（*https://oreil.ly/eBFGi*）;它讀取餐廳小費測試資料,並且將小費與總帳單金額之間的關係畫成一條擬合的線性回歸線。

範例 *20-3   ch20_seaborn.py*

```python
import seaborn as sns
import matplotlib.pyplot as plt

tips = sns.load_dataset("tips")
sns.regplot(x="total_bill", y="tip", data=tips);

plt.show()
```

 如果你用標準 Python 解譯器執行上面的程式，你就要加入範例 20-3 的第一行（import matplotlib.pyplot as plt）與最後一行（plt.show()），否則圖表不會顯示出來。如果你使用 Jupyter，Matplotlib 是內建的，所以你不需要輸入它們。當你閱讀 Python 對映工具的範例程式時務必記得這件事。

Seaborn 與 Matplotlib 一樣，有大量的資料處理和顯示選項。

Bokeh

在 web 早期，開發人員會在伺服器上產生圖形，並且將圖形的 URL 傳給瀏覽器，讓瀏覽器讀取圖形。近來，JavaScript 的性能已經有所提升，也有用戶端圖形產生工具，如 D3。在一兩頁之前，我提到在前端 / 後端結構中使用 Python 來處理圖形與 GUI 的可能性。Bokeh（*http://bokeh.pydata.org*）這種新工具則是結合了 Python（大型的資料集、容易使用）與 JavaScript（互動性、較少圖形延遲）兩者的優勢。它的重點是將大型的資料集快速視覺化。

如果你已經安裝它的先決元件（NumPy、Pandas 與 Redis），你就可以輸入下面的命令來安裝 Bokeh：

```
$ pip install bokeh
```

（第 22 章會展示 NumPy 與 Pandas 的動作。）

或是從 Bokeh 網站（*https://oreil.ly/1Fy-L*）一次安裝所有東西。Matplotlib 是在伺服器運行的，但是 Bokeh 主要在瀏覽器運作，並且可以利用用戶端的最新技術。你可以在藝廊（gallery）按下任何圖像（*https://oreil.ly/DWN-d*），以互動的方式查看畫面與它的 Python 程式碼。

遊戲

因為 Python 是很棒的遊戲開發平台，所以很多人都寫了這方面的書籍：

- *Invent Your Own Computer Games with Python*（*http://inventwithpython.com*），Al Sweigart 著

- *The Python Game Book*（*http://thepythongamebook.com*），Horst Jens 著（docuwiki 書籍）

Python 維基（*https://wiki.python.org/moin/PythonGames*）上的一般性討論也有許多連結。

最著名的 Python 遊戲平台應該是 pygame（*http://pygame.org*）。你可以從 Pygame 網站（*http://pygame.org/download.shtml*）為你的平台下載可執行的安裝程式，並且閱讀「pummel the chimp」遊戲的逐行範例（*https://oreil.ly/l-swp*）。

音訊與音樂

> 我尋求襯線
> 但它不適合 Claude Debussy。
> —十足的匿名者

那麼，聲音、音樂，與哼唱「Jingle Bells」的貓怎麼處理？嗯，正如 Meatloaf 說的，三個中的兩個還不賴。

我很難在紙本中表示聲音，所以列出一些最新的 Python 聲音與音樂連結，但你還可以用 Google 找到更多：

- 標準程式庫的音訊模組（*http://docs.python.org/3/library/mm.html*）
- 第三方音訊工具（*https://wiki.python.org/moin/Audio*）
- 十幾種第三方音樂應用程式（*https://wiki.python.org/moin/PythonInMusic*）：圖形與 CLI 播放器、轉換器、符號、分析、播放清單、MIDI 及其他

最後，音樂的線上資源有哪些？你已經在這本書看過訪問 Internet Archive 的範例程式了。這是一些它的音訊存檔的連結：

- 錄音（*https://archive.org/details/audio*）（>5 百萬個）
- 實況音樂（*https://archive.org/details/etree*）（>200,000）
- 實況 Grateful Dead 秀（*https://archive.org/details/GratefulDead*）（>13,000）

次章預告

忙！忙！忙！接下來是商業 Python。

待辦事項

20.1 安裝 `matplotlib`。畫出這幾對 (x, y) 的散布圖：((0, 0), (3, 5), (6, 2), (9, 8), (14, 10))。

20.2 畫出同一組資料的折線圖。

20.3 畫出同一組資料的 plot（有記號的折線圖）。

第二十一章

Py 上工

「生意！」鬼哭喊著，再次扭動他的手。「人類是我的生意…」

—Charles Dickens, *A Christmas Carol*

男性商業人員的制服是西裝與領帶，但是他們總是先把夾克扔到椅子上，解開領帶，捲起袖子，倒一杯咖啡，**才開始幹正事**。與些同時，女性商業人員已經完成工作了，或許還可以喝杯拿鐵。

商業單位與政府單位都使用前幾章介紹的所有技術，包括資料庫、web、系統與網路。Python 的生產力讓大企業（*http://bit.ly/py-enterprise*）與新創公司（*http://bit.ly/py-startups*）很喜歡使用它。

一直以來，各種機構都糾結於不相容的檔案格式、難懂的網路協定、被鎖死在某種語言，以及普遍缺乏準確的文件。但是現在他們可以藉著使用這些工具來建立更快、更便宜且更有彈性的應用程式：

- Python 等動態語言
- 將 web 當成通用的圖形化使用者介面
- 將 RESTful API 當成獨立於語言之外的服務介面
- 關聯與 NoSQL 資料庫
- 「大數據」與分析學
- 用雲端來部署與節省資本

Microsoft Office 套件

商業機構重度使用 Microsoft Office 應用程式與檔案格式。有一些 Python 程式庫可以協助你處理它們，雖然那些程式庫不怎麼有名，有的還缺乏優質的說明文件。這是一些處理 Microsoft Office 文件的程式庫：

docx（*https://pypi.python.org/pypi/docx*）

這個程式庫可建立、讀取與寫入 Microsoft Office Word 2007 *.docx* 檔。

python-excel（*http://www.python-excel.org*）

這個網站用 PDF 教學（*http://bit.ly/py-excel*）探討 xlrd、xlwt 與 xlutils 模組。Excel 也可以讀寫逗號分隔值（CSV）檔案，你可以用 csv 模組來處理這種檔案。

oletools（*http://bit.ly/oletools*）

這個程式庫可以從 Office 格式取出資料。

OpenOffice（*http://openoffice.org*）是一種開放原始碼的替代方案。它可以在 Linux、Unix、Windows 與 macOS 上運行，可讀取與寫入 Office 檔案格式，它也安裝一個 Python 3 版本供它自己使用。你可以用 PyUNO（*https://oreil.ly/FASNB*）程式庫在 Python（*https://oreil.ly/mLiCr*）中編寫 OpenOffice。

OpenOffice 的擁有者是 Sun Microsystems，當 Oracle 併購 Sun 時，有些人擔心將來還能不能使用它，所以分出 LibreOffice（*https://www.libreoffice.org*）。DocumentHacker（*http://bit.ly/docu-hacker*）介紹如何使用 Python UNO 程式庫來處理 LibreOffice。

OpenOffice 與 LibreOffice 都必須對 Microsoft 檔案格式進行逆向工程，這並不容易。Universal Office Converter（*http://dag.wiee.rs/home-made/unoconv*）模組使用 OpenOffice 或 LibreOffice 的 UNO 程式庫。它可以轉換許多檔案格式：文件、試算表、圖形，及簡報。

如果你遇到不明的檔案，python-magic（*https://github.com/ahupp/python-magic*）可以分析特定的 byte 序列來猜出它的格式。

python open document（*http://appyframework.org/pod.html*）程式庫可以讓你在模板裡面用 Python 程式碼建立動態文件。

雖然 Adobe 的 PDF 不是 Microsoft 格式，但它在商業界很常見。ReportLab（*http://www.reportlab.com/opensource*）的 Python PDF 產生器有開放原始碼與商業版本。如果你需要編輯 PDF，或許你可以在 StackOverflow 尋求協助（*http://bit.ly/add-text-pdf*）。

執行商業工作

你幾乎可以幫任何東西找到 Python 模組。請造訪 PyPI（*https://pypi.python.org/pypi*）並在搜尋欄輸入想要找的東西。有很多模組是各種服務的公用 API 的介面。或許你想要看一些與商業工作有關的範例：

- 用 Fedex（*https://github.com/gtaylor/python-fedex*）或 UPS（*https://github.com/openlabs/PyUPS*）寄貨。

- 用 stamps.com（*https://github.com/jzempel/stamps*）API 寄信。

- 閱讀 *Python* 的商業情報討論（*http://bit.ly/py-biz*）。

- 如果 Anoka 的 Aeropresses（沖咖啡的器材）被搶購一空，那是顧客的行為還是惡作劇？ Cubes（*http://cubes.databrewery.org*）是一種 Online Analytical Processing（OLAP，線上分析處理）web 伺服器與資料瀏覽器。

- OpenERP（*https://www.openerp.com/*）是大型的商用企業資源規劃（ERP）系統，它是用 Python 與 JavaScript 寫成的，有上千個外掛模組。

處理商業資料

企業對資料有特別的喜好。可悲的是，很多企業想出讓資料難以使用的不當方法。

雖然試算表是很棒的發明，但是企業隨著時間愈來愈沉迷其中不可自拔。很多非程式員都是因為呼叫巨集而不是程式，而被誘導去學習寫程式。但是世界正不斷擴展，資料也緊跟在後。舊版的 Excel 只能使用 65,536 行，即使新版也只能使用 100 萬行左右。機構的資料超過一台電腦的上限就像員工人數超過一百位，突然間，你必須加入新的階層、中間機制與溝通機制。

浮濫的資料程式不是一台電腦的資料量造成的，而是大量資料湧入企業造成的結果。關聯資料庫可處理上百萬行資料而不會爆炸，但是需要花很多時間來寫入或更新。一般的文字或二進制檔案可達 GB 大小，但如果你需要一次處理它的全部，你就要有足夠的記憶體。傳統的桌機軟體並不是針對這些情況設計的。Google 與 Amazon 等公司已發明許多解決方案來處理這些大規模的資料。其中一個例子是在 Amazon 的 AWS 雲端上的 Netflix（*http://bit.ly/py-netflix*），它使用 Python 來結合 RESTful API、安全措施、部署與資料庫。

擷取、轉換與載入

在資料這座大冰山的水面下，有一部分代表獲取資料的所有工作。就企業而言，共同的術語是擷取、轉換、載入，或 *ETL*。它的同義詞 *data munging* 或 *data wrangling* 給人馴服一頭不羈野獸的印象，這應該是個恰當的比喻。這項工作看起來是個已被解決的工程問題，但它在很大程度上仍然是一門藝術。我已經在第 12 章稍微討論過它了。我們會在第 22 章更廣泛地討論**資料科學**，因為這是多數的開發者投入大多數時間的地方。

如果你看過**綠野仙蹤**，或許記得（除了飛行猴子之外）結束的部分─善良的巫婆告訴桃樂絲，只要點一下她的紅寶石拖鞋，她就可以回到堪薩斯洲的家。即使當時我年紀還小，我都會暗中說「她終於告訴她了！」儘管現在我突然發現如果她早點提出這個建議，電影就不需要演那麼久了。

但是這不是電影，我們討論的是商業世界，縮短工作是件好事。所以，現在我要告訴你一些技巧了。你需要在日常工作中使用的工具大部分都是這本書介紹過的那些，包括字典與物件等高階資料結構、上千種標準與第三方程式庫，以及只要使用 Google 就可以找到的專家社群。

如果你是某家公司的電腦程式員，你的工作流程幾乎都包括這些事情：

1. 從怪異的檔案格式或資料庫中擷取資料

2. 「清理」資料，這些資料包羅萬象，充滿難搞的物件

3. 轉換日期、時間、字元集等東西

4. 真正用資料來做事

5. 將結果的資料存入檔案或資料庫

6. 再次回第步驟 1，抹香皂、清洗、重複

舉個例子：你想要將試算表的資料移至資料庫。你可以將試算表存成 CSV 格式，並使用第 16 章的 Python 程式庫，你也可以尋找可直接讀取二進制試算表格式的模組。你的手指知道如何在 Google 輸入 `python excel`，並尋找 Working with Excel files in Python（*http://www.python-excel.org*）這類的網站。你可以使用 `pip` 安裝一種程式包，並且為工作的最後階段找到一種 Python 資料庫驅動程式。我也在第 16 章介紹過 SQLAlchemy 與直接的底層資料庫驅動程式。現在你需要一些中間的程式，這就是 Python 的資料結構與程式庫可為你節省時間的地方。

接下來我們要試做一個範例，結束之後再試一次，第二次使用程式庫來節省幾個步驟。我們將讀取一個 CSV 檔案，算出一個欄位中獨一無二的值，並印出結果。如果我們在 SQL 裡面做這件事，我們就要使用 SELECT、JOIN 與 GROUP BY。

首先是 *zoo.csv* 檔，它有這些欄位：動物種類、牠咬遊客的次數、遊客縫了幾針，以及我們付給遊客多少封口費，拜託他不要告訴記者：

```
animal,bites,stitches,hush
bear,1,35,300
marmoset,1,2,250
bear,2,42,500
elk,1,30,100
weasel,4,7,50
duck,2,0,10
```

我們想要看哪一種動物花掉最多錢，所以彙整各種動物花掉的總封口費。（我們將攻擊次數與縫幾針交給實習生計算。）我們使用第 320 頁的「CSV」介紹的 csv 模組與第 218 頁的「用 Counter() 來計算項目數量」介紹的 Counter。將這段程式存成 *zoo_counts.py*：

```python
import csv
from collections import Counter

counts = Counter()
with open('zoo.csv', 'rt') as fin:
    cin = csv.reader(fin)
    for num, row in enumerate(cin):
        if num > 0:
            counts[row[0]] += int(row[-1])
for animal, hush in counts.items():
    print("%10s %10s" % (animal, hush))
```

我們省略第一列，因為它裡面只有欄名。counts 是 Counter 物件，負責將各種動物的總數初始值設為零。我們做一些格式化，將輸出靠右對齊。試一下：

```
$ python zoo_counts.py
      duck         10
       elk        100
      bear        800
    weasel         50
  marmoset        250
```

哈！是熊。牠一直是我們懷疑的主要對象，但現在我們得到確切數字了。

接下來，我們用一種稱為 Bubbles（*http://bubbles.databrewery.org*）的資料處理工具組來重做這項工作。你可以輸入這個命令來安裝它：

```
$ pip install bubbles
```

它需要 SQLAlchemy，如果你沒有，可輸入 pip install sqlalchemy。這是測試程式（稱它為 *bubbles1.py*），改寫自這份文件（*http://bit.ly/py-bubbles*）：

```
import bubbles

p = bubbles.Pipeline()
p.source(bubbles.data_object('csv_source', 'zoo.csv', infer_fields=True))
p.aggregate('animal', 'hush')
p.pretty_print()
```

接下來是揭露真相的時刻：

```
$ python bubbles1.py
2014-03-11 19:46:36,806 DEBUG calling aggregate(rows)
2014-03-11 19:46:36,807 INFO called aggregate(rows)
2014-03-11 19:46:36,807 DEBUG calling pretty_print(records)
+--------+--------+------------+
|animal  |hush_sum|record_count|
+--------+--------+------------+
|duck    |      10|           1|
|weasel  |      50|           1|
|bear    |     800|           2|
|elk     |     100|           1|
|marmoset|     250|           1|
+--------+--------+------------+
2014-03-11 19:46:36,807 INFO called pretty_print(records)
```

如果你讀過文件，你可以避免這幾行除錯文字，也可以更改表格的格式。

在這兩個例子中，我們看到 bubbles 範例使用一個函式呼叫式（**aggregate**）來取代手動讀取與計算 CSV 格式。取決於需求，資料工具組可以幫你節省許多工作。

在比較真實的情況下，我們的動物園檔案可能有上千列資料（真是個危險的地方），裡面有些拼字錯誤，例如 **bare**、數字裡面有逗號等情況。建議你可以利用這些資源來以 Python 程式處理實際的資料問題：

- *Data Crunching: Solve Everyday Problems Using Java, Python, and More*（*http://bit.ly/data_crunching*）——Greg Wilson（Pragmatic Bookshelf）

- *Automate the Boring Stuff*（*https://automatetheboringstuff.com*）——Al Sweigart（No Starch）

資料清理工具可以節省許多時間，Python 有許多這類工具。例如 PETL（*http://petl. readthedocs.org*）可以進行資料列與欄的提取與更名。與它有關的工作網頁（*http://bit.ly/ petl-related*）有許多實用的模組與產品。第 22 章會詳細介紹一些特別實用的資料工具：Pandas、NumPy 與 IPython。它們目前是科學界最出名的工具，但也逐漸在金融與資料開發界流行起來。在 2012 年 Pydata 會議中，AppData（*http://bit.ly/py-big-data*）討論了如何用這三種與其他的 Python 工具來每天處理 15 TB 的資料。Python 可以處理非常大規模的實際資料負擔。

你也可以複習一下第 382 頁的「資料序列化」介紹的資料序列化與驗證工具。

資料驗證

當你清理資料時，通常需要檢查：

- 資料型態，例如整數、浮點數或字串
- 值的範圍
- 正確的值，例如有效的電話號碼或 email 地址
- 重複
- 缺漏的資料

這些工作在處理 web 請求與回應時特別常見。

方便你處理特定資料類型的 Python 程式包有：

- validate_email（*https://pypi.org/project/validate_email*）
- phonenumber（*https://pypi.org/project/phonenumbers*）

實用的一般工具有：

- validators（*https://validators.readthedocs.io*）
- pydantic（*https://pydantic-docs.helpmanual.io*）—Python 3.6 以上，使用型態提示
- marshmallow（*https://marshmallow.readthedocs.io/en/3.0*）—也可以做序列化與反序列化
- cerberus（*http://docs.python-cerberus.org/en/stable*）
- 許多其他工具（*https://libraries.io/search?keywords=validation&languages=Python*）

其他的資訊來源

有時你需要來自其他地方的資料。以下是一些商業與政府資料來源：

data.gov (https://www.data.gov)
> 可讓你取得上千筆資料組與工具的門戶。它的 API（*https://www.data.gov/developers/apis*）是用 Python 資料管理系統 CKAN（*http://ckan.org*）建立的。

Opening government with Python (http://sunlightfoundation.com)
> 請參考影片（*http://bit.ly/opengov-py*)）與投影片（*http://goo.gl/8Yh3s*）。

python-sunlight (http://bit.ly/py-sun)
> 可訪問 Sunlight API（*http://sunlightfoundation.com/api*）的程式庫。

froide (https://froide.readthedocs.io)
> 一種基於 Django 的平台，可管理資訊請求的自由度。

在 web 尋找開放資料的 30 個位置（*http://blog.visual.ly/data-sources*）
> 一些方便的連結。

開放原始碼 Python 商業程式包

Odoo (https://www.odoo.com)
> 廣泛的 ERP 平台

Tryton (http://www.tryton.org)
> 另一個廣泛的商業平台

Oscar (http://oscarcommerce.com)
> Django 的電子商務框架

Grid Studio (https://gridstudio.io)
> 基於 Python 的試算表，可在本地或雲端運行。

金融 Python

最近金融界對 Python 產生濃厚的興趣。定量分析師已經開始採用第 22 章的軟體與他們自己的軟體來建構次世代的金融工具了：

Quantitative economics (http://quant-econ.net)
> 一項經濟模擬工具，有大量數學與 Python 程式碼

Python for finance (http://www.python-for-finance.com)
> 介紹 Yves Hilpisch 寫的書籍 *Derivatives Analytics with Python: Data Analytics, Models, Simulation, Calibration, and Hedging* (Wiley)。

Quantopian (https://www.quantopian.com)
> 你可以在這個互動式網站撰寫自己的 Python 程式，並且用它來處理歷史股票資料，看看它的表現

PyAlgoTrade (http://gbeced.github.io/pyalgotrade)
> 另一個可以回測股票的工具，但是是在你自己的電腦上

Quandl (http://www.quandl.com)
> 搜尋上百萬個金融資料組

Ultra-finance (https://code.google.com/p/ultra-finance)
> 即時股市集合程式庫

Python 金融分析 (http://bit.ly/python-finance) (O'Reilly)
> Yves Hilpisch 寫的書，裡面有許多 Python 金融模擬範例

商業資料安全

安全防護是企業特別關心的問題。因為坊間有許多專門探討這個主題的書籍，所以我們只介紹一些與 Python 有關的技巧。

- 第 369 頁的「Scapy」介紹過 **scapy**，它是 Python 支持的封包鑑定語言。很多人用它來解釋一些主要的網路攻擊。

- Python Security（*http://www.pythonsecurity.org*）網站討論許多安全防護主題，有一些關於 Python 模組和備忘錄的詳細說明。

- TJ O'Connor 的書籍 *Violent Python*（*http://bit.ly/violent-python*）（副標是 *A Cookbook for Hackers, Forensic Analysts, Penetration Testers and Security Engineers*）(Syngress) 廣泛地回顧 Python 與電腦安全防護。

地圖

地圖對許多企業來說很有價值。Python 非常擅長製作地圖，所以我們要在這個主題多花一些時間。管理階層都很喜歡圖表，所以學會幫機構的網站快速地製作漂亮的地圖絕對沒有壞處。

在網路發展的早期，我經常造訪 Xerox 的一個實驗性的地圖製作網站。Google Maps 這種大型網站的出現對很多人來說是一種啟示（類似「為什麼當初沒有想到這一點，並且賺到上百萬美元？」）。現在到處都有地圖與定位服務，它們在行動設備上特別實用。

這個領域有許多術語：地圖製作、製圖、GIS（地理資訊系統）、GPS（全球定位系統）、地理空間分析及其他。Geospatial Python（*http://bit.ly/geospatial-py*）部落格有一張「800 磅大猩猩」系統圖片，裡面有 GDAL/OGR、GEOS 與 PROJ.4（projections，投射）以及用猴子表示的外圍系統，其中很多系統都有 Python 介面。我們來討論其中的一些系統，先從最簡單的格式開始看起。

格式

地圖世界有許多格式：向量（線條）、點陣圖（圖像）、詮釋資料（文字）與各種組合。

地理定位的先驅 Esri 在二十年前發明了*形狀檔*（*shapefile*）格式。形狀檔其實是很多檔案組成的，至少包括以下幾種：

.shp
　　「形狀」（向量）資訊

.shx
　　形狀索引

.dbf
　　屬性資料庫

我們來為下一個範例抓取一個形狀檔，請前往 Natural Earth 1:110m Cultural Vectors 網頁（*http://bit.ly/cultural-vectors*）。在「Admin 1 - States and Provinces」下面，按下綠色的 download states and provinces（*https://oreil.ly/7BR2o*）按鈕來下載一個 zip 檔。將它下載到你的電腦之後，將它解壓縮，你應該可以看到這些檔案：

```
ne_110m_admin_1_states_provinces_shp.README.html
ne_110m_admin_1_states_provinces_shp.sbn
ne_110m_admin_1_states_provinces_shp.VERSION.txt
ne_110m_admin_1_states_provinces_shp.sbx
ne_110m_admin_1_states_provinces_shp.dbf
ne_110m_admin_1_states_provinces_shp.shp
ne_110m_admin_1_states_provinces_shp.prj
ne_110m_admin_1_states_provinces_shp.shx
```

我們要在範例中使用它們。

用形狀檔畫地圖

這一節要簡單地展示如何讀取與顯示形狀檔。你將會看到結果有一些問題，所以最好可以使用更高階的地圖繪製程式包，例如接下來幾節介紹的。

你要用這個程式庫來讀取形狀檔：

```
$ pip install pyshp
```

接下來的程式 *map1.py* 是我用 Geospatial Python 部落格文章（*http://bit.ly/raster-shape*）的程式修改的：

```
def display_shapefile(name, iwidth=500, iheight=500):
    import shapefile
    from PIL import Image, ImageDraw
    r = shapefile.Reader(name)
    mleft, mbottom, mright, mtop = r.bbox
    # 地圖單位
    mwidth = mright - mleft
    mheight = mtop - mbottom
    # 將地圖單位調整成圖像單位
    hscale = iwidth/mwidth
    vscale = iheight/mheight
    img = Image.new("RGB", (iwidth, iheight), "white")
    draw = ImageDraw.Draw(img)
    for shape in r.shapes():
        pixels = [
            (int(iwidth - ((mright - x) * hscale)), int((mtop - y) * vscale))
            for x, y in shape.points]
        if shape.shapeType == shapefile.POLYGON:
```

```
        draw.polygon(pixels, outline='black')
    elif shape.shapeType == shapefile.POLYLINE:
        draw.line(pixels, fill='black')
img.show()

if __name__ == '__main__':
    import sys
    display_shapefile(sys.argv[1], 700, 700)
```

它讀取形狀檔並遍歷它的各個形狀。我只檢查兩種形狀:將最後一點連到第一點的多邊形,以及沒有這樣子連接的折線。我的邏輯來自原始的文章與簡單地看一下 pyshp 的文件,所以我不確定它的效果如何,有時我們可以先動手,等到遇到問題時再處理它們。

我們來執行它。引數是形狀檔案的主名稱,沒有任何副檔名:

```
$ python map1.py ne_110m_admin_1_states_provinces_shp
```

你應該可以看到圖 21-1 的結果。

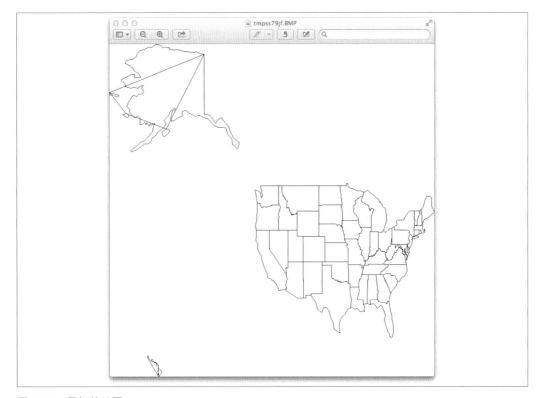

圖 21-1　最初的地圖

它畫出一幅很像美國的地圖，但是：

- 在阿拉斯加與夏威夷上面好像有一隻貓拖著綿紗走過去，這是個 *bug*。

- 國土被壓扁了，我需要投影（*projection*）。

- 這張圖不好看，我需要更好的樣式控制。

第一點代表邏輯有一些問題，但我該怎麼處理？第 19 章曾經介紹一些開發技巧，包括除錯，但是在此我們可以考慮其他的選項。我可以編寫測試逐步修正這個問題，也可以直接使用其他的地圖繪製程式庫。或許有更高階的東西可以一次解決三個問題（亂畫的線條、被擠壓的外觀，與很原始的風格）。

據我所知，目前還沒有基本的純 Python 地圖繪製程式包。但幸好有一些更好看的，我們繼續看下去。

Geopandas

Geopandas（*http://geopandas.org*）將 matplotlib、pandas 與其他 Python 程式庫整合成一個地理空間資料平台。

你可以用熟悉的 pip install geopandas 安裝基本程式包，但是它也需要其他的程式包，如果你沒有安裝它們，也必須用 pip 來安裝：

- numpy

- pandas（第 0.23.4 版之後）

- shapely（GEOS 的介面）

- fiona（GDAL 的介面）

- pyproj（PROJ 的介面）

- six

Geopandas 可以讀取形狀檔（包括上一節的），並且方便地包含兩個來自 Natural Earth 的檔案：國家 / 大陸輪廓，以及國家首都城市。範例 21-1 展示如何使用它們兩個。

範例 *21-1   geopandas.py*

```
import geopandas
import matplotlib.pyplot as plt
```

```
world_file = geopandas.datasets.get_path('naturalearth_lowres')
world = geopandas.read_file(world_file)
cities_file = geopandas.datasets.get_path('naturalearth_cities')
cities = geopandas.read_file(cities_file)
base = world.plot(color='orchid')
cities.plot(ax=base, color='black', markersize=2)
plt.show()
```

執行它可以得到圖 21-2 的地圖。

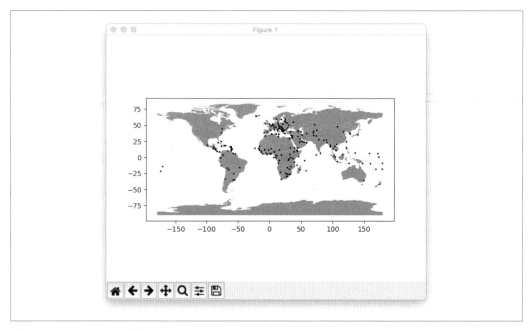

圖 21-2　Geopandas 地圖

我認為目前 geopandas 應該是地理資料管理及顯示的最佳組合。但是它也有許多值得研究的競爭對手,我們在下一節介紹。

其他的地圖程式包

下面是其他 Python 地圖軟體的連結,其中很多無法完全用 pip 安裝,但有些可以用 conda 安裝(另一種 Python 程式包安裝器,特別適合用於科學軟體):

pyshp(*https://pypi.org/project/pyshp*)

　　純 Python 形狀檔程式庫,第 505 頁的「用形狀檔畫地圖」介紹過。

kartograph（*http://kartograph.org*）

在伺服器或用戶端將形狀檔算繪成 SVG 地圖。

shapely（*https://shapely.readthedocs.io*）

可處理這種幾何問題：「這個城鎮有哪些建築物在 50 年洪水範圍之內？」

basemap（*http://matplotlib.org/basemap*））

以 `matplotlib` 為基礎，繪製地圖與重疊的資料遺憾的是，它已經被 Cartopy 取代了。

cartopy（*https://scitools.org.uk/cartopy/docs/latest*）

Basemap 的後繼者，有些功能與 `geopandas` 一樣。

folium（*https://python-visualization.github.io/folium*）

可處理 leaflet.js，`geopandas` 使用它。

plotly（*https://plot.ly/python/maps*）

另一種繪圖程式包，包含地圖功能。

dash（*https://dash.plot.ly*）

使用 Plotly、Flask 與 JavaScript 來建立互動式視覺化，包括地圖。

fiona（*https://github.com/Toblerity/Fiona*）

包裝 OGR 程式庫，可處理形狀檔與其他向量格式。

Open Street Map（*https://oreil.ly/BJeha*）

訪問大量的 OpenStreetMap（*https://www.openstreetmap.org*）世界地圖。

mapnik（*http://mapnik.org*）

有 Python 綁定的 C++ 程式庫，可處理向量（線）與點陣（圖像）地圖。

Vincent（*http://vincent.readthedocs.org*）

轉換成 JavaScript 視覺化工具 Vega；見教學：Mapping data in Python with pandas and vincent（*https://oreil.ly/0TbTC*）。

Python for ArcGIS（*http://bit.ly/py-arcgis*）

Esri 的商用 ArcGIS 產品的 Python 資源連結。

Using geospatial data with python （ *http://bit.ly/geos-py* ）

影片展示。

So you'd like to make a map using Python （ *http://bit.ly/pythonmap* ）

使用 `pandas`、`matplotlib`、`shapely` 與其他 Python 模組來建立歷史牌區地圖。

Python Geospatial Development （ *http://bit.ly/py-geo-dev* ）（ *Packt* ）

Eric Westra 寫的書，裡面有一些使用 `mapnik` 與其他工具的範例。

Learning Geospatial Analysis with Python （ *http://bit.ly/learn-geo-py* ）（ *Packt* ）

Joel Lawhead 寫的另一本書，回顧各種格式與程式庫，以及地理空間演算法。

geomancer （ *https://github.com/thinkingmachines/geomancer* ）

地理空間工程，例如從一點到最近的愛爾蘭酒吧的距離。

如果你對地圖有興趣，可以下載並安裝其中一種程式包，看看你可以做些什麼。你也可以自行連接遠端的 web API，而不需要安裝軟體；第 18 章會告訴你如何連接 web 伺服器與解碼 JSON 回應。

應用程式與資料

我之前一直在談論地圖繪製，但是你也可以用地圖資料做更多事情。**地理編碼**可以互相轉換地址與地理座標。坊間有許多地理編碼 API（ *https://oreil.ly/Zqw0W* ）（ 見 ProgrammableWeb 的比較（ *http://bit.ly/free-geo-api* ））與 Python 程式庫：

- geopy（https://code.google.com/p/geopy）
- pygeocoder（https://pypi.python.org/pypi/pygeocoder）
- googlemaps（http://py-googlemaps.sourceforge.net）

如果你向 Google 或其他來源註冊並取得 API 金鑰，你可以訪問其他的服務，例如逐步旅行指南，或本地搜尋。

以下是一些地圖資料的來源：

http://www.census.gov/geo/maps-data

US Census Bureau 的地圖檔案概要

http://www.census.gov/geo/maps-data/data/tiger.html

   大量的地理與人口地圖資料

http://wiki.openstreetmap.org/wiki/Potential_Datasources

   全球資源

http://www.naturalearthdata.com

   三種尺寸的向量與點陣地圖資料

我也要介紹 Data Science Toolkit（*http://www.datasciencetoolkit.org*）。它有免費的雙向地理編碼、政治邊界的座標與統計數據等。你也可以將所有資料與軟體下載為虛擬機器（VM），並在你的電腦上獨立執行它。

次章預告

我們要逛一下科學展覽，看看所有的 Python 產品。

待辦事項

21.1　安裝 geopandas 並執行範例 21-1。試著修改顏色與標記大小等東西。

第二十二章

Py 科學

在她的統治下，蒸汽的力量
在陸地和海洋變得至高無上，
現在一切都有強烈的依賴性
在科學的新勝利之中。

—James McIntyre, *Queen's Jubilee Ode 1887*

在過去幾年以來，由於本章即將展示的軟體，Python 在科學社群變得非常流行。如果你是科學家或是學生，你可能用過 MATLAB 或 R，或傳統的語言，例如 Java、C 或 C++ 等。接下來你將看到 Python 如何為科學分析與成果發表提供一個優秀的平台。

標準程式庫的數學與統計功能

我們先稍微回顧一下標準程式庫，看一些我們忽略的功能與模組。

數學函式

Python 的標準 math（*https://oreil.ly/01SHP*）程式庫裡面有大量的數學函式。你只要輸入 **import math** 即可在你的程式裡面使用它們。

它有一些 pi 與 e 之類的常數：

```
>>> import math
>>> math.pi
>>> 3.141592653589793
>>> math.e
2.718281828459045
```

程式庫裡面大部分都是函式，我們來看一下最實用的一些。

fabs() 可以回傳它的引數的絕對值：

```
>>> math.fabs(98.6)
98.6
>>> math.fabs(-271.1)
271.1
```

取得某個數字下面（floor()）或上面（ceil()）的整數：

```
>>> math.floor(98.6)
98
>>> math.floor(-271.1)
-272
>>> math.ceil(98.6)
99
>>> math.ceil(-271.1)
-271
```

使用 factorial() 來計算階乘（在數學是 $n!$）：

```
>>> math.factorial(0)
1
>>> math.factorial(1)
1
>>> math.factorial(2)
2
>>> math.factorial(3)
6
>>> math.factorial(10)
3628800
```

用 log() 取得底數為 e 的引數的對數：

```
>>> math.log(1.0)
0.0
>>> math.log(math.e)
1.0
```

如果你想要取得不同的底數的對數，可將底數傳入第二個引數：

```
>>> math.log(8, 2)
3.0
```

pow( ) 函數的功能相反，可以取得一個數字的乘冪：

```
>>> math.pow(2, 3)
8.0
```

Python 也有內建的次方運算子 ** 可做同樣的事情，但如果底數與乘冪都是整數，它不會將結果自動轉換成浮點數：

```
>>> 2**3
8
>>> 2.0**3
8.0
```

用 sqrt( ) 算出平方根：

```
>>> math.sqrt(100.0)
10.0
```

不要試圖欺騙這個函式：

```
>>> math.sqrt(-100.0)
Traceback (most recent call last):
  File "<stdin>", line 1, in <module>
ValueError: math domain error
```

這個程式庫也有常見的三角函數，我只列出它們的名稱：sin()、cos()、tan()、asin()、acos()、atan()、atan2()。如果你還記得畢氏定理（或可以在數到三之前快速地說出它們），這個數學程式庫也有一個 hypot( ) 函式可計算兩邊的斜邊：

```
>>> x = 3.0
>>> y = 4.0
>>> math.hypot(x, y)
5.0
```

如果你不相信這些花俏的函式，你也可以自己計算：

```
>>> math.sqrt(x*x + y*y)
5.0
>>> math.sqrt(x**2 + y**2)
5.0
```

最後是一組轉換角座標的函式：

```
>>> math.radians(180.0)
3.141592653589793
>>> math.degrees(math.pi)
180.0
```

使用複數

基本的 Python 語言完整地支援複數，包括熟悉的**實數**與**虛數**表示法：

```
>>> # 實數
... 5
5
>>> # 虛數
... 8j
8j
>>> # 虛數
... 3 + 2j
(3+2j)
```

因為虛數 i（在 Python 是 1j）的定義是 -1 的平方根，我們可以執行下列程式：

```
>>> 1j * 1j
(-1+0j)
>>> (7 + 1j) * 1j
(-1+7j)
```

有些複數數學函式在標準模組 cmath（*https://oreil.ly/1EZQ0*）裡面。

用 decimal 計算精確的浮點數

電腦的浮點數與我們在學校學到的實數不太一樣。

```
>>> x = 10.0 / 3.0
>>> x
3.3333333333333335
```

嘿，結尾的 5 是怎麼回事？它應該是持續不斷的 3 才對。這是因為電腦的 CPU 暫存器只有那麼多位元，所以無法精確地表示不是二的次方的數字。

Python 的 decimal（*https://oreil.ly/o-bmR*）模組可以讓你用想要的有效數等級來代表數字，這在計算與金錢有關的數額時特別重要。美元的幣值都在一分（百分之一美元）之上，所以如果我們用元或分來計算金錢，代表我們希望準確度到美分。如果我們試著用浮點數來表示美元與美分，例如 19.99 與 0.06，我們甚至會在開始用它們來進行計算之前，就失去一些準確度了。如何處理這種情況？很簡單。我們可以改用 decimal 模組：

```
>>> from decimal import Decimal
>>> price = Decimal('19.99')
>>> tax = Decimal('0.06')
```

```
>>> total = price + (price * tax)
>>> total
Decimal('21.1894')
```

我們用字串值建立 price 與 tax 來保留它們的有效度。我們計算 total 時，可以保留「分」的有效數字部分，但我們想要得到離它最近的「分」：

```
>>> penny = Decimal('0.01')
>>> total.quantize(penny)
Decimal('21.19')
```

採用一般的浮點數與四捨五入或許可以得到相同的結果，但不一定如此。你也可以將所有數字乘以 100，並且用整數的「分」來計算，但是這樣子同樣會出錯。

用 fractions 執行有理數計算

你可以用 Python 的標準模組 fractions 來用分子除以分母的方式表示數字。這個簡單的運算將三分之一乘以三分之二：

```
>>> from fractions import Fraction
>>> Fraction(1, 3) * Fraction(2, 3)
Fraction(2, 9)
```

因為浮點數引數可能不準確，所以你可以同時使用 Decimal 與 Fraction：

```
>>> Fraction(1.0/3.0)
Fraction(6004799503160661, 18014398509481984)
>>> Fraction(Decimal('1.0')/Decimal('3.0'))
Fraction(3333333333333333333333333333, 10000000000000000000000000000)
```

用 gcd 函式來取得兩個數字的最大公因數：

```
>>> import fractions
>>> fractions.gcd(24, 16)
8
```

以 array 來使用包裝起來的序列

Python 串列比較像串起來的清單（linked list），而不是陣列（array）。如果你想要同一個型態的一維序列，你可以使用 array（*https://oreil.ly/VejPU*）型態，它使用的空間比串列少，並支援許多串列方法。你可以用 array(*typecode* , *initializer*) 來建立一個陣列。*typecode* 是資料型態（例如 int 或 float），而選用的 *initializer* 是初始值，你可以用串列、字串或可迭代物來指定它。

我從來未曾在真正的工作中使用這個程式包。它是一種低階的資料結構，適用於圖像資料等物件。如果你真的需要用陣列（尤其是有多個維度時）來進行數字計算，你最好使用等一下要介紹的 NumPy。

用 statistics 處理簡單的統計數據

statistics（*https://oreil.ly/DELnM*）在 Python 3.4 之後成為標準模組。它有常見的功能：平均值、媒體、模、標準差、方差等。它的輸入引數是序列（串列或 tuple），或是各種數值資料型態的可迭代物，包括整數、浮點數、十進制值、分數。mode 函式也可以接受字串。

SciPy 與 Pandas 等程式包也有許多統計函式，稍後會介紹。

矩陣乘法

從 Python 3.5 開始，你會看到 @ 字元做一些不屬於字元的工作。它依然會用在裝飾器上面，但它也有一種新功能：**矩陣乘法**（*https://oreil.ly/fakoD*）。如果你正在使用舊版的 Python，NumPy（稍後介紹）是你最好的選擇。

科學 Python

本章接下來的部分將討論第三方的 Python 科學與數學程式包。雖然你可以分別安裝它們，但建議你用 Python 科學版本來一次下載它們全部。這是主要的選項：

Anaconda (https://www.anaconda.com)
> 免費、廣泛、最新、支援 Python 2 與 3，而且不會破壞你既有的 Python 系統

Enthought Canopy (https://assets.enthought.com/downloads)
> 有免費和商用版本

Python(x,y) (https://python-xy.github.io)
> 只有 Windows 版本

Pyzo (http://www.pyzo.org)
> 基於 Anaconda 的一些工具，加上一些其他的工具

我建議安裝 Anaconda。雖然它很大，但裡面有本章的所有工具。本章接下來的範例都假設你已經安裝所需的程式包，無論是分別安裝，還是用 Anaconda 一起安裝。

NumPy

NumPy（*http://www.numpy.org*）是 Python 在科學界風靡一時的主因。你聽過 Python 之類的動態語言通常會比 C 之類的編譯語言或 Java 等直譯語言更慢。 NumPy 在設計上可提供快速的多維數值陣列，類似 FORTRAN 等科學語言。你可以同時獲得 C 的速度，以及 Python 的開發者友善特性。

如果你曾經下載任何一種科學 Python 版本，你就已經有 NumPy 了。如果沒有，請按照 NumPy 下載網頁的指示進行安裝（*https://oreil.ly/HcZZi*）。

要開始使用 NumPy，你必須先瞭解它的核心資料結構，一種稱為 ndarray（代表 *N* 維陣列）的多維陣列，或直接稱為 array。與 Python 的串列和 tuple 不同的是，它裡面的每一個元素都必須是同一種型態。NumPy 將陣列的維數稱為它的**秩**（*rank*）。一維的陣列就像一列值，二維的陣列就像一個有列與行的表格，三維陣列就像是魔術方塊。每一維的長度可以不同。

 NumPy array 與標準的 Python array 不是同一種東西。在本章接下來的部分，陣列代表 NumPy 的 array。

但為何你需要陣列？

- 科學資料通常是由許多很大的資料序列組成的。

- 使用這種資料來進行科學計算時，通常會使用矩陣數學、回歸、模擬和其他技術來同時處理許多資料點。

- NumPy 處理陣列的速度比標準的 Python 串列或 tuple 快很多。

製作 NumPy 陣列的方式有很多種。

用 array() 製作陣列

你可以用一般的串列或 tuple 製作陣列：

```
>>> b = np.array( [2, 4, 6, 8] )
>>> b
array([2, 4, 6, 8])
```

ndim 屬性可以回傳它的秩：

```
>>> b.ndim
1
```

使用 size 可以取得陣列內總共有多少個值：

```
>>> b.size
4
```

使用 shape 可以取得每一秩有幾個值：

```
>>> b.shape
(4,)
```

用 arange() 製作陣列

NumPy 的 arange() 方法類似 Python 的標準 range()。如果你呼叫 arange() 時傳入一個整數引數 num，它會回傳一個從 0 到 num-1 的 ndarray：

```
>>> import numpy as np
>>> a = np.arange(10)
>>> a
array([0, 1, 2, 3, 4, 5, 6, 7, 8, 9])
>>> a.ndim
1
>>> a.shape
(10,)
>>> a.size
10
```

如果你傳入兩個值，它會建立一個從第一個值到第二個值減一的陣列：

```
>>> a = np.arange(7, 11)
>>> a
array([ 7, 8, 9, 10])
```

你也可以在第三個引數傳入一個間隔，用來取代預設的 1：

```
>>> a = np.arange(7, 11, 2)
>>> a
array([7, 9])
```

到目前為止，我們的範例都使用整數，但你也可以使用浮點數：

```
>>> f = np.arange(2.0, 9.8, 0.3)
>>> f
array([ 2. ,  2.3,  2.6,  2.9,  3.2,  3.5,  3.8,  4.1,  4.4,  4.7,  5. ,
        5.3,  5.6,  5.9,  6.2,  6.5,  6.8,  7.1,  7.4,  7.7,  8. ,  8.3,
        8.6,  8.9,  9.2,  9.5,  9.8])
```

最後一個技巧：使用 dtype 引數可以要求 arange 產生哪種型態的值：

```
>>> g = np.arange(10, 4, -1.5, dtype=np.float)
>>> g
array([ 10. ,   8.5,   7. ,   5.5])
```

用 zeros()、ones() 或 random() 製作陣列

zeros() 方法可以回傳一個所有值都是零的陣列。你提供的引數是一個 tuple，裡面有你想要的外形（shape）。這是個一維陣列：

```
>>> a = np.zeros((3,))
>>> a
array([ 0.,  0.,  0.])
>>> a.ndim
1
>>> a.shape
(3,)
>>> a.size
3
```

這一個的秩是二：

```
>>> b = np.zeros((2, 4))
>>> b
array([[ 0.,  0.,  0.,  0.],
       [ 0.,  0.,  0.,  0.]])
>>> b.ndim
2
>>> b.shape
(2, 4)
>>> b.size
8
```

ones() 是另一種可以將同一個值填入陣列的特殊函式：

```
>>> import numpy as np
>>> k = np.ones((3, 5))
>>> k
```

```
array([[ 1.,  1.,  1.,  1.,  1.],
       [ 1.,  1.,  1.,  1.,  1.],
       [ 1.,  1.,  1.,  1.,  1.]])
```

最後一種初始化方法可以用 0.0 到 1.0 之間的隨機值建立一個陣列：

```
>>> m = np.random.random((3, 5))
>>> m
array([[  1.92415699e-01,   4.43131404e-01,   7.99226773e-01,
          1.14301942e-01,   2.85383430e-04],
       [  6.53705749e-01,   7.48034559e-01,   4.49463241e-01,
          4.87906915e-01,   9.34341118e-01],
       [  9.47575562e-01,   2.21152583e-01,   2.49031209e-01,
          3.46190961e-01,   8.94842676e-01]])
```

用 reshape() 改變陣列的外形

到目前為止，陣列看起來與串列或 tuple 沒有什麼不同。它有一個差異在於，你可以要求它做一些特技，例如使用 reshape() 來變更它的外形：

```
>>> a = np.arange(10)
>>> a
array([0, 1, 2, 3, 4, 5, 6, 7, 8, 9])
>>> a = a.reshape(2, 5)
>>> a
array([[0, 1, 2, 3, 4],
       [5, 6, 7, 8, 9]])
>>> a.ndim
2
>>> a.shape
(2, 5)
>>> a.size
10
```

你可以用不同的方式來改變同一個陣列的外形：

```
>>> a = a.reshape(5, 2)
>>> a
array([[0, 1],
       [2, 3],
       [4, 5],
       [6, 7],
       [8, 9]])
>>> a.ndim
2
>>> a.shape
(5, 2)
```

```
>>> a.size
10
```

將一個外形 tuple 指派給 shape 可以做同一件事：

```
>>> a.shape = (2, 5)
>>> a
array([[0, 1, 2, 3, 4],
       [5, 6, 7, 8, 9]])
```

外形唯一的限制是：將每一個秩的大小相乘的結果必須等於值的總數（這個例子是 10）：

```
>>> a = a.reshape(3, 4)
Traceback (most recent call last):
  File "<stdin>", line 1, in <module>
ValueError: total size of new array must be unchanged
```

用 [] 取得一個元素

一維陣列的作用很像串列：

```
>>> a = np.arange(10)
>>> a[7]
7
>>> a[-1]
9
```

但是，如果陣列有不同的外形，你可以在中括號裡面使用以逗號隔開的索引：

```
>>> a.shape = (2, 5)
>>> a
array([[0, 1, 2, 3, 4],
       [5, 6, 7, 8, 9]])
>>> a[1,2]
7
```

它與二維 Python 串列不同，後者要將索引放在不同的中括號裡面：

```
>>> l = [ [0, 1, 2, 3, 4], [5, 6, 7, 8, 9] ]
>>> l
[[0, 1, 2, 3, 4], [5, 6, 7, 8, 9]]
>>> l[1,2]
Traceback (most recent call last):
  File "<stdin>", line 1, in <module>
TypeError: list indices must be integers, not tuple
>>> l[1][2]
7
```

最後一件事，你也可以用 slice，但同樣的，只能將它放在一組中括號裡面。我們再次製作熟悉的測試陣列：

```
>>> a = np.arange(10)
>>> a = a.reshape(2, 5)
>>> a
array([[0, 1, 2, 3, 4],
       [5, 6, 7, 8, 9]])
```

使用 slice 來取得第一列，從 offset 2 到結尾的元素：

```
>>> a[0, 2:]
array([2, 3, 4])
```

接著取得最後一列，倒數第三個之前的元素：

```
>>> a[-1, :3]
array([5, 6, 7])
```

你也可以用 slice 指派一個值給多個元素。下面的陳述式會將值 1000 指派給每一列的（offset）2 與 3 欄：

```
>>> a[:, 2:4] = 1000
>>> a
array([[   0,    1, 1000, 1000,    4],
       [   5,    6, 1000, 1000,    9]])
```

陣列數學

因為製作陣列與改變陣列的外形太有趣了，以致於我們幾乎忘了用它們來做一些有用的事情。我們的第一項工作是使用 NumPy 重新定義的乘法（*）運算子，來一次對 NumPy 陣列的所有值執行乘法：

```
>>> from numpy import *
>>> a = arange(4)
>>> a
array([0, 1, 2, 3])
>>> a *= 3
>>> a
array([0, 3, 6, 9])
```

如果你要將一般的 Python 串列的每一個元素乘以一個數字，你就要使用一個迴圈或串列生成式：

```
>>> plain_list = list(range(4))
>>> plain_list
[0, 1, 2, 3]
>>> plain_list = [num * 3 for num in plain_list]
>>> plain_list
[0, 3, 6, 9]
```

這種一次性的行為也適用於加法、減法、除法與 NumPy 程式庫的其他函式。例如，你可以使用 zeros() 與 + 將陣列的所有成員設成任何初始值：

```
>>> from numpy import *
>>> a = zeros((2, 5)) + 17.0
>>> a
array([[ 17.,   17.,   17.,   17.,   17.],
       [ 17.,   17.,   17.,   17.,   17.]])
```

線性代數

NumPy 也有許多線性代數函式。例如，我們來定義這個線性方程組：

```
4x + 5y = 20
 x + 2y = 13
```

如何算出 x 與 y？我們建立兩個陣列：

- 係數（x 與 y 的乘數）

- 因變數（方程式的右邊）

```
>>> import numpy as np
>>> coefficients = np.array([ [4, 5], [1, 2] ])
>>> dependents = np.array( [20, 13] )
```

接下來使用 linalg 模組的 solve() 函式：

```
>>> answers = np.linalg.solve(coefficients, dependents)
>>> answers
array([ -8.33333333,  10.66666667])
```

結果指出 x 大約是 –8.3，y 大約是 10.6。這些數字是答案嗎？

```
>>> 4 * answers[0] + 5 * answers[1]
20.0
>>> 1 * answers[0] + 2 * answers[1]
13.0
```

如何？若要省去所有的打字，你也可以要求 NumPy 給你陣列的內積：

```
>>> product = np.dot(coefficients, answers)
>>> product
array([ 20.,  13.])
```

如果答案是正確的，product 陣列的值應該很接近 dependents 的值。你可以使用 allclose() 函式來檢查陣列是否大致相等（因為有浮點數四捨五入，所以它們可能不會完全一樣）：

```
>>> np.allclose(product, dependents)
True
```

NumPy 也有多項式、傅立葉轉換、統計學，與一些機率分布模組。

SciPy

此外還有一種用 NumPy 來建構的數學和統計函數程式庫：SciPy（*http://www.scipy.org*）。SciPy 版本（*https://oreil.ly/Yv7G-*）包含 NumPy、SciPy、Pandas（本章稍後介紹）與其他程式庫。

SciPy 裡面有許多模組，包括一些處理下列任務的模組：

- 最佳化
- 統計
- 插值
- 線性回歸
- 積分
- 圖像處理
- 訊號處理

如果你曾經使用其他科學計算工具，你會發現 Python、NumPy 與 SciPy 涵蓋了商用的 MATLAB（*https://oreil.ly/jOPMO*）或開放原始碼的 R（*http://www.r-project.org*）的一些功能。

SciKit

SciKit（*https://scikits.appspot.com*）也是用更早期的軟體來建構的，它是一組用 SciPy 建構的科學程式包。SciKit-Learn（*https://scikit-learn.org*）是一種傑出的機器學習程式包：它支援模擬、分類、分群以及各種演算法。

Pandas

資料科學（*data science*）這個名詞已經愈來愈常見了。我看過「在 Mac 上進行統計」或「在舊金山進行統計」之類的定義，無論你怎麼定義它，我在本章介紹過的工具（NumPy、SciPy 與本節的主題 Pandas）都是愈來愈流行的資料科學工具組的一員。（Mac 與 San Francisco 不是必要的。）

Pandas（*http://pandas.pydata.org*）是一種進行互動式資料分析的新程式包，它結合 NumPy 的矩陣數學以及試算表和關聯資料庫的處理能力，特別適合處理真正的資料。關於資料分析的 Python 書有：Wes McKinney 寫的 *Python for Data Analysis: Data Wrangling with Pandas, NumPy, and IPython*（*http://bit.ly/python_for_data_analysis*）（O'Reilly）介紹如何使用 NumPy、IPython 與 Pandas 進行資料處理。

NumPy 偏向傳統的科學計算，經常被用來處理單一型態（通常是浮點數）的多維資料組。Pandas 比較像資料庫編輯器，可以處理群組內的多種資料型態。在某些語言中，這種群組稱為紀錄（*record*）或結構（*structure*）。Pandas 定義了一種稱為 `DataFrame` 的基本資料結構。它是有名稱與型態的欄位的有序集合，有點像資料庫的資料表、Python 的具名 tuple，以及 Python 的嵌套字典。它的目的是簡化科學與商業界常見的資料類型的處理工作。事實上，Pandas 最初的設計是為了處理金融資料，這種資料另一種常見的處理方式是使用試算表。

Pandas 是處理真實世界的混亂資料（有缺漏的值、古怪的格式、破碎的測量結果）的 ETL 工具，涵蓋所有資料類型。你可以分開、合併、擴充、填入、轉換、重塑、切片、和載入與儲存檔案。它整合我們討論過的工具（NumPy、SciPy、iPython）來計算統計資料、用資料擬合模型、繪圖、發布等。

大部分的科學家都只想盡快完成工作，不想浪費好幾個月的時間變成深奧的電腦語言或應用程式的專家，透過 Python，他們可以更快具備生產力。

Python 與科學界

我們看了幾乎可在各種科學領域使用的 Python 工具，那有沒有特定的科學領域專屬的軟體與文件？以下是一些使用 Python 來解決特定問題的範例，以及一些特殊用途的程式庫：

一般

- Python computations in science and engineering（*http://bit.ly/py-comp-sci*）

- A crash course in Python for scientists（*http://bit.ly/pyforsci*）

物理

- Computational physics（*http://bit.ly/comp-phys-py*）

- Astropy（*https://www.astropy.org*）

- SunPy（*https://sunpy.org*）（太陽資料分析）

- MetPy（*https://unidata.github.io/MetPy*）（氣象資料分析）

- Py-ART（*https://arm-doe.github.io/pyart*）（氣象雷達）

- Community Intercomparison Suite（*http://www.cistools.net*）（大氣科學）

- Freud（*https://freud.readthedocs.io*）（軌跡分析）

- Platon（*https://platon.readthedocs.io*）（系外行星大氣）

- PSI4（*http://psicode.org*）（量子化學）

- OpenQuake Engine（*https://github.com/gem/oq-engine*）

- yt（*https://yt-project.org*）（容量資料分析）

生物學與醫學

- Biopython（*https://biopython.org*）

- Python for biologists（*http://pythonforbiologists.com*）

- Introduction to Applied Bioinformatics（*http://readiab.org*）

- Neuroimaging in Python（*http://nipy.org*）

- MNE（*https://www.martinos.org/mne*）（神經生理學資料視覺化）

- PyMedPhys（*https://pymedphys.com*）

- Nengo（*https://www.nengo.ai*）（神經模擬器）

下面是關於 Python 與科學資料的國際會議：

- PyData（*http://pydata.org*）

- SciPy（*http://conference.scipy.org*）

- EuroSciPy（*https://www.euroscipy.org*）

次章預告

我們已經到了可觀測的 Python 世界的盡頭了，接下來是平行宇宙的附錄。

待辦事項

22.1　安裝 Pandas。取得範例 16-1 的 CSV 檔案。執行範例 16-2 的程式。用一些 Pandas 命令來進行實驗。

硬體和軟體入門

有些事情很直觀，其中有些是可在自然界看到的，有些是人類的發明，例如輪子或 pizza。

另外一些需要多轉幾個彎，例如電視是怎麼把空中無形的波動變成聲音與動態圖像的？

電腦就是這種難以吸收的概念之一。為什麼你只要打一些字就可以讓一台機器做你想做的事？

當我學習程式設計時，有些基本問題的答案很難找到。例如，有人用圖書館書架上面的書籍來解釋電腦記憶體，當時我想，使用這個比喻的話，當你從記憶體讀取資料時，不就相當於從書架拿一本書，那麼，讀取資料會將它從記憶體刪除嗎？事實上不會，它比較像從書架拿一本書的複本。

如果你是比較嫩的程式設計新手，這個附錄將為你簡介電腦硬體與軟體，我會試著解釋那些最終會變得「顯而易見」，但最初可能是癥結點的東西。

硬體

穴居人電腦

每當穴居人 Og 與 Thog 獵殺一頭長毛象，他們就會在打獵歸來時，在自己的石堆上加一塊石頭。但是這堆石頭除了可以讓他們互相炫耀之外沒有太多用途。

Og 的後代（Thog 有一天想要在石堆上放石頭時被長毛象踩死了）將學會算數、寫字，以及使用算盤。但是從這些工具變成電腦的概念需要一些想像力與技術上的飛躍性突破。第一種必要的技術就是電力。

電力

Ben Franklin 認為，電流就是某種無形的東西從流體比較多的地方（正極）流向流體比較少的地方（負極）。他是對的，但是他說反了。電子流是從「負極」流向「正極」，但是電子一直到很久之後才被發現，那時候已經來不及改變術語了。所以，從此之後，我們必須記得，電子是往一個方向流的，但是電流的定義是反方向的流動。

我們都很熟悉自然界的放電現象，例如靜電與閃電。當人們發現如何讓電子穿過導線和製作電路之後，我們離電腦又近了一步。

我曾經認為電線裡面的電流是在迴路中繞行一圈的活潑電子造成的，事實遠非如此。電子從一個原子跳到另一個原子，它們的行為有點像管子裡的球軸承（或吸管裡的粉圓）。當你在一端推動一顆球時，它會推動它的鄰球，以此類推，直到另一端的球被推出。雖然每一個電子的平均移動速度很慢（在導線裡面的漂移速度大約只有 3 英寸 / 小時），但是這種幾乎同時發生的推擠會讓它們產生的電磁波快速傳播：大約是光速的 50 至 99%，取決於導體。

發明

此外我們還要：

- 設法記住事情
- 設法用記住的事情做事

開關是一種記憶的概念，這種東西不是開就是關，並且會保持原樣，直到某個東西將它切到另一個狀態為止。電子開關的運作方式是打開或關閉一個電路，讓電子可以流過，或阻擋它們。我們都用開關來控制電燈與其他電子設備。我們需要一種用電來控制開關本身的方法。

早期的電腦（與電視）使用真空管來做這件事，但是它們很大而且經常燒毀。電晶體是導致現代電腦問世的唯一關鍵發明，它更小、更有效率，而且更可靠。最後一個關鍵步驟是讓電晶體更小，還有將它們接成積體電路。

多年來，電腦變得愈來愈快，而且隨著它們變得愈來愈小而不可思議地愈來愈便宜。電腦元件靠得愈近，訊號的移動速度就愈快。

但是元件之間的距離是有極限的。活躍的電子遇到電阻會產生熱。我們在十幾年前就到達這個下限了，製造商藉著在同一塊電路板上放多個「晶片」來彌補這一個缺陷，這種做法提升了分散式計算的需求，稍後我會解釋。

撇開這些細節不談，藉著這些發明，我們已經有能力建造電腦了，也就是可以記憶，並且用記住的東西做一些事情的機器。

理想化的電腦

真正的電腦有許多複雜的功能。我們先把注意力放在重要的部分。

一塊電路「板」裡面有 CPU、記憶體，以及連接它們的電線，還有連接外部裝置的插頭。

CPU

CPU（中央處理單元），或「晶片」負責實際的「計算」：

- 數學工作，例如加法
- 比較值

記憶體與快取

RAM（隨機存取記憶體）負責「記憶」。它很快，但是有**揮發性**（沒有電的時候資料會消失）。

因為 CPU 的速度比記憶體快，所以電腦設計師加入**快取**：一種更小且更快的記憶體，位於 CPU 和主記憶體之間。當 CPU 試著從記憶體讀取一些 bytes 時，它會先試著讀取最近的快取（稱為 *L1* 快取），接著第二近的（*L2*），最後才是主 RAM。

儲存裝置

因為主記憶體會失去資料，所以我們需要**不揮發**的儲存裝置。這種裝置比記憶體便宜，而且可以保存更多資料，但是也慢很多。

傳統的儲存方法是「spinning rust（旋轉的生鏽體）」，使用**磁碟**（或硬碟或 *HDD*）以及可移動的讀寫頭，有點像黑膠唱片與唱針。

混合性技術 *SSD*（固態硬碟）則是用與 RAM 一樣的半導體做成的，但是像磁碟一樣不會揮發。它的價格與速度介於兩者之間。

輸入

如果把資料放入電腦？對人類來說，主要的選擇是鍵盤、滑鼠與觸控板。

輸出

人類通常使用螢幕和印表機來查看電腦的輸出。

相對存取時間

把資料放入這些元件以及從這些元件取出資料所花費的時間，隨著元件的不同有很大的差異。這件事有很大的實際意義，例如，軟體必須在記憶體中運行並且在那裡存取資料，但它也要將資料安全地存放在磁碟之類的不揮發性裝置內。問題在於，磁碟慢了好幾千倍，網路更慢。這代表程式員要花很多時間在速度與成本之間取得最佳平衡。

David Jeppesen 在 Computer Latency at a Human Scale（*https://oreil.ly/G36qD*）裡面比較了它們，我用他的數據與別人的數據來製作表 A-1。對我們來說，後面幾欄—比率，相對時間（CPU ＝ 一秒）和相對距離（CPU ＝ 一英寸）—比具體的時間更容易理解。

表 A-1　相對存取時間

位置	時間	比率	相對時間	相對距離
CPU	0.4 ns	1	1 秒	1 英寸
L1 快取	0.9 ns	2	2 秒	2 英寸
L2 快取	2.8 ns	7	7 秒	7 英寸
L3 快取	28 ns	70	1 分	6 英尺
RAM	100 ns	250	4 分鐘	20 英尺
SSD	100 μs	250,000	3 天	4 英里
磁碟	10 ms	25,000,000	9 個月	400 英里
網際網路：舊金山→紐約	65 ms	162,500,000	5 年	2,500 英里

好消息是執行一個 CPU 指令其實只需要不到 1 ns，而不是 1 秒，否則你可能會在存取磁碟期間經歷懷胎生子的過程。因為磁碟與網路的時間比 CPU 和 RAM 慢很多，所以盡量在記憶體裡面工作是有好處的。而且因為 CPU 本身比 RAM 快很多，所以我們應該讓資料保持相連，以便利用比較靠近 CPU 且更快速（但更小）的快取來處理 bytes。

軟體

知道這些電腦硬體之後，我們該如何控制它？首先，我們有指令（告訴 CPU 做什麼事情的東西）與資料（指令的輸入與輸出）。在*內儲程式計算機*中，所有東西都可以視為資料，所以比較容易設計。但是你該如何表示指令與資料？你在一個地方儲存的是什麼，在另一個地方處理的又是什麼？穴居人 Og 的後代很想知道。

位元是源頭

我們回到*開關*的概念，開關就是可以維持兩個值之一的東西，那兩個值可以是開或關，高或低電壓，正或負，只要它們是可被設定，不會忘記，稍後可以把值傳給任何人的東西就可以了。積體電路可讓我們將上百萬個小開關整合與連接成小晶片。

如果一個開關只有兩個值，它就可以用來代表一個*位元*，或二進制數字。它可以視為小整數 0 與 1、是與否、真與假，或任何你想要的東西。

但是位元對 0 與 1 之外的東西來說太小了，我們如何用位元來代表更大的東西？

要知道答案，看一下你的手指。我們在日常生活中只使用 10 位數字（0 到 9），但是我們藉著使用*定位記法*來代表遠大於 9 的數字。如果我將數字 38 加 1，8 變成 9，整個值是 39。如果我再加 1，9 變回去 0，我將 1 進位到左邊，將 3 增為 4，得到數字 40。最右邊的數字是「一位數」，在它左邊的是「十位數」，以此類推，直到最左邊，每一次都乘以 10。你可以用三個十進制數字來代表一千個數字（10 * 10 * 10），從 000 到 999。

我們可以用定位記法和位元來產生更大的集合。一個 *byte* 有八個 bit，有 2^8（256）個可能的位元組合。例如你可以用一個 byte 來儲存小整數 0 至 255（在定位記法中，你必須保留 0 的空間）。

一個 byte 看起來像連續的八個 bit，每一個 bit 的值不是 0（或關，或偽）就是 1（或開，或真）。最右邊的 bit 是*最低有效位元*，最左邊的是*最高有效位元*。

機器語言

每一個電腦 CPU 在設計上都有一組它可以理解的位元模式指令（也稱為 *opcode*）。每一個 opcode 都可以執行某種函數，從一個地方接收值，在另一個地方輸出值。CPU 用一個特殊的內部位置，稱為*暫存器*，來儲存這些 opcode 與值。

我們用一個簡化的電腦來處理 bytes，它有四個 byte 大小的暫存器，稱為 A、B、C 與 D。假設：

- 指令 opcode 被放入暫存器 A
- 指令從暫存器 B 與 C 取得它的 byte 輸入
- 指令將它的 byte 結果存入暫存器 D

（將兩個 bytes 相加可能會溢位一個 byte 的結果，但為了展示哪些事情在哪裡發生，我在此忽略這件事。）

假設：

- 暫存器 A 裡面有將兩個整數相加的 opcode：一個十進制 1（二進制 00000001）。
- 暫存器 B 有十進制值 5（二進制 00000101）。
- 暫存器 C 有十進制值 3（二進制 00000011）。

CPU 看到有指令被放入暫存器 A，它解碼那個指令並執行它，從暫存器 B 與 C 讀值，並將它們傳給可以將 bytes 相加的內部硬體電路。完成之後，我們應該可以在暫存器 D 看到十進制值 8（二進制 00001000）。

CPU 就是用這種方式，使用暫存器來執行加法與其他數學函數。它可以解碼 opcode，並將控制權交給 CPU 內的特定電路。它也可以比較東西，例如「B 的值是否大於 C 的值？」重要的是，它也可以把記憶體裡面的值放到 CPU，以及將 CPU 的值存入記憶體。

電腦會將程式（機器語言指令與資料）存入記憶體，並且執行讓指令與資料進出 CPU 的工作。

組合語言

機器語言很難用來編寫程式，因為你必須完美地指定每一個位元，這是一件很浪費時間的事情。所以，人們做出一種可讀性略佳的語言，稱為**組合語言**（*assembly language*），或直接稱為 *assembler*。這些語言是專屬於某個 CPU 的設計，可讓你使用變數名稱之類的東西來定義指令流程與資料。

高階語言

使用組合語言仍然是一種辛苦的工作，所以人們設計了一種更容易使用的**高階語言**，這些語言會被一種稱為**編譯器**的程式轉換成組合語言，或直接用**直譯器**來執行。最古老的高階語言有 FORTRAN、LISP 與 C，它們的設計和用途有很大的不同，但是在電腦結構方面很相似。

在真正的工作中，你往往會看到不同的軟體堆棧（*stack*）：

主機

IBM、COBOL、FORTRAN 等

Microsoft

Windows、ASP、C#、SQL Server

JVM

Java、Scala、Groovy

開放原始碼

Linux、語言（Python、PHP、Perl、C、C++、Go）、資料庫（MySQL、PostgreSQL）、web（apache、nginx）

程式員通常會待在其中一個領域，使用它裡面的語言與工具。有些技術，例如 TCP/IP 與 web，可讓不同的堆棧互相溝通。

作業系統

每一項創新都是建構在前面的基礎之上，我們通常不知道甚至不關心底層是如何運作的。使用工具建構工具來建構更多工具是必然發生的事情。

主要的作業系統包括：

Windows（*Microsoft*）

商用的，有很多版本

macOS（*Apple*）

商用的

Linux

開放原始碼

Unix

有很多商用版本，大部分都被 Linux 取代了

作業系統包含：

核心（*kernel*）

排程和控制程式與 I/O

設備驅動程式

讓核心用來存取 RAM、磁碟與其他設備

程式庫

開發人員使用的原始碼與程式庫檔案

應用程式

獨立的程式

同一個電腦硬體可以支援多個作業系統，但一次只能支援一個。作業系統啟動稱為 *booting*[1]，所以 *rebooting* 就是重新啟動它。這些術語甚至出現在電影行銷中，例如工作室「重啟（reboot）」之前不成功的嘗試。你可以同時安裝多個作業系統（稱為 *dual-boot*），但是一次只能啟動並運行一個。

如果你看到 *bare metal*（裸機）這個詞，它代表執行一個作業系統的一台電腦。在接下來的兩節，我們要討論裸機上面的東西。

虛擬機器

作業系統是一種大型程式，所以後來有人找到可以在**主機**上面用**虛擬機器**（訪客程式）的形式運行另一個作業系統的方法。你可以讓 Microsoft Windows 在你的 PC 上運行，同時在它上面啟動一個 Linux 虛擬機器，不需要購買第二台電腦，或 dual-boot 它。

1　這代表「靠自己的力量舉起自己」，看起來與電腦一樣不可思議。

容器

容器是較新的概念—這是一種同時執行多個作業系統的方式，它們共享同一個核心。這個概念是 Docker（*https://www.docker.com*）推廣的，它採用了一些鮮為人知的 Linux 核心功能，並加入實用的管理功能。它們很像貨櫃（徹底改變了海運，並且為我們省下很多錢）的特性既鮮明且吸引人。Docker 以開放原始碼的方式發表程式碼，讓電腦業界非常快速地採用容器。

近年來，Google 與其他雲端供應商都已經默默地在底層的核心加入對於 Linux 的支援，並且在他們的資料中心使用容器。容器使用的資源比虛擬機器少，可讓你在各個實體電腦打包更多程式。

分散式計算與網路

當企業開始使用個人電腦時，他們必須設法讓它們互相溝通，以及和印表機之類的裝置溝通。他們最初使用獨家的網路軟體，例如 Novell 的，但是當網際網路在 90 年代中期至晚期興起時，它們已經被 TCP/IP 取代了。Microsoft 從免費的 Unix 變體版本 *BSD*[2] 抓出它自己的 TCP/IP 層。

網際網路的興盛引發大眾對於伺服器的需求，因為電腦與軟體都會執行所有的 web、聊天與 email 服務。以前的**系統管理**工作是手動安裝與管理所有的硬體。不久之後，每個人都明白自動化是必要的。在 2006 年，微軟的 **Bill Baker** 用**寵物與牛的對比**來比喻伺服器管理，從此之後，它就成為業界的迷因（有時是比較通用的寵物與牲口的對比），見表 A-2。

表 A-2 寵物 vs. 牲口

寵物	牲口
分別命名	自動編號
專屬照料	標準化
治好疾病	淘汰

你以後會經常看到「系統管理員」的後繼者 *DevOps* 這個名詞，它代表開發與運維，是一種快速變更服務並且不破壞它們的混合式技術。雲端服務有很大的規模而且很複雜，即使是 Amazon 與 Google 這種大型企業都會不時當機。

2　現在你仍然可以在一些 Microsoft 的檔案裡面看到加州大學的版權聲明。

雲端

很多年之前就有人使用許多技術來建立電腦**叢集**了，早期有一種稱為 *Beowulf* **叢集**的概念：用本地網路來連接相同的電腦商品（Dell 或類似的廠牌，不是 Sun 或 HP 的工作站）。

雲端計算的意思是使用資料中心裡面的電腦來執行計算任務與儲存資料，但並非只限於擁有這些後端資源的公司。這些服務是讓大眾使用的，根據 CPU 時間、磁碟儲存量等條件來收費。Amazon 及其 *AWS*（Amazon Web Services）是這個領域的龍頭，但 *Azure*（Microsoft）與 *Google Cloud* 也是大佬。

在幕後，這些雲端都是裸機、虛擬機器與容器，全部都被視為牲口，不是寵物。

Kubernetes

需要在許多資料中心管理大規模電腦叢集的公司（例如 Google、Amazon 與 Facebook），都借鑑或建構解決方案來協助他們擴展規模：

部署

> 如何讓新的計算硬體與軟體發揮功能？如果在它們故障時換掉它們？

組態配置

> 這些系統該如何運行？它們需要其他電腦的名稱與位址、密碼與安全設定之類的東西。

協調

> 如何管理全部的電腦、虛擬機器和容器？如何根據負載的變動放大或縮小規模？

服務發現

> 如何找出誰做了什麼東西，以及它在哪裡？

Docker 與其他公司建構了一些有競爭力的解決方案。但是近幾年來，Kubernetes（*http://kubernetes.io*）似乎已經取得這場戰役的勝利了。

Google 曾經開發一種大型的內部管理框架，代號是 Borg 與 Omega。它的員工建議將這些「皇冠上的寶石」的原始碼公開，讓管理階層陷入長考，不過最終他們還是採取行動，Google 在 2015 年釋出 Kubernetes 1.0 版，自此之後，它的生態系統與影響力日益增長。

安裝 Python 3

本書大部分的範例都是用 Python 3.7 寫成與測試的，3.7 是我寫這本書時最新的穩定版本。你可以到 What's New in Python 網頁（*https://docs.python.org/3/whatsnew*）查看各個版本新增的功能。Python 有很多來源，安裝新版本也有很多種方式。在這個附錄，我要介紹其中的一些方式：

- 標準安裝，從 *python.org* 下載 Python，並且加入協助程式 pip 與 virtualenv。

- 如果你的工作與科學有密切關係，你應該比較喜歡從 Anaconda 取得與許多科學程式包同捆的 Python，並且使用它的程式包安裝程式 conda，而不是使用 pip。

Windows 完全沒有 Python，而 macOS、Linux 與 Unix 上面的通常是舊版本。在它們跟上腳步之前，你可能要自行安裝 Python 3。

檢查你的 Python 版本

在終端機或終端機視窗輸入 python -V：

```
$ python -V
Python 3.7.2
```

取決於你的作業系統，如果你沒有 Python，或作業系統無法找到它，你會看到 *command not found* 之類的錯誤訊息。

如果你有 Python，而且它是第 2 版，你應該要安裝 Python 3，無論是為整個系統安裝，或是在 virtualenv 裡面只為你自己安裝（見第 434 頁的「使用 virtualenv」，或是第 548 頁的「安裝 virtualenv」）。這個附錄將教你如何為整個系統安裝 Python 3。

安裝標準 Python

用你的瀏覽器前往 Python 官方下載網頁（*https://www.python.org/downloads*）。它會試著猜測你的作業系統，並顯示合適的選項，但如果它猜錯了，你可以使用：

- Python 的 Windows 版本（*https://www.python.org/downloads/windows*）

- Python 的 macOS 版本（*https://www.python.org/downloads/mac-osx*）

- Python 的原始碼版本（Linux 與 Unix）（*https://www.python.org/downloads/source*）

你可以看到類似圖 B-1 的網頁。

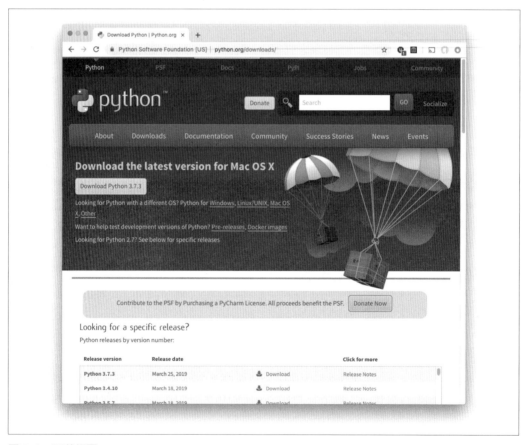

圖 B-1　下載網頁

按下黃色的 Download Python 3.7.3 按鈕之後，它就會下載你的作業系統的版本。如果你想要先稍微瞭解它，你可以按下表格第一欄的 Release version 下面的藍色連結 Python 3.7.3，它會帶你到一個類似圖 B-2 的資訊網頁。

圖 B-2　下載版本的詳細資訊網頁

你要下捲到網頁最下面才能找到實際的下載連結（圖 B-3）。

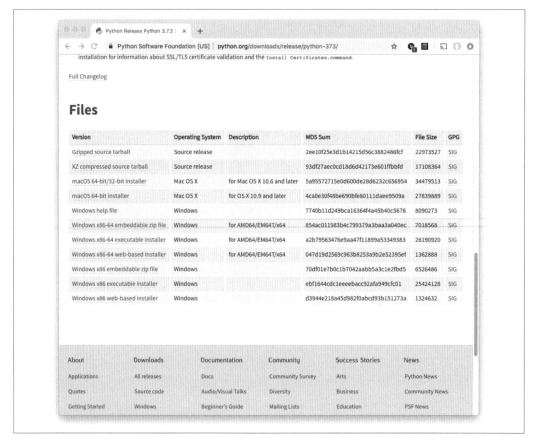

圖 B-3　網頁的最下面有下載連結

macOS

按下 macOS 64-bit/32-bit 安裝程式（*https://oreil.ly/54lG8*）連結來下載 Mac *.pkg* 檔。對它按兩下可以看到介紹對話框（圖 B-4）。

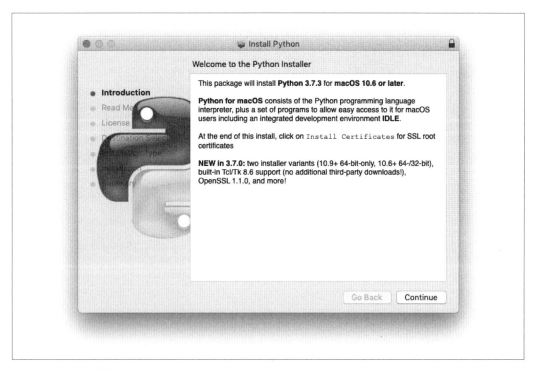

圖 B-4　Mac 安裝對話框 1

按下 Continue，你會經歷一連串的對話框。

全部完成之後，你應該可以看到圖 B-5 的對話框。

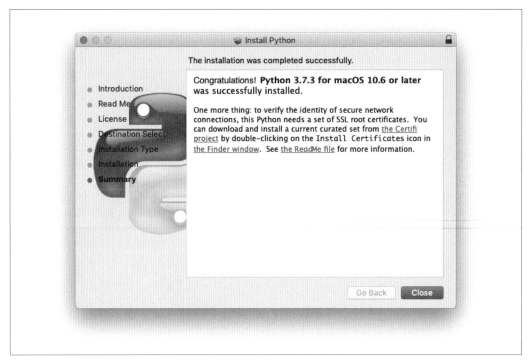

圖 B-5　Mac 安裝對話框 9

Python 3 會被安裝在 */usr/local/bin/python3*，在你的電腦上的既有 Python 2 會維持不變。

Windows

Windows 從來沒有內建 Python，但最近已經讓它的安裝過程更簡單了。Windows 10 的 2019 年 5 月更新版（*https://oreil.ly/G8Abf*）加入 *python.exe* 與 *python3.exe* 檔案。目前為沒有 Python 解譯器，但 Microsoft Store 有前往新的 Python 3.7 網頁（*https://oreil.ly/Lky_h*）的連結。你可以使用這個連結，以取得其他 Windows 軟體的方式下載並安裝 Python。

你也可以從 Python 官網下載並安裝 Python：

- Windows x86 MSI 安裝程式（32-bit）（*http://bit.ly/win-x86*）

- Windows x86-64 MSI 安裝程式（64-bit）（*http://bit.ly/win-x86-64*）

要確定你究竟使用 32-bit 還是 64-bit 版的 Windows：

- 按下 Start 按鈕。

- 在 Computer 按下右鍵。

- 按下 Properties 來查看 bit 值。

按下適當的安裝程式（*.msi* 檔）。下載它之後，對它按兩下並按照安裝指示操作。

Linux 或 Unix

Linux 與 Unix 使用者有壓縮原始碼格式可用：

- XZ 壓縮原始碼 tarball（*http://bit.ly/xz-tarball*）

- Gzip 壓縮原始碼 tarball（*http://bit.ly/gzip-tarball*）

下載任何一個。用 tar xJ（*.xz* 檔）或 tar xz（*.tgz* 檔）來將它解壓縮，接著執行得到的 shell 腳本。

安裝 pip 程式包管理器

除了安裝標準 Python 之外，你也要安裝兩種不可或缺的 Python 開發工具：pip 與 virtualenv。

pip 程式包是最流行的第三方（非標準）Python 程式包安裝方式。討厭的是，這麼好用的工具竟然沒有被放在標準 Python 裡面，你必須自行下載並安裝它。就像我的一位朋友常說的，這是一種凌辱。好消息是，從 Python 3.4 版開始，pip 成為 Python 的標準元件了。

如果你有 Python 3，但只有 Python 2 版的 pip，這是在 Linux 或 macOS 安裝 Python 3 版的方式：

```
$ curl -O http://python-distribute.org/distribute_setup.py
$ sudo python3 distribute_setup.py
$ curl -O https://raw.github.com/pypa/pip/master/contrib/get-pip.py
$ sudo python3 get-pip.py
```

它會在你的 Python 3 安裝處的 bin 目錄安裝 pip-3.3。接著請用 pip-3.3 安裝第三方 Python 程式包，不要使用 Python 2 的 pip。

安裝 virtualenv

virtualenv 程式經常與 pip 搭配使用,它是將 Python 程式包安裝到指定的目錄(資料夾),以避免它們與既有的 Python 程式包互動的工具。使用它可以讓你使用任何想用的 Python 工具,就算你沒有權限變更既有的版本也是如此。

這是一些優秀的 pip 與 virtualenv 指南:

- A Non-Magical Introduction to Pip and Virtualenv for Python Beginners(*http://bit.ly/jm-pip-vlenv*)
- The Hitchhiker's Guide to Packaging: Pip(*http://bit.ly/hhgp-pip*)

其他的打包解決方案

如你所見,Python 的包裝技術各不相同,沒有一種技術可以妥善地解決每一個問題。PyPA(*https://www.pypa.io*)(Python Packaging Authority)是一個試圖簡化 Python 包裝的志願工作群體(不屬於 Python 官方開發核心群體)。這個群體寫了一篇 Python Packaging User's Guide(*https://packaging.python.org*),探討各種問題與解決方案。

最流行的工具是 pip 與 virtualenv,它們也是我在這本書到處使用的。如果它們不適合你,或是你喜歡嘗試新事物,可試試這些替代方案:

- pipenv(*https://pipenv.readthedocs.io*)結合 pip 與 virtualenv 並加入更多功能。這是一些關於它的批評(*https://oreil.ly/NQ3pH*)與討論(*https://oreil.ly/psWa-*)。
- poetry(*https://poetry.eustace.io/*)是 pipenv 的競爭對手,解決了它的一些問題。

但是最重要的包裝替代方案,尤其是要大量處理科學和資料時,就是 conda。你可以安裝接下來討論的 Anaconda Python 版本來得到它,或是單獨安裝它(第 549 頁的「安裝 Anaconda 的程式包管理器 conda」)。

安裝 Anaconda

Anaconda(*https://docs.anaconda.com/anaconda*)是一種多合一的版本,特別著重科學的應用。最新版 Anaconda3 包含 Python 3.7 與它的標準程式庫,以及處理資料科學的 R 語言。其他的好東西還有本書介紹過的程式庫:beautifulsoup4、flask、ipython、matplotlib、nose、numpy、pandas、pillow、pip、scipy、tables、zmq 及其他。它也有一種跨平台安裝程式稱為 conda,我會在下一節介紹。

要安裝 Anaconda3，前往 Python 3 版本的下載網頁（*https://www.anaconda.com/distribution*）。按下你的平台的連結（版本號碼可能已經改變了，但你可以知道在哪裡）：

- macOS 安裝程式會在你的主目錄下面的 *anaconda* 目錄中安裝所有東西。

- 使用 Windows 的話，在下載之後按兩下 *.exe* 檔。

- 使用 Linux 的話，選擇 32-bit 或 64-bit 版本。下載之後，執行它（它是一個很大的 shell 腳本）。

 確保你下載的檔案的名稱開頭是 *Anaconda3*，如果你的開頭只有 *Anaconda*，它是 Python 2 版本。

Anaconda 會在它自己的目錄（在你的主目錄底下的 *anaconda*）裡面安裝所有東西。也就是說，它不會干擾已經在電腦上的其他 Python 版本。這也代表你不需要取得任何特殊的權限（例如 admin 或 root 帳號）就能安裝它。

現在 Anaconda 有超過 1,500 個開放原始碼程式包。請造訪 Anaconda docs（*https://docs.anaconda.com/anaconda/packages/pkg-docs*）網頁，並按下你的平台與 Python 版本的連結。

安裝 Anaconda3 之後，你可以輸入命令 conda list，看看聖誕老人在你的電腦裡面放了什麼東西。

安裝 Anaconda 的程式包管理器 conda

Anaconda 開發人員製作了 conda（*https://docs.conda.io*）來解決他們在 pip 與其他工具上看到的問題。pip 是一種 Python 程式包管理器，但 conda 可以和任何軟體與語言搭配使用。使用 conda 時，你不必使用 virtualenv 就可以讓安裝版本不會互相干擾。

如果你已經安裝了 Anaconda 版本，你就擁有 conda 程式了。如果沒有，你可以從 miniconda（*https://docs.conda.io/en/latest/miniconda.html*）網頁取得 Python 3 與 conda。與 Anaconda 一樣，確保下載的檔案的開頭是 Miniconda3，如果它的開頭只有 Miniconda，它是 Python 2 版本。

conda 可以和 pip 搭配使用。雖然它有它自己的公用程式包存放區（*https://anaconda.org/anaconda/repo*），但 conda search 這種命令也可以搜尋 PyPi 存放區（*http://pypi.python.org*）。如果你使用 pip 時遇到問題，cond 或許是很好的替代方案。

全然不同的東西：非同步

我們的前兩個附錄是寫給程式初學者看的，這一個附錄則是給有點程度的人看的。

如同大部分的程式語言，Python 也是同步的。它會線性執行程式碼，一次一行，從最上面到最下面。當你呼叫函式時，Python 會跳入它的程式碼，呼叫方需要等待函式 return 才能繼續完成之前的工作。

你的 CPU 一次只能做一件事，所以同步執行是很合理的。但是事實上，程式經常不執行任何程式碼，而是等待某件事，例如從檔案讀取資料，或網路服務。這就像我們開啟瀏覽器畫面等待網站載入。如果我們可以避免這種「忙碌等待」，我們或許可以縮短程式的總時間。這也稱為改善**產出量**。

在第 15 章，你可以看到如果你想要獲得一些並行的特性，你的選擇包括執行緒、程序，或第三方解決方案，例如 gevent 或 twisted。但是非同步解決方案的數量已經愈來愈多了，無論是 Python 內建的，還是第三方解決方案。它們與一般的同步 Python 程式碼並存，但是借用魔鬼剋星的警告，你不能跨愈河流。我將告訴你如何避免任何心靈波（ectoplasmic）副作用。

協同程序與事件迴圈

Python 在 Python 3.4 加入標準非同步模組 asyncio，後來的 Python 3.5 加入關鍵字 async 與 await。它們實作了一些新概念：

* **協同程序**（*coroutine*），即可在各個點暫停的函式。
* 排程與執行協同程序的**事件迴圈**（*event loop*）。

我們可以用它們來編寫看起來有點像一般同步程式的非同步程式。否則，我們就必須使用第 15 章與第 17 章介紹的方法，稍後會在第 555 頁的「非同步 vs. …」總結。

一般的多工就是作業系統對你的程序做的事情。它決定什麼是公平，誰占有 CPU，何時打開 I/O 龍頭等。但是事件迴圈提供**協調式多工**，在裡面，協同程序要指定何時能夠啟動與停止。它們在一個執行緒裡面運行，所以你不會遇到我在第 303 頁的「執行緒」談到的潛在問題。

要**定義**協同程序，你要在它的開頭的 def 加上 async。你要這樣**呼叫**協同程序：

- 在它前面加上 await，它可以默默地將協同程序加到既有的事件迴圈。你只能在另一個協同程序裡面做這件事。

- 或是使用 asyncio.run()，它會明確地啟動一個事件迴圈。

- 或是使用 asyncio.create_task() 或 asyncio.ensure_future()。

這個範例使用前兩個呼叫方法：

```
>>> import asyncio
>>>
>>> async def wicked():
...     print("Surrender,")
...     await asyncio.sleep(2)
...     print("Dorothy!")
...
>>> asyncio.run(wicked())
Surrender,
Dorothy!
```

它們有個戲劇性的兩秒等待，你無法在印刷頁面上看到。為了證明我們沒有作弊（詳見第 19 章）：

```
>>> from timeit import timeit
>>> timeit("asyncio.run(wicked())", globals=globals(), number=1)
Surrender,
Dorothy!
2.005701574998966
```

那個 asyncio.sleep(2) 呼叫式本身是個協同程序，它的目的只是模仿一些耗時的事情，例如 API 呼叫。

asyncio.run(wicked()) 是從同步 Python 程式碼（在此是程式的頂層）執行協同程序的方式。

它與標準同步對應程式（time.sleep()）的差異是 wicked() 的呼叫方不會在它執行時暫停兩秒。

執行協同程序的第三種方式是建立一個**任務**（*task*）並且 await 它。這個範例展示任務做法以及之前的兩個方法：

```
>>> import asyncio
>>>
>>> async def say(phrase, seconds):
...     print(phrase)
...     await asyncio.sleep(seconds)
...
>>> async def wicked():
...     task_1 = asyncio.create_task(say("Surrender,", 2))
...     task_2 = asyncio.create_task(say("Dorothy!", 0))
...     await task_1
...     await task_2
...
>>> asyncio.run(wicked())
Surrender,
Dorothy!
```

這次當你執行它時，你會看到兩行印出來的文字之間沒有延遲。這是因為它們是不同的任務。task_1 在印出 Surrender 之後暫停兩秒，但是它不影響 task_2。

await 類似產生器的 yield，但是它不是回傳一個值，而且標記一個位置，讓事件迴圈可以在必要時暫停。

它的文件（*https://oreil.ly/Cf_hd*）中還有更多相關的資訊可以參考。同步與非同步程式碼可以在同一個程式中共存。你只要記得在 def 前面加上 async，並且在呼叫你的非同步函式之前加上 await 即可。

其他資訊請參考：

- asyncio 連結清單（*https://oreil.ly/Vj0yD*）。
- asyncio web 爬蟲的程式碼（*https://oreil.ly/n4FVx*）。

asyncio 的替代方案

雖然 asyncio 是 Python 的標準程式包，但你可以在沒有它的情況下使用 async 與 await。協同程序與事件迴圈是獨立的。因為有人批評 asyncio 的設計（*https://oreil.ly/n4FVx*），所以出現了第三方的替代方案：

- curio（*https://curio.readthedocs.io*）
- trio（*https://trio.readthedocs.io*）

接下來是一個使用 trio 與 asks（*https://asks.readthedocs.io*）（一種模仿 requests API 的非同步 web 框架）的實際範例。範例 C-1 是一個使用 trio 與 asks 的並行爬網範例，改自 stackoverflow 解答（*https://oreil.ly/CbINS*）。要執行它，先 pip install trio 與 asks。

範例 *C-1　trio_asks_sites.py*

```python
import time

import asks
import trio

asks.init("trio")

urls = [
    'https://boredomtherapy.com/bad-taxidermy/',
    'http://www.badtaxidermy.com/',
    'https://crappytaxidermy.com/',
    'https://www.ranker.com/list/bad-taxidermy-pictures/ashley-reign',
    ]

async def get_one(url, t1):
    r = await asks.get(url)
    t2 = time.time()
    print(f"{(t2-t1):.04}\t{len(r.content)}\t{url}")

async def get_sites(sites):
    t1 = time.time()
    async with trio.open_nursery() as nursery:
        for url in sites:
            nursery.start_soon(get_one, url, t1)

if __name__ == "__main__":
    print("seconds\tbytes\turl")
    trio.run(get_sites, urls)
```

這是我看到的東西：

```
$ python trio_asks_sites.py
seconds  bytes    url
0.1287   5735     https://boredomtherapy.com/bad-taxidermy/
0.2134   146082   https://www.ranker.com/list/bad-taxidermy-pictures/ashley-reign
0.215    11029    http://www.badtaxidermy.com/
0.3813   52385    https://crappytaxidermy.com/
```

你可以發現 trio 沒有使用 asyncio.run()，而是使用它自己的 trio.open_nursery()。如果你好奇，你可以看一下介紹 trio 背後的設計決策的文章（*https://oreil.ly/yp1-r*）與討論（*https://oreil.ly/P21Ra*）。

AnyIO（*https://anyio.readthedocs.io/en/latest*）這個新程式包提供 asyncio、curio 與 trio 的單一介面。

未來應該會有更多非同步做法出現，無論是在標準 Python 裡面，還是來自第三方開發者。

非同步 vs. …

如同你在本書很多地方看到的，並行技術有很多種。非同步與它們相較之下如何？

程序

> 如果你想要使用你的電腦上的所有 CPU 核心，這是很好的解決方案。但是程序很重，需要花一點時間才能啟動，而且需要序列化才能進行程序間通訊。

執行緒

> 雖然執行緒在設計上是程序的「輕量」替代品，但每一個執行緒都會使用一大塊記憶體。協同程序比執行緒輕很多，你可以在一台只能支援幾千個執行緒的電腦上面建立數十萬個協同程序。

綠色執行緒

> 像 gevent 這種綠色執行緒有很好的效果而且看起來很像同步程式碼，但是它們需要 *monkey-patching* 標準 Python 函式，例如通訊端程式庫。

回呼

> twisted 之類的程式庫都使用回呼，也就是當某個事件發生時會被呼叫的函式。GUI 與 JavaScript 程式員很熟悉回呼。

當你的資料或程序真的需要多台電腦時，佇列是一種大規模的解決方案。

非同步框架與伺服器

Python 最近才加入非同步功能，而且開發人員需要投入相當的時間才能建立 Flask 這種非同步版的框架。

ASGI（*https://asgi.readthedocs.io*）標準是非同步版的 WSGI，這裡有更深入的討論（*https://oreil.ly/BnEXT*）。

下面是一些 ASGI web 伺服器：

- hypercorn（*https://pgjones.gitlab.io/hypercorn*）
- sanic（*https://sanic.readthedocs.io*）
- uvicorn（*https://www.uvicorn.org*）

以及一些非同步 web 框架：

- aiohttp（*https://aiohttp.readthedocs.io*）—用戶端與伺服器
- api_hour（*https://pythonhosted.org/api_hour*）
- asks（*https://asks.readthedocs.io*）—很像 requests
- blacksheep（*https://github.com/RobertoPrevato/BlackSheep*）
- bocadillo（*https://github.com/bocadilloproject/bocadillo*）
- channels（*https://channels.readthedocs.io*）
- fastapi（*https://fastapi.tiangolo.com*）—使用型態註記
- muffin（*https://muffin.readthedocs.io*）
- quart（*https://gitlab.com/pgjones/quart*）
- responder（*https://python-responder.org*）
- sanic（*https://sanic.readthedocs.io*）
- starlette（*https://www.starlette.io*）
- tornado（*https://www.tornadoweb.org*）
- vibora（*https://vibora.io*）

最後，一些非同步資料庫介面：

- aiomysql（*https://aiomysql.readthedocs.io*）
- aioredis（*https://aioredis.readthedocs.io*）
- asyncpg（*https://github.com/magicstack/asyncpg*）

習題解答

1. 初嘗 Py

1.1 如果你還沒有在電腦中安裝 Python 3，現在就去安裝。你可以閱讀附錄 B 來瞭解
關於電腦系統的細節。

1.2 啟動 Python 3 互動式解譯器。附錄 B 有詳細的說明。它應該會印出幾行介紹自
己的文字，接著有一行以 >>> 開頭的訊息，它就是讓你輸入 Python 指令的提示
符號。

> 這是在我的 Mac 裡面的情況：
>
> ```
> $ python
> Python 3.7.3 (v3.7.3:ef4ec6ed12, Mar 25 2019, 16:39:00)
> [GCC 4.2.1 (Apple Inc. build 5666) (dot 3)] on darwin
> Type "help", "copyright", "credits" or "license" for more information.
> >>>
> ```

1.3 稍微操作一下解譯器。將它當成計算機，輸入：8 * 9。按下 Enter 鍵來查看結果。
Python 應該會印出 72。

> ```
> >>> 8 * 9
> 72
> ```

1.4 輸入 47 這個數字，並按下 Enter 鍵。它會在下一行印出 47 嗎？

> ```
> >>> 47
> 47
> ```

1.5　現在輸入 print(47) 並按下 Enter 鍵。它也會在下一行印出 47 嗎？

```
>>> print(47)
47
```

2. 資料：型態、值、變數與名稱

2.1　將整數值 99 指派給變數 prince，並印出它。

```
>>> prince = 99
>>> print(prince)
99
>>>
```

2.2　值 5 的型態是什麼？

```
>>> type(5)
<class 'int'>
```

2.3　值 2.0 的型態是什麼？

```
>>> type(2.0)
<class 'float'>
```

2.4　運算式 5 + 2.0 的型態是什麼？

```
>>> type(5 + 2.0)
<class 'float'>
```

3. 數字

3.1　一小時有幾秒？將互動式解譯器當成計算機，將每分鐘的秒數（60）乘以每小時的分鐘數（也是 60）。

```
>>> 60 * 60
3600
```

3.2　將上一個習題的結果（一小時的秒數）指派給一個稱為 seconds_per_hour 的變數。

```
>>> seconds_per_hour = 60 * 60
>>> seconds_per_hour
3600
```

3.3　一天有幾秒？使用你的 seconds_per_hour 變數計算。

```
>>> seconds_per_hour * 24
86400
```

3.4　再次計算一天的秒數，但這次將結果存入一個稱為 seconds_per_day 的變數。

```
>>> seconds_per_day = seconds_per_hour * 24
>>> seconds_per_day
86400
```

3.5　將 seconds_per_day 除以 seconds_per_hour，使用浮點（/）除法。

```
>>> seconds_per_day / seconds_per_hour
24.0
```

3.6　將 seconds_per_day 除以 seconds_per_hour，使用整數（//）除法。除了最後的 .0 之外，這個數字與上一次算出來的浮點值一樣嗎？

```
>>> seconds_per_day // seconds_per_hour
24
```

4. 用 if 來選擇

4.1　選擇一個介於 1 和 10 之間的數字，並將它指派給變數 secret。接著選擇另一個介於 1 和 10 之間的數字，將它指派給變數 guess。接下來，編寫條件測試式（if、else 與 elif），當 guess 小於 secret 時印出字串 'too low'，當它大於 secret 時印出 'too high'，當它等於 secret 時印出 'just right'。

```
你將 secret 設為 7 嗎？我猜很多人都是如此，因為 7 比較特別。

    secret = 7
    guess = 5
    if guess < secret:
        print('too low')
    elif guess > secret:
        print('too high')
    else:
        print('just right')

執行這段程式之後，你可以看到：

too low
```

4.2　將 True 或 False 指派給變數 small 與 green。寫出 if/else 陳述式來印出下列哪種東西符合這些選擇：cherry、pea、watermelon、pumpkin。

```
>>> small = False
>>> green = True
>>> if small:
...     if green:
...         print("pea")
...     else:
...         print("cherry")
... else:
...     if green:
...         print("watermelon")
...     else:
...         print("pumpkin")
...
watermelon
```

5. 文字字串

5.1　將 m 開頭的單字改為首字大寫：

```
>>> song = """When an eel grabs your arm,
... And it causes great harm,
... That's - a moray!"""
```

> 別忘了 m 前面的空格：
>
> ```
> >>> song = """When an eel grabs your arm,
> ... And it causes great harm,
> ... That's - a moray!"""
> >>> song = song.replace(" m", " M")
> >>> print(song)
> When an eel grabs your arm,
> And it causes great harm,
> That's - a Moray!
> ```

5.2　用下列的格式印出每一個問題以及它的答案：

Q: 問題

A: 答案

```
>>> questions = [
...     "We don't serve strings around here. Are you a string?",
...     "What is said on Father's Day in the forest?",
```

```
...        "What makes the sound 'Sis! Boom! Bah!'?"
...        ]
>>> answers = [
...        "An exploding sheep.",
...        "No, I'm a frayed knot.",
...        "'Pop!' goes the weasel."
...        ]
```

你可以用很多種方式印出 questions 裡面的各個項目和它在 answers 裡面的夥伴。我們試著用 tuple 三明治（在一個 tuple 裡面的多個 tuple）來配對它們，以及 tuple 拆包來取出它們並印出：

```
questions = [
    "We don't serve strings around here. Are you a string?",
    "What is said on Father's Day in the forest?",
    "What makes the sound 'Sis! Boom! Bah!'?"
    ]
answers = [
    "An exploding sheep.",
    "No, I'm a frayed knot.",
    "'Pop!' goes the weasel."
    ]

q_a = ( (0, 1), (1,2), (2, 0) )
for q, a in q_a:
    print("Q:", questions[q])
    print("A:", answers[a])
    print()
```

輸出：

```
$ python qanda.py
Q: We don't serve strings around here. Are you a string?
A: No, I'm a frayed knot.

Q: What is said on Father's Day in the forest?
A: 'Pop!' goes the weasel.

Q: What makes the sound 'Sis! Boom! Bah!'?
A: An exploding sheep.
```

5.3 用舊式格式化來寫出下面的詩。將字串 'roast beef'、'ham'、'head' 與 'clam' 代入這個字串：

```
My kitty cat likes %s,
My kitty cat likes %s,
```

```
My kitty cat fell on his %s
And now thinks he's a %s.
```

```
>>> poem = '''
... My kitty cat likes %s,
... My kitty cat likes %s,
... My kitty cat fell on his %s
... And now thinks he's a %s.
... '''
>>> args = ('roast beef', 'ham', 'head', 'clam')
>>> print(poem % args)

My kitty cat likes roast beef,
My kitty cat likes ham,
My kitty cat fell on his head
And now thinks he's a clam.
```

5.4　使用新式格式化來寫一封公式化信件。將下列的字串存為 letter（下一個習題會用到）：

```
Dear {salutation} {name},

Thank you for your letter. We are sorry that our {product}
{verbed} in your {room}. Please note that it should never
be used in a {room}, especially near any {animals}.

Send us your receipt and {amount} for shipping and handling.
We will send you another {product} that, in our tests,
is {percent}% less likely to have {verbed}.

Thank you for your support.

Sincerely,
{spokesman}
{job_title}
```

```
>>> letter = '''
... Dear {salutation} {name},
...
... Thank you for your letter. We are sorry that our {product}
... {verbed} in your {room}. Please note that it should never
... be used in a {room}, especially near any {animals}.
...
... Send us your receipt and {amount} for shipping and handling.
... We will send you another {product} that, in our tests,
... is {percent}% less likely to have {verbed}.
```

```
... 
... Thank you for your support.
...
... Sincerely,
... {spokesman}
... {job_title}
... '''
```

5.5 將值指派給名為 'salutation'、'name'、'product'、'verbed'（過去式動詞）、'room'、'animals'、'percent'、'spokesman' 與 'job_title' 的變數字串。用 letter.format() 印出使用這些值的信件。

```
>>> print (
...     letter.format(salutation='Ambassador',
...                   name='Nibbler',
...                   product='pudding',
...                   verbed='evaporated',
...                   room='gazebo',
...                   animals='octothorpes',
...                   amount='$1.99',
...                   percent=88,
...                   spokesman='Shirley Iugeste',
...                   job_title='I Hate This Job')
...     )

Dear Ambassador Nibbler,

Thank you for your letter. We are sorry that our pudding
evaporated in your gazebo. Please note that it should never
be used in a gazebo, especially near any octothorpes.

Send us your receipt and $1.99 for shipping and handling.
We will send you another pudding that, in our tests,
is 88% less likely to have evaporated.

Thank you for your support.

Sincerely,
Shirley Iugeste
I Hate This Job
```

5.6 根據調查，大家喜歡用這種格式來命名：英國潛水艇 Boaty McBoatface、澳洲賽馬 Horsey McHorseface、瑞典火車 Trainy McTrainface。使用 % 格式化來為國家博覽會的獲勝者 duck、gourd 和 spitz 印出名字。

範例 *D-1*　*mcnames1.py*

```
names = ["duck", "gourd", "spitz"]
for name in names:
    cap_name = name.capitalize()
    print("%sy Mc%sface" % (cap_name, cap_name))
```

輸出：

```
Ducky McDuckface
Gourdy McGourdface
Spitzy McSpitzface
```

5.7　用 format() 格式化做同一件事。

範例 *D-2*　*mcnames2.py*

```
names = ["duck", "gourd", "spitz"]
for name in names:
    cap_name = name.capitalize()
    print("{}y Mc{}face".format(cap_name, cap_name))
```

5.8　用 *f-strings* 憑感覺再做一次。

範例 *D-3*　*mcnames3.py*

```
names = ["duck", "gourd", "spitz"]
for name in names:
    cap_name = name.capitalize()
    print(f"{cap_name}y Mc{cap_name}face")
```

6. 用 while 與 for 來執行迴圈

6.1　使用 for 迴圈來印出串列 [3, 2, 1, 0] 的值。

```
>>> for value in [3, 2, 1, 0]:
...     print(value)
...
3
2
1
0
```

6.2　將值 7 指派給變數 guess_me，並將值 1 指派給變數 number。寫一個 while 迴圈來比較 number 與 guess_me。如果 number 小於 guess_me，印出 'too low'。如果 number 等於 guess_me，印出 'found it!' 並離開迴圈。如果 number 大於 guess_me，印出 'oops' 並離開迴圈。在迴圈結束時遞增數字。

```
guess_me = 7
number = 1
while True:
    if number < guess_me:
        print('too low')
    elif number == guess_me:
        print('found it!')
        break
    elif number > guess_me:
        print('oops')
        break
    number += 1
```

如果你寫對了，你會看到：

```
too low
too low
too low
too low
too low
too low
found it!
```

注意，elif start > guess_me: 這一行也可以使用簡單的 else:，因為如果 start 不小於或等於 guess_me，它必定比較大一至少在這個宇宙是如此。

6.3　將值 5 指派給變數 guess_me。使用 for 迴圈在 range(10) 之內迭代一個名為 number 的變數。如果 number 小於 guess_me，印出 'too low'。如果它等於 guess_me，印出 'found it!'，接著跳出 for 迴圈。如果 number 大於 guess_me，印出 'oops' 並離開迴圈。

```
>>> guess_me = 5
>>> for number in range(10):
...     if number < guess_me:
...         print("too low")
...     elif number == guess_me:
...         print("found it!")
...         break
...     else:
```

```
...         print("oops")
...         break
...
too low
too low
too low
too low
too low
found it!
```

7. tuple 與串列

7.1　建立一個稱為 years_list 的串列，從你的出生年開始，一直列到你的第五個生日的那一年。例如，如果你是 1980 年出生的，這個串列將是 years_list = [1980, 1981, 1982, 1983, 1984, 1985]。

> 如果你是 1980 年出生的，你會輸入：
>
> ```
> >>> years_list = [1980, 1981, 1982, 1983, 1984, 1985]
> ```

7.2　哪一年有你的第三個生日？提醒你，你人生的第一年是 0 歲。

> 你要到 offset 3。因此，如果你是 1980 年出生的：
>
> ```
> >>> years_list[3]
> 1983
> ```

7.3　years_list 的哪一年是你最老的一年？

> 你要到最後一年，所以使用 offset -1。因為你知道這個串列有六個項目，你也可以用 5，但是 -1 可以取得任何大小的串列的最後一個項目。對 1980 年出生的人來說：
>
> ```
> >>> years_list[-1]
> 1985
> ```

7.4　製作並印出一個稱為 things，並含有這三個字串元素的串列："mozzarella"、"cinderella"、"salmonella"。

> ```
> >>> things = ["mozzarella", "cinderella", "salmonella"]
> >>> things
> ['mozzarella', 'cinderella', 'salmonella']
> ```

7.5　將 things 裡面代表人名的元素改為首字母大寫，再印出這個串列。它會改變串列內的元素嗎？

> 這會將單字改為首字母大寫，但不會在串列裡面改變它：
>
> ```
> >>> things[1].capitalize()
> 'Cinderella'
> >>> things
> ['mozzarella', 'cinderella', 'salmonella']
> ```
>
> 如果你想要在串列裡面改變它，你就要將它指派回去：
>
> ```
> >>> things[1] = things[1].capitalize()
> >>> things
> ['mozzarella', 'Cinderella', 'salmonella']
> ```

7.6　將 things 裡面代表乳酪的元素改成全部大寫，再印出串列。

> ```
> >>> things[0] = things[0].upper()
> >>> things
> ['MOZZARELLA', 'Cinderella', 'salmonella']
> ```

7.7　刪除致病元素，接受你的諾貝爾獎，並印出串列。

> 這可以用值移除它：
>
> ```
> >>> things.remove("salmonella")
> >>> things
> ['MOZZARELLA', 'Cinderella']
> ```
>
> 因為它是串列的最後一個，這樣子也可以：
>
> ```
> >>> del things[-1]
> ```
>
> 你也可以用從前面算來的 offset 來刪除：
>
> ```
> >>> del things[2]
> ```

7.8　建立一個稱為 surprise 的串列，並在裡面加入元素 "Groucho"、"Chico" 與 "Harpo"。

> ```
> >>> surprise = ['Groucho', 'Chico', 'Harpo']
> >>> surprise
> ['Groucho', 'Chico', 'Harpo']
> ```

7.9 將 surprise 串列的最後一個元素改為小寫，將它反過來，再將它的第一個字母改為大寫。

```
>>> surprise[-1] = surprise[-1].lower()
>>> surprise[-1] = surprise[-1][::-1]
>>> surprise[-1].capitalize()
'Oprah'
```

7.10 使用串列生成式來製作一個稱為 even 的串列，讓它擁有 range(10) 之內的偶數。

```
>>> even = [number for number in range(10) if number % 2 == 0]
>>> even
[0, 2, 4, 6, 8]
```

7.11 我們來做一個跳繩謠產生器。你要印出一系列雙行歌謠。程式的開頭是：

```
start1 = ["fee", "fie", "foe"]
rhymes = [
    ("flop", "get a mop"),
    ("fope", "turn the rope"),
    ("fa", "get your ma"),
    ("fudge", "call the judge"),
    ("fat", "pet the cat"),
    ("fog", "walk the dog"),
    ("fun", "say we're done"),
    ]
start2 = "Someone better"
```

對於 rhymes 裡面的每一對字串（first, second）：

在第一行：

• 印出 start1 裡面的每一個字串，將它改成首字大寫，並在後面加上一個驚嘆號與一個空格。

• 印出 first，也將它改成首字大寫，並且在後面加上一個驚嘆號。

在第二行：

• 印出 start2 與一個空格。

• 印出 second 與一個句點。

```
start1 = ["fee", "fie", "foe"]
rhymes = [
    ("flop", "get a mop"),
    ("fope", "turn the rope"),
```

```
        ("fa", "get your ma"),
        ("fudge", "call the judge"),
        ("fat", "pet the cat"),
        ("fog", "pet the dog"),
        ("fun", "say we're done"),
        ]
    start2 = "Someone better"
    start1_caps = " ".join([word.capitalize() + "!" for word in start1])
    for first, second in rhymes:
        print(f"{start1_caps} {first.capitalize()}!")
        print(f"{start2} {second}.")
```

輸出：

```
Fee! Fie! Foe! Flop!
Someone better get a mop.
Fee! Fie! Foe! Fope!
Someone better turn the rope.
Fee! Fie! Foe! Fa!
Someone better get your ma.
Fee! Fie! Foe! Fudge!
Someone better call the judge.
Fee! Fie! Foe! Fat!
Someone better pet the cat.
Fee! Fie! Foe! Fog!
Someone better walk the dog.
Fee! Fie! Foe! Fun!
Someone better say we're done.
```

8. 字典與集合

8.1　製作一個名為 e2f 的英法字典，並將它印出。以下是你的初學單字：dog 是 chien，cat 是 chat，walrus 是 morse。

```
>>> e2f = {'dog': 'chien', 'cat': 'chat', 'walrus': 'morse'}
>>> e2f
{'cat': 'chat', 'walrus': 'morse', 'dog': 'chien'}
```

8.2　使用你那只有三個單字的字典 e2f 來印出 walrus 的法文單字。

```
>>> e2f['walrus']
'morse'
```

8.3　用 e2f 來製作法英字典，稱之為 f2e。使用 items 方法。

```
>>> f2e = {}
>>> for english, french in e2f.items():
    f2e[french] = english
>>> f2e
{'morse': 'walrus', 'chien': 'dog', 'chat': 'cat'}
```

8.4　印出法文單字 chien 的英文。

```
>>> f2e['chien']
'dog'
```

8.5　印出 e2f 的英文單字集合。

```
>>> set(e2f.keys())
{'cat', 'walrus', 'dog'}
```

8.6　製作一個多層的字典，稱之為 life。將這些字串當成最頂層的鍵：'animals'、'plants' 與 'other'。讓 'animals' 鍵引用另一個擁有 'cats'、'octopi' 與 'emus' 鍵的字典。讓 'cats' 鍵引用一個字串串列，其值為 'Henri'、'Grumpy' 與 'Lucy'。讓所有其他鍵引用空字典。

```
這題很難，所以偷看答案時不用覺得良心不安。
>>> life = {
...     'animals': {
...         'cats': [
...             'Henri', 'Grumpy', 'Lucy'
...             ],
...         'octopi': {},
...         'emus': {}
...         },
...     'plants': {},
...     'other': {}
...     }
>>>
```

8.7　印出 life 最頂層的鍵。

```
>>> print(life.keys())
dict_keys(['animals', 'other', 'plants'])
```

Python 3 加入那個 dict_keys，如果你要將它們印成一般串列，可使用：

```
>>> print(list(life.keys()))
['animals', 'other', 'plants']
```

順道一提，你可以使用空格來讓程式更容易閱讀：

```
>>> print ( list ( life.keys() ) )
['animals', 'other', 'plants']
```

8.8　　印出 life['animals'] 的鍵。

```
>>> print(life['animals'].keys())
dict_keys(['cats', 'octopi', 'emus'])
```

8.9　　印出 life['animals']['cats'] 的值。

```
>>> print(life['animals']['cats'])
['Henri', 'Grumpy', 'Lucy']
```

8.10　使用一個字典生成式來製作字典 squares。使用 range(10) 來回傳鍵，並且將各個鍵的平方當成它的值。

```
>>> squares = {key: key*key for key in range(10)}
>>> squares
{0: 0, 1: 1, 2: 4, 3: 9, 4: 16, 5: 25, 6: 36, 7: 49, 8: 64, 9: 81}
```

8.11　使用集合生成式和 range(10) 之內的奇數來製作 odd 集合。

```
>>> odd = {number for number in range(10) if number % 2 == 1}
>>> odd
{1, 3, 5, 7, 9}
```

8.12　使用產生器生成式來回傳字串 'Got ' 與 range(10) 內的一個數字。使用 for 迴圈來迭代它。

```
>>> for thing in ('Got %s' % number for number in range(10)):
...     print(thing)
...
Got 0
Got 1
Got 2
Got 3
Got 4
Got 5
Got 6
```

```
Got 7
Got 8
Got 9
```

8.13　使用 zip() 和鍵 tuple ('optimist', 'pessimist', 'troll') 與值 tuple ('The glass is half full', 'The glass is half empty', 'How did you get a glass?') 來製作一個字典。

```
>>> keys = ('optimist', 'pessimist', 'troll')
>>> values = ('The glass is half full',
...     'The glass is half empty',
...     'How did you get a glass?')
>>> dict(zip(keys, values))
{'optimist': 'The glass is half full',
'pessimist': 'The glass is half empty',
'troll': 'How did you get a glass?'}
```

8.14　使用 zip() 來製作一個稱為 movies 的字典，來配對這些串列：titles = ['Creature of Habit', 'Crewel Fate', 'Sharks On a Plane'] 與 plots = ['A nun turns into a monster', 'A haunted yarn shop', 'Check your exits']。

```
>>> titles = ['Creature of Habit',
...     'Crewel Fate',
...     'Sharks On a Plane']
>>> plots = ['A nun turns into a monster',
...     'A haunted yarn shop',
...     'Check your exits']
>>> movies = dict(zip(titles, plots))
>>> movies
{'Creature of Habit': 'A nun turns into a monster',
'Crewel Fate': 'A haunted yarn shop',
'Sharks On a Plane': 'Check your exits'}
>>>
```

9. 函式

9.1　定義一個稱為 good() 的函式，用它回傳串列 ['Harry', 'Ron', 'Hermione']。

```
>>> def good():
...     return ['Harry', 'Ron', 'Hermione']
...
>>> good()
['Harry', 'Ron', 'Hermione']
```

9.2　定義一個稱為 `get_odds()` 的產生器函式，用它回傳 range(10) 的奇數。使用 for 迴圈來找到並印出第三個回傳值。

```
>>> def get_odds():
...     for number in range(1, 10, 2):
...         yield number
...
>>> count = 1
>>> for number in get_odds():
...     if count == 3:
...         print("The third odd number is", number)
...         break
...     count += 1
...
The third odd number is 5
```

9.3　定義一個稱為 `test` 的裝飾器，用它在一個函式被呼叫時印出 `'start'`，在那個函式結束時印出 `'end'`。

```
>>> def test(func):
...     def new_func(*args, **kwargs):
...         print('start')
...         result = func(*args, **kwargs)
...         print('end')
...         return result
...     return new_func
...
>>>
>>> @test
... def greeting():
...     print("Greetings, Earthling")
...
>>> greeting()
start
Greetings, Earthling
end
```

9.4　定義一個稱為 `OopsException` 的例外。發出這個例外，看看會發生什麼事情。接著，寫一段程式來捕捉這個例外，並印出 `'Caught an oops'`。

```
>>> class OopsException(Exception):
...     pass
...
>>> raise OopsException()
Traceback (most recent call last):
```

```
  File "<stdin>", line 1, in <module>
__main__.OopsException
>>>
>>> try:
...     raise OopsException
... except OopsException:
...     print('Caught an oops')
...
Caught an oops
```

10. 喔喔：物件與類別

10.1　製作一個稱為 Thing，而且沒有內容的類別，並將它印出。接著，用這個類別建立一個稱為 example 的物件，也將它印出。印出來的值一樣嗎？

```
>>> class Thing:
...     pass
...
>>> print(Thing)
<class '__main__.Thing'>
>>> example = Thing()
>>> print(example)
<__main__.Thing object at 0x1006f3fd0>
```

10.2　製作一個稱為 Thing2 的新類別，並將 'abc' 值指派給一個稱為 letters 的類別屬性。印出 letters。

```
>>> class Thing2:
...     letters = 'abc'
...
>>> print(Thing2.letters)
abc
```

10.3　再製作一個類別，想當然爾，將它命名為 Thing3。這次將 'xyz' 值指派給一個稱為 letters 的實例（物件）屬性。印出 letters。做這件事需要用這個類別製作一個物件嗎？

```
>>> class Thing3:
...     def __init__(self):
...         self.letters = 'xyz'
...
```

變數 letters 屬於用 Thing3 製作的任何物件，而不是 Thing3 類別本身：

```
>>> print(Thing3.letters)
Traceback (most recent call last):
  File "<stdin>", line 1, in <module>
AttributeError: type object 'Thing3' has no attribute 'letters'
>>> something = Thing3()
>>> print(something.letters)
xyz
```

10.4 製作一個稱為 Element 的類別，加入實例屬性 name、symbol 與 number。用值 'Hydrogen'、'H' 與 1 建立一個這種類別的物件，稱為 hydrogen。

```
>>> class Element:
...     def __init__(self, name, symbol, number):
...         self.name = name
...         self.symbol = symbol
...         self.number = number
...
>>> hydrogen = Element('Hydrogen', 'H', 1)
```

10.5 用這些鍵與值製作一個字典：'name': 'Hydrogen', 'symbol': 'H', 'number': 1。再用 Element 類別與這個字典建立一個名為 hydrogen 的物件。

先製作字典：

```
>>> el_dict = {'name':'Hydrogen', 'symbol':'H', 'number':1}
```

這是可行的，雖然需要多打幾個字：

```
>>> hydrogen = Element(el_dict['name'], el_dict['symbol'], el_dict['number'])
```

我們來檢查它有沒有成功：

```
>>> hydrogen.name
'Hydrogen'
```

但是，你也可以用字典直接初始化物件，因為它的鍵名稱符合 __init__ 的引數（參考第 9 章討論關鍵字引數的部分）：

```
>>> hydrogen = Element(**el_dict)
>>> hydrogen.name
'Hydrogen'
```

10.6 為 Element 類別定義一個名為 dump() 的方法,讓它印出物件屬性的值(name、symbol、number)。用這個新定義建立 hydrogen 物件,並使用 dump() 來印出它的屬性。

```
>>> class Element:
...     def __init__(self, name, symbol, number):
...         self.name = name
...         self.symbol = symbol
...         self.number = number
...     def dump(self):
...         print('name=%s, symbol=%s, number=%s' %
...             (self.name, self.symbol, self.number))
...
>>> hydrogen = Element(**el_dict)
>>> hydrogen.dump()
name=Hydrogen, symbol=H, number=1
```

10.7 呼叫 print(hydrogen)。在 Element 的定義中,將方法 dump 的名稱改為 __str__,建立一個新的 hydrogen 物件,並再次呼叫 print(hydrogen)。

```
>>> print(hydrogen)
<__main__.Element object at 0x1006f5310>
>>> class Element:
...     def __init__(self, name, symbol, number):
...         self.name = name
...         self.symbol = symbol
...         self.number = number
...     def __str__(self):
...         return ('name=%s, symbol=%s, number=%s' %
...             (self.name, self.symbol, self.number))
...
>>> hydrogen = Element(**el_dict)
>>> print(hydrogen)
name=Hydrogen, symbol=H, number=1
```

__str__() 是 Python 的魔術方法之一。print 函式會呼叫物件的 __str__() 方法來取得它的字串表示法。如果它沒有 __str__() 方法,它會從它的父 Object 類別取得預設方法,該方法回傳 <__main__.Element object at 0x1006f5310> 這類的字串。

10.8 修改 Element,讓 name、symbol 與 number 變成私用的。為每一個屬性定義 getter property,並回傳它的值。

```
>>> class Element:
...     def __init__(self, name, symbol, number):
...         self.__name = name
...         self.__symbol = symbol
...         self.__number = number
...     @property
...     def name(self):
...         return self.__name
...     @property
...     def symbol(self):
...         return self.__symbol
...     @property
...     def number(self):
...         return self.__number
...
>>> hydrogen = Element('Hydrogen', 'H', 1)
>>> hydrogen.name
'Hydrogen'
>>> hydrogen.symbol
'H'
>>> hydrogen.number
1
```

10.9 定義三個類別：Bear、Rabbit、Octothorpe。在每個類別中定義一個方法：eats()。讓它回傳 'berries'（Bear）、'clover'（Rabbit）與 'campers'（Octothorpe）。用各個類別建立一個物件並印出它吃什麼東西。

```
>> class Bear:
...     def eats(self):
...         return 'berries'
...
>>> class Rabbit:
...     def eats(self):
...         return 'clover'
...
>>> class Octothorpe:
...     def eats(self):
...         return 'campers'
...
>>> b = Bear()
>>> r = Rabbit()
>>> o = Octothorpe()
>>> print(b.eats())
berries
```

```
>>> print(r.eats())
clover
>>> print(o.eats())
campers
```

10.10 定義這些類別：Laser、Claw 與 SmartPhone，讓它們只有一個 does() 方法，讓這個
方法回傳 'disintegrate'（Laser）、'crush'（Claw）與 'ring'（Smart Phone）。再
定義 Robot 類別，讓它擁有上述類別的一個實例（物件）。為 Robot 定義 does() 方
法來印出它的元件做什麼事情。

```
>>> class Laser:
...     def does(self):
...         return 'disintegrate'
...
>>> class Claw:
...     def does(self):
...         return 'crush'
...
>>> class SmartPhone:
...     def does(self):
...         return 'ring'
...
>>> class Robot:
...     def __init__(self):
...         self.laser = Laser()
...         self.claw = Claw()
...         self.smartphone = SmartPhone()
...     def does(self):
...         return '''I have many attachments:
... My laser, to %s.
... My claw, to %s.
... My smartphone, to %s.''' % (
...         self.laser.does(),
...         self.claw.does(),
...         self.smartphone.does() )
...
>>> robbie = Robot()
>>> print( robbie.does() )
I have many attachments:
My laser, to disintegrate.
My claw, to crush.
My smartphone, to ring.
```

11. 模組、程式包與好東西

11.1 建立一個名為 *zoo.py* 的檔案。在裡面定義一個名為 hours() 函式,用它來印出
字串 'Open 9-5 daily'。接著,使用互動式解譯器匯入 zoo 模組,並呼叫它的
hours() 函式。

> 這是 *zoo.py*:
>
> ```
> def hours():
>     print('Open 9-5 daily')
> ```
>
> 接著用互動的方式匯入它:
>
> ```
> >>> import zoo
> >>> zoo.hours()
> Open 9-5 daily
> ```

11.2 在互動式解譯器中,將 zoo 模組匯入為 menagerie,並呼叫它的 hours() 函式。

> ```
> >>> import zoo as menagerie
> >>> menagerie.hours()
> Open 9-5 daily
> ```

11.3 在解譯器裡面直接從 zoo 匯入 hours() 函式,並呼叫它。

> ```
> >>> from zoo import hours
> >>> hours()
> Open 9-5 daily
> ```

11.4 將 hours() 函式匯入為 info,並呼叫它。

> ```
> >>> from zoo import hours as info
> >>> info()
> Open 9-5 daily
> ```

11.6 用上一個問題中的鍵值製作一個稱為 fancy 的 OrderedDict 並將它印出,它印出來
的順序與 plain 一樣嗎?

> ```
> >>> from collections import OrderedDict
> >>> fancy = OrderedDict([('a', 1), ('b', 2), ('c', 3)])
> >>> fancy
> OrderedDict([('a', 1), ('b', 2), ('c', 3)])
> ```

11.7 製作一個稱為 dict_of_lists 的 defaultdict，並且將 list 引數傳給它。用一個賦值式製作串列 dict_of_lists['a'] 並且對它附加 'something for a'。印出 dict_of_lists['a']。

```
>>> from collections import defaultdict
>>> dict_of_lists = defaultdict(list)
>>> dict_of_lists['a'].append('something for a')
>>> dict_of_lists['a']
['something for a']
```

12. 玩轉資料

12.1 建立一個名為 mystery 的 Unicode 字串，並將它設為 '\U0001f984' 值。印出 mystery 與它的 Unicode 名稱。

```
>>> import unicodedata
>>> mystery = '\U0001f4a9'
>>> mystery
'💩'
>>> unicodedata.name(mystery)
'PILE OF POO'
```

我的天，他們還在裡面放了什麼？

12.2 這次使用 UTF-8，將 mystery 編碼成 bytes 變數 pop_bytes，印出 pop_bytes。

```
>>> pop_bytes = mystery.encode('utf-8')
>>> pop_bytes
b'\xf0\x9f\x92\xa9'
```

12.3 使用 UTF-8 將 pop_bytes 解碼成字串變數 pop_string。印出 pop_string。pop_string 等於 mystery 嗎？

```
>>> pop_string = pop_bytes.decode('utf-8')
>>> pop_string
'💩'
>>> pop_string == mystery
True
```

12.4 正規表達式在處理文字時非常方便，我們接下來要以各種方式，用它來處理一段文字，這是一首詩，標題是「Ode on the Mammoth Cheese」，它是 James McIntyre 在 1866 年寫的，內容歌頌 Ontario 製作的七千磅乳酪被送至世界各地。如果你不想要親自輸入它的全文，可以用搜尋引擎尋找，並將它剪貼到你的 Python 程式中，或直接從 Project Gutenberg 抓取它（*http://bit.ly/mcintyre-poetry*）。將這個文字字串稱為 mammoth。

```
>>> mammoth = '''
... We have seen thee, queen of cheese,
... Lying quietly at your ease,
... Gently fanned by evening breeze,
... Thy fair form no flies dare seize.
...
... All gaily dressed soon you'll go
... To the great Provincial show,
... To be admired by many a beau
... In the city of Toronto.
...
... Cows numerous as a swarm of bees,
... Or as the leaves upon the trees,
... It did require to make thee please,
... And stand unrivalled, queen of cheese.
...
... May you not receive a scar as
... We have heard that Mr. Harris
... Intends to send you off as far as
... The great world's show at Paris.
...
... Of the youth beware of these,
... For some of them might rudely squeeze
... And bite your cheek, then songs or glees
... We could not sing, oh! queen of cheese.
...
... We'rt thou suspended from balloon,
... You'd cast a shade even at noon,
... Folks would think it was the moon
... About to fall and crush them soon.
... '''
```

12.5 匯入 re 模組來使用 Python 的正規表達式函式。使用 re.findall() 來印出 c 開頭的所有單字。

我們定義模式變數 pat，接著在 mammoth 裡面尋找符合它的：

```
>>> import re
>>> pat = r'\bc\w*'
>>> re.findall(pat, mammoth)
['cheese', 'city', 'cheese', 'cheek', 'could', 'cheese', 'cast', 'crush']
```

\b 代表在單字與非單字的交界處開始。使用它來指定單字的開頭或結尾。常值 c 是我們要尋找的單字的第一個字母。\w 代表任何**單字字元**，包括字母、數字與底線（_）。* 代表零或多個這些單字字元。一起使用它們可以尋找以 c 開頭的單字，包括 'c' 本身。如果你沒有使用原始字串（在開始的引號之前有個 r），Python 會將 \b 解譯成倒退鍵，導致搜尋莫名其妙地失敗：

```
>>> pat = '\bc\w*'
>>> re.findall(pat, mammoth)
[]
```

12.6 找出所有 c 開頭的四字母單字。

```
>>> pat = r'\bc\w{3}\b'
>>> re.findall(pat, mammoth)
['city', 'cast']
```

你要用最後面的 \b 來表示單字的結尾。否則，你會取得 c 開頭的所有單字的前四個字母，且至少有四個字母：

```
>>> pat = r'\bc\w{3}'
>>> re.findall(pat, mammoth)
['chee', 'city', 'chee', 'chee', 'coul', 'chee', 'cast', 'crus']
```

12.7 找出所有以 r 結束的單字。

這有一點麻煩。我們可以取得結尾是 r 的單字的正確結果：

```
>>> pat = r'\b\w*r\b'
>>> re.findall(pat, mammoth)
['your', 'fair', 'Or', 'scar', 'Mr', 'far', 'For', 'your', 'or']
```

但是結尾是 l 的單字的結果不太理想：

```
>>> pat = r'\b\w*l\b'
>>> re.findall(pat, mammoth)
['All', 'll', 'Provincial', 'fall']
```

那個 ll 是什麼東西？\w 模式只比對字母、數字與底線，不會比對 ASCII 單引號，因此，它會抓取 you'll 的結尾的 ll。我們可以試著在想要比對的字元組合裡面加入一個單引號，但是第一次試驗失敗了：

```
>>> pat = r'\b[\w']*l\b'
  File "<stdin>", line 1
    pat = r'\b[\w']*l\b'
```

Python 指出錯誤的大致位置，但是你可能要花一點時間，才可以看出錯誤的原因：我們使用相同的單引號或引號字元來將模式字串框起來。有一種解決的辦法是用反斜線來轉義它：

```
>>> pat = r'\b[\w\']*l\b'
>>> re.findall(pat, mammoth)
['All', "you'll", 'Provincial', 'fall']
```

另一種方法是用雙引號來框住模式字串：

```
>>> pat = r"\b[\w']*l\b"
>>> re.findall(pat, mammoth)
['All', "you'll", 'Provincial', 'fall']
```

12.8　尋找有連續三個母音的所有單字。

從單字邊界開始，任何數量的**單字**字元，三個母音，接著非母音字元，直到單字結束：

```
>>> pat = r'\b[^aeiou]*[aeiou]{3}[^aeiou]*\b'
>>> re.findall(pat, mammoth)
['queen', 'quietly', 'beau\nIn', 'queen', 'squeeze', 'queen']
```

這看起來是正確的，除了 'beau\nIn' 那個字串之外。我們將 mammoth 當成一個多行字串來搜尋。我們的 [^aeiou] 可以比對所有非母音，包括 \n（換行，標記文字行的結尾）。我們還需要在忽略的集合中加入一個東西：\s 會比對任何空白字元，包括 \n：

```
>>> pat = r'\b\w*[aeiou]{3}[^aeiou\s]\w*\b'
>>> re.findall(pat, mammoth)
['queen', 'quietly', 'queen', 'squeeze', 'queen']
```

這次我們沒有找到 beau，所以要再調整一下模式：比對在三個母音之後的任何數量（包括零）的非母音。之前的模式只比對一個非母音。

```
>>> pat = r'\b\w*[aeiou]{3}[^aeiou\s]*\w*\b'
>>> re.findall(pat, mammoth)
['queen', 'quietly', 'beau', 'queen', 'squeeze', 'queen']
```

上面的經驗告訴你什麼事情？雖然正規表達式可以做很多事情，但是寫出正確的正規表達式很麻煩。

12.9 使用 unhexlify 來將這個十六進制字串（因為頁寬的關係切成兩個字串）轉換成 bytes 變數 gif：

```
'474946383961010001008000000000000ffffff21f9' +
'0401000000002c00000000010001000020144003b'
```

```
>>> import binascii
>>> hex_str = '474946383961010001008000000000000ffffff21f9' + \
...        '0401000000002c00000000010001000020144003b'
>>> gif = binascii.unhexlify(hex_str)
>>> len(gif)
42
```

12.10 在 gif 裡面的 bytes 定義了單像素的透明 GIF 檔，它是最常見的圖像檔案格式之一。有效的 GIF 的開頭是 ASCII 字元 *GIF89a*。gif 符合嗎？

```
>>> gif[:6] == b'GIF89a'
True
```

注意，我們需要使用 b 來定義一個 byte 字串，而不是 Unicode 字元字串。你可以拿 byte 與 byte 相比，但無法拿 byte 與字串相比：

```
>>> gif[:6] == 'GIF89a'
False
>>> type(gif)
<class 'bytes'>
>>> type('GIF89a')
<class 'str'>
>>> type(b'GIF89a')
<class 'bytes'>
```

12.11 GIF 的像素寬度是 16 位元的 little-endian 整數，從 byte offset 6 開始，高度的大小一樣，從 offset 8 開始。從 gif 取出並印出這些值。它們都是 1 嗎？

```
>>> import struct
>>> width, height = struct.unpack('<HH', gif[6:10])
>>> width, height
(1, 1)
```

13. 日曆與時鐘

13.1 以字串的格式將目前的日期寫入文字檔 *today.txt*。

```
>>> from datetime import date
>>> now = date.today()
>>> now_str = now.isoformat()
>>> with open('today.txt', 'wt') as output:
...     print(now_str, file=output)
>>>
```

這是我執行這段程式時，*today.txt* 裡面的東西：

```
2019-07-23
```

你也可以用 output.write(now_str) 之類的東西來取代 print。使用 print 會多印一個換行。

13.2 將文字檔 *today.txt* 讀入字串 today_string。

```
>>> with open('today.txt', 'rt') as input:
...     today_string = input.read()
...
>>> today_string
'2019-07-23\n'
```

13.3 解析 today_string 的日期。

```
>>> fmt = '%Y-%m-%d\n'
>>> datetime.strptime(today_string, fmt)
datetime.datetime(2019, 7, 23, 0, 0)
```

如果你在檔案中寫入最後的換行，就必須在格式字串中比對它。

13.4 建立你的出生日期的日期物件。

假設你在 1982 年 8 月 14 日出生：

```
>>> my_day = date(1982, 8, 14)
>>> my_day
datetime.date(1982, 8, 14)
```

13.5 你是星期幾出生的？

```
>>> my_day.weekday()
5
>>> my_day.isoweekday()
6
```

使用 weekday() 時，星期一是 0，星期天是 6。使用 isoweekday() 時，星期一是 1，星期天是 7。因此，這天是星期六。

13.6 你什麼時候會（或已經）活到第 10,000 日？

```
>>> from datetime import timedelta
>>> party_day = my_day + timedelta(days=10000)
>>> party_day
datetime.date(2009, 12, 30)
```

如果 1982 年 8 月 14 日是你的生日，你可能失去一次舉辦聚會的藉口了。

14. 檔案與目錄

14.1 列出在你目前的目錄裡面的檔案。

如果你目前的目錄是 *ohmy*，且裡面有三個以動物命名的檔名，它會是：

```
>>> import os
>>> os.listdir('.')
['bears', 'lions', 'tigers']
```

14.2 列出在你的上一層目錄中的檔案。

如果你的上一層目錄有兩個檔案以及目前的 *ohmy* 目錄，它會是：

```
>>> import os
>>> os.listdir('..')
['ohmy', 'paws', 'whiskers']
```

14.3 將字串 'This is a test of the emergency text system' 指派給變數 test1，並將 test1 寫到 *test.txt* 檔。

```
>>> test1 = 'This is a test of the emergency text system'
>>> len(test1)
43
```

以下是使用 open、write 與 close 的做法：

```
>>> outfile = open('test.txt', 'wt')
>>> outfile.write(test1)
43
>>> outfile.close()
```

你也可以使用 with，避免呼叫 close（Python 會幫你做這件事）：

```
>>> with open('test.txt', 'wt') as outfile:
...     outfile.write(test1)
...
43
```

14.4　打開 *test.txt* 檔案，並將它的內容讀入字串 test2。test1 與 test2 一樣嗎？

```
>>> with open('test.txt', 'rt') as infile:
...     test2 = infile.read()
...
>>> len(test2)
43
>>> test1 == test2
True
```

15. 時間中的資料：程序與並行處理

15.1　使用 multiprocessing 來建立三個獨立的程序。讓每一個程序等待介於零到五秒之間的隨機秒數，印出目前的時間，然後退出。

```
import multiprocessing

def now(seconds):
    from datetime import datetime
    from time import sleep
    sleep(seconds)
    print('wait', seconds, 'seconds, time is', datetime.utcnow())

if __name__ == '__main__':
    import random
    for n in range(3):
        seconds = random.random()
        proc = multiprocessing.Process(target=now, args=(seconds,))
        proc.start()

$ python multi_times.py
```

```
wait 0.10720361113059229 seconds, time is 2019-07-24 00:19:23.951594
wait 0.5825144002370065 seconds, time is 2019-07-24 00:19:24.425047
wait 0.6647690569029477 seconds, time is 2019-07-24 00:19:24.509995
```

16. 盒子資料：持久保存

16.1　將這幾行文字存到 *books.csv* 檔（注意，如果欄位是用逗號來分隔的，當欄位裡面有逗號時，你必須將那個欄位包在引號裡面）：

```
author,book
J R R Tolkien,The Hobbit
Lynne Truss,"Eats, Shoots & Leaves"
```

```
>>> text = '''author,book
... J R R Tolkien,The Hobbit
... Lynne Truss,"Eats, Shoots & Leaves"
... '''
>>> with open('test.csv', 'wt') as outfile:
...     outfile.write(text)
...
73
```

16.2　使用 csv 模組與它的 DictReader 方法來將 *books.csv* 讀到變數 books。印出 books 內的值。DictReader 有處理第二本書的書名中的引號與逗號嗎？

```
>>> with open('books.csv', 'rt') as infile:
...     books = csv.DictReader(infile)
...     for book in books:
...         print(book)
...
{'book': 'The Hobbit', 'author': 'J R R Tolkien'}
{'book': 'Eats, Shoots & Leaves', 'author': 'Lynne Truss'}
```

16.3　使用這幾行內容來建立一個名為 *books2.csv* 的 CSV 檔：

```
title,author,year
The Weirdstone of Brisingamen,Alan Garner,1960
Perdido Street Station,China Miéville,2000
Thud!,Terry Pratchett,2005
The Spellman Files,Lisa Lutz,2007
Small Gods,Terry Pratchett,1992
```

```
>>> text = '''title,author,year
... The Weirdstone of Brisingamen,Alan Garner,1960
... Perdido Street Station,China Miéville,2000
... Thud!,Terry Pratchett,2005
... The Spellman Files,Lisa Lutz,2007
... Small Gods,Terry Pratchett,1992
... '''
>>> with open('books2.csv', 'wt') as outfile:
...     outfile.write(text)
...
201
```

16.4　使用 sqlite3 模組來建立一個名為 *books.db* 的 SQLite 資料庫，與一個名為 books 的資料表，表中有這些欄位：title（文字）、authour（文字）與 year（整數）。

```
>>> import sqlite3
>>> db = sqlite3.connect('books.db')
>>> curs = db.cursor()
>>> curs.execute('''create table book (title text, author text, year int)''')
<sqlite3.Cursor object at 0x1006e3b90>
>>> db.commit()
```

16.5　讀取 *books2.csv*，並將它的資料插入 book 資料表。

```
>>> import csv
>>> import sqlite3
>>> ins_str = 'insert into book values(?, ?, ?)'
>>> with open('books.csv', 'rt') as infile:
...     books = csv.DictReader(infile)
...     for book in books:
...         curs.execute(ins_str, (book['title'], book['author'], book['year']))
...
<sqlite3.Cursor object at 0x1007b21f0>
<sqlite3.Cursor object at 0x1007b21f0>
<sqlite3.Cursor object at 0x1007b21f0>
<sqlite3.Cursor object at 0x1007b21f0>
<sqlite3.Cursor object at 0x1007b21f0>
>>> db.commit()
```

16.6　按照字母順序來選取並印出 book 資料表的 title 欄位。

```
>>> sql = 'select title from book order by title asc'
>>> for row in db.execute(sql):
...     print(row)
...
```

```
('Perdido Street Station',)
('Small Gods',)
('The Spellman Files',)
('The Weirdstone of Brisingamen',)
('Thud!',)
```

如果你只想要印出 title 值，不想要那些 tuple（括號與逗點），你可以：

```
>>> for row in db.execute(sql):
...     print(row[0])
...
Perdido Street Station
Small Gods
The Spellman Files
The Weirdstone of Brisingamen
Thud!
```

如果你想要忽略標題開頭的 'The'，你要加入一些其他的 SQL 魔法材料：

```
>>> sql = '''select title from book order by
... case when (title like "The %")
... then substr(title, 5)
... else title end'''
>>> for row in db.execute(sql):
...     print(row[0])
...
Perdido Street Station
Small Gods
The Spellman Files
Thud!
The Weirdstone of Brisingamen
```

16.7 按照出版物的順序來選取並印出 book 資料表的所有欄位。

```
>>> for row in db.execute('select * from book order by year'):
...     print(row)
...
('The Weirdstone of Brisingamen', 'Alan Garner', 1960)
('Small Gods', 'Terry Pratchett', 1992)
('Perdido Street Station', 'China Miéville', 2000)
('Thud!', 'Terry Pratchett', 2005)
('The Spellman Files', 'Lisa Lutz', 2007)
```

要印出每一列的所有欄位，你只要用逗號與空格來分隔：

```
>>> for row in db.execute('select * from book order by year'):
...     print(*row, sep=', ')
...
```

```
The Weirdstone of Brisingamen, Alan Garner, 1960
Small Gods, Terry Pratchett, 1992
Perdido Street Station, China Miéville, 2000
Thud!, Terry Pratchett, 2005
The Spellman Files, Lisa Lutz, 2007
```

16.8 使用 sqlalchemy 模組來連接你在習題 16.4 製作的 sqlite3 資料庫 *books.db*。如同 16.6，按照字母順序來選取並印出 book 資料表的 title 欄位。

```
>>> import sqlalchemy
>>> conn = sqlalchemy.create_engine('sqlite:///books.db')
>>> sql = 'select title from book order by title asc'
>>> rows = conn.execute(sql)
>>> for row in rows:
...     print(row)
...
('Perdido Street Station',)
('Small Gods',)
('The Spellman Files',)
('The Weirdstone of Brisingamen',)
('Thud!',)
```

16.9 在你的電腦安裝 Redis 伺服器與 Python redis 程式庫（pip install redis）。建立名為 test 的 Redis 雜湊，讓它裡面有欄位 count（1）與 name（'Fester Bestertester'）。印出 test 的所有欄位。

```
>>> import redis
>>> conn = redis.Redis()
>>> conn.delete('test')
1
>>> conn.hmset('test', {'count': 1, 'name': 'Fester Bestertester'})
True
>>> conn.hgetall('test')
{b'name': b'Fester Bestertester', b'count': b'1'}
```

16.10 遞增 test 的 count 欄位，並將它印出。

```
>>> conn.hincrby('test', 'count', 3)
4
>>> conn.hget('test', 'count')
b'4'
```

17. 空間中的資料：網路

17.1　使用普通的通訊端來實作報時服務。當用戶端傳送字串 *time* 給伺服器時，以 ISO 字串來回傳目前的日期與時間。

> 這是編寫伺服器的一種方法，*udp_time_server.py*：
>
> ```python
> from datetime import datetime
> import socket
>
> address = ('localhost', 6789)
> max_size = 4096
>
> print('Starting the server at', datetime.now())
> print('Waiting for a client to call.')
> server = socket.socket(socket.AF_INET, socket.SOCK_DGRAM)
> server.bind(address)
> while True:
>     data, client_addr = server.recvfrom(max_size)
>     if data == b'time':
>         now = str(datetime.utcnow())
>         data = now.encode('utf-8')
>         server.sendto(data, client_addr)
>         print('Server sent', data)
> server.close()
> ```
>
> 這是用戶端，*udp_time_client.py*：
>
> ```python
> import socket
> from datetime import datetime
> from time import sleep
>
> address   = ('localhost', 6789)
> max_size  = 4096
>
> print('Starting the client at', datetime.now())
> client = socket.socket(socket.AF_INET, socket.SOCK_DGRAM)
> while True:
>     sleep(5)
>     client.sendto(b'time', address)
>     data, server_addr = client.recvfrom(max_size)
>     print('Client read', data)
> client.close()
> ```
>
> 我在用戶端迴圈上面放 sleep(5) 來讓資料的交換不要那麼快。在一個視窗啟動伺服器：

```
$ python udp_time_server.py
Starting the server at 2014-06-02 20:28:47.415176
Waiting for a client to call.
```

在另一個視窗啟動用戶端：

```
$ python udp_time_client.py
Starting the client at 2014-06-02 20:28:51.454805
```

五秒之後，你會開始在兩個視窗中看到輸出。以下是伺服器的前三行：

```
Server sent b'2014-06-03 01:28:56.462565'
Server sent b'2014-06-03 01:29:01.463906'
Server sent b'2014-06-03 01:29:06.465802'
```

這是用戶端的前三行：

```
Client read b'2014-06-03 01:28:56.462565'
Client read b'2014-06-03 01:29:01.463906'
Client read b'2014-06-03 01:29:06.465802'
```

這些程式都會永遠執行，所以你必須手動取消它們。

17.2 使用 ZeroMQ REQ 與 REP 通訊端來做同一件事。

```
import zmq
from datetime import datetime

host = '127.0.0.1'
port = 6789
context = zmq.Context()
server = context.socket(zmq.REP)
server.bind("tcp://%s:%s" % (host, port))
print('Server started at', datetime.utcnow())
while True:
    # 等待用戶端的下一個請求
    message = server.recv()
    if message == b'time':
        now = datetime.utcnow()
        reply = str(now)
        server.send(bytes(reply, 'utf-8'))
        print('Server sent', reply)


import zmq
from datetime import datetime
from time import sleep
```

```
host = '127.0.0.1'
port = 6789
context = zmq.Context()
client = context.socket(zmq.REQ)
client.connect("tcp://%s:%s" % (host, port))
print('Client started at', datetime.utcnow())
while True:
    sleep(5)
    request = b'time'
    client.send(request)
    reply = client.recv()
    print("Client received %s" % reply)
```

使用一般的通訊端時，你要先啟動伺服器。使用 ZeroMQ 時，你可以選擇先啟動伺服器或是用戶端。

```
$ python zmq_time_server.py
Server started at 2014-06-03 01:39:36.933532

$ python zmq_time_client.py
Client started at 2014-06-03 01:39:42.538245
```

經過 15 秒後，你會看到伺服器傳來的：

```
Server sent 2014-06-03 01:39:47.539878
Server sent 2014-06-03 01:39:52.540659
Server sent 2014-06-03 01:39:57.541403
```

以下是你會在用戶端看到的訊息：

```
Client received b'2014-06-03 01:39:47.539878'
Client received b'2014-06-03 01:39:52.540659'
Client received b'2014-06-03 01:39:57.541403'
```

17.3 使用 XMLRPC 來做同一件事。

伺服器：

```
from xmlrpc.server import SimpleXMLRPCServer

def now():
    from datetime import datetime
    data = str(datetime.utcnow())
    print('Server sent', data)
    return data

server = SimpleXMLRPCServer(("localhost", 6789))
server.register_function(now, "now")
```

```
        server.serve_forever()
```

用戶端：

```
    import xmlrpc.client
    from time import sleep

    proxy = xmlrpc.client.ServerProxy("http://localhost:6789/")
    while True:
        sleep(5)
        data = proxy.now()
        print('Client received', data)
```

啟動伺服器：

$ python xmlrpc_time_server.py

啟動用戶端：

$ python xmlrpc_time_client.py

等待 15 秒左右。這是伺服器輸出的前三行訊息：

```
    Server sent 2014-06-03 02:14:52.299122
    127.0.0.1 - - [02/Jun/2014 21:14:52] "POST / HTTP/1.1" 200 -
    Server sent 2014-06-03 02:14:57.304741
    127.0.0.1 - - [02/Jun/2014 21:14:57] "POST / HTTP/1.1" 200 -
    Server sent 2014-06-03 02:15:02.310377
    127.0.0.1 - - [02/Jun/2014 21:15:02] "POST / HTTP/1.1" 200 -
```

這是用戶端輸出的前三行訊息：

```
    Client received 2014-06-03 02:14:52.299122
    Client received 2014-06-03 02:14:57.304741
    Client received 2014-06-03 02:15:02.310377
```

17.4 或許你看過 *I Love Lucy* 經典影集，其中有一集 Lucy 與 Ethel 在一家巧克力工廠工作。他們兩人的動作隨著甜點輸送帶以愈來愈快的速度運轉而漸漸落後。寫一個模擬程式將各種巧克力送入一個 Redis 串列，而 Lucy 是阻擋串列彈出巧克力的用戶端。她需要 0.5 秒來處理每一片巧克力。當 Lucy 拿到每一片巧克力時，印出巧克力的時間與類型，以及還有多少巧克力需要處理。

redis_choc_supply.py 提供無限的款待：

```python
import redis
import random
from time import sleep

conn = redis.Redis()
varieties = ['truffle', 'cherry', 'caramel', 'nougat']
conveyor = 'chocolates'
while True:
    seconds = random.random()
    sleep(seconds)
    piece = random.choice(varieties)
    conn.rpush(conveyor, piece)
```

redis_lucy.py 長得像：

```python
import redis
from datetime import datetime
from time import sleep

conn = redis.Redis()
timeout = 10
conveyor = 'chocolates'
while True:
    sleep(0.5)
    msg = conn.blpop(conveyor, timeout)
    remaining = conn.llen(conveyor)
    if msg:
        piece = msg[1]
        print('Lucy got a', piece, 'at', datetime.utcnow(),
              ', only', remaining, 'left')
```

以任意順序啟動它們。因為 Lucy 要花半秒來處理每一塊巧克力，而且巧克力的平均製作時間要半秒鐘，所以要努力趕上。你放入傳送帶的速度愈快，Lucy 的日子就愈難過。

```
$ python redis_choc_supply.py &

$ python redis_lucy.py
Lucy got a b'nougat' at 2014-06-03 03:15:08.721169 , only 4 left
Lucy got a b'cherry' at 2014-06-03 03:15:09.222816 , only 3 left
Lucy got a b'truffle' at 2014-06-03 03:15:09.723691 , only 5 left
Lucy got a b'truffle' at 2014-06-03 03:15:10.225008 , only 4 left
Lucy got a b'cherry' at 2014-06-03 03:15:10.727107 , only 4 left
Lucy got a b'cherry' at 2014-06-03 03:15:11.228226 , only 5 left
Lucy got a b'cherry' at 2014-06-03 03:15:11.729735 , only 4 left
```

```
Lucy got a b'truffle' at 2014-06-03 03:15:12.230894 , only 6 left
Lucy got a b'caramel' at 2014-06-03 03:15:12.732777 , only 7 left
Lucy got a b'cherry' at 2014-06-03 03:15:13.234785 , only 6 left
Lucy got a b'cherry' at 2014-06-03 03:15:13.736103 , only 7 left
Lucy got a b'caramel' at 2014-06-03 03:15:14.238152 , only 9 left
Lucy got a b'cherry' at 2014-06-03 03:15:14.739561 , only 8 left
```

可憐的 Lucy。

17.5 使用 ZeroMQ 來發布習題 12.4 的詩（來自範例 12-1），一次一個字。寫一個 ZeroMQ 用戶端來印出以母音開始的每一個單字，並且撰寫另一個用戶端來印出有五個字母的單字。忽略標點符號。

這是伺服器 *poem_pub.py*，它會抓出詩的每一個字，如果它們是以母音開頭，就會將它們公開到 vowels 主題，如果它們有五個字母，就會公開到 five 主題。有些字可能在兩個主題裡面，有些可能不在任何一個裡面。

```python
import string
import zmq

host = '127.0.0.1'
port = 6789
ctx = zmq.Context()
pub = ctx.socket(zmq.PUB)
pub.bind('tcp://%s:%s' % (host, port))

with open('mammoth.txt', 'rt') as poem:
    words = poem.read()
for word in words.split():
    word = word.strip(string.punctuation)
    data = word.encode('utf-8')
    if word.startswith(('a','e','i','o','u','A','e','i','o','u')):
        pub.send_multipart([b'vowels', data])
    if len(word) == 5:
        pub.send_multipart([b'five', data])
```

用戶端 *poem_sub.py* 會訂閱主題 vowels 與 five，並印出主題與單字：

```python
import string
import zmq

host = '127.0.0.1'
port = 6789
ctx = zmq.Context()
sub = ctx.socket(zmq.SUB)
sub.connect('tcp://%s:%s' % (host, port))
```

```
sub.setsockopt(zmq.SUBSCRIBE, b'vowels')
sub.setsockopt(zmq.SUBSCRIBE, b'five')
while True:
    topic, word = sub.recv_multipart()
    print(topic, word)
```

如果你開啟並運行它們，它們幾乎可以運作了，你的程式看起來沒問題，但什麼事情都不會發生。你必須閱讀 ZeroMQ 指南（*http://zguide.zeromq.org/page:all*）來瞭解 *slow joiner* 問題：即使你在啟動伺服器之前啟動用戶端，伺服器也會在啟動後馬上推送資料，而用戶端要花一些時間才能連接伺服器。如果你持續發布一連串的東西，而且不在乎訂閱方何時加入，這種情況沒什麼問題。但是在這個例子中，資料流很短，會在訂閱方進來前流過，就像快速球經過打者眼前一樣。

要修正這種問題，最簡單的方式就是讓發布方在呼叫 **bind()** 之後，在開始傳送訊息之前先睡幾秒。我們將這一版稱為 *poem_pub_sleep.py*：

```
import string
import zmq
from time import sleep

host = '127.0.0.1'
port = 6789
ctx = zmq.Context()
pub = ctx.socket(zmq.PUB)
pub.bind('tcp://%s:%s' % (host, port))

sleep(1)

with open('mammoth.txt', 'rt') as poem:
    words = poem.read()
for word in words.split():
    word = word.strip(string.punctuation)
    data = word.encode('utf-8')
    if word.startswith(('a','e','i','o','u','A','e','i','o','u')):
        print('vowels', data)
        pub.send_multipart([b'vowels', data])
    if len(word) == 5:
        print('five', data)
        pub.send_multipart([b'five', data])
```

我們先啟動訂閱方，再啟動愛睡覺的發布方：

```
$ python poem_sub.py
```

```
$ python poem_pub_sleep.py
```

接著訂閱方有時間可以抓取它的兩個主題。這是它的前幾行輸出：

```
b'five' b'queen'
b'vowels' b'of'
b'five' b'Lying'
b'vowels' b'at'
b'vowels' b'ease'
b'vowels' b'evening'
b'five' b'flies'
b'five' b'seize'
b'vowels' b'All'
b'five' b'gaily'
b'five' b'great'
b'vowels' b'admired'
```

如果你無法將 sleep() 加到你的發布方，你可以使用 REQ 與 REP 通訊端來將發布方與訂閱方同步化。見 GitHub（*http://bit.ly/pyzmq-g*）上的 *publisher.py* 和 *subscriber.py* 範例。

18. 網路，解開

18.1 如果你還沒有安裝 flask，現在就去安裝。它也會安裝 werkzeug、jinja2，可能還有其他程式包。

18.2 使用 Flask 的除錯 / 重載開發伺服器來建立一個網站骨架。確保伺服器以主機名稱 localhost，預設埠 5000 啟動。如果你的電腦已經讓別的東西使用 5000 埠了，請使用別的連接埠號碼。

這是 *flask1.py*：

```
from flask import Flask

app = Flask(__name__)

app.run(port=5000, debug=True)
```

先生，發動你的引擎：

```
$ python flask1.py
 * Running on http://127.0.0.1:5000/
 * Restarting with reloader
```

18.3　加入 home() 函式來處理要求首頁的請求。設定它，讓它回傳字串 It's alive!。

我們該叫它什麼？*flask2.py*？

```
from flask import Flask

app = Flask(__name__)

@app.route('/')
def home():
    return "It's alive!"

app.run(debug=True)
```

啟動伺服器：

```
$ python flask2.py
 * Running on http://127.0.0.1:5000/
 * Restarting with reloader
```

最後，用瀏覽器、命令列 HTTP 程式（例如 curl 或 wget，甚至 telnet）來造訪首頁：

```
$ curl http://localhost:5000/
It's alive!
```

18.4　建立 Jinja2 模板檔案 *home.html*，加入這些內容：

```
<html>
<head>
<title>It's alive!</title>
<body>
I'm of course referring to {{thing}}, which is {{height}} feet tall and {{color}}.
</body>
</html>
```

製作一個稱為 *templates* 的字典，並建立 *home.html* 檔案，在裡面加入上面的內容。如果你的 Flask 伺服器還在執行之前的範例，它會偵測到新內容，並自行重新啟動。

18.5 修改伺服器的 home() 函式來使用 *home.html* 模板。提供三個 GET 參數給它：thing、height、color。

以下是 *flask3.py*：

```
from flask import Flask, request, render_template

app = Flask(__name__)

@app.route('/')
def home():
    thing = request.values.get('thing')
    height = request.values.get('height')
    color = request.values.get('color')
    return render_template('home.html',
        thing=thing, height=height, color=color)

app.run(debug=True)
```

在你的 web 用戶端前往這個位址：

```
http://localhost:5000/?thing=Octothorpe&height=7&color=green
```

你應該可以看到：

```
I'm of course referring to Octothorpe, which is 7 feet tall and green.
```

19. 成為 Python 鐵粉

（今天 Python 鐵粉們沒有作業。）

20. Py 藝術

20.1 安裝 matplotlib。畫出這幾對 (x, y) 的散布圖：((0, 0), (3, 5), (6, 2), (9, 8), (14, 10))。

20.2 畫出同一組資料的折線圖。

20.3　畫出同一組資料的 plot（有記號的折線圖）。

> 這段程式可產生全部的三張圖：
>
> ```python
> import matplotlib.pyplot as plt
>
> x = (0, 3, 6, 9, 14)
> y = (0, 5, 2, 8, 10)
> fig, plots = plt.subplots(nrows=1, ncols=3)
>
> plots[0].scatter(x, y)
> plots[1].plot(x, y)
> plots[2].plot(x, y, 'o-')
>
> plt.show()
> ```

21. Py 上工

21.1　安裝 geopandas 並執行範例 21-1。試著修改顏色與標記大小等東西。

22. Py 科學

22.1　安裝 Pandas。取得範例 16-1 的 CSV 檔案。執行範例 16-2 的程式。用一些 Pandas 命令來進行實驗。

備忘錄

我發現我經常查看某些東西。希望接下來的表格對你有幫助。

運算子優先順序

這張表改自 Pytyon 3 的優先順序官方文件,最上面的項目是優先順序**最高**的。

運算子	說明與範例
[v, …], {v1, …}, {k1:v1, …}, (…)	建立串列 / 集合 / 字典 / 產生器,或生成式、帶括號的運算式
seq[n], seq[n:m], func(args…), obj.attr	索引、切片、函式呼叫、屬性參考
**	次方
+n, -n, ~n	正數、負數、位元 not
*, /, //, %	乘法、浮點除法、整數除法、餘數
+, -	加法、減法
<<, >>	位元左移、右移
&	位元 and
|	位元 or
in, not in, is, is not, <, <=, >, >=, !=, ==	成員與相等測試
not x	布林(邏輯)not
and	布林 and
or	布林 or
if … else	條件運算式
lambda …	lambda 運算式

字串方法

Python 提供字串方法（任何 str 物件都有）與 string 模組，裡面有一些好用的定義，我們將使用這些測試變數：

```
>>> s = "OH, my paws and whiskers!"
>>> t = "I'm late!"
```

在接下來的範例中，Python shell 會印出方法呼叫式的結果，但是原始變數 s 與 t 不變。

改變大小寫

```
>>> s.capitalize()
'Oh, my paws and whiskers!'
>>> s.lower()
'oh, my paws and whiskers!'
>>> s.swapcase()
'oh, MY PAWS AND WHISKERS!'
>>> s.title()
'Oh, My Paws And Whiskers!'
>>> s.upper()
'OH, MY PAWS AND WHISKERS!'
```

搜尋

```
>>> s.count('w')
2
>>> s.find('w')
9
>>> s.index('w')
9
>>> s.rfind('w')
16
>>> s.rindex('w')
16
>>> s.startswith('OH')
True
```

修改

```
>>> ''.join(s)
'OH, my paws and whiskers!'
>>> ' '.join(s)
'O H ,   m y   p a w s   a n d   w h i s k e r s !'
>>> ' '.join((s, t))
"OH, my paws and whiskers! I'm late!"
```

```
>>> s.lstrip('HO')
', my paws and whiskers!'
>>> s.replace('H', 'MG')
'OMG, my paws and whiskers!'
>>> s.rsplit()
['OH,', 'my', 'paws', 'and', 'whiskers!']
>>> s.rsplit(' ', 1)
['OH, my paws and', 'whiskers!']
>>> s.split(' ', 1)
['OH,', 'my paws and whiskers!']
>>> s.split(' ')
['OH,', 'my', 'paws', 'and', 'whiskers!']
>>> s.splitlines()
['OH, my paws and whiskers!']
>>> s.strip()
'OH, my paws and whiskers!'
>>> s.strip('s!')
'OH, my paws and whisker'
```

格式

```
>>> s.center(30)
'  OH, my paws and whiskers!   '
>>> s.expandtabs()
'OH, my paws and whiskers!'
>>> s.ljust(30)
'OH, my paws and whiskers!     '
>>> s.rjust(30)
'      OH, my paws and whiskers!'
```

字串型態

```
>>> s.isalnum()
False
>>> s.isalpha()
False
>>> s.isprintable()
True
>>> s.istitle()
False
>>> s.isupper()
False
>>> s.isdecimal()
False
>>> s.isnumeric()
False
```

字串模組屬性

這些是當成常數定義來使用的類別屬性。

屬性	範例
ascii_letters	'abcdefghijklmnopqrstuvwxyzABCDEFGHIJKLMNOPQRSTUVWXYZ'
ascii_lowercase	'abcdefghijklmnopqrstuvwxyz'
ascii_uppercase	'ABCDEFGHIJKLMNOPQRSTUVWXYZ'
digits	'0123456789'
hexdigits	'0123456789abcdefABCDEF'
octdigits	'01234567'
punctuation	'!"#$%&\'()*+,-./:;<=>?@[\\]^_\{|}~`'
printable	digits + ascii_letters + punctuation + whitespace
whitespace	' \t\n\r\x0b\x0c'

Coda

Chester 想要感謝你的勤奮。如果你需要牠，牠會先打個盹兒…

圖 E-1　Chester[1]

1　牠往圖 3-1 的位置的右邊移動大約一英尺。

⋯但是 Lucy 可以回答任何問題。

圖 E-2　Lucy

索引

N

作者簡介

Bill Lubanovic 從 1977 年就開始開發 Unix，從 1981 年開始開發 GUI，從 1990 年開始開發資料庫，從 1993 年開始投入 web：

- 1982–1988（Intran）：在第一個商用圖形工作站開發 MetaForm。

- 1990–1995（Northwest Airlines）：寫出一個圖形產量管理系統，把航線放到網際網路，並且寫出它的第一個網際網路行銷測試。

- 1994（Tela）：在 ISP 早期共同創辦。

- 1995–1999（WAM!NET）：開發 web 儀表板與 3M Digital Media Repository。

- 1999–2005（Mad Scheme）：共同創辦 web 開發 / 代管公司。

- 2005（O'Reilly）：撰寫部分的 *Linux Server Security*。

- 2007（O'Reilly）：共同著作 *Linux System Administration*。

- 2010–2013（Keep）：設計與建立 web 前端和資料庫後端之間的 Core Services。

- 2014（O'Reilly）：寫出第一版的 *Introducing Python*。

- 2015–2016（Internet Archive）：製作 API 以及 Python 版的 Wayback Machine。

- 2016–2018（CrowdStrike）：管理使用 Python 寫出來的服務，這項服務處理了數十億個日常安全事件。

Bill 在明尼蘇達州的 Sangre de Sasquatch 山與家人過著愜意的生活，他的家人包括太太 Mary，兒子 Tom（與媳婦 Roxie），女兒 Karin（與女婿 Erik），還有貓咪 Inga、Chester 與 Lucy。

出版記事

在 *Introducing Python* 封面的動物是巨蟒，牠是蟒（*Python*）屬的一員，該屬已知的蛇類有 10 種。巨蟒是無毒的蟒蛇，原產於東半球的熱帶和亞熱帶地區。

巨蟒的長度依種類與性別而不同，從大約 3 英尺長（球蟒）到超過 20 英尺長的報告案例（網紋蟒）都有。牠們的特徵是扁平的三角形頭部，以及長而後彎的牙齒。牠們的膚色通常是棕色、深褐色及黑色的組合，上面有菱形或鎖鏈形狀。白化的巨蟒顏色是白色和黃色，雖然牠們在野外不易生活，但是在動物園和寵物圈卻很受歡迎。

巨蟒擅長游泳，但是這種蛇幾乎只在陸地上和樹上伏擊獵物，用長牙攻擊獵物，然後立刻把獵物勒緊，讓牠窒息而死。巨蟒與另一種著名的蚺類不同，巨蟒是卵生的，不是卵胎生的。雌蟒會纏繞在蛋上，並且抖動巨大的肌肉來保持蛋的溫暖，直到孵化為止。

現在緬甸巨蟒已經入侵佛羅里達，與美洲短吻鱷競爭獵物，大幅降低大沼澤地的本土鳥類和小型哺乳動物的數量。牠們在 1990 年代是很受歡迎的寵物，一般認為原本被圈養的緬甸巨蟒在佛州野外落地生根，肇因於 1992 年的安德魯颶風摧毀一座動物園與繁殖場。

多數巨蟒品種都被歸類為無危物種，但是緬甸（本地族群）和婆羅洲短尾蟒目前被列為易危物種。許多 O'Reilly 封面的動物都是瀕臨絕種的，牠們對這個世界來說都很重要。

封面插圖是 Jose Marzan 繪製的，根據 *Johnson* 的 *Natural History* 的黑白版畫。

精通 Python｜運用簡單的套件進行現代運算第二版

作　　者：Bill Lubanovic
譯　　者：賴屹民
企劃編輯：蔡彤孟
文字編輯：江雅鈴
設計裝幀：陶相騰
發 行 人：廖文良

發 行 所：碁峰資訊股份有限公司
地　　址：台北市南港區三重路 66 號 7 樓之 6
電　　話：(02)2788-2408
傳　　真：(02)8192-4433
網　　站：www.gotop.com.tw
書　　號：A615
版　　次：2020 年 05 月二版
　　　　　2024 年 03 月二版二十刷
建議售價：NT$880

國家圖書館出版品預行編目資料

精通 Python：運用簡單的套件進行現代運算 / Bill Lubanovic 原著；
賴屹民譯. -- 二版. -- 臺北市：碁峰資訊, 2020.05
　　面；　公分
譯自：Introducing Python, 2nd Edition
ISBN 978-986-502-486-4(平裝)
1.Python(電腦程式語言)
312.32P97　　　　　　　　　　　　　109005430